U0256537

作者简介

李光玉，研究员，博士研究生导师，中国农学会特产分会理事长、中国农业科学院特种动物营养与饲养创新团队首席专家。主要从事我国特种经济动物营养与饲养研究，引领团队在特种动物貂、狐、貉及梅花鹿、马鹿营养需要与饲料评价，特种动物微生态营养调控、分子营养与代谢调控、健康养殖等研究领域深入开展工作。先后主持完成国家及省部级重点科研项目26项，获奖成果11项，以第一作者或通讯作者发表学术论文200余篇，授权发明专利5项，主编学术著作8部；被评为吉林省高级专家、全国农业科研杰出人才。

作者简介

　　钟伟，博士，副研究员，中国农业科学院特产研究所特种动物营养与饲养创新团队科研骨干，主要从事特种动物营养需要与调控代谢研究工作。先后主持吉林省科学技术厅医药技术攻关专项1项，吉林省自然科学基金项目1项，中国农业科学院所级统筹专项2项，承担企业横向课题4项；参加国家公益性行业科技项目、科技成果转化项目、星火计划项目等20余项。先后获得吉林省科技进步奖二等奖3项（第二、三和七名）、全国农牧渔业丰收奖1项（第三名）、吉林省自然科学学术成果奖三等奖1项（第一名）、吉林市科技进步奖一等奖和二等奖各1项（均为第二名）。在国内外学术刊物上发表论文90余篇，其中以第一作者发表学术论文29篇；获专利授权9项。主编学术著作1部，参编4部。

作者简介

刘晗璐，博士，副研究员，中国农业科学院特产研究所特种动物营养与饲养创新团队副首席，硕士研究生导师。主要从事特种动物肠道微生态营养与代谢调控、特种动物微生物资源开发利用等研究工作。参加或主持国家重点研发计划、吉林省科技攻关项目等各类科研项目12项，获省部级科技奖励5项；发表研究论文60余篇，其中SCI收录10篇；主编学术著作2部，参编3部；获得授权发明专利3项、实用新型专利2项；研发特种动物微生态制剂产品2种。

内容简介

　　本书为我国第一部关于狐营养需要与饲料研究领域的专业性学术著作，运用国内外最新的科学理论和研究方法，基于狐生物学习性及生长特征，从营养生理与消化代谢特性角度出发，在开展大量试验研究基础上，全面介绍了能量、脂肪及脂肪酸、蛋白质及主要氨基酸、主要矿物质元素与维生素对狐生产发挥的重要营养作用，明确了狐不同生物学时期上述营养素的需要量参数。从饲料利用与评价角度出发，着重介绍了狐饲料的营养消化特性，分析评价了狐常用鲜饲料和干粉饲料营养价值，以及添加剂在饲料中的应用效果。从解决养殖生产实际问题出发，提出了狐用干粉饲料和鲜饲料与水的适宜调制比例、常用饲料加工、饲粮的配制方法及注意事项，并对狐不同生物学时期的饲养管理技术进行归纳总结，推荐了不同时期饲料配方，为我国狐健康养殖提供了充分的理论依据和实践指导。本书具有广泛的应用性和生产指导意义，主要面向我国特种动物领域科研、教学及狐养殖、饲料生产企业工作者，服务于我国狐产业的发展。

国家出版基金项目
NATIONAL PUBLICATION FOUNDATION

"十三五"国家重点图书出版规划项目

当代动物营养与饲料科学精品专著

狐营养需要与饲料

李光玉　钟　伟　刘晗璐 ◎主编

中国农业出版社

北京

丛书编委会

主任委员

　　李德发（院　士，中国农业大学动物科学技术学院）

副主任委员

　　印遇龙（院　士，中国科学院亚热带农业生态研究所）

　　麦康森（院　士，中国海洋大学水产学院）

　　姚　斌（院　士，中国农业科学院饲料研究所）

　　杨振海（局　长，农业农村部畜牧兽医局）

委　员（以姓氏笔画为序）

　　刁其玉（研究员，中国农业科学院饲料研究所）

　　马秋刚（教　授，中国农业大学动物科学技术学院）

　　王　恬（教　授，南京农业大学动物科技学院）

　　王卫国（教　授，河南工业大学生物工程学院）

　　王中华（教　授，山东农业大学动物科技学院动物医学院）

　　王加启（研究员，中国农业科学院北京畜牧兽医研究所）

　　王成章（教　授，河南农业大学牧医工程学院）

　　王军军（教　授，中国农业大学动物科学技术学院）

　　王红英（教　授，中国农业大学工学院）

　　王宝维（教　授，青岛农业大学食品科学与工程学院）

　　王建华（研究员，中国农业科学院饲料研究所）

　　方热军（教　授，湖南农业大学动物科学技术学院）

　　尹靖东（教　授，中国农业大学动物科学技术学院）

　　冯定远（教　授，华南农业大学动物科学学院）

　　朱伟云（教　授，南京农业大学动物科技学院）

　　刘作华（研究员，重庆市畜牧科学院）

　　刘国华（研究员，中国农业科学院饲料研究所）

　　刘建新（教　授，浙江大学动物科学学院）

　　齐广海（研究员，中国农业科学院饲料研究所）

　　孙海洲（研究员，内蒙古自治区农牧业科学院动物营养与饲料研究所）

　　杨　琳（教　授，华南农业大学动物科学学院）

杨在宾（教　授，山东农业大学动物科技学院动物医学院）

李光玉（研究员，中国农业科学院特产研究所）

李军国（研究员，中国农业科学院饲料研究所）

李胜利（教　授，中国农业大学动物科学技术学院）

李爱科（研究员，国家粮食和物资储备局科学研究院粮食品质营养研究所）

吴　德（教　授，四川农业大学动物营养研究所）

呙于明（教　授，中国农业大学动物科学技术学院）

佟建明（研究员，中国农业科学院北京畜牧兽医研究所）

汪以真（教　授，浙江大学动物科学学院）

张日俊（教　授，中国农业大学动物科学技术学院）

张宏福（研究员，中国农业科学院北京畜牧兽医研究所）

陈代文（教　授，四川农业大学动物营养研究所）

林　海（教　授，山东农业大学动物科技学院动物医学院）

罗　军（教　授，西北农林科技大学动物科技学院）

罗绪刚（研究员，中国农业科学院北京畜牧兽医研究所）

周志刚（研究员，中国农业科学院饲料研究所）

单安山（教　授，东北农业大学动物科学技术学院）

孟庆翔（教　授，中国农业大学动物科学技术学院）

侯水生（研究员，中国农业科学院北京畜牧兽医研究所）

侯永清（教　授，武汉轻工大学动物科学与营养工程学院）

姚军虎（教　授，西北农林科技大学动物科技学院）

秦贵信（教　授，吉林农业大学动物科学技术学院）

高秀华（研究员，中国农业科学院饲料研究所）

曹兵海（教　授，中国农业大学动物科学技术学院）

彭　健（教　授，华中农业大学动物科学技术学院动物医学院）

蒋宗勇（研究员，广东省农业科学院动物科学研究所）

蔡辉益（研究员，中国农业科学院饲料研究所）

谭支良（研究员，中国科学院亚热带农业生态研究所）

谯仕彦（教　授，中国农业大学动物科学技术学院）

薛　敏（研究员，中国农业科学院饲料研究所）

瞿明仁（教　授，江西农业大学动物科学技术学院）

审稿专家

卢德勋（研究员，内蒙古自治区农牧业科学院动物营养研究所）

计　成（教　授，中国农业大学动物科学技术学院）

杨振海（局　长，农业农村部畜牧兽医局）

本书编写人员

主　　编　李光玉　钟　伟　刘晗璐

编写人员（以姓氏笔画为序）

王　卓　王　静　王凯英　王晓旭

司华哲　刘可园　刘晗璐　孙伟丽

李光玉　李志鹏　杨雅涵　张　旭

张　婷　张如春　张铁涛　张海华

张新宇　南韦肖　钟　伟　郭肖兰

常忠娟　隋雨彤　韩菲菲　鲍　坤

穆琳琳

丛书序

经过近40年的发展，我国畜牧业取得了举世瞩目的成就，不仅是我国农业领域中集约化程度较高的产业，更成为国民经济的基础性产业之一。我国畜牧业现代化进程的飞速发展得益于畜牧科技事业的巨大进步，畜牧科技的发展已成为我国畜牧业进一步发展的强大推动力。作为畜牧科学体系中的重要学科，动物营养和饲料科学也取得了突出的成绩，为推动我国畜牧业现代化进程做出了历史性的重要贡献。

畜牧业的传统养殖理念重点放在不断提高家畜生产性能上，现在情况发生了重大变化：对畜牧业的要求不仅是要能满足日益增长的畜产品消费数量的要求，而且对畜产品的品质和安全提出了越来越严格的要求；畜禽养殖从业者越来越认识到养殖效益和动物健康之间相互密切的关系。畜牧业中抗生素的大量使用、饲料原料重金属超标、饲料霉变等问题，使一些有毒有害物质蓄积于畜产品内，直接危害人类健康。这些情况集中到一点，即畜牧业的传统养殖理念必须彻底改变，这是实现我国畜牧业现代化首要解决的一个最根本的问题。否则，就会出现一系列的问题，如畜牧业的可持续发展受到阻碍、饲料中的非法添加屡禁不止、"人畜争粮"矛盾凸显、食品安全问题受到质疑。

我国最大的国情就是在相当长的时期内处于社会主义初级阶段，我国养殖业生产方式由粗放型向集约化型的根本转变是一个相当长的历史过程。从这样的国情出发，发展我国动物营养学理论和技术，既具有中国特色，对制定我国养殖业长期发展战略有指导性意义；同时也对世界养殖业，特别是对发展中国家养殖业发展具有示范性意义。因此，我们必须清醒地意识到，作为畜牧业发展中的重要学科——动物营养学正处在一个关键的历史发展时期。这一发展趋势绝不是动物营养学理论和技术体系的局部性创新，而是一个涉及动物营养学整体学科思维方式、研究范围和内容，乃至研究方法和技术手段更新的全局性战略转变。在此期间，养殖业内部不同程度的集约化水平长期存在。这就要求动物营养学理论不仅能适应高度集约化的养殖业，而且也要能适应中等或初级集约化水平长期存在的需求。近年来，我国学者在动物营养和饲料科学方面作了大量研究，取得了丰硕成果，这些研究成果对我国畜牧业的产业化发展有重要实践价值。

"十三五"饲料工业的持续健康发展，事关动物性"菜篮子"食品的有效供给和质量安全，事关养殖业绿色发展和竞争力提升。从生产发展看，饲料工业是联结种植业和养殖业的中轴产业，而饲料产品又占养殖产品成本的70%。当前，我国粮食库存压力很大，大力发展饲料工业，既是国家粮食去库存的重要渠道，也是实现降低生产成本、提高养殖效益的现实选择。从质量安全看，随着人口的增加和消费的提升，城乡居民对保障"舌尖上的安全"提出了新的更高的要求。饲料作为动物产品质量安全的源头和基础，要保障其安全放心，必须从饲料产业链条的每一个环节抓起，特别是在提质增效和保障质量安全方面，把科技进步放在更加突出的位置，支撑安全发展。从绿色发展看，当前我国畜牧业已走过了追求数量和保障质量的阶段，开始迈入绿色可持续发展的新阶段。畜牧业发展决不能"穿新鞋走老路"，继续高投入、高消耗、高污染，而应在源头上控制投入、减量增效，在过程中实施清洁生产、循环利用，在产品上保障绿色安全、引领消费；推介饲料资源高效利用、精准配方、氮磷和矿物元素源头减排、抗菌药物减量使用、微生物发酵等先进技术，促进形成畜牧业绿色发展新局面。

动物营养与饲料科学的理论与技术在保障国家粮食安全、保障食品安全、保障动物健康、提高动物生产水平、改善畜产品质量、降低生产成本、保护生态环境及推动饲料工业发展等方面具有不可替代的重要作用。当代动物营养与饲料科学精品专著，是我国动物营养和饲料科技界首次推出的大型理论研究与实际应用相结合的科技类应用型专著丛书，对于传播现代动物营养与饲料科学的创新成果、推动畜牧业的绿色发展有重要理论和现实指导意义。

李德发
2018.9.26

前　言

　　我国狐的养殖始于 20 世纪 50 年代，近 30 年来发展迅猛，目前养殖数量已超过丹麦、芬兰、美国等饲养大国，居于世界首位。我国虽然已是毛皮动物养殖大国，但还不是养殖强国。近 10 年来，随着狐品种选育和引进品种力度的提高，狐的体型、体重等方面显著提高，特别是蓝狐与 20 年前相比，其体型肥硕程度、平均体重增加率超过 30%。由于我国毛皮动物驯化时间较短，营养研究起步更要远远晚于传统畜禽，因此尚未建立狐的饲养标准，狐养殖生产者多套用或参照国外的狐饲养标准（1982）制定配方或指导生产，这和现代狐的养殖营养需求有很大的差距，严重影响了我国狐饲料配制的科学性和饲料资源利用的合理性。

　　2009 年国家公益性行业科技专项资助了"不同生态区优质珍贵毛皮动物生产关键技术研究"，五年间笔者团队集中了大量人力、物力和财力，围绕狐不同生物学时期营养需要量开展了一系列饲养试验、代谢试验、屠宰试验，并结合化学分析方法、血清学试验、分子营养学等研究技术，开展了狐常用饲料资源的营养价值分析与评价工作，提出了狐不同生理时期蛋白质、脂肪、部分氨基酸及微量元素需要量参数，初步建立了狐常用饲料原料营养数据库。"十三五"以来，围绕狐其他营养素（能量、矿物质元素和部分维生素）需要量进一步开展试验研究，初步制定了我国蓝狐营养需要量，并申报了国家行业标准，为产业的健康发展提供了有力的技术支持。现将近 20 年的研究成果进行归纳总结，整理编写了《狐营养需要与饲料》。本书重点介绍了狐不同生物学时期（育成生长期、冬毛生长期、准备配种期及配种期、妊娠期、泌乳期、恢复期）营养需要量，主要包括能量、脂肪及脂肪酸、蛋白质与氨基酸、矿物质元素、维生素等关键营养素的需要量参数，分析评价了狐常用饲料原料的营养特性，为我国狐养殖、饲料生产企业提供了科学的参考依据，希望能更好地服务狐产业健康发展。

本书不仅汇聚了中国农业科学院特产研究所特种动物营养与饲养创新团队 10 多名工作人员，中国农业科学院饲料研究所经济动物饲料研发团队约 20 名博士研究生、硕士研究生的研究成果；而且也包含了近些年国内外学者的相关研究成果，同时受益于国家出版基金项目的支持，在此一并表示衷心的感谢。

鉴于作者水平有限，书中难免有疏漏或不当之处，敬请广大读者批评指正。

编　者

2019 年 3 月

目 录

08　第八章　狐饲料营养特性评价与利用

09　第九章　狐饲料配制与饲养管理

第一章
狐生长特性与消化生理

第一节　狐生物学习性及生长特征

　　野生狐主要以鼠、鱼、蛙、蚌、虾、蟹、蚯蚓、鸟及其卵、昆虫，以及健康动物的尸体为食，生活在森林、草原、半沙漠、丘陵地带，居住于树洞或土穴中，昼伏夜出。狐的嗅觉和听觉系统极其发达。狐的犬齿发达细长、锐利，臼齿构造复杂，适合撕裂肉类食物。狐的汗腺不发达，以张口伸舌、喘气方式调节体温。狐是耐冷不耐热的动物。例如，银黑狐被毛丰厚，在－40～－30℃的寒冷季节，不用任何防寒设施可在室外饲养。人工饲养条件下，狐饲粮主要以鱼、肉类及其鱼肉副产品等动物性饲料、膨化玉米和豆粕等谷物性饲料、果蔬类饲料及维生素和矿物质元素等添加剂类饲料按比例配制而成。如今狐养殖进入集约化养殖模式，主要以全价配合饲料为主，在关键生产阶段添加一些动物性饲料满足生产需要。

　　狐是珍贵的毛皮动物之一，其毛皮属于高档制裘原料，奢华美观，轻便柔软，保暖性强，有"软黄金"之称，是世界上重要的裘皮之一。我国狐养殖发展相对较晚，始于20世纪50年代末期，至今有近70年的养殖历史。目前狐养殖业已具有一定规模，约占全国珍贵毛皮动物存栏总量的60%。狐具有耐寒怕热的生理特点，因此我国狐养殖主要分布在长江以北的温寒带地区。

一、生物学习性

　　狐在动物分类学上属哺乳纲（Mammalia）、食肉目（Carnivora）、犬科（Canidae）。世界人工饲养的狐有40多种不同的色型，归纳起来可分为两个不同的属，即狐属和北极狐属。世界现存狐属13种，其中赤狐、沙狐和藏狐均分布于我国。目前，人工饲养的狐有赤狐、银黑狐、十字狐、北极狐以及各种突变型或组合型的彩色狐。狐养殖主要为获取优质的皮张，狐皮属世界珍贵毛皮之一，是高档服饰及装饰品的裘皮原料。

　　狐属于季节性发情动物，每年仅繁殖一次。不同狐种发情期不同，同一种狐分布在不同地区，发情期也不一致。北极狐发情配种季节为每年的2月中旬到5月上旬，自发性排卵，排卵一般发生在发情后的第三天。所有的滤泡不是同时排出，最初和最后的排卵时间间隔为 5~7d。在生产中，一般采取复配 2~3 次的配种方式来提高狐的产仔率。北极狐的妊娠期为（52±2）d，产仔期为每年的 4~6 月，幼仔 9~11 月龄性成熟。一般胎产仔 7~13 只，平均寿命 8~10 年，种用年限为 4~6 年。银黑狐发情配种时间一般在每年的 1 月中旬至 4 月中上旬，妊娠期平均为 52d，产仔期集中在 3~5 月，平均寿命为 10~12 年，繁殖年限为 6~7 年；赤狐的寿命为 8~12 年，繁殖年限为 4~7 年。

狐性机警，狡猾多疑，昼伏夜出。狐的体温在 38.8~39.6℃，呼吸频率为 21~30 次/min。狐每年换毛一次，从 3~4 月开始，先从头部、前肢开始换毛，其次为颈、肩和后肢、前背、体侧、腹部、后背，最后臀部与尾根部绒毛一片片脱落，7~8 月全部脱完，新的针绒毛同时开始生长，生长顺序与脱毛相同，在初夏停止生长，夏毛比冬毛颜色暗淡且稀短，11 月形成长而厚的被毛。冬夏毛在结构上大不相同。日照的长短对脱毛产生显著影响，在夏秋两季人工缩短光照时间，冬毛可提前成熟，在低温时毛的生长速度快。北极狐春季脱毛从 3 月末开始，夏毛的更换在 10 月底基本结束，12 月初或中旬冬毛基本成熟，其狐皮属于晚期成熟类型。

二、品种特征

（一）北极狐属（*Alopex*）

1. 北极狐 北极狐（*Alopex lagopus*）又称蓝狐，原产于亚洲、欧洲、北美洲北部和接近北冰洋地带及北美洲南部沼泽地区和部分森林沼泽地区，根据产地分别命名。我国目前饲养的有产于芬兰的北极狐、产于美国的北极狐和产于我国的地产北极狐（即地产北极狐）。地产北极狐实际上是产于苏联的北极狐，是在 20 世纪 50 年代引入我国，经风土驯化而来。我国从 1996 年开始引入芬兰北极狐，种公狐体重 15kg 左右，个别高达 20kg，体长 80~95cm，皮肤松弛、性情温驯，毛皮平整、伸延率大、光泽性好，已成为我国目前饲养的体型最大、毛绒品质优良的品种。用芬兰北极狐与地产北极狐通过人工授精进行级进杂交改良，已进行 4~5 代。杂交后代的优良性状基本接近芬兰北极狐，但尚未横交固定、自交繁育，种群数量不足，尚未形成品种。1997 年我国引入了美国北极狐，体型大，毛绒好，可本交繁殖，产仔成活在 10 只左右，也是改良地产北极狐的优良种狐，由于其数量不足，多自群繁育，未形成品种。北极狐体型比银黑狐小，吻部和四肢不长，耳小，体态较肥胖。成年公狐比母狐大 5%~7%。地产公狐平均体重 5.5~6.7kg，体长约 70cm，尾长 25cm；母狐体重 4.5~6.0kg，体长 60cm 左右。北极狐的绒毛丰满而灵动，但针毛不发达，一般有深浅不同的两种基本颜色，一种是冬季呈现出白色，在其他季节颜色加深；另一种是常态下呈现浅蓝色，但不同个体的毛色差异较大，从浅黄至深褐都有，常年保持着较深的颜色。

2. 彩狐 在长期人工饲养和培育下出现了大量的毛色突变种，约有十几种彩色狐。常见的有影狐（阴影狐）、北极珍珠狐、蓝宝石狐（北极蓝宝石狐）、白色北极狐（白狐）、白化狐。这些彩狐体型与北极狐相同。

（二）狐属（*Vulpes*）

1. 银黑狐 银狐（*Vulpes falva*）又称银黑狐，原产于北美的北部和西伯利亚的东部，目前不少国家进行笼养。银黑狐体躯基本毛色为黑色，全身毛被均匀地掺杂白色针毛，尾端呈纯白色，绒毛为灰色。体表的每根针毛纤维均分为 3 个色段：即毛尖为黑色，靠近毛尖的一小段为白色，基部为黑色。在嘴角、眼周围有银色毛，形成一种"面罩"。嘴尖、耳长，脸上有白色银毛构成的银环。冬季公狐平均体重为 5.5～7.5kg，体长 57～70cm，个别达到 75cm；母狐体重为 5.0～6.6kg，体长 63～67cm。

2. 赤狐　赤狐（*Vulpes vulpes*）又称红狐或草狐。在我国分布很广，有四个亚种，其中东北和内蒙古所产的赤狐皮，毛长绒厚，色泽光润，针毛齐全，品质最佳。由于分布区的自然条件不同，其毛色变异较大，一般呈火红、棕红、灰红等颜色。四肢及耳背呈黑褐色，腹部黄白色，尾尖白色。赤狐体躯较长，四肢短，吻尖，尾长而蓬松，毛色变异大，常见者为火红色或棕红色。平均体重约 5kg，体长 60～90cm，尾长 40～50cm。

3. 十字狐　十字狐（*Vulpes rueigera*）产于亚洲和北美洲，体型近似赤狐，四肢和腹部呈黑色，头、肩、背部呈黑褐色，在前肩与背部有黑十字形的花纹。

4. 彩狐　银黑狐、赤狐在人工饲养和培育下，已出现了 10 余种新的色型，连同它们之间杂交所产生的新色型狐共有 30 多种，常见的有巧克力色狐（桂皮色狐）、科立特棕色狐、珍珠狐、铂色狐、白色狐（白化狐）、白脸狐、日辉色狐（日光狐）、乔治白狐、标准十字狐等。这些狐体型与赤狐、银黑狐相同。

此外，银黑狐和北极狐杂交获得的银蓝狐，毛色属银黑狐特点，体型和毛质趋于北极狐，后代不育。

三、养殖概况

我国毛皮动物养殖始于 1956 年，近二三十年来发展迅猛，国际地位凸显，养殖数量已超过丹麦、芬兰、美国等主要饲养国居于世界首位，亦是全球最大的原料皮进口国、最大的毛皮服装生产国和出口国（占全球 70%）、最主要的消费国，已成为名副其实的世界毛皮养殖、加工、贸易及消费中心。

（一）2009—2016 年我国狐养殖概况

2010—2017 年我国养狐取皮数量呈大幅度增长趋势（图 1-1），年均增速高达 20%，广泛分布于山东、河北、辽宁、黑龙江、吉林为代表的 14 个省、自治区、直辖市，面积跨度约 467 万 hm²；同时助推全国毛皮加工业跨越式大发展，截至 2013 年底，我国毛皮鞣制及制品加工规模以上企业数量达 514 家，专业化大型毛皮市场 10 余处，毛皮鞣制及制品加工总资产达到 297.81 亿元，行业销售收入 837.76 亿元，利润总额 72.96 亿元，同比增幅为 29.80%，产值利税率 8% 左右，高居轻工业行业榜首。

2015 年我国毛皮动物（貂、狐、貉）养殖行业进入"寒冬"，皮张价格持续走低。2015 年，中国皮革协会对我国毛皮动物养殖存栏数量进行了统计，我国狐存栏数量约为 2 278 万只，相比 2014 年增长了 2.84%；2016 年狐存栏数为 1 708 万只，相比 2015 年降低了 25%。狐存栏数量最多的省份为山东省，河北省位居第二位，辽宁省位居第

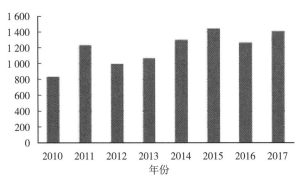

图 1-1　2010—2017 年我国狐取皮数量（万张）

三位。2015 年和 2016 年我国各省份狐存栏数量比例见图 1-2 和图 1-3。2017 年全国狐取皮数量为 1 410 万只，比 2016 年同比增长 11.46%。狐取皮数量最大省为山东省，河北省位居第二位，辽宁省位居第三位（图 1-4）。2018 年我国狐取皮数量 1 739 万张左右，与 2017 年统计数量相比增长了 23.33%。狐取皮数量最大省为山东省、河北省位居第二位、黑龙江省位居第三位，具体分布比例见图 1-5。

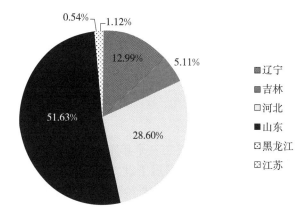

图 1-2　2015 年我国各省份狐存栏数量比例

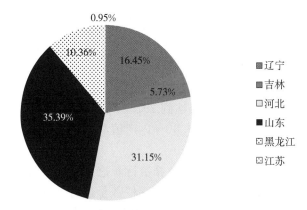

图 1-3　2016 年我国各省份狐存栏数量比例

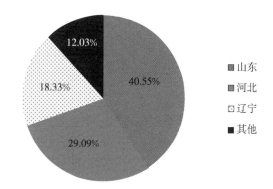

图 1-4　2017 年我国狐取皮数量各省份所占比重

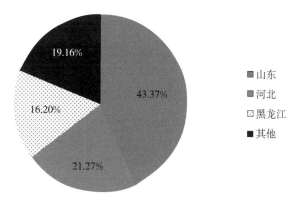

图 1-5　2018 年我国狐取皮数量各省份所占比重

近几年，我国狐存栏数量明显下降，主要是我国皮张库存较大，新鲜皮张不断上市，服装加工企业实际需求较弱，导致狐养殖户缩减群体，减少养殖数量。建议养殖户根据市场情况控制种群数量，提高养殖水平，改善品种质量（张志明，2015，2016）。

（二）我国狐养殖产业现状

我国狐养殖已经进入规模化、集约化饲养模式，饲养设施和条件得到较大的改善，饲喂水平也得到较大提升，由于特种动物养殖不同于传统畜禽养殖，2009—2014 年这五年养殖利润很高，促使狐养殖数量逐年增加，伴随着狐养殖规模的增加，我国狐产业发展出现了诸多问题：①狐品种，我国没有自主研发的狐品种，多年来长期依赖引种改良我国的品种，但品种引进后饲养配套技术跟不上，品种退化程度较严重。②营养标准，狐不同品种饲养水平和营养标准有所差异，亟须制定和完善不同狐品种的营养需要标准。③设施与管理，狐养殖主产区养殖数量较大，但养殖基础设施简陋，饲养管理粗放，排泄物污染严重，疾病频发，导致皮张质量较差。④加工销售，皮张加工及皮张质量评定缺乏统一的检测标准，皮张销售多为皮货商上门收货，产销对接不顺，缺少拍卖机制等严重地制约了产业健康、高效、良性地发展，导致我国生产的狐皮缺乏国际竞争力。这种现状说明我国虽然是毛皮动物养殖大国，但还不是养殖强国。

（三）我国狐产业未来发展趋势

我国狐产业近几年群体缩减，受多方面因素影响，现在及未来需要提升品种质量、改善饲养条件、提高饲养水平、调整饲养模式，通过产业技术进步，形成新的增长动力，推动狐产业由数量增长型向质量效益型转变，由资源高效型向资源节约型转变，由环境污染型向环境友好型转变，我国毛皮动物产、学、研开展重大项目工程协同创新，研究毛皮动物行业发展中的多项技术难题，进行有效的集约化养殖示范，推进毛皮动物产业的技术进步，解决产业发展中的关键技术瓶颈，推动我国狐养殖业健康、高效、良性发展。

四、狐生产周期划分

狐的繁殖具有明显的季节性和周期性，根据狐的生理变化规律和不同时期对外界环境的要求，划分狐的生产周期。每个时期的饲养管理有各自的特点，各个时期又紧密相连、相互影响，做好各个时期的营养需求和饲养管理尤为重要（表 1-1）。

表 1-1　狐生产周期划分

月份	2	3	4	5	6	7	8	9	10	11	12	1
种公狐	配种期		恢复期				配种准备期					
种母狐	配种、妊娠期		泌乳期		恢复期		配种准备期					
幼狐			哺乳期			育成期						

资料来源：程世鹏（2000）。

（一）育成期

狐的育成期分为育成生长期和冬毛生长期。育成生长期是当年出生的幼狐，从 6 月下旬或 7 月初分窝开始至 9 月下旬这段时期；冬毛生长期从 9 月下旬至 11 月中下旬打皮这段时期。狐分窝一般在仔兽出生 55~60d，从分窝至性成熟这段时期称为育成期。这段时期狐食欲旺盛、生长发育快，是决定以后体型大小的关键时期。仔狐的生长发育很快，从出生到 10 日龄的生长速度为 10~20g/d，10~20 日龄为 23~25g/d；北极狐在 2~4 月龄时平均日增重为 36g，4~6 月龄时为 19g。进入 9 月，仔兽由主要生长骨骼和内脏转为主要生长肌肉、沉积脂肪，同时随着秋分以后日照周期的变化，将陆续脱掉夏毛，长出冬毛。11 月形成长而底绒丰厚的被毛，12 月初或中旬冬毛基本成熟。整个育成期要满足狐生长的需求，育成生长期主要满足骨骼、内脏和肌肉的生长的需求，冬毛生长期满足毛皮生长和沉积脂肪抵御严寒的需求。因此，这一时期对蛋白、脂肪、能量及矿物质元素和维生素等营养物质的需求较高。育成期不同日龄雄性北极狐和雌性狐北极狐的生长曲线变化见图 1-6 和图 1-7，育成期不同日龄间雄性北极狐和雌性狐北极狐平均日增重见图 1-8 和图 1-9，营养水平推荐值见表 1-2。

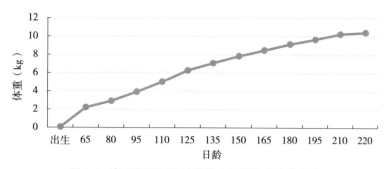

图 1-6　育成期不同日龄雄性北极狐体重变化规律

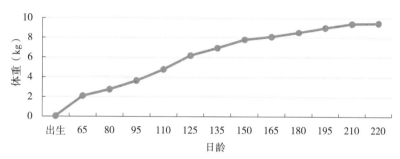

图 1-7　育成期不同日龄雌性北极狐体重变化规律

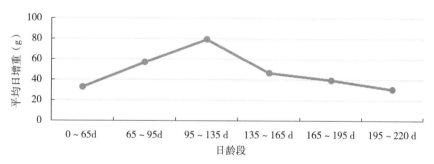

图 1-8　育成期不同日龄段雄性北极狐平均日增重

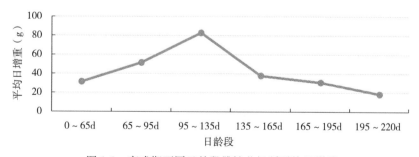

图 1-9　育成期不同日龄段雌性北极狐平均日增重

表 1-2　狐育成期饲粮营养水平推荐值（%）

项目	育成生长期	冬毛生长期
代谢能（MJ/kg）	13.7	13.9
粗蛋白质	32	28

（续）

项目	育成生长期	冬毛生长期
粗脂肪	12	16
赖氨酸	1.8	1.5~1.8
蛋氨酸	1.1	0.9
钙	1.5	1.2
磷	1.2	1.0

（二）繁殖期

人工饲养狐将雌性狐的整个繁殖期划分为准备配种期、配种期、妊娠期和产仔哺乳期四个阶段。整个繁殖期大概持续5~6个月，一般来讲，11月至翌年2月初为准备配种期，也有把9月下旬开始选种选配到打皮这一时期称为准备配种前期，2月上中旬至4月上旬为配种期。配种结束后，母狐进入妊娠期（52±2）d，然后进入产仔哺乳期，4月下旬至5月上旬是北极狐产仔比较集中的时期。

狐是一种季节性单次发情动物，每年仅繁殖一次，仅在2~5月表现出繁殖活性，其繁殖周期与光周期的季节性密切相关。只有在繁殖季节里才表现出发情、交配、排卵、射精、受孕等性行为。而在非繁殖季节，公狐的睾丸和母狐的卵巢都处于静止状态。

在人工饲养情况下，北极狐一般于2月中上旬至4月上旬交配，发情期持续4~5d，银黑狐于1月末至3月初发情交配，母狐发情持续时间为2~3d。妊娠期为（52±3）d，哺乳期为8周。在没有妊娠的情况下，黄体期平均是3个月，接着是长达9个月的乏情期，一直持续到下一个繁殖季节的到来。排卵是自发性的，发生在发情期的一开始，即排卵前黄体释放高峰后的1d（银黑狐）或2d（北极狐）。北极狐的排卵数为1~25枚（平均为14枚）不等，银黑狐的排卵数为1~10枚（平均为7枚）（Jalkanen，1992）。根据发情时间不同，狐的产仔期也有所不同，银狐一般在3月下旬至4月下旬产仔，而北极狐多在4月下旬至6月中旬产仔。银黑狐平均胎产仔数为4~5只，北极狐为8~10只。初生重银黑狐为80~130g，北极狐为60~80g。也有报道野生蓝狐经过几年饲喂，窝产仔数可达到10只（Prestrud，1992）。Kauhala（1996）研究发现野生银黑狐其平均窝产仔数为5.1只。

1. 公狐的繁殖特点及交配行为

（1）北极狐 公狐生殖器官从9月起开始缓慢发育，到12月受长日照的影响，生殖器官发育加快、体积增大、重量增加，机能也逐渐恢复和加强。到次年1月睾丸开始产生成熟的精子，出现性欲。发情季节为2月中旬至5月上旬，9~11月龄时性成熟。

（2）银黑狐与赤狐 公狐睾丸在5~8月处于静止期，重量最低为1.2~2g，到8月末至9月初睾丸开始逐渐发育，重量和体积都有所增加；接近1月时，睾丸重量可达到3.7~4.3g，并能产生成熟精子，但此时尚不能配种，因为前列腺的发育比睾丸要迟。1~2月初，睾丸直径可达2.5cm左右，质地松软、富有弹性，附睾中有成熟精子，有性欲要求，可进行交配。整个配种期延续60~70d，但后期性欲逐渐降低，性情暴躁。从3月底至4月上旬，睾丸迅速萎缩，性欲也相应减退，至5月份恢复原来大小。

进入繁殖季节，狐会频繁发出"嗷嗷"的叫声，这是狐的求偶声。在交配时，一般将母狐放入公狐笼内，公狐嗅闻母狐外阴部，向笼内四周频繁排尿，并与母狐嬉戏玩耍；当母狐表现温驯时，则将尾部抬起等待公狐交配。这时公狐抬起前肢爬跨在母狐背上，并用前肢搂住母狐腰部，臀部不断抖动，进行交配。有的一次可交配成功，有的要经过几次爬跨才能交配成功。公狐射精时后躯抖动加快，眯起眼睛，射精后立即从母狐身上滑下，背向母狐，但公狐阴茎仍滞留在母狐阴道内，出现公、母狐臀部相对的"连锁"现象，证明交配成功；如果没发生连锁现象或连锁时间太短，说明没有交配成功。公母狐间的"连锁"现象持续时间长短不等，一般为20～30min。

2. 母狐的繁殖特点

（1）发情及发情周期

①银黑狐与赤狐 母狐的生殖器官在夏季（6～8月）处于静止状态。卵巢、子宫和阴道处于萎缩状态，8月末至10月中旬卵巢的体积逐渐增大，卵泡开始发育，黄体开始退化，到11月黄体消失，卵泡逐渐增大，翌年1月后发情排卵。子宫和阴道随卵巢的发育而变化，此期体积、重量明显增大。狐是自发性排卵，排卵时两个卵巢可以交替进行。

②北极狐 母狐卵巢和子宫在夏季处于萎缩静止状态，从8月末至9月初开始卵巢的体积逐渐增大，与银黑狐相比发育较为缓慢，到次年2月发情排卵。北极狐也是自发性排卵动物。排卵一般发生在发情后第3天，所有卵泡并不是同时成熟和排出，最初和最后的排卵时间间隔为5～7d。

（2）母狐的排卵 狐是自发性排卵，一般银黑狐排卵发生在母狐发情后的第1天下午或第2天早上，北极狐在发情后的第2天。所有卵泡并不是同时成熟和排出，最初和最后一次排卵时间间隔，银黑狐为3d，北极狐为5～7d。据报道，发情的第1天只有13%的母狐排卵，第2天有47%，第3天有30%，第4天有7%。如想提高母狐的受胎率，最好在母狐发情的第2～3天交配。据试验结果统计，仅交配1次，空怀率为30.9%；初配后第2天复配，空怀率降到14.7%；再次连续复配，空怀率降到4.3%。采用母狐阴道分泌物涂片的方法，能判断其是否排卵。在排卵前母狐的阴道涂片中仅有角化上皮细胞，而排卵后出现白细胞。排卵后卵子迅速运行到输卵管里，母狐的卵细胞被放射冠所包围，但没有极体形成，这与其他动物不同。受精卵分裂的最初阶段发生于子宫角，附植则发生于交配后的12～16d。精子在母狐生殖道中约存活24h（刘国世，2009）。

（3）受精及早期胚胎发育 卵母细胞通过受精形成受精卵后，植入子宫壁开始进行细胞分裂，从而进入胚胎发育阶段。配种后的2～4d，输卵管内的胚胎是单细胞，4～6d时是1～4细胞。6～8d到达子宫内时，胚胎从桑葚胚发育为囊胚。妊娠前期，胚胎发育较慢，后期发育较快。30日龄以前的胚胎重约为1g，35日龄增重到5g，40日龄达到10g左右，而胚胎发育到48d（胚胎发育后期）其重量可达到65～70g。

（4）妊娠 银黑狐和北极狐平均妊娠期为（52±2）d。母狐妊娠后采食量增加，嗜睡而不愿活动，毛色光亮，性情温驯。妊娠后20～25d，可看到母狐的腹部膨大，稍微下垂。临产前，母狐侧卧时可见到胎动，乳房发育迅速，乳头突出、颜色变深，有拔乳房周围的毛或衔草垫窝的现象。

（5）分娩 银狐一般在3月下旬至4月下旬产仔，而北极狐多在4月下旬至6月中旬产仔。母狐临产前减食或拒食，拔掉乳头周围的毛。产仔多在夜间或清晨，仔狐娩出后，由母狐咬断脐带，并舔干身上黏液。每产一仔间隔10～15min，产程大约1～2h，有时达3～4h。仔狐身上胎毛干后，便可爬行并寻找乳头吃乳，平均每3～4h吃乳1次。仔狐出生后14～16h睁眼，一般18～19日龄时开始吃饲料。

3. 繁殖期的营养 繁殖期是狐整个生产周期中最重要的时期，涉及公狐配种、母狐妊娠和产仔等关键环节。因此，繁殖期的饲料品质一定要做到优质、新鲜、易消化，同时要保证饲料营养价值全面，维生素和矿物质元素供应充足，方可保证繁殖期种狐的营养需求。

（1）种狐配种期饲料与营养需求 种公狐配种期要完成频繁的交配任务，体力消耗较大，大多数狐的体重下降10%～15%。因此，配种期种公狐的饲粮要营养全价、适口性好及易于消化。推荐饲粮中动物性饲料占65%～70%，同时要保证饲喂充足的维生素A、维生素C、维生素D、维生素E和B族维生素，以及矿物质元素和食盐（表1-3）。并适当补喂一些动物脑、肝、麦芽等催情饲料。种公狐配种期间，每只每日补充鸡蛋或肉类100g，有利于补充体力。

表1-3 狐配种期的营养需要量

项目	公狐	母狐
代谢能（MJ/d）	1.92	1.76
可消化蛋白（g/d）	46.0	42.0
赖氨酸（%）	1.60	1.60
蛋氨酸（%）	0.80	0.80
钙（%）	1.20	1.20
磷（%）	1.00	1.00
维生素A（IU）	5 000.0	5 000.0
维生素E（IU）	100～200	100～200
维生素B_1（mg）	1.2	1.2
维生素B_2（mg）	5.5	5.5
维生素B_6（mg）	1.6	1.6

（2）妊娠期和哺乳期母狐的饲料与营养需求 从母狐胚胎附植至产仔前这段时间称为妊娠期，妊娠母狐机体发生复杂的生理变化，在这个时期母狐既要保持自身新陈代谢的营养需要，又要为胎儿生长发育提供营养，同时要为产仔泌乳做营养准备。因此，应为妊娠母狐提供营养全价、品质新鲜、适口性强及易消化的饲料。妊娠期要满足狐对蛋白质和能量的需要。维生素和微量元素不足会造成胎儿吸收、死胎、烂胎现象。妊娠母狐的采食量随妊娠天数的增加而逐渐增多，对饲粮中的蛋白质和能量需要量也随之增加。初产母狐由于身体还处于生长发育阶段，饲粮能量水平要比经产母狐高一些。母狐妊娠前期可消化蛋白为55g/d，代谢能摄入为2.17MJ/d，可满足需求；妊娠后期可消化蛋白为57g/d，代谢能摄入为2.09MJ/d。当母狐有不愿进食、呕吐等妊娠反应时，

要调整饲料品种和质量。少喂勤喂，精心护理，同时在饲料中增加维生素 B_1 的供给量。母狐妊娠期营养需求见表1-4。

表1-4　母狐妊娠期营养需求

项目	妊娠前期	妊娠后期
代谢能（MJ/d）	2.17	2.09
可消化蛋白质（g/d）	55.0	57.0
维生素 A（IU）	5 000.0	5 000.0
维生素 E（IU）	100.0～200.0	100.0～200.0
维生素 B_1（mg）	1.2	1.2
维生素 B_2（mg）	5.5	5.5
钙（%）	1.5	1.5
磷（%）	1.2	1.2

（3）母狐哺乳期的饲养与营养需求　从母狐产仔至仔狐分窝这段时期称为产仔哺乳期，平均为 45～60d。母狐产仔、哺乳均大量消耗能量，产仔数多的母狐整个哺乳期除依靠饲粮营养供应外，还要动用自身能源来满足泌乳的需求。因此，在生产中会出现母狐极度消瘦的现象。仔狐 18～20 日龄才开始采食饲料，因此仔狐出生后前 3 周的生长发育完全取决于母狐的泌乳量和品质。仔狐对母乳的需要量随日龄的增长而增加，但开始采食后下降，母狐的泌乳量也随之相应减少。仔狐生长发育很快，仔狐初生时平均体重为 80g，10 日龄可达 280g，20 日龄时体重可达到 550g，断乳分窝时体重可达到 1 820g。哺乳期母狐的饲粮必须考虑胎产仔数和日龄，胎产仔数高于 3 只时，哺乳期饲粮营养水平见表1-5。母狐产仔前 1 周的饲粮中，每天约需 12g 可消化脂肪；当仔狐达到 5～8 周龄时，可消化脂肪增至 60g。充足的脂肪供给有利于泌乳，哺乳母狐和生长仔狐能量需求见表1-6。

表1-5　母狐哺乳期营养需求

项目	哺乳期
代谢能（MJ/d）	2.09
可消化蛋白质（g/d）	60.0
维生素 A（IU）	5 000.0
维生素 E（IU）	100.0～200.0
维生素 B_1（mg）	1.2
维生素 B_2（mg）	5.5
维生素 B_6（mg）	1.6
钙（%）	1.6
磷（%）	1.2

表 1-6　哺乳母狐和生长仔狐能量需求

体重 (kg)	基础热量 (kJ)	仔狐增加的代谢能 [kJ/(只·d)]					
		1～10d	11～20d	21～30d	31～40d	41～50d	51～60d
6.5	2 299						
6.0	2 090	292.6	522.5	752.4	1 170	1 254～1 463	1 713
5.5	1 984						

仔狐初生时有短而稀的胎毛，50～60 日龄时胎毛生长停止。仔狐出生 20～35d 以后，母狐的泌乳量逐渐减少，已不能满足仔狐的需求，仔狐 3 周龄左右，开始采食母狐的饲粮。此时的饲粮应以营养丰富，易于消化的蛋、奶、肝和新鲜肉为主，并调制成粥样。仔狐的补饲量可根据母狐及仔狐营养状况灵活掌握（表 1-7）。

表 1-7　每只仔狐每天补饲量

仔狐日龄	补饲量（g）
20	70～125
30	180
40	280
50	300

（三）种狐恢复期

公狐从配种结束，母狐从仔狐断奶分窝开始到性器官再次发育这一段时期称为种狐恢复期。公银黑狐从 3 月下旬到 8 月末，母银黑狐从 5 月至 9 月；公北极狐从 4 月下旬至 9 月，母北极狐从 6 月至 9 月。由于配种期公狐及泌乳期母狐体能消耗较大，身体瘦弱，因此，这一时期的重点任务是逐渐恢复种狐的体况，保证种狐的健康，并为下一个繁殖期打下良好基础。

恢复期前 15～20d，饲料营养水平保持配种期或哺乳期（母狐）的水平。由于公狐经过一个多月的配种，体力消耗很大，体重普遍下降；母狐由于产仔和泌乳，体力和营养消耗比公狐更严重，极为消瘦，所以营养水平不能马上降低。生产中常遇到当年公狐配种能力很强，母狐繁殖力也很高，但第二年的情况大不相同。表现为公狐配种晚，性欲能力差，交配次数少，精液品质不良；母狐发情晚，繁殖力普遍下降等。这与恢复期饲养水平过低，未能及时恢复体况有直接关系。公狐配种结束，母狐断奶前 2～3 周的饲养极为重要。之后可适当降低饲粮营养水平，以免过度肥胖。8 月末至 9 月初，要提高饲料营养水平，并逐渐过渡到准备配种期。每只狐恢复期每天的营养需要：代谢能为 1.26～2.30MJ，夏季可消化蛋白质为 32.0～42.5g，初秋可消化蛋白质为 35.4～46.2g，秋季中后期可消化蛋白质为 39.1～63.8g，饲料供应量可根据狐的体重大小而调整。恢复期可消化蛋白需要量和代谢能需要分别见表 1-8 和表 1-9。

进入静止期的种公狐，除维持恢复期的营养水平外，还要做好饲养管理，为下一年度繁殖期做好准备。在配种期间发现不合适种的公狐下一年度不再留作种用，可以直接打春皮进行淘汰。进入静止期的母狐，在产仔泌乳期发现难产、乳汁过少、母性不强的下一年度不宜留作种用，准备淘汰，按皮兽水平喂养即可。同时做好卫生防疫、防寒防暑、光照调节及毛皮梳理等工作。

表 1-8　狐恢复期可消化蛋白需要量

月份	北极狐		银黑狐	
	体重（kg）	可消化蛋白（g/d）	体重（kg）	可消化蛋白（g/d）
3	6.6	41～59	4.9	38～49
4	4.2	38～51	4.4	35～45
5	3.9	46～60	4.3	36～46
6	3.7	44～64	4.1	46～60
7	3.7	44～58	4.1	43～55
8	3.8	44～57	4.3	42～53
9	4.2	44～58	4.7	42～54

表 1-9　北极狐代谢能需要量（kJ/d）

月份	公狐	母狐
1	1 500	1 350
2	1 600	1 500
3	1 850	1 600
4	2 800	2 400
5	3 200	2 800
6	3 600	3 000
7	3 900	3 300
8	4 200	3 800
9	5 000	4 200
10	5 600	5 000
11	5 200	4 700
12	2 950	2 600

第二节　狐营养生理与消化代谢特性

狐属于食肉目、哺乳纲、犬科动物，与其他哺乳动物相似，为了维持生命和繁衍后代，必须通过采食饲料中的营养物质，主要包括蛋白质、脂肪、碳水化合物、维生素和矿物质等元素来满足生产需要。但由于其消化生理结构与其他动物存在差异，导致其对饲料种类的利用与消化也有所不同。

一、营养生理与消化系统结构

（一）狐的消化系统结构

狐的消化系统包括口腔、食管、胃、肠及消化腺、肝脏和胰脏。

1. 口腔 狐的口裂较大，口角向后伸到第 3 前白齿。颊较短，黏膜平滑。恒齿 42 颗，其中切齿 12 颗，犬齿 4 颗，前白齿 16 颗，白齿 10 颗。齿式为 3.1.4.2/3.1.4.3＝42。舌呈宽而扁的形状，舌背有较浅的正中沟，分布密而柔软的丝状乳头。在舌根背侧面的两侧各有 2 个轮廓乳头，舌系带发达。

2. 食管 狐的食管起始部有一环状皱褶，位于气管的背侧，长度为 38～42cm。

3. 胃 狐的胃为单室胃，容积较大，达 310～500mL。进食后经 6h 胃内容物全部排空。在左侧与食管相连的一端较宽阔，似圆形，称为贲门部；右侧与十二指肠相连的一端较窄，呈圆筒状，称为幽门部。胃黏膜上有胃腺，分泌胃液，其中主要有胃酸、胃蛋白酶，胃酸使胃内呈酸性环境，可激活胃蛋白酶，利于饲料中的蛋白质消化。胃酸进入小肠内可促使胰液和胆汁分泌。胃蛋白酶可把蛋白质分解为胨和胨。

4. 肠 狐的肠管较短，银黑狐肠管为体长的 3.5 倍，约为 219cm；北极狐肠管为体长的 4.3 倍，约为 235cm。小肠分为十二指肠、空肠和回肠三部分。小肠总长度银黑狐为 175.6cm，北极狐 193.2cm，分别占肠管总长度的 80.2％和 82.2％，北极狐及其他动物肠道与身体比例见表 1-10。

表 1-10　动物肠道与身体长度比例

动物	肠道/身体长度	资料来源
马	15/1	Penelaik（1972）
猪	14/1	Colin（1954）和 Stevens（1977）
兔	10/1	Colin（1954）和 Stevens（1977）
犬	6/1	Colin（1954）和 Stevens（1977）
猫	4/1	Colin（1954）和 Stevens（1977）
狐和水貂	4/1	Neseni（1935）和 Pereldik 等（1972）

胆管和胰小管开口于十二指肠。空肠、回肠呈盘曲状，由宽大的肠系膜连于腰下部，小肠的末段在腰下部沿盲肠的内侧向前移行，与结肠的起始端相接。

小肠内的消化液有胰液、胆汁。胰液呈碱性，可中和进入小肠的胃酸，并为各种胰酶提供适应的碱性环境。胰液中含有多种消化酶，胰蛋白酶能将蛋白质分解为氨基酸，胰脂肪酶可将脂肪分解为甘油和脂肪酸。分解糖类的胰酶能将糖分解为葡萄糖等单糖。胆汁能激活脂肪酶，乳化脂肪，促进脂肪的分解和吸收以及脂溶性维生素的吸收。另外，还可刺激肠道蠕动并有抑菌的作用。小肠腺体分泌的小肠液含有多种分解蛋白质、脂肪和糖类的消化酶，有助于物质的消化。小肠是消化道消化吸收的主要部位，所有的营养物、水和无机盐、维生素等均在小场内被吸收。

大肠分为盲肠、结肠和直肠。结肠与直肠全长 41.8～43.4cm，盲肠前端开口于结肠的起始部，后部是一个尖形的盲端开口。大肠主要吸收水分，形成粪便排出体外。在大肠腺体可分泌碱性大肠液，具有润湿粪便、保护黏膜的作用。

肛门两侧还有一对肛门腺。母狐肛门腺分泌物中至少含有 12 种成分，包括碱、三甲胺以及某些饱和羧酸。

5. 肝和胰 肝分叶多而清楚，左叶分为左内叶和左外叶，右叶分为右内叶和右外叶，中间叶在腹侧部分为方形叶，其上部左侧为乳头叶，右叶为尾状叶。胆囊位于肝的右内叶和方形叶之间，肝重变化大，为体重的 1.9%～9.8%。胰腺呈窄而长的不规则带状，短而细的导管开口在距幽门 3.5cm 及 10cm 处的十二指肠壁上。

（二）狐机体脂肪酸组成

1. 狐体脂肪酸组成　研究表明，从北极狐或银黑狐体表脂肪至机体深层脂肪，脂肪酸饱和度逐渐增加，肝脏中的脂肪酸饱和度最高，能达到 40%，且饲粮中的脂肪酸组成显著影响机体脂肪酸的组成。野生北极狐脂肪酸组成饱和度较高，这与采食食物种类有关。人工饲养狐机体脂肪酸组成与饲粮种类及脂肪酸含量呈正相关。钟伟（2016，2017）采用同种饲粮饲喂育成期北极狐和银黑狐，研究其机体不同组织中脂肪酸含量的组成及差异。

结果表明黑皮下脂肪组织、肌肉组织和肝脏组织中，北极狐饱和脂肪酸 SFA 分别为 24.84%、34.96% 和 65.14%，而银黑狐 SFA 分别为 28.41%、31.10% 和 60.14%；北极狐单不饱和脂肪酸 MUFA 分别为 49.58%、46.58% 和 12.57%，银黑狐 MUFA 分别为 44.29%、47.22% 和 11.30%；北极狐多不饱和脂肪酸 PUFA 分别为 22.80%、18.37% 和 22.29%，银黑狐分别为 26.93%、21.67% 和 27.77%。通过两个狐属比较分析，北极狐与银黑狐 SFA、MUFA 和 PUFA 含量基本相近，从表面的皮下脂肪组织至深层的肝脏组织中饱和度逐渐增加，两个狐属肝脏 MUFA 含量相比皮下脂肪组织和肌肉中更低，可能说明肝脏中的脂肪酸不易被动员与利用。当狐处于严寒环境或饥饿状态时，为满足自身能量需求，优先动用皮下脂肪组织的 MUFA 和 PUFA。研究发现狐皮下脂肪中油酸含量较高，北极狐油酸和亚油酸含量分别为 43.06% 和 21.43%，银黑狐分别为 37.09% 和 26.16%，同时还含有一些 n−3 系列的脂肪酸。油酸具有较好的皮肤渗透性，并有携带其他物质渗透的作用，很多化妆品或药剂中均含有油酸的成分，说明狐皮下油脂可能具有开发利用的价值。北极狐和银黑狐不同组织中脂肪酸组成见表 1-11 和表 1-12。

表 1-11　北极狐不同组织中脂肪酸组成

脂肪酸组成	中文名称	皮下脂肪组织	肌肉组织	肝脏组织
C14：0	肉豆蔻酸	2.40±0.15	2.47±0.40	0.385±0.12
C14：1	十四碳烯酸	0.17±0.02	0.16±0.04	ND
C15：0	十五烷酸	0.11±0.01	0.13±0.03	ND
C16：0	棕榈酸（软脂酸）	19.24±2.69	24.18±5.68	18.57±3.47
C16：1	棕榈油酸	6.14±0.57	7.03±1.37	1.38±0.43
C17：0	十七烷酸	0.20±0.03	0.22±0.07	0.66±0.08
C18：0	硬脂酸	6.08±1.09	7.97±2.15	47.24±2.56
C18：1n9c	油酸	43.06±3.51	39.32±4.20	10.79±2.65
C18：2n6c	亚油酸	21.43±1.49	16.67±3.20	15.39±1.66
C18：3n3	亚麻酸	0.12±0.02	0.49±0.10	ND
C20：0	花生酸	0.21±0.04	ND	ND
C20：1	花生一烯酸	0.77±0.09	0.17±0.008	ND

（续）

脂肪酸组成	中文名称	皮下脂肪组织	肌肉组织	肝脏组织
C20：4n6	花生四烯酸	0.19±0.06	0.27±0.06	5.02±1.89
C20：5n3	二十碳五烯酸	0.33±0.09	0.24±0.03	1.44±0.42
C22：6n3	二十二碳六烯酸	0.29±0.09	0.25±0.07	2.23±0.61
SFA	饱和脂肪酸	24.84±7.90	34.96±8.21	65.14±2.89
MUFA	单不饱和脂肪酸	49.58±3.69	46.58±5.44	12.57±2.79
PUFA	多不饱和脂肪酸	22.80±1.67	18.37±3.25	22.29±4.89
n-6PUFA	n-6 多不饱和脂肪酸	21.57±1.62	17.43±3.19	19.10±4.47
n-3PUFA	n-3 多不饱和脂肪酸	1.24±0.32	0.94±0.15	3.19±0.37

表 1-12　银黑狐不同组织中脂肪酸组成

脂肪酸组成	中文名称	皮下脂肪组织	肌肉组织	肝脏组织
C10：0	癸酸	ND	ND	0.24±0.14
C12：0	月桂酸	2.01±0.82	0.11±0.03	0.38±0.20
C14：0	肉豆蔻酸	2.92±0.66	2.83±0.29	0.76±0.21
C14：1	十四碳烯酸	0.18±0.01	0.28±0.04	ND
C15：0	十五烷酸	0.12±0.01	0.17±0.03	ND
C16：0	棕榈酸（软脂酸）	18.36±0.83	22.90±0.79	15.55±2.48
C16：1	棕榈油酸	6.08±0.33	9.17±1.39	2.02±0.51
C17：0	十七烷酸	0.17±0.02	0.22±0.03	0.69±0.10
C18：0	硬脂酸	4.49±1.08	4.97±0.42	43.03±5.37
C18：1n9c	油酸	37.09±1.09	37.46±1.71	9.29±2.75
C18：1n9t	油酸异构体	ND	ND	ND
C18：2n6c	亚油酸	26.16±2.01	19.51±1.15	13.91±2.21
C18：3n3	亚麻酸	ND	0.73±0.11	ND
C20：0	花生酸	0.16±0.04	ND	0.35±0.09
C20：1	花生一烯酸	0.95±0.07	0.22±0.03	ND
C20：3n3	花生三烯酸	ND	ND	0.49±0.16
C20：3n6	花生三烯酸	ND	ND	0.38±0.13
C20：4n6	花生四烯酸	0.13±0.02	0.66±0.10	5.31±1.78Bb
C20：5n3	二十碳五烯酸（EPA）	0.24±0.05	0.69±0.14	ND
C22：6n3	二十二碳六烯酸（DHA）	0.23±0.04	0.44±0.04	5.78±2.36
SFA	饱和脂肪酸	28.41±3.00	31.10±1.06	60.14±5.40
MUFA	单不饱和脂肪酸	44.29±1.42	47.22±2.41	11.30±3.22
PUFA	多不饱和脂肪酸	26.93±2.06	21.67±1.82	27.77±6.81
n-6PUFA	n-6 多不饱和脂肪酸	26.47±2.03	20.08±1.27	19.54±3.85
n-3PUFA	n-3 多不饱和脂肪酸	0.47±0.09	1.86±0.24	2.68±1.06

2. 狐乳汁脂肪酸组成　Rusanen 和 Valtonen（1991）研究发现，母狐早期哺乳阶段，奶中脂肪酸主要包括27％饱和脂肪酸、50％单不饱和脂肪酸、14％多不饱和脂肪酸，随着哺乳期的推进，奶中脂类成分变得更饱和。与其他犬科动物相比，北极狐奶中脂肪酸基本上是 C16 和 C18 脂肪酸，奶中脂肪酸组成能反映出饲粮中脂肪酸组成。

Ahlstrom 和 Wamberg（1997）及 Ahlstrom 等（2000）研究表明，17～21 日龄的仔银黑狐每天每只吃奶量约 100mL，而 13～15 日龄的仔北极狐每天每只吃奶量为 30～40mL，19～21 日龄的仔北极狐每天每只吃奶量为 60～70mL。基于产仔数量，母狐每天最高泌乳量为 500～700mL。母北极狐在 14～15d 时泌乳量达到高峰，其能量消耗超过 3 200kJ/d，表 1-13 是银黑狐和北极狐奶成分组成比较。

表 1-13　银黑狐和北极狐奶成分组成（％）

营养成分	北极狐初乳	银黑狐奶	北极狐奶
水分	65.2	81.9	77.0
脂肪	12.1	5.8	11.0
蛋白质	17.1	6.4	8.2
乳糖	4.0	4.8	3.0
灰分	1.5	1.0	1.0

二、营养消化代谢特性

（一）消化生理特点

1. 消化生理特点　北极狐和银黑狐分别属于哺乳纲、食肉目、犬科北极狐属和狐属，是单胃的肉食性动物，门齿短、犬齿长，不善于咀嚼，吞食食物。狐的消化道较短，约为体长的 3～4 倍，胃的排空时间为 6～9h，食物通过消化道时间为 20～30h，最长 30h 后完全排出。李新红等（2002）研究表明，北极狐体内消化酶的活性在各个时期是不同的，幼狐在断乳前胰蛋白酶、脂肪酶及淀粉酶有上升的趋势，但断奶后三种酶的活性略有所降低，55d 后又逐渐升高。断乳后 1 个月内胰腺基本发育完全，65d 时小肠内的消化酶基本发育完全，以后略有降低。

北极狐主要通过消化酶水解消化吸收营养物质，小肠内具有较高活性的胰蛋白酶和胰脂肪酶，淀粉酶活性较低。因此，狐对饲粮蛋白的消化率能达到 70％～80％，对脂肪消化率能达到 90％以上，对于碳水化合物的消化率仅能达到 50％～60％。狐对动物性饲料利用率要高于植物性饲料，因此狐饲粮组成中动物性饲料比例应达到 50％～60％，植物性饲料比例应控制在 30％～40％。孙伟丽等（2009）在不同蛋白质来源饲粮对北极狐营养物质消化率的比较研究中发现，北极狐对动物性蛋白的粗蛋白质表观消化率最高，达到 67.76％，植物性蛋白质的粗蛋白质表观消化率仅为 43.74％，而对纤维含量高的植物性饲料消化能力较弱，这是由于其盲肠不发达，微生物发挥的消化作用较小的原因。

2. 狐肠道内的微生物组成　陈双双等（2018）研究北极狐肠道菌群组成及其多样性。取 8 只健康育成期（5～6 月龄）雄性舍饲北极狐，采集新鲜粪便后采用高通量测序技术对北极狐肠道菌群结构进行分析。结果显示：8 只健康的北极狐共获得 569 930 条有效序列，操作分类单元范围为 468～574，分布于 16 个门的 209 个属。在门水平上以厚壁菌门（Firmicutes）、拟杆菌门（Baeteroidetes）、放线菌门（Actinobacteria）、变形菌门（Proteobacteria）、梭杆菌门（Fusobacteria）为主，其中厚壁菌门所占比例最高，为 62.97％；其余依次为 22.05％、8.89％、5.15％ 和 0.88％，其他菌门占

0.06%。在属水平上以链球菌属（*Streptococcus*）所占比例最高，为11.75%；其次为乳杆菌属（*Lactobacillus*，9.86%）、普雷沃菌属（*Prevotella*，9.28%）、巨型球菌属（*Megasphaera*，8.21%）、柯林斯菌属（*Collinsella*，7.27%）、*Blautia*（7.08%）和拟杆菌属（*Bacteroides*，5.64%）。通过高通量测序技术发现北极狐具有复杂的肠道菌群结构，且个体间存在较大差异见图1-10、图1-11、表1-14。

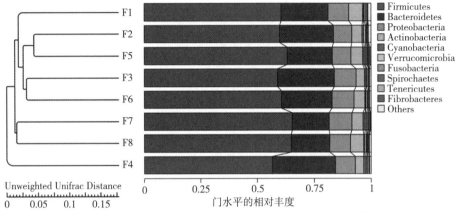

图1-10　基于 Unweighted Unifrac 距离的 UPGMA 聚类树

注：Firmicutes 为厚壁菌门、Bacteroidetes 为拟杆菌门、Actinobaeteria 为放线菌门、Proteobacteria 为变形菌门、Fusobacteria 为梭杆菌门、Cyanobacteria 为蓝藻菌门、Verrucomicrobia 为疣微菌门、Spirochaetes 为螺旋体门、Tenericutes 为柔壁菌门、Fibrobacteres 为纤维杆菌门

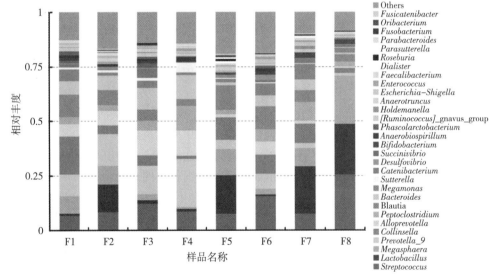

图1-11　蓝狐肠道菌群属分类的相对丰度

注：*Streptococcus* 为链球菌属、*Lactobacillus* 为乳杆菌属、*Megasphaera* 为巨型球菌属、*Prevotella* 为普雷沃菌属、*Collinsella* 为柯林斯菌属、*Alloprevotella* 为拟普雷沃菌属、*Bacteroides* 为拟杆菌属、*Megamonas* 为巨单胞菌属、*Sutterella* 为萨特氏菌属、*Desulfovibrio* 为脱硫弧菌属、*Succinivibrio* 为琥珀酸弧菌属、*Bifidobacterium* 为双歧杆菌属、*Anaerobiospirillum* 为厌氧螺菌属、*Phascolarctobacterium* 为考拉杆菌属、*Ruminococcus* 为胃球菌属、*Enterococcus* 为肠球菌属、*Dialister* 为小杆菌属、*Roseburia* 为罗氏菌属、*Fusobacterium* 为梭杆菌属；*Blautia*、*Peptoclostridium*、*Catenibacterium*、*Faecallibacterium*、*Holdemanella*、*Anaerotruncus*、*Escherichia-Shigella*、*Parasutterella*、*Parabacteroides*、*Oribacterium*、*Fusicatenibacter* 无中文对照

表 1-14　北极狐肠道不同菌属所占比例

项目	样本 1	样本 2	样本 3	样本 4	样本 5	样本 6	样本 7	样本 8	平均值
链球菌属 *Streptococcus*	7.05	8.58	12.36	8.78	7.89	15.80	7.81	25.72	11.75±2.25
乳杆菌属 *Lactobacillus*	0.77	12.51	1.55	1.25	17.56	0.71	21.55	22.96	9.86±3.50
巨型球菌属 *Megasphaera*	8.07	8.74	2.89	0.67	11.99	2.55	8.47	22.32	8.21±2.43
普雷沃菌属 *Prevotella*	9.95	14.52	13.06	22.16	4.11	6.94	2.33	1.20	9.28±2.51
柯林斯菌属 *Collinsella*	17.45	3.96	4.85	1.55	10.37	8.76	8.81	2.39	7.27±1.85
拟普雷沃菌属 *Alloprevotella*	5.60	6.69	11.18	11.38	1.26	5.92	1.35	0.68	5.51±1.51
Peptoclostridium	3.37	2.60	4.56	11.37	2.14	5.75	8.55	2.19	5.07±1.18
Blautia	10.20	7.12	5.20	2.52	11.34	10.56	5.51	3.50	7.08±1.14
拟杆菌属 *Bacteroides*	6.25	6.34	9.90	10.88	1.30	4.89	4.93	0.56	5.64±1.29
巨单胞菌属 *Megamonas*	5.35	1.55	3.31	1.35	1.74	5.61	7.11	2.37	3.55±0.78
总比例	74.06	72.61	68.86	72.74	69.70	67.49	76.42	83.89	77.22±1.84

与水貂相比，北极狐肠道菌群具有较高的丰度与多样性。从门分类水平上看，北极狐肠道菌群中主要优势菌门为 Firmicutes 和 Bacteroidetes。肠道中的 Firmicutes 主要是对碳水化合物及蛋白质起水解作用，Bacteroidetes 则对类固醇、胆汁酸及多糖起代谢作用，从而促进多糖的吸收以及蛋白质的合成。相同环境下的不同个体间肠道菌群组成存在一定的差异性。将本试验结果与其他犬科动物肠道菌群结构进行比较，发现北极狐肠道菌群多样性特征与其他犬科动物基本相同，仅在梭杆菌门 Fusobacteria、放线菌门 Actinobacteria 的数量上存在较大差别。与水貂相比，北极狐肠道菌群中除梭杆菌门 Fusobacteria 所占比例较低外，其他菌门种类与北极狐相似。研究发现，饲粮中纤维含量的增加会导致梭杆菌门 Fusobacteria 细菌数量减少（Middelbos 等，2010）。说明北极狐对饲粮中的纤维具有一定的消化能力，这也能是北极狐饲料配制谷物性饲料比例略高于水貂饲料的原因。

（二）饲料消化特性

1. 狐饲料种类　狐常用的饲料分为动物性饲料、植物性饲料和添加剂类饲料三大类。动物性饲料包括冷鲜动物性饲料和干粉类动物性饲料。其中冷鲜动物性饲料包括鱼类、肉类、鱼副产品类、畜禽副产品类等饲料。干粉类动物性饲料包括鱼粉、肉骨粉、肉粉、羽毛粉、血粉等。植物性饲料包括谷物类饲料，如膨化玉米、膨化小麦、干酒糟蛋白、玉米蛋白粉、豆粕等。添加类饲料包括维生素类和矿物质类、酶制剂、益生素、中草药及调味剂等。由于狐属肉食性动物，对鲜动物性饲料消化利用率高于干粉类饲料及植物性饲料，因此，在狐养殖生产中，多采用50%～60%动物性饲料和30%～40%植物性饲料，再加入10%的添加剂类饲料和果蔬类来配制狐饲粮。因为狐嗅觉系统发达，对饲粮的气味特别敏感，因此饲粮配制要充分考虑饲料的适口性，提高其采食量。同时饲粮中动植物饲料适宜的配比，有利于提高狐的营养物质消化率，从而提高狐的生产性能，获取较高的养殖效益。

2. 不同种类饲料的消化利用

（1）油脂类饲料　在毛皮动物养殖生产中，油脂饲料是提供能量的主要来源。国内外配制狐饲粮，若选用鲜饲料配制，鲜动物性饲料中的动物油脂是提供能量的主要来源；若选用狐全价配合饲料，配合饲料中的植物油如豆油、玉米油等，或动物油脂如鸡油、猪油等均是提供能量的主要来源。其次是谷物性饲料，如膨化大豆、膨化玉米或膨化小麦等提供的能量。张婷（2015）研究相同脂肪水平豆油与豆油和鸡油混合油脂对育成生长期银狐生产性能、营养物质消化率及氮代谢的影响，建议育成期银狐以豆油作为饲粮脂肪主要来源生产性能较好，而冬毛生长期以混合油脂（鸡油：豆油＝1：1）作为饲粮脂肪主要来源效果最佳。钟伟等（2016）研究饲粮不同油脂（鱼油、玉米油和豆油）配比对育成生长期和冬毛生长期雄性蓝狐生长性能、营养物质消化率及氮代谢的影响，以育成生长期5.36%玉米油与2.64%豆油混合效果较理想，冬毛生长期1.5%鱼油与12.5%玉米油混合饲喂效果最佳。

（2）蛋白质类饲料利用　毛皮动物常用蛋白质饲料包括动物性蛋白质饲料和植物性蛋白质饲料。动物性蛋白质饲料包括鲜鱼、肉及其副产品，鱼粉、肉粉、血粉、羽毛粉等。植物性蛋白质饲料包括豆粕、玉米蛋白粉、膨化大豆等。动物性蛋白饲料的氨基酸组成更接近于狐的机体组成，因此，狐对动物性蛋白类饲料的消化率要高于植物性蛋白类饲料。孙伟丽等（2009）研究表明，蓝狐对干动物性饲料蛋白消化率能达到50%～70%，其中鸡肉粉、秘鲁鱼粉、鸡肠羽粉和羽毛粉的蛋白表观消化率较高，猪肉粉和肉骨粉蛋白消化率较低。因此，在选择蓝狐饲粮配制中，采用鸡肉粉作为蛋白质来源较合适，而猪肉粉不适合作为提供蛋白质的主要来源。植物性蛋白饲料中豆粕的粗蛋白质消化率最高，达到72%左右；其次是膨化大豆和玉米蛋白粉，粗蛋白质消化率介于60%～70%；膨化玉米和玉米胚芽粕的粗蛋白质消化率最低，仅为40%左右。因此，蓝狐饲粮配制中，宜选用豆粕作为植物性蛋白质饲料来源；玉米胚芽粕适口性差，不宜大量选用。孙伟丽等（2011）对11种鲜饲料原料的粗蛋白质表观消化率进行了评定，得出海杂鱼、鸡骨架、鸡蛋、牛肉和白条鸡的粗蛋白质消化率为94.60%、91.19%、91.24%、97.25%和96.69%；得出鳑鲏、白鲢、鸡杂、牛肝、鸡肝和黄花鱼粗蛋白质消化率为83.06%、77.28%、89.88%、68.26%、75.58%和69.13%。由此得出，蓝狐对这11种鲜动物性饲料均具有较好的消化能力，其中海杂鱼、鸡骨架、鸡蛋、牛肉、白条鸡、鳑鲏、鸡杂可作为蓝狐的优质蛋白质饲料，白鲢、牛肝、鸡肝、黄花鱼要根据饲料的适口性、营养消化率等实际情况确定其在蓝狐饲料中所占的比例。

（3）添加剂类饲料　孙伟丽等（2015）和杨雅涵等（2015）研究了育成生长期和准备配种期狐饲料中添加肝脏香、奶香、甜味剂3种调味剂，均提高了蓝狐的干物质采食量和营养物质消化率，但尤以甜味剂效果最好；配种期适宜的饲料调味剂类型有玉米香、鸡肉香和肝脏香。张婷等（2017）研究表明，冬毛生长期添加乳酸菌微生态制剂使每只蓝狐每日采食活乳酸菌数达到 $3×10^9$ CFU/kg 即可促进其生长，并提高脂肪表观消化率和总能消化率。贡筱和郭俊刚等（2014）研究育成生长期蓝狐饲粮中添加 $1×10^{10}$ CFU/kg 枯草芽孢杆菌或 $1×10^8$ CFU/kg 粪肠球菌时较为理想；冬毛生长期饲粮中添加 $1×10^{10}$ CFU/kg 枯草芽孢杆菌或 $1×10^7$ CFU/kg 粪肠球菌可获得较好的生产性能。钟伟等（2019）研究表明，冬毛生长期北极狐饲粮中添加 100mg/kg 黄芪多糖能改善其肠道形态结构，显著增加冬毛生长期北极狐对蛋白质的利用效率，提高生产性能；冬毛生长期银黑狐饲粮中添加 200mg/kg 黄芪多糖，可明显改善肠道形态结构，有利于增加肠道的消化吸收能力。

➥ 参考文献

白秀娟，2006. 养狐手册［M］. 2 版. 北京：中国农业大学出版社.

程世鹏，单慧，2000. 特种经济动物常用数据手册［M］. 沈阳：辽宁科学技术出版社.

陈双双，司华哲，穆琳琳，等，2015. 高通量测序技术分析蓝狐肠道菌群多样性［J］. 动物营养学报，30（10）：4071-4080.

贡筱，郭俊刚，吴学壮，等，2014. 饲粮中添加枯草芽孢杆菌和粪肠球菌对育成期蓝狐生长性能、营养物质消化率及氮代谢的影响［J］. 动物营养学报，26（4）：1004-1010.

耿业业，2011. 育成期蓝狐脂肪消化代谢规律的研究［D］. 北京：中国农业科学院.

刘国世，2009. 经济动物繁殖学［M］. 北京：中国农业大学出版社.

李光玉，杨福合，2006. 狐、貉、貂养殖新技术［M］. 北京：中国农业科学技术出版社.

李新红，2002. 酶制剂、益生素对蓝狐消化代谢、免疫机能及生产性能影响的研究［D］. 哈尔滨：东北林业大学.

孙伟丽，王凯英，2016. 如何办个赚钱的狐家庭养殖场［M］. 北京：中国农业科学技术出版社.

孙伟丽，耿业业，刘晗璐，等，2009. 蓝狐对不同蛋白质来源饲粮干物质和粗蛋白质表观消化率的比较研究［J］. 动物营养学报，21（6）：953-959.

孙伟丽，李光玉，刘凤华，等，2011. 蓝狐对 11 种鲜饲料原料中干物质和粗蛋白质表观消化率的研究［J］. 动物营养学报，23（9）：1519-1526.

孙伟丽，王卓，樊燕燕，等，2016. 饲料调味剂对育成期蓝狐采食量、营养物质消化率、氮代谢及生长性能的影响［J］. 动物营养学报，28（3）：851-857.

佟煜人，钱国成，1990. 中国毛皮兽饲养技术大全［M］. 北京：中国农业科学技术出版社.

杨雅涵，孙伟丽，徐超，等，2015. 饲料调味剂对准备配种期蓝狐采食行为和采食量的影响［J］. 饲料工业，36（17）：55-59.

钟伟，罗靖，张婷，等，2016. 饲粮 n-6/n-3 多不饱和脂肪酸配比对育成期雄性蓝狐生长性能、营养物质消化率及氮代谢的影响［J］. 动物营养学报，28（10）：3199-3206.

钟伟，张婷，罗婧，等，2017. 饲粮 n-6/n-3 多不饱和脂肪酸配比对北极狐冬毛生长期体脂沉积、体脂肪酸组成及血液生化指标的影响［J］. 畜牧兽医学报，48（6）：1054-1065.

钟伟，张婷，刘晗璐，等，2019. 饲粮添加不同水平黄芪多糖对冬毛生长期北极狐生产性能、氮代谢及肠道形态结构的影响［J］. 动物营养学报，31（3）：1295-1300.

张婷，刘晗璐，邢敬亚，等，2017. 乳酸菌微生态制剂对冬毛生长期北极狐生长性能、营养物质消化率及血清生化指标的影响［J］. 中国畜牧兽医，44（1）：94-99.

张婷，钟伟，罗婧，等，2015. 饲粮脂肪水平对冬毛生长期银狐生长性能、体脂肪酸组成及空肠中小肠型脂肪酸结合蛋白表达的影响［J］. 动物营养学报，27（7）：2300-2308.

Ahlstrom O, Wamberg S, 1997. Measurement of daily milk intake of suckling fox cubs [J]. Scientifur, 21 (4): 304.

Ahlstrøm O, Wamberg S, 2000. Milk intake in blue fox (*Alopex lagopus*) and silver fox (*Vulpes vulpes*) cubs in the early suckling period [J]. Comparative Biochemistry & Physiology Part A Molecular & Integrative Physiology, 127 (2): 225-236.

Kauhala K, 1996. Reproductive strategies of the racoon dog and the red fox in Finland [J]. ACTA Theriologica, 41 (1): 51-58.

Middelbos I S, Boler B M V, Qu A, et al., 2010. Phylogenetic characterization of fecal microbial communities of dogs fed diets with or without supplemental dietary fiber using 454 pyrosequencing [J]. Plos One, 5 (3): e9768.

Mondain-Monval M, Bonnin M, Canivenc R, et al., 1984. Heterologous radioimmunoassay of fox LH: Levels during the reproductive season and the anoestrus of the red fox (*Vulpes vulpes* L.) [J]. General & Comparative Endocrinology, 55 (1): 125-132.

Prestrud P, Nilssen K, 1992. Fat deposition and seasonal variation in body composition of arctic foxes in svalbard [J]. Journal of Wildlife Management, 56 (2): 221-233.

Rusanen M, Valtonen M, 1991. Blue fox milk composition [J]. Scientifur, 15 (4): 327.

Stevens C E, 1989. Comparative physiology of the vertebrate digestive system [J]. Animal Feed Science & Technology, 29 (7): 1029.

Walker D M, 2010. Feeding of fur-bearing animals [J]. Australian Veterinary Journal, 40 (10): 365.

第二章
狐能量营养与需要

动物机体一切生命活动如呼吸、血液循环、维持体温、生产等均需要消耗能量。饲料中的脂肪、蛋白质和碳水化合物蕴藏着动物机体所需的能量。三大营养物质在机体内进行代谢的同时伴随着能量代谢并遵循能量守恒定律。本章简述能量相关概念，能量在动物体内的分配，包括总能、消化能、代谢能和净能；能量的利用和转化效率，着重介绍不同生物学时期北极狐能量需要量以及干物质采食量与能量的关系。

第一节　能量基本概念

一、能量的概念

能量一词源于古希腊语"*energon*"，意思是"做功"。能量就是做功的能力。能量的存在形式有多种多样，如太阳能、热能、风能、电能、化学能、动能等。能量不能创造，也不会消失，仅是从一种形式转变成另一种形式。动物所需的能量主要来自饲料中的三大营养物质中所蕴含的化学能。在体内经过代谢，化学能可以转化为热能或机械能以维持体温、肌肉活动等，也可以蓄积。

二、能量的度量单位

能量的基本单位是卡（cal），1g 水从 14.5℃升高到 15.5℃所需要的热量为 1 卡。由于卡单位很小，实践中常常用千卡亦称大卡（kcal）或兆卡（Mcal）亦称热姆。3 种单位间换算关系为：1 兆卡（Mcal）＝1 000 千卡（kcal），1 千卡（kcal）＝1 000 卡（cal）。我国法定的衡量能量的单位是焦耳（J）。卡与焦耳之间的换算关系如下：1 卡（cal）＝4.184 焦耳（J）；1 千卡（kcal）＝4.184 千焦耳（kJ）；1 兆卡（Mcal）＝4.184 兆焦耳（MJ）。

三、能量代谢

通常把机体内物质代谢过程中伴随的能量转换、释放、转运和利用，称为能量代谢，即营养物质在体内氧化为二氧化碳和水并释放能量的过程。在动物体内，能量转换和物质代谢密不可分。动物采食饲料后，三大营养物质被肠道上皮细胞消化吸收，通过糖酵解、三羧酸循环或氧化磷酸化释放出能量，最终以 ATP 形式供机体利用。图 2-1 简示了营养物质代谢与能量转化。

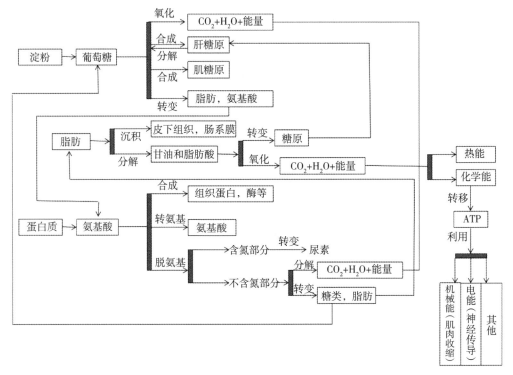

图 2-1　三大营养物质代谢与能量转化

第二节　能量体系概述

一、总能

总能（gross energy，GE）是指物质完全氧化燃烧生成二氧化碳、水和其他氧化物时所产生的全部能量，也称燃烧热。总能可通过氧氮式测热计测定，表 2-1 列出了北极狐几种常用饲料原料总能测定结果。除了直接测热，也可根据饲料中三大营养物质含量和平均能值计算出饲料的总能值。例如，新鲜黄花鱼含干物质 25.5%，蛋白质 12.73%，脂肪 6.68%，碳水化合物 0.19%。已知碳水化合物能值为 17.58kJ/g；蛋白质能值为 23.86kJ/g，脂肪能值为 39.76kJ/g。1kg 新鲜黄花鱼含蛋白 1 000×12.73%＝127.3g；脂肪 1 000×6.68%＝66.8g，碳水化合物 1 000×0.19%＝1.9g，总能＝127.3g/kg×23.86kJ/g＋66.8g/kg×39.76kJ/g＋1.9g/kg×17.58kJ/g＝5 726.75kJ/kg。

总能虽然能够表明饲料经过完全燃烧后化学能转化为热能的多少，但不能说明饲料被动物利用的程度，它只是作为能量代谢中评价其他有效能的基础。

表 2-1　北极狐几种常用饲料原料总能测定结果（kJ/kg）

鲜饲料原料	总能	干粉饲料原料	总能
黄花鱼	5 679.99	膨化玉米	11 594.99
鲽	3 739.99	膨化小麦	11 737.88
刀鱼	4 790.01	膨化大豆	17 828.94
鸡骨架	9 980.01	鱼粉	17 541.75
鸡肝	4 810.01	肉骨粉	12 094.27

二、消化能

饲料进入消化道后不能完全被消化，未被消化的部分以粪便的形式排出体外，粪中含的能量称为粪能（fecal energy，FE），总能减去粪能即消化能（digestible energy，DE）。粪能是北极狐饲料能量中损失最大的部分，采食干粉配合饲料的北极狐粪能损失占饲料总能的20%～30%。由于粪中除了未被消化的食物残渣还包含肠道微生物、脱落的肠道上皮细胞等内源物质，此类物质含有的能量称为内源粪能（edogenous fecal energy，EFE），所以消化能又分为表观消化能（apparent digestible energy，ADE）和真消化能（true digestible energy，TDE）。具体公式如下：

$$ADE = GE - FE$$
$$TDE = GE - (FE - EFE)$$

由上述公式可见，实际测得的表观消化能较真消化能偏低，但因真消化能测定困难，通常文献里的消化能指表观消化能。

消化能的测定方法分为直接测定法和间接推算法。直接测定法分为全收粪法和指示剂法。间接推算是基于消化试验和饲料养分测定的大数据库，利用回归分析建立饲料消化能与养分含量之间的回归方程。在北极狐营养上一般用全收粪法测定饲料的消化能。主要是通过记录采食量和排粪量，然后应用氧氮式测热计测定能值，按照以下公式计算饲料的消化能：

$$DE = (GE - FE) / W$$

式中，DE：饲料消化能（MJ/kg）；GE：食入饲料总能（MJ/d）；FE：粪能（MJ/d）；W：食入饲料量（kg）。

孙伟丽（2011）采用直接法测定了北极狐对常用的5种鲜饲料原料的干物质及蛋白质的表观消化率，海杂鱼、鸡骨架、鸡蛋、牛肉和白条鸡干物质表观消化率分别为84.39%、87.24%、61.14%、94.64%和88.12%，蛋白质表观消化率分别为94.60%、91.19%、91.24%、97.25%和96.69%。

采用消化能可以区别不同饲料由于消化率不同而带来的能量变化。消化能考虑了动物对饲料的消化程度，测定方法简单可行。

三、代谢能

代谢能（metabolizable energy，ME）是指消化能减去尿能（尿中有机物所含的能量即尿能，energy in urine，UE）和消化道可燃气体的能量（energy in gaseous products of digestion，Eg）后剩余的能量。由于尿能一部分来自于饲料养分代谢后的产物，还有一部分来自于体内蛋白质的分解产物，所以代谢能可分为表观代谢能（apparent metabolizable energy，AME）和真代谢能（true metabolizable energy，TME）。

$$AME = DE - (UE + Eg) = GE - FE - UE - Eg$$

从上式可知，通过消化代谢试验收集粪便、尿液和可燃气体，用燃烧测热器测定实验动物每日食入的饲料总能以及排出的粪能、尿能和可燃气体能，便可算出代谢能。尿能与饲粮中的蛋白质水平及氨基酸平衡状态有关。高蛋白质水平下，氨基酸不平衡，导致尿氮增加，增加尿能损失，降低代谢能。单胃动物消化道内产生可燃气体很少，通常这部分能量忽略不计。

TME 为饲料总能减去饲料来源的粪能、尿能和气体能，即用粪能和尿能分别减去代谢粪能（metabolic fecal energy，FEm）和内源尿能（endogenous urinary energy，UEe）。UEe 是饲喂无氮饲料时随尿排出的含氮物质（体组织分解产生）所含的能量。

$$TME = GE - (FE - FEm) - (UE - UEe) - Eg$$

虽然 TME 比 AME 准确，由于 TME 测定麻烦，实践中常用 AME。代谢能能够反映出饲料总能可供动物利用的部分，比消化能更能反映机体内营养物质代谢的实际情况。饲料 ME 值可应用消化能来估算。

四、净能

代谢能减去动物进食后的体增热（heat increment，HI）为净能（net energy，NE），即饲料中用于动物维持生命和生产产品的那部分能量。

$$NE = ME - HI = GE - FE - UE - Eg - HI$$

体增热也称热增耗，是指绝食动物在采食饲料后几小时内，体内产热高于绝食代谢产热的那部分热能。体增热包括：①消化过程产热，包括咀嚼饲料、胃肠蠕动等，养分代谢过程涉及的各器官活动产热；②营养物质在体内氧化损失的热量；③肾脏排泄代谢物产热；④饲料在消化道内发酵产热。一般情况下热增耗以热的形式散失。但在寒冷条件下，此部分热可用于维持体温。表 2-2 给出了生长期绝食状态下北极狐的热增耗。从表 2-2 可以看出，处于生长期的蓝狐随着月龄增加，每千克代谢体重的绝食产热量逐渐降低，这与动物所处的生理基础相吻合，动物月龄越小单位代谢体重绝食产热越高。

表 2-2　绝食仔蓝狐的热增耗

月份	月龄	体重（g）	绝食热增耗 [J/(kg·d)]
7	2	1 680	514
8	3	2 660	435
9	4	3 260	380

（续）

月份	月龄	体重（g）	绝食热增耗 [J/(kg·d)]
10	5	3 680	338
11	6	4 010	314
12	7	4 560	267

资料来源：Pereldik 等（1972）。

　　净能中用于维持生命活动的那部分称为维持净能（NE$_m$），包括肌肉运动、组织周转代谢和修复、正常体温维持和身体其他功能，这部分能量最终以热的形式散失。净能中用于生产的部分称为生产净能（NE$_p$），主要包括利用饲料中营养物质合成产品或沉淀到产品中的能量，如增重净能、产毛净能和产奶净能等。

　　净能测定方法主要有两种。一是直接测热法，即采用特殊装置（呼吸测热器）测定动物采食前（绝食状态下）和采食后的产热量；二是间接测热法，即根据有机物氧化产生二氧化碳的体积与同时间内所消耗的氧的体积之比（称为呼吸熵）计算动物的产热量。

第三节　能量需要的表示体系

　　动物的能量需要和饲料等能量价值常用有效能来表示，有效能包括消化能、代谢能、净能、维持净能、生产净能。消化能体系只考虑粪能损失，而忽略不计尿能、可燃气体能和热增耗，因此不如代谢能和净能准确，但是测定容易。对于含纤维高的饲料，消化能体系往往过高估计了其有效能。代谢能体系考虑了尿能和可燃气体能，因此比消化能体系更准确，但测定较难。净能体系全面考虑了能量代谢过程中各部分损失，因此是有效能表示体系中最准确的，同时也是复杂、测定难度最大的。不同国家对不同动物采用的有效能体系不同。目前我国猪采用消化能体系，家禽采用代谢能体系，奶牛采用净能体系；对于北极狐一般参照毛皮产业发达国家采用代谢能体系。

一、狐代谢能计算方法

（一）芬兰 NJF（2012）代谢能计算方法

　　NJF（2012）列出了评估北极狐饲料原料或代谢能的方法，此法是在消化代谢试验基础上，首先测得饲料中三大营养物质在蓝狐体内的消化率，再结合燃烧热计算出每千克饲料代谢能水平，具体计算公式如下：

　　ME＝可消化蛋白（g）×（23.86－5.44）kJ/g＋可消化脂肪（g）×39.76kJ/g＋
　　　　可消化碳水化合物（g）×17.58kJ/g

　　式中：23.86 为蛋白质平均能值；5.44 为尿能；39.76 为脂肪平均能值；17.58 为碳水化合物平均能值。

（二）美国 NRC（1982）代谢能计算方法

NRC（1982）中计算代谢能的方法见表 2-3。

表 2-3　代谢能计算方法

能量来源	营养物质含量（g/100gDM）	可消化营养物质（g/100gDM）	代谢能（kcal/100gDM）
蛋白质	36.4	36.4×0.85[a]=30.9	30.9×4.5[b]=139
脂肪	23.0	23.0×0.9[a]=20.7	20.7×9.5[b]=197
灰分	9.2	—	0
碳水化合物	31.4	31.4×0.75[a]=23.6	23.6×4.0[b]=94
合计	100	75.2	430[c]

注：a 三大营养物质在狐体内平均消化率；b 三大营养物质在狐体内的代谢能值；c 每 100g 饲料干物质所含代谢能。

依据表 2-3 便可计算出三大营物质提供代谢能占总代谢能的比例：

$$蛋白质提供代谢能比例（\%）=\frac{139}{430}×100\%=32.3\%$$

$$脂肪提供代谢能比例（\%）=\frac{197}{430}×100\%=45.8\%$$

$$碳水化合物提供代谢能比例（\%）=\frac{94}{430}×100\%=21.9\%$$

只要测得北极狐饲料中三大营养物质含量，参照 NRC（1982）代谢能计算公式便可估算代谢能水平（表 2-4）。

表 2-4　北极狐几种常用饲料原料代谢能计算结果

饲料原料	营养水平（g/kg）			代谢能（kcal/kg）
	蛋白质	脂肪	碳水化合物	
黄花鱼	127.26	66.83	1.92	1 063.93
鲭	138.36	85.05	7.74	1 279.62
鳕排	121.07	4.87	13.14	544.15
鲽排	85.14	42.69	2.22	697.32
刀鱼	136.96	33.02	14.32	849.15
鸡肝	107.90	49.55	17.39	888.54
鸡骨架	115.64	174.28	17.68	1 985.46
膨化玉米	65.48	18.76	531.73	2 006.05
膨化小麦	96.16	14.06	509.07	2 015.24
膨化大豆	281.54	167.01	261.13	3 288.22
鱼粉	519.38	107.11	58.77	3 078.73
肉骨粉	391.18	60.49	26.00	2 091.45

二、影响代谢能的因素

(一)动物基础代谢率

基础代谢是指健康动物在适温环境条件下,处于空腹、绝对安静及放松状态时,维持自身生存所必需的最低限度的能量代谢。由于物种的特异性,准确测定毛皮动物的基础代谢率较困难,基础代谢率的测定只能在毛皮动物睡觉时很短的时间内完成,因此国内外相关的报道非常少。Iversen(1972)研究表明,鼬科动物体重在 $1.0\sim15.0$ kg 范围内,基础代谢率为 354kJ/kg$^{0.75}$。

(二)环境温度

环境温度是影响能量需求的重要因素之一。相对较冷的温度,蓝狐需要摄入额外的能源来补偿身体增加的热增耗,这种需要额外的能量来维持动物体温的温度称为最低临界温度。Korhoen(1985)等在水貂的研究表明,低于最低临界温度,每降低1℃需要增加 $9.6\sim15.5$ kJ/kg$^{0.75}$ 的能量。蓝狐最低临界温度为-6℃,但尚未见低于这个温度其能量需求增加数据的报道。

(三)饲养管理

饲养管理影响维持能量的需要。笼箱的大小影响着毛皮动物能量的消耗,当水貂活动受限时,能量消耗极显著降低。Farrell 和 Wood(1968)研究表明,平均温度均为11℃时,成年母貂在大的笼箱中需要 1 079.47kJ/kg 的消化能,在小笼箱中需要845.17kJ/kg 消化能。未见蓝狐的相关报道。

(四)品种

品种影响维持能量的需要。一般进口纯种狐比杂交狐能量需求高。

(五)营养物质代谢产生的热量消耗

营养物质代谢产生的热量消耗对维持能量产生影响,在消化、吸收和其他成分协同消化时均有能源的释放,热增耗来自脂肪产生的代谢能占20%,来自蛋白产生的代谢能占50%。利用 Brouwer(1965)通过总结三大营养物质氧化产热与消耗氧气和产生二氧化碳及甲烷的数量关系推导出的公式:HP(kJ)$=16.175\ 3\times O_2$(L)$+5.020\ 8\times CO_2$(L)$-2.167\ 3\times CH_4$(L)$-5.987\ 3\times N$(尿氮,g),其中,HP 为热增耗;O_2、CO_2 和 CH_4 分别表示消耗氧气的量,产生的二氧化碳和甲烷的量;N 表示排出的尿氮量,计算出动物的 HP。

Koskinen 等(2010b)利用呼吸测热试验,研究了生长期蓝狐在自由采食条件下从8月(约70日龄)至12月(210日龄)能量代谢及产热量(表2-5)。从表2-5可知,处于生长期的蓝狐随着月龄增加,每千克代谢体重的绝食产热量呈降低趋势,这与动物所处的生理基础相吻合,动物月龄越小单位代谢体重绝食产热越高。

表 2-5 生长期蓝狐在自由采食条件下能量代谢及产热量

周龄	代谢能（kJ/kg$^{0.75}$）	产热量（kJ/kg$^{0.75}$）
10～13	1 616	570
14～17	1 391	388
18～21	1 074	291
22～25	835	479
26～29	819	489

第四节　狐代谢能需要量

目前，国内外狐能量需要研究主要围绕代谢能体系开展，得到了其不同生理阶段代谢能的需要，但结果不尽相同。

一、维持能量需要量

在研究维持能量需要的时候，首先应该明确两个概念，即基础代谢和绝食代谢。基础代谢是指健康动物在适温环境条件下，处于空腹、绝对安静及放松状态时，维持自身生存所必需的最低限度的能量代谢。对动物进行基础代谢的测定很难，因此实际研究中一般测定绝食代谢。绝食代谢是指动物绝食到一定时间，达到空腹条件时所测得的能量代谢。由于动物在饥饿状态下无法安静，因此，实验条件下的维持能量需要与实际生产条件下的维持代谢还有差距。北极狐维持能量需要主要包括三部分：基础代谢、维持体温和最基本的活动。蓝狐养殖于自然条件下，周围环境处于动态，且蓝狐具有一定的野性，很难使其处于静息状态，很难准确测定其基础代谢率即最低能量代谢强度，因此无法精确测定不同生物学时期的能量需求。NRC（1982）狐的营养需要量中指出，为满足蓝狐维持生命的需要量，每千克饲粮代谢能不少于 13.5MJ。Koskinen 和 Tauson（2010a）报道，12 月的成年蓝狐维持能量需要为 360kJ/kg$^{0.75}$。靳世厚等（1998）采用呼吸测热、碳氮平衡和不同营养饲养相结合的研究方法得出，蓝狐生长前期的维持代谢能为 467.05kJ/kg$^{0.75}$，生长后期（冬毛生长期）的维持代谢能为 494.67kJ/kg$^{0.75}$。

二、生长能量需要量

从物理的角度看，生长是动物体尺的增长和体重的增加；从生理角度看，生长是机体细胞的增殖、组织器官的发育和功能的日益完善；从生物化学角度看，生长是机体化学成分的累积。生长所需的能量用于动物维持生命、组织器官的生长发育和体脂肪及蛋白质的沉积。随着北极狐的生长发育，其能量代谢发生变化。Koskinen 等（2010）利用呼吸测热试验，研究报道了雌性仔北极狐从 8 月（约 70 日龄）至 12 月（210 日龄）

能量代谢（表 2-6）。饲喂 4 种能量水平的饲粮分别是自由采食组（即超出身体需要量）、20％～30％限饲组（即部分超出机体需要）、35％～45％限饲组（正好满足机体所需）和50％～60％限饲组（不能满足机体需要），结果表明仔狐从 70 日龄至 210 日龄，整个试验期处于正能量平衡中，自由采食组代谢能的采食量从 1 620kJ/kg$^{0.75}$ 下降到 820kJ/kg$^{0.75}$，最高限制组代谢能采食量从 1 460kJ/kg$^{0.75}$ 下降到 460kJ/kg$^{0.75}$；自由采食组每天能量需要范围在330～1 050kJ/kg$^{0.75}$，高限制组每天能量需要范围在 100～990kJ/kg$^{0.75}$。结果还发现自由采食组在 1～2 月每天代谢能是 100kJ/kg$^{0.75}$，而在秋季采食最高限制组每天的代谢能超过300kJ/kg$^{0.75}$。4 组蓝狐之间热增耗无显著性差异，但从 1～5 月饲喂最高限制采食组狐处于积极正能量平衡。Rimeslåtten（1976）提出，狐的体重为 5.0kg、5.75kg 和 6.0kg时，对应的日代谢能需要量为 2.76MJ、2.34MJ 和 2.05MJ。我国学者杨嘉实等（1994）综合大量饲养试验结果和生产数据，推荐生长前期，体重在 1.5～4.4kg 蓝狐，每千克饲粮代谢能为 13.31MJ；冬毛生长期，体重在 4.4～5.0kg 蓝狐，每千克饲粮代谢能为 11.46MJ。陈立敏（2003）试验结果得出，蓝狐用全价颗粒料育成前期适宜的能量水平为 13.7MJ/kg，冬毛生长期适宜的能量水平为 13.9MJ/kg。此时期适当提高能量水平可提高蓝狐体重、加快生长。靳世厚等（1998）采用呼吸测热、碳氮平衡和不同营养饲养相结合的研究方法得出，蓝狐生长前期的维持代谢能为 467.05kJ/kg$^{0.75}$，生长后期（冬毛生长期）的维持代谢能为 494.67kJ/kg$^{0.75}$。其他试验结果得出，蓝狐生长前期（7～16 周龄）每只每日代谢能需要量为 1.5～2.0MJ，饲粮代谢能浓度为 14.1～14.3MJ/kg；生长后期（17 周龄至取皮）每只每日代谢能需要量为 2.3～2.6MJ，饲粮的代谢能浓度为 12.5～13.0MJ/kg。NJF 总结了生长期蓝狐和银狐体重与代谢能的需求，见表 2-7 和表 2-8。

表 2-6　8～12 月蓝狐体重（BW）、日采食代谢能（ME）、
热能损失（HE）及能量沉积（RE）

月	体重（kg）	日采食代谢能（kJ/kg$^{0.75}$）	热增耗（kJ/kg$^{0.75}$）	沉积能量（kJ/kg$^{0.75}$）
8	5.09	1 616	570	1 046
9	7.75	1 391	388	1 003
10	10.15	1 074	291	783
11	11.31	835	479	356
12	12.84	819	489	330

表 2-7　生长期蓝狐体重与代谢能需要

周龄	公狐（g）	母狐（g）	平均代谢能（kJ/d）
7	2 500	2 200	2 600
8	3 300	3 100	3 200
9	4 000	3 750	3 800
10	4 500	4 200	4 200
11	5 200	4 800	5 000

（续）

周龄	公狐（g）	母狐（g）	平均代谢能（kJ/d）
12			5 800
13			6 400
14	8 300	7 500	6 800
15			6 900
16			7 200
17			7 600
18	11 500	10 500	8 400
19			8 500
20			8 550
21			8 600
22	14 000	12 600	8 600
23			8 700
24			8 300
25	16 600	15 000	8 000

表 2-8　生长期银狐体重与代谢能需要

周龄	公狐（g）	母狐（g）	平均代谢能（kJ/d）
6	2 300	2 100	1 300
7			1 500
8			1 800
9			2 200
10	3 300	3 100	2 400
11			2 500
12			2 800
13	4 700	4 100	3 000
14			3 300
15			3 600
16	5 800	5 100	3 700
17			3 800
18	6 700	5 900	4 400
19			4 500
20			4 600
21			4 700

周龄	公狐（g）	母狐（g）	平均代谢能（kJ/d）
22	7 700	6 600	4 800
23			4 900
24			4 900
25	8 800	7 400	4 900
26			5 000
27			4 900
28	9 500	8 200	4 300
29			4 300
30			3 900
31	10 000	8 500	3 800

三、繁殖能量需要量

生产实践中已经证实了体况过大和过肥的蓝狐繁殖性能下降，因此应及时对种用蓝狐的体况进行调整。基于 Koskinen 和 Tauson（2010a）的试验结果，NJF 推荐对于生长期自由采食的蓝狐，降低其 1～2 月代谢能的供给，约为每天 $100kJ/kg^{0.75}$。配种期，种公狐需要排出或被采出大量精液，母狐也要排出较多的成熟卵泡，种狐营养消耗非常大。另外，种狐在发情配种期，由于性欲冲动、神经兴奋，食欲下降，尤其是种公狐频繁交配，体力消耗大，且大多数狐的体重下降 10%～15%。因此，配种期种狐的饲粮应营养全价、适口性好，体积小但是又能满足能量需要。此时期建议公狐每日所需代谢能为 1 922.8kJ，母狐每日所需代谢能为 1 755.6kJ。在妊娠期，蓝狐机体的生理变化非常复杂，新陈代谢十分旺盛，对饲料营养物质的需求比其他任何时期都要严格。在这个时期，饲粮除了供给母体自身新陈代谢、春季换毛，还要保证胎儿生长发育的营养需要。此时期，建议每日需要的代谢能，妊娠前期为 2 510～2 720kJ，妊娠后期为 2 930～3 140kJ。一般产仔泌乳期需要饲料的能量水平与妊娠后期大致相同。此时期，母狐需要消耗体内大量的营养物质以保证仔狐哺乳，建议每日采食代谢能为 2 720～2 930kJ。

四、育成生长期净能需要量

现今毛皮动物养殖模式、饲养环境、品种质量与几十年前发生很大变化，均将影响代谢能体系评定，为了更加精确地研究毛皮动物的能量需要，需寻找一种更加适用的能量体系。净能体系是目前最能准确反应饲料能值，满足动物的能量需要和饲粮能值在同一基础水平上表达的体系，中国农业科学院特产研究所于 2018 年开展了蓝狐净能需要量的研究。

钟伟等（2018）采用呼吸测热装置研究了育成生长期蓝狐的净能需要量。试验蓝狐分为自由采食组与限饲组（限饲 20％、限饲 40％和限饲 60％）。通过消化代谢试验、呼吸测热试验和屠宰试验确定营养物质代谢规律及气体的排放规律。每期试验包括呼吸测热试验（适应呼吸代谢室 24h，连续测定 3d）和绝食代谢 3d。结果表明饲喂水平对育成期干物质采食量和日增重产生极显著影响，随限饲比例增加，干物质采食量呈显著降低趋势，限饲 60％组日增重极显著低于其他三组（图 2-2）。饲喂水平对育成期干物质、粗脂肪和碳水化合物消化率产生显著或极显著影响，自由采食组的脂肪消化率极显著低于其他三组，干物质消化率及碳水化合物消化率随限饲比例增加而呈显著升高趋势（图 2-3）。随限饲水平增加，单位代谢体重蓝狐总能、消化能、代谢能的能值呈极显著降低趋势，具体表现为自由采食组＞20％限饲组＞40％限饲组＞60％限饲组。随限饲水平增加，总能消化率和总能代谢率呈极显著升高趋势（图 2-4），总能消化率在 72％～88％，总能代谢率在 69％～85％范围内。消化能转化成代谢能效率变化不显著，平均有 95.55％的消化能转化成代谢能（图 2-5）。随限饲水平增加，呼吸熵、氧气和二氧化碳、产热量均呈显著或极显著降低趋势，呼吸熵的变化范围为 0.74～0.87（图 2-6 至图 2-8）。蓝狐绝食 72h，呼吸熵为 0.71，绝食产热量（FHP）为 219.13kJ/($kg^{0.75}$ · d)（表 2-8），通过建立摄入代谢能与产热量的对数回归方程，Log（HP）＝ 2.32（±0.021 48）＋1.43×10^{-4}（±0.000 019）MEI，其中，Log（HP）为热增耗的反对数，MEI 为摄入代谢能，得出北极狐体重为 3.5～5.5kg 时，维持代谢能为 225kJ/($kg^{0.75}$ · d)，维持净能为 209.0kJ/($kg^{0.75}$ · d)。

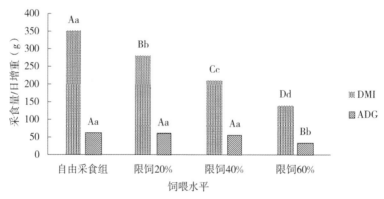

图 2-2　饲喂水平对育成生长期蓝狐生长性能的影响

注：DMI 为干物质采食量，ADG 为日增重。

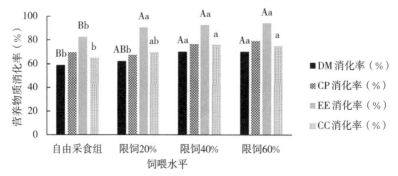

图 2-3　饲喂水平对育成生长期蓝狐营养物质消化率的影响

注：DM 为干物质，CP 为粗蛋白质，EE 为粗脂肪，CC 为碳水化合物。

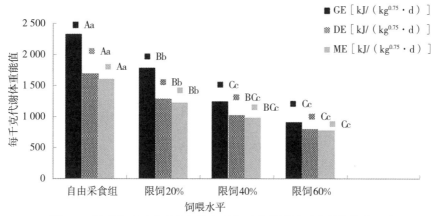

图 2-4 饲喂水平对育成生长期蓝狐每千克代谢体重有效能值的影响

注：GE 为总能摄入，DE 为消化能，ME 为代谢能。

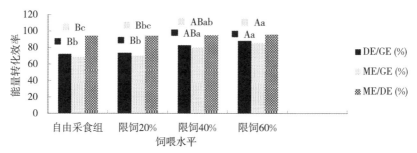

图 2-5 饲喂水平对育成生长期蓝狐能量转化效率的影响

注：DE/GE 为总能消化率，ME/GE 为总能代谢率，ME/DE 为消化能转代谢能的效率。

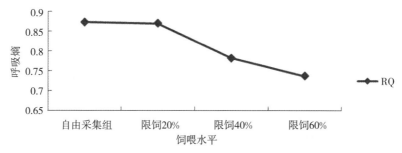

图 2-6 饲喂水平对育成生长期蓝狐呼吸熵的影响

注：呼吸熵为消耗的氧气（L）与产出的二氧化碳（L）的比值。

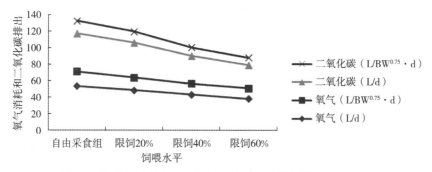

图 2-7 饲喂水平对育成生长期蓝狐呼吸测热气体量变化的影响

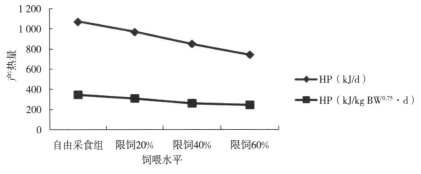

图 2-8　饲喂水平对育成生长期蓝狐热增耗的影响

表 2-9　育成生长期蓝狐绝食代谢试验

项目	含量
体重（kg）	4.41
代谢体重（kg）	3.03
呼吸熵	0.71
每日氧气消耗量（L/d）	33.62
每日每千克代谢体重氧气消耗量 $[L/(kg^{0.75} \cdot d)]$	11.29
每日二氧化碳排出量（L/d）	23.88
每日每千克代谢体重二氧化碳排出量 $[L/(kg^{0.75} \cdot d)]$	8.01
每日排出尿氮（g/d）	1.85
每日每千克代谢体重排出尿氮 $[g/(kg^{0.75} \cdot d)]$	0.630
绝食产热（kJ/d）	652.61
每千克代谢体重绝食产热 $[kJ/(kg^{0.75} \cdot d)]$	219.13

第五节　干物质采食量与能量

一、狐干物质采食量与能量的关系

干物质采食量是动物在特定的时间（通常是 1 天）内自由采食干物质的量。干物质通常包括有机物，如粗蛋白质、粗纤维、粗脂肪等。干物质采食量既能反映出营养物质的含量，又是维持动物健康与生产所需要养分的数量，也决定了动物生产性能水平。动物采食的根本是获得能量，因此能量浓度是影响采食量的重要因素。动物具有"为能而食"的本能，即随能量水平增加，采食量下降，但总能摄入量有可能增加。能量浓度对蓝狐采食量和生产性能的影响见表 2-10。该结果说明，适当提高能量浓度，可提高日采食代谢能，增加日增重和料重比。但过高的能量水平导致采食量大幅下降，反而抑制蓝狐生长。

表 2-10 能量浓度对育成期蓝狐采食量及生产性能的影响

代谢能水平 （MJ/kg）	干物质采食量 （g/d）	日采食代谢能 （MJ）	日增重 （g）	料重比
公狐				
14.13	331.84	4.68	69.78	4.78
17.90	290.51	5.20	79.11	3.67
22.42	260.40	5.83	74.31	3.51
25.52	222.19	5.67	62.23	3.58
母狐				
14.13	334.12	4.71	69.38	4.82
17.90	293.26	5.25	74.71	3.92
22.42	260.72	5.84	78.53	3.32
25.52	209.02	5.33	68.28	3.07

二、影响狐干物质采食量的其他因素

（一）生理阶段

正常生理状态下，仔狐采食量随日龄增加而增加。在特殊生理时期如发情期和产前，母狐多食欲下降，而在妊娠和哺乳期采食量增加。表 2-11 列出了蓝狐不同生物学时期干物质采食量。

表 2-11 不同生物学时期雌性蓝狐平均干物质采食量（干粉饲料为主）

时 期	育成生长期	冬毛生长期	准备配种期	妊娠期	哺乳期
采食量（g/d）	178.93	320.82	156.56	196.66	453.98

（二）适口性

适口性是滋味、香味和质地特性的总和，一般测定指标包括味道、气味、物理性状等。它很难用数量进行描述，主要是通过影响动物的食欲来改变采食量。提高适口性的措施有：①保证饲料品质。蓝狐饲料脂肪水平高，在高温、高湿的季节容易氧化酸败，使饲料产生异味，适口性下降。②添加风味剂。研究表明饲料中添加肝脏香、奶香、甜味剂均可提高育成期蓝狐干物质采食量，提高饲料的利用率。③降低适口性差原料的使用量，从表 2-12 可以看出鸡肉粉、鸡肠羽粉和羽毛粉适口性较差。④合理加工。玉米经膨化后结构变得疏松多孔、质地柔软，并且提高了淀粉的糊化度，增加了香气，适口性提高。

表 2-12 蓝狐各种常规干粉蛋白饲料适口性的比较

蛋白饲料	性别	干物质采食量 （g/d）	采食时间 （min）	比较分析
鸡肉粉	公	215	>20	采食量少，采食速度慢，全组盆中有剩料
	母	186		

（续）

蛋白饲料	性别	干物质采食量 （g/d）	采食时间 （min）	比较分析
秘鲁鱼粉	公	314	<10	采食量大，采食速度快，个别盆中有剩料
	母	307		
鸡肠羽粉	公	254	>20	采食量少，采食速度慢，全组盆中有剩料
	母	251		
肉骨粉（澳大利亚）	公	346	<10	采食量大，采食速度快，盆中无剩料
	母	307		
玉米蛋白粉	公	287	10~20	采食量正常，采食速度较快，个别盆中有剩料
	母	282		
膨化大豆	公	339	<10	采食量大，采食速度快，盆中无剩料
	母	292		
羽毛粉	公	162	>20	采食量少，采食速度慢，全组盆中有剩料
	母	153		
猪肉粉	公	289	10~20	采食量正常，采食速度较快，个别盆中有剩料
	母	292		
豆粕	公	413	<10	采食量大，采食速度快，盆中无剩料
	母	390		
玉米胚芽粕	公	277	10~20	采食量正常，采食速度较快，全组盆中有剩料
	母	265		

（三）蛋白质和氨基酸水平

对大多数动物而言，缺乏蛋白质会降低采食量。张志强等（2011）研究表明，中蛋白质水平由 21.64% 上升到 30.43% 时准备配种期蓝狐干物质采食量呈上升的趋势，而随着蛋白质水平进一步提高到 35.10% 时，干物质采食量呈现降低的趋势。崔虎（2012）研究发现，随蛋白质水平升高，冬毛生长期蓝狐干物质采食量下降。氨基酸含量和平衡情况也会影响动物采食量。当饲喂氨基酸相对不平衡的饲粮时，大鼠会略微提高采食量以补充氨基酸的缺乏。但如果氨基酸严重不平衡或某种氨基酸缺乏或过量，动物采食量会急剧下降。但是在蓝狐的研究中未发现由于氨基酸缺乏或不平衡导致采食量下降的结果。

（四）饲料形态

狐饲料正在由传统的鲜饲料向全价干粉配合饲料的方向转变。与鲜饲料相比，干粉料便于运输、贮存和加工使用，不需要冷藏，既减少劳动力消耗，又带来显著的经济效益。Rotkiewicz（2010）研究表明，干粉料中细菌总数显著低于鲜料，干粉料组蓝狐的毛皮品质优于鲜料组。颗粒料相比干粉料便于饲喂，减少浪费，但是必须注意水的供给。

➡ 参考文献

崔虎，2012. 饲粮蛋白质和蛋氨酸水平对蓝狐生产性能及营养物质代谢的影响 [D]. 北京：中国农业科学院.

耿业业，李光玉，孙伟丽，等，2008. 蓝狐常用干粉蛋白饲料适口性的比较研究 [J]. 饲料与畜牧（2）：9-10.

郭俊刚，2015. 蛋氨酸水平对雌性蓝狐繁殖性能和营养物质消化代谢影响的研究 [D]. 北京：中国农业科学院.

李德发，2003. 中国饲料大全 [M]. 北京：中国农业出版社.

靳世厚，杨嘉实，1998. 狐的能量、蛋白质需要量及其饲料配制技术的综合研究报告 [J]. 经济动物学报（2）：10-13.

孙伟丽，王卓，樊燕燕，等，2016. 饲料调味剂对育成期蓝狐采食量、营养物质消化率、氮代谢及生长性能的影响 [J]. 动物营养学报（3）：851-857.

张志强，2011. 饲粮蛋白质水平对蓝狐繁殖性能和营养物质消化代谢的影响 [D]. 北京：中国农业科学院.

钟伟，穆琳琳，张婷，等，2018. 毛皮动物能量代谢的研究进展 [J]. 动物营养学报，30（8）：2879-2886.

杨凤，2003. 动物营养学 [M]. 3 版. 北京：中国农业出版社.

Brouwer E，1965. Report of sub-committee on constants and factors [C] //Proceedings of the 3rd symposium on energy metabolism of farm animals. European association for animal production，11：441-443.

Farrell D J，Wood A J，1968. The nutrition of the female mink (Mustela vison) . I. The metabolic rate of the mink [J]. Canadian Journal of Zoology，46（1）：41-45.

Iversen J A，Basal energy metabolism of mustelids [J]. Journal of Comparative Physiology，81（4）：341-344.

Koskinen N，Tauson A H，2010. Energy metabolism of growing blue foxes，Alopex lagopus [J]. ISEP，3：515-516.

Korhonen H，Harri M，Hohtola E，1985. Response to cold in the blue fox and raccoon dog as evaluated by metabolism，heart rate and muscular shivering：a re-evaluation [J]. Comparative biochemistry and physiology. A，Comparative physiology，82（4）：959-964.

NJF，2012. Energy and main nutrients in feed for mink and foxes [M]. Finland，Nordic Association of Agricultural Research.

NRC，1982. Nutrient Requirements of Mink and Foxes [M]. Washington：National Academy Press.

Pereldik N S，Milovanov L V，Erwin A T，1972. Feeding fur animals [M]. Washington：Agriculture and National Science，344.

Rotkiewicz Z，Janiszewski W Z，2010. Influence of feeding complete dry diets mixed with water on production traits and health status of blue foxes (Alopex lagopus) [J]. Animal Science Papers and Reports，28（2）：171-179.

Tauson A H，Forsberg M，Chwalibog A，2004. High leptin in pregnant mink (Mustela vison) may exert anorexigenic effects：a permissive factor for rapid increase in food intake during lactation [J]. British journal of nutrition，91（3）：411-421.

第三章
狐脂肪、 脂肪酸营养与需要

脂肪是蓝狐生长、发育、繁殖等一系列生命活动不可缺少的营养元素之一，是蓝狐饲料中主要的能量来源。脂肪酸是脂肪的重要组成部分，在蓝狐饲料中添加脂肪，能够满足蓝狐生长对必需脂肪酸的需求。本章主要介绍脂肪营养、代谢及不同生物学时期蓝狐脂肪及脂肪酸需要量。

第一节　脂肪的分类及营养作用

一、脂肪的分类

通常所说的脂肪是脂类物质的统称。常温下呈液态的一般称为油，半固态或固态的称为脂，油可以通过化学反应转化为脂。油与脂统称为脂质，在饲料行业里习惯把脂质叫做脂肪。饲用脂肪通常按来源可分为以下两种：动物性脂肪和植物性脂肪。动物性脂肪以肉类加工厂的脂肪、皮肤、内脏等副产品为原料，经加热加压分离处理或浸提而制成。常用于饲料中的有猪油、牛油、鱼油和鱼肝油等。特点是饱和脂肪酸含量高，熔点高，磷脂少，不容易形成乳化微粒，消化率低，价格低。植物性脂肪是从植物种子或果实中提炼的脂肪，主要有椰子油、大豆油、玉米油、花生油、菜籽油、葵花籽油和棕榈油等，特点是不饱和脂肪酸含量高，熔点低，磷脂多，容易形成乳化微粒，消化率高，但价格高。

二、脂肪的营养作用

（一）供能贮能

脂肪是最有效的供能物质，其氧化分解释放的热量约是同等质量蛋白质和碳水化合物的 2.25 倍。脂类还具有额外热能效应和额外代谢能效应。蓝狐的消化系统与其他单胃动物不同，主要表现为消化道短，因此饲粮在消化道内停留的时间短。添加脂肪可降低饲料在消化道中的排空速度，延长食糜在消化道中的通过时间，使营养物质的消化吸收更加完全。当蓝狐摄入的能量超过需要量时，多余的能量主要以脂肪的形式贮存在皮下及脏器周围。

（二）提供必需脂肪酸和平衡脂肪酸比例

动物机体不能合成或合成量很少，必须从饲粮中获得的脂肪酸称为必需脂肪酸。如果动物必需脂肪酸缺乏会出现生长减缓、皮肤干燥、繁殖能力降低甚至死亡的情况。NRC（2006）报道二十碳五烯酸（EPA，C20：5）和二十二碳六烯酸（DHA，C22：6）是保证蓝狐健康生长必不可少的脂肪酸。脂肪酸平衡对于动物生长发育也起着重要的作用。

（三）作为脂溶性维生素的溶剂

饲料中脂溶性维生素在动物体内的吸收及转运离不开脂肪的协助，因此添加脂肪有助于维生素 A、维生素 D、维生素 E、维生素 K 的吸收转运。在缺乏脂肪时，脂溶性维生素不能被溶解，以致发生脂溶性维生素代谢障碍，出现各种维生素缺乏症。

（四）作为某些营养物质的载体

一些营养物质如酶制剂等在饲料加工过程中其有效成分易遭受破坏，若在生产中通过喷涂技术添入油脂，使油脂附着在饲料表面可防止这些营养物质遭到破坏。同时，油脂还可作为饲料添加剂的黏合剂，隔绝外部因素造成的饲料中营养物质的理化性质的改变。

（五）其他作用

脂类物质是细胞膜及体内某些活性物质合成的必需元素，对维持细胞正常生命活动及机体稳态等具有重要的意义。脂肪还能为机体提供物理保护，例如，皮下脂肪有助于动物维持体温，对于蓝狐还可以增加毛皮延展性。此外，内脏周围的脂肪组织具有固定脏器和缓冲外部冲击的作用。在饲料生产中，添加油脂可减少粉尘，减少饲料机械的磨损，延长铸模的寿命，防止饲料组分的分级，提高颗粒饲料的质量。

三、脂肪消化、吸收与代谢

（一）脂肪的消化、吸收及转运

饲料脂肪的消化离不开脂肪酶。食入脂肪经过胃酸的初步乳化后到达小肠，刺激小肠上皮细胞分泌胆囊收缩素（CCK），当 CCK 分泌量达到一定水平时引起胆汁分泌，同时刺激胰腺分泌胰脂肪酶，乳化后脂肪形成脂肪微粒，胰脂肪酶将甘油三酯分解为游离脂肪酸和甘油一酯。磷脂由磷脂酶水解成溶血磷脂。胆固醇由胆固醇酶水解成胆固醇和脂肪酸。这些消化产物最后聚合形成乳糜微粒，经小肠细胞吸收，长链脂肪酸与甘油一酯重新合成甘油三酯，中短链脂肪酸则可以直接进入门静脉血液。重新合成的甘油三酯与载脂蛋白结合形成乳糜微粒，经过淋巴系统进入血液（图 3-1）。

血中脂类主要以脂蛋白形式转运。根据密度、组成和电泳迁移率将脂蛋白分为四类：乳糜微粒、极低密度脂蛋白（very low density lipoprotein，VLDL）、低密度脂蛋白

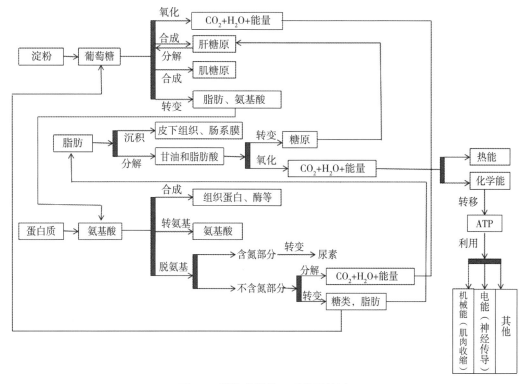

图 3-1　脂肪的消化、吸收及转运

（low density lipoprotein，LDL）和高密度脂蛋白（high density lipoprotein，HDL）。脂蛋白中的蛋白质基团具有亲水性，使其能在血液中转运。被吸收转运的脂肪酸一部分分解供能以满足动物生长发育的需要；一部分用于体脂合成，维持细胞等组织器官的正常生物学功能；多余的部分以甘油三酯的形式贮存。

通过测定蓝狐血清中脂代谢相关指标，在一定水平上可以反映其机体脂肪代谢情况。耿业业等（2012）通过喂给蓝狐相同脂肪水平不同脂肪源的饲粮，发现鱼油组蓝狐血液中的低密度脂蛋白水平较猪油组和鱼牛油组高。随饲粮脂肪水平增加，蓝狐血液中低密度脂蛋白水平随之增加。钟伟等（2018）研究表明，当饲粮 n-6PUFA/n-3PUFA比例为 136.36 时蓝狐血清中低密度脂蛋白含量降低。在银狐，张婷等（2015）研究表明，随饲粮脂肪水平的升高，冬毛生长期银狐血清甘油三酯和葡萄糖水平显著升高，血清甘油三酯与肝脂率、皮脂率及肝体指数具有相关性，说明甘油三酯可作为预测体脂沉积程度的指标。

（二）脂肪代谢

脂肪是动物机体能量贮存的主要形式，脂肪代谢包括合成代谢、分解代谢以及脂肪酸转运，三者共同调控体脂沉积。合成代谢增强或分解代谢减弱时，脂肪沉积量增加；当脂肪分解代谢增强或合成代谢减弱时，脂肪沉积量减少。甘油三酯是脂肪代谢中脂肪沉积的表现形式，甘油三酯的合成主要来自于脂肪酸从头合成。脂肪酸从头合成是在一系列酶的催化作用下完成的，糖酵解产生的二碳单位经乙酰辅酶 A 羧化酶和脂肪酸合成酶的催化形成脂肪酸。机体循环系统中甘油三酯的降解是生成脂肪酸的又一来源。甘油三酯的降解主要受脂蛋白酯酶的调控，脂蛋白酯酶能够将血液中的极低密度脂蛋白和乳糜微粒等载脂蛋白携带的甘油三酯转变成为甘油和脂肪酸。激素敏感酯酶也被认为是调控脂肪分解的关键酶，激素敏感酯酶将甘油三酯分解成甘油和脂肪酸，二者可在有关酶的作用下氧化供能，也可重新合成甘油三酯。脂肪的合成代谢与分解代谢都由若干酶催化完成，任何影响其酶促反应中关键酶的活性和含量的因素都会影响脂肪代谢。

肝脏是调节脂肪代谢的重要器官，血液中的游离脂肪酸有一半左右进入肝脏。脂肪酸在肝脏中的代谢途径见图 3-2。

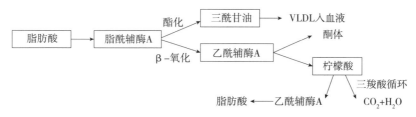

图 3-2　脂肪酸在肝脏中的主要代谢途径

狐饲粮中的脂肪水平和来源影响肝脏中脂肪代谢相关基因的表达。耿业业等（2012）研究表明，随脂肪水平的增高，蓝狐肝脏甘油三酯转移蛋白基因表达量增高。钟伟等（2018）研究发现，当以玉米油和鱼油为脂肪源时（n-6PUFA/n-3PUFA 比例为 136），蓝狐肝脏中乙酰辅酶 A 羧化酶、脂肪酸合成酶及脂肪酸转运蛋白基因的表达量增加。张婷等（2015）报道了，随饲料中脂肪水平的升高，银狐脂肪酸结合蛋白和脂肪酸转运蛋白表达量均显著增加。

四、狐脂肪需要量

在狐养殖中特别是蓝狐，高能饲粮有利于获得最佳生产性能，而脂肪是主要的能量来源，是调控能量浓度的主要营养物质。在能量需求较高的生理时期，如泌乳期和冬毛生长期，饲喂高脂饲粮能够使蓝狐在采食量变化不大的情况下满足能量需要，从而减少饲料消耗，提高经济效益。研究表明，蓝狐对脂肪的耐受能力比较强，且不同生理时期脂肪需要量不同。

（一）育成生长期狐脂肪需要量

对于芬兰纯种仔狐，出生后前几个月生长发育很快，特别是 5 月龄前、6 月龄之后仔狐的生长速度逐渐减慢，7 月龄生长发育基本停止，此期间饲料的脂肪水平对打皮时的体尺和皮张大小影响很大。研究表明，提高饲粮脂肪水平可提高蓝狐体重，加快其生长。耿业业（2011）以猪油为主要脂肪来源，探讨饲粮脂肪水平（12％、26％、40％和54％）对生长期蓝狐生长性能及营养物质消化率的影响。试验结果表明：随饲粮脂肪含量的增加，日采食量和料肉比逐渐降低，日采食代谢能随饲粮脂肪含量的增加有先增加后保持平衡的趋势。在育成前期，日增重方面，26％组公狐日增重最大，为 79.11g；而 54％组公狐日增重最低，为 62.23g；40％组母狐日增重最大，为 78.53g；54％组母

狐营养需要与饲料

狐的日增重最低，为68.28g。采食量方面，26%和40%组试验狐育成期干物质日采食量无显著性差异；12%组最高，公狐为331.84g，母狐为334.12g；54%最低，公狐为222.19g，母狐为209.02g。日采食代谢能，40%组试验狐最高，公狐为5.83MJ、母狐为5.84MJ；12%组最低，公狐为4.68MJ、母狐为4.71MJ。料重比，12%组试验狐料重比最高，公狐为4.78、母狐为4.82；代谢能增重比以54%组公狐最高，达到91.38MJ/kg（表3-1）。除碳水化合物外的各营养物质的利用率都随着脂肪水平的增加呈逐渐上升趋势，干物质和总能消化率以54%组最高，公狐分别为85.0%和90.4%，母狐分别为84.9%和90.2%。饲粮脂肪水平从26%升高到54%，育成期蓝狐对饲粮脂肪消化率达到91%以上，其中40%组最高，公狐为95.2%、母狐为95.1%。54%组蛋白质消化率最高，公狐为86.0%、母狐为85.0%（表3-2）。

表3-1　饲粮脂肪水平对育成期蓝狐采食量和饲料转化率的影响

组别	性别	日增重(g)	干物质日采食量(g)	日采食代谢能(MJ)	料重比	代谢能增重比(MJ/kg)
12%组	公	69.78±9.08ABb	331.84±30.02Aa	4.68±0.42Cc	4.78±0.22A	67.38±3.13C
	母	69.38±5.15ABb	334.12±24.79Aa	4.71±0.35Bc	4.82±0.17A	67.95±2.37Cc
26%组	公	79.11±5.79Aa	290.51±23.89Bb	5.20±0.43BCb	3.671±0.05B	65.70±0.87C
	母	74.71±6.82ABab	293.26±27.13Bb	5.25±0.49ABb	3.928±0.16B	70.32±2.91BCc
40%组	公	74.31±7.58Aab	260.40±21.43Bc	5.83±0.478Aa	3.51±0.17B	78.72±3.86B
	母	78.53±7.28Aa	260.7230.94Bc	5.84±0.69Aa	3.32±0.13C	74.23±2.94ABb
54%组	公	62.23±6.09Bc	222.1915.68Cd	5.67±0.4Ba	3.58±0.21B	91.38±5.32A
	母	68.28±6.99Bb	209.0214.74Cd	5.33±0.37ABb	3.07±0.16D	78.36±4.15Aa

注：同行数据肩标不同小写字母表示差异显著（$P<0.05$），不同大写字母表示差异极显著（$P<0.01$），表3-2至表3-5与此表注释相同。

表3-2　育成期蓝狐不同脂肪水平饲粮的营养物质和能量消化率（%）

组别	性别	干物质	粗蛋白质	粗脂肪	粗碳水化合物	总能
12%组	公	72.3±5.1B	74.6±2.8C	88.5±2.5Cc	74.7±6.2B	77.8±3.9C
	母	67.7±6.0B	71.2±3.7Cc	85.8±2.7C	62.8±7.9Cc	70.8±3.7C
26%组	公	72.8±2.4B	77.1±2.1C	91.7±0.7Bb	71.7±3.9B	82.4±1.9B
	母	72.0±2.8B	78.0±1.8Bb	91.3±1.2B	64.1±3.1Bbc	79.6±1.5B
40%组	公	81.6±1.5A	81.4±0.9B	95.2±1.3ABa	75.0±2.0A	88.7±1.2A
	母	81.1±1.7A	81.9±2.1Aa	95.1±1.8A	74.0±1.1Aab	88.9±0.8A
54%组	公	85.0±1.6A	86.0±2.5A	94.2±1.1Aa	54.0±4.7A	90.4±1.8A
	母	84.9±2.2A	85.0±2.7Aa	94.6±0.8A	57.4±6.6Aa	90.2±0.9A

脂肪是动物机体各组织和器官的重要组成成分，是生命活动中必不可少的营养物质之一。脂肪也是体内氧化供能及能量贮存的重要物质。饲料中添加脂肪可以提高其能量含量，降低采食量，从而节约成本。本试验饲粮脂肪含量跨度较大（12%～54%），随饲粮脂肪含量的增加日采食量逐渐降低，但日采食代谢能随饲粮脂肪含量的增加有先增

加后保持平衡的趋势，这主要是由于动物为能而食的天性。料重比随着脂肪含量的增加有逐渐降低的趋势，高脂肪组（40%～54%）其料重比较低，说明较高的脂肪水平会增加北极狐对饲粮的转化利用效率。除碳水化合物外的各营养物质的利用率都随着脂肪水平的增加呈逐渐上升趋势，当脂肪水平达40%～54%时，干物质、蛋白质、脂肪、总能消化率均比其他组高，特别是脂肪消化率，最高可达95.2%，说明北极狐对脂肪有较高的消化率且对高脂饮食具有一定的耐受性。

饲粮脂肪水平在一定变化范围内（12%～40%），可提高日增重、改善毛皮质量、降低料肉比，然而超出此范围将会有不良影响。本试验认为公狐以饲粮脂肪水平为26%时，母狐以饲粮脂肪水平为40%时生长最快，在育成前期可适当降低相应脂肪水平。为生产出优质皮张，育成期蓝狐脂肪添加量不宜超40%，因此推荐育成期蓝狐适宜脂肪水平为26%。

张婷等（2014）以鸡油和豆油混合油脂为脂肪源，研究了饲粮不同脂肪添加水平（8%、10%、12%、14%和16%）对银狐生长性能、营养物质消化率及氮代谢的影响。试验结果表明，饲粮脂肪水平显著影响105～120日龄和120～129日龄银狐的日增重；在105～120日龄，脂肪添加水平为14%时日增重最大，为36.66g；脂肪添加水平达到16%时日增重最小，为30.09g。在120～129日龄，脂肪添加水平为12%时日增重最大，为33.67g；脂肪添加水平为14%时日增重最小，为20.67g。90～105日龄为银狐的快速生长期，此阶段平均日增重最大可达114.33g（表3-3）。随脂肪添加水平的提高，育成期银狐对饲粮脂肪消化率逐渐升高，16%脂肪添加组高达95.10%，相比8%脂肪添加组提高了11.48%。碳水化合物消化率随脂肪添加水平的提高而降低，8%脂肪添加组最高，达到80.73%；16%脂肪添加组最低，为70.71%。当饲粮脂肪添加水平从8%升高到14%时，总能消化率逐渐升高，最高达76.99%（表3-4）。饲粮脂肪添加水平为8%时，银狐尿氮排出量最低，为2.44g/d；氮沉积和蛋白质生物学效价最高，分别为3.84g/d和66.61%（表3-5）。

表3-3　饲粮脂肪水平对育成期银狐不同生长阶段日增重的影响

项目	脂肪水平				
	8%	10%	12%	14%	16%
90～105日增重（g）	104.00±11.48	103.33±10.07	105.33±10.97	112.66±17.96	114.33±6.09
105～120日增重（g）	35.83±4.62[a]	37.89±4.82[a]	33.34±5.00[ab]	36.66±6.46[a]	30.09±7.50[b]
120～129日增重（g）	26.27±6.41[AaBb]	30.77±9.46[Aa]	33.67±6.67[Aa]	20.67±8.38[Bb]	29.63±7.65[Aa]
129～143日增重（g）	26.68±8.68[b]	24.25±6.23[b]	28.56±8.22[b]	34.96±8.79[a]	31.25±6.24[a]
90～105日增重（g）	104.00±11.48	103.33±10.07	105.33±10.97	112.66±17.96	114.33±6.09
平均日增重（g）	49.195±3.89	49.44±4.96	51.07±2.44	52.05±5.48	53.30±4.08
干物质采食量（g/d）	193.02±7.19	186.11±7.06	186.75±11.30	181.47±10.51	184.19±8.05
料重比	3.42±0.30	3.39±0.43	3.33±0.36	3.29±0.41	3.22±0.27

注：同行数据肩标不同小写字母表示差异显著（$P<0.05$），不同大写字母表示差异极显著（$P<0.01$），表3-4至表3-5与此表注释相同。

表 3-4   饲粮脂肪水平对育成期银狐营养物质消化率的影响

项目	脂肪水平				
	8%	10%	12%	14%	16%
脂肪消化率（%）	85.31±2.73Bb	85.11±1.94Bb	88.79±3.14Bb	91.42±2.24Aa	95.10±1.41Aa
蛋白质消化率（%）	71.69±3.57	70.27±8.08	68.09±3.03	69.88±2.59	66.09±1.44
碳水化合物消化率（%）	80.73±3.53a	75.28±5.42b	74.54±2.25b	72.00±2.89b	70.71±1.51c
总能消化率（%）	72.29±1.59b	72.58±3.71b	73.0±2.89b	76.99±1.39a	76.29±2.51a

表 3-5   饲粮脂肪水平对育成期银狐氮代谢的影响

项目	脂肪水平				
	8%	10%	12%	14%	16%
食入氮（g/d）	9.31±0.32	9.06±0.32	8.96±0.76	9.02±0.87	8.73±0.37
粪氮（g/d）	2.95±0.63	2.95±0.79	2.94±0.46	2.78±0.39	2.82±0.13
尿氮（g/d）	2.44±0.81Cc	3.30±0.58Bb	3.12±0.83BbCc	3.32±0.71Bb	4.86±0.31Aa
氮沉积（g/d）	3.84±0.98Aa	2.46±0.32Bb	2.51±0.46Bb	2.71±0.72Bb	1.62±0.30Cc
蛋白质生物学效价（%）	66.61±9.84Aa	47.80±4.82Bb	40.99±9.64Bb	44.22±5.76Bb	21.00±4.05Cc

　　育成前期银狐体重增长快，育成后期接近体成熟，体重增长速度明显下降。饲粮脂肪水平对整个育成期银狐平均日增重、料重比均没有显著性影响；干物质采食量虽在高脂肪水平时有所降低，但组间差异不显著。这说明饲粮脂肪水平在一定范围内变化时，银狐可通过调节采食量平衡能量摄入和生长发育。随饲粮脂肪水平的升高脂肪表观消化率和总能消化率显著提高，说明银狐对饲粮脂肪具有较高的消化率，而碳水化合物消化率下降，可能原因是饲粮添加 16% 脂肪即可满足银狐生长发育对能量的需要，减少了碳水化合物氧化供能，碳水化合物代谢受到抑制，进而降低其利用率。氮代谢能够反映机体蛋白质代谢情况。食入蛋白质经体内消化吸收后一部分被机体利用以维持生长发育，另一部分经组织代谢后随粪、尿排出体外。随饲粮脂肪水平的升高，银狐尿氮增加、氮沉积减少，说明饲粮适宜的蛋白质和能量比，有利于提高蛋白质的利用率。

　　综合生长性能、营养物质消化率和氮代谢指标，银狐饲粮添加 8% 的脂肪（总脂肪水平为 9.9%）即可获得与高脂肪添加组相同的日增重，并且尿氮排出量少，可降低环境污染。

（二）冬毛生长期狐脂肪需要量

　　进入 9 月份，当年幼狐身体开始由主要生长骨骼和内脏转化为主要生长肌肉和沉积脂肪。此时，随着光照周期的变化，狐开始脱掉夏毛，长冬毛。这一时期，蓝狐对脂肪的需求量相对较高，一方面用于沉积体脂肪，一方面用于增强毛绒光泽度和柔韧性。高脂饲粮有利于提高冬毛生长期蓝狐日采食代谢能，增加打皮时体重和皮张尺寸，但不影响毛皮品质。其中脂肪与碳水化合物提供代谢能的比值可高达 65∶5（Ahlstrøm 和 Skrede，1995a，1995b）。耿业业等（2011）研究了冬毛生长期蓝狐脂肪需要量。试验以猪油为主要脂肪来源，探讨饲粮脂肪水平（12%、26%、40% 和 54%）对冬毛生长期蓝狐生产性能的影响。公狐以 26％组、母狐以 40％组日增重最高，分别为 46.73g 和 41.77g；公狐以 54％组、母狐以 12％组日增重相对较低，分别为 28.65g 和 28.62g；12％组蓝狐干物质日采食量最高，公狐为 363.85g，母狐为 335.28g。54％组日采食量最少，公狐为 195.74g，母狐为 215.85g。母狐日采食代谢能各组间无显著性差异；公狐则以 26％组最高，为 6.24MJ，与育成前期结果相同。12％组试验狐料肉比最高，公狐为 9.62、母狐为 11.82。在其他试验组中公狐间料肉比差异不显著；而母狐间差异极显著，以 40％组母狐的料肉比最少，为 5.75。公狐各组相互间代谢能增重比差异显著，以 26％组最低，为 133.46MJ/kg；以 54％组最高，为 174.67MJ/kg（表 3-6）。12％组试验狐干物质、脂肪和总能消化率最低，公狐分别为 74.1％、90.6％ 和 79.7％，母狐分别为 73.0％、87.9％ 和 78.2％。54％组试验狐蛋白质消化率最高，公狐为 83.7％、母狐为 85.8％。试验狐碳水化合物消化率 26％组最高，公狐为 79.7％、母狐为 79.2％（表 3-7）。公狐干皮长 26％组最高，为 120.16cm。母狐 12％组体长、干皮重及毛皮品质评分最高，但与 26％组差异不显著。公狐干皮重以 26％组最高，以 54％组最低。经过三位毛皮动物专家打分得出 26％组毛皮品质最好（表 3-8）。

表 3-6　饲粮脂肪水平对冬毛生长期蓝狐采食量和饲料转化率的影响

组别	性别	日增重 (g)	干物质日采食量 (g)	日采食代谢能 (MJ)	料重比	代谢能增重比 (MJ/kg)
12％组	公	37.97±4.26^B	363.85±30.59^A	5.42±0.46^{BCb}	9.62±0.62^A	143.39±9.16^{BCc}
	母	28.62±3.80^B	335.28±21.95^{Aa}	5.00±0.33	11.82±0.89^A	176.08±13.31^{Aa}
26％组	公	46.73±2.30^A	331.80±20.24^B	6.24±0.38^{Aa}	7.099±0.22^B	133.46±4.2^{Cd}
	母	32.47±5.1^B	274.82±25.22^{Bb}	5.17±0.47	8.55±0.67^B	160.73±12.57^{Ab}
40％组	公	38.81±2.52^B	268.83±20.40^C	5.94±0.45^{ABa}	6.93±0.29^B	153.11±6.36^{Bb}
	母	41.77±5.16^A	239.89±28.478^{BCc}	5.30±0.63	5.75±0.19^D	127.04±4.09^{Bc}
54％组	公	28.65±3.82^C	195.74±17.18^D	4.97±0.44^{Cc}	6.88±0.44^B	174.67±11.26^{Aa}
	母	32.84±8.77^B	215.85±38.50^{Cc}	5.48±0.98	6.71±0.67^C	170.44±17.10^{Aab}

注：同行数据肩标不同小写字母表示差异显著（$P<0.05$），不同大写字母表示差异极显著（$P<0.01$）。表 3-7 至表 3-8 与此表注释相同。

表 3-7　冬毛生长期蓝狐不同脂肪水平饲粮的营养物质和能量消化率（％）

组别	性别	干物质	粗蛋白质	粗脂肪	粗碳水化合物	总能
12％组	公	74.1±3.5^{Bc}	73.7±4.8^C	90.6±2.2^B	79.3±3.8^B	79.7±3.4^{Cc}
	母	73.0±1.8^{Cd}	71.6±2.8^{Cd}	87.9±1.6^B	78.8±1.8^C	78.2±1.9^C
26％组	公	78.4±1.4^{Ab}	77.5±1.6^{BC}	95.2±0.3^A	79.7±1.5^A	85.8±1.0^{Bb}
	母	79.0±1.0^{Bc}	78.5±0.9^{Bc}	95.8±0.6^A	79.2±1.2^B	85.9±0.6^B
40％组	公	78.9±1.8^{Ab}	80.3±2.2^{AB}	95.3±1.2^A	73.5±2.6^A	87.2±1.4^{ABb}
	母	81.4±0.9^{Ab}	83.1±1.2^{Ab}	97.0±0.8^A	76.0±1.5^A	89.4±0.8^A
54％组	公	82.6±2.4^{Aa}	83.7±3.3^A	95.3±1.6^A	60.5±6.7^A	89.5±1.9^{Aa}
	母	83.6±1.4^{Aa}	85.8±1.5^{Aa}	96.1±1.5^A	55.0±4.1^A	90.6±1.1^A

表 3-8　饲粮脂肪水平对蓝狐体长和毛皮指标的影响

项目	性别	组别			
		12%	26%	40%	54%
体长（cm）	公	71.17±1.47^B	73.67±1.37^A	68.50±1.64^C	67.83±1.33^C
	母	70.83±2.17^A	69.33±1.03^A	69.17±1.60^A	65.67±2.16^B
干皮长（cm）	公	115.00±4.69^ABab	120.16±2.64^Aa	112.83±5.95^ABbc	108.84±4.02^Bc
	母	114.83±6.24	115.17±8.35	117.67±4.37	111.33±7.42
干皮重（g）	公	848.33±71.67^AB	906.67±57.15^A	785.00±62.85^B	651.65±13.29^C
	母	845.00±83.61^a	815.67±95.17^ab	796.67±44.57^ab	726.67±74.48^b
毛皮品质	公	7.28±0.59^Aab	7.45±0.33^Aa	6.87±0.56^Ab	5.90±0.25^Bc
	母	7.25±0.49^Aa	7.15±0.37^ABab	6.67±0.19^ABbc	6.47±0.61^Bc

注：毛皮品质从 1（质量最差）到 10（质量最好）进行评分。

在冬毛生长期代谢能增重比随脂肪水平的增加有先降低后增加的趋势，公狐以 26%组、母狐以 40%组代谢能增重比最低。这说明公狐能更好地利用 26%组的营养物质，而母狐能更好地利用 40%组的营养物质进行体组织合成。与育成前期相比，冬毛生长期蓝狐料肉比和代谢能增重比不同，可能是由于生长阶段体沉积及体组织成分不同引起的。

毛皮质量各指标随着饲粮脂肪含量的增加有先增加后降低的趋势。这说明饲粮脂肪水平在一定变化范围内，可提高毛皮质量，但超出此范围将会有不良影响。通过对体长、干皮长、干皮重、毛皮品质指标的综合考虑得出饲粮水平为 26%时毛皮质量好于其他组，能生产出最优质的皮张。这与前人的研究结果不同。可能由于年代不同，蓝狐体型及身体组成发生变化所致。随着蓝狐个体增大，现代蓝狐对脂肪的需要量也有所升高，过低的脂肪含量无法生产出优质的皮张。本试验 40%和 54%组体长、毛皮质量等较低，这可能是日采食蛋白质或氨基酸不足，无法满足蓝狐生长的需要。

饲粮脂肪水平在一定变化范围内（12%～40%），可提高日增重、改善毛皮质量、降低料肉比，但超出此范围将会有不良影响。推荐冬毛生长期蓝狐适宜脂肪水平为 26%。

张婷（2015）以豆油和鸡油混合油脂为主要脂肪来源，通过单因素试验设计，探讨不同脂肪添加水平（10%、12%、16%、20%、24%）对冬毛生长期银狐生长性能、营养物质消化率及毛皮品质的影响。提高饲粮脂肪水平显著降低冬毛生长期银狐干物质采食量，10%脂肪添加组干物质采食量最高，为 291.16g/d；16%脂肪添加组干物质采食量最低，为 257.17g/d。日增重随饲粮脂肪水平升高呈现先增高后降低的趋势，24%脂肪添加组日增重最大，为 14.00g；24%脂肪添加组日增重最小，为 9.52g。饲粮脂肪添加水平为 16%～20%时，可降低料重比，最低为 16.60（表 3-9）。脂肪消化率随饲粮脂肪水平的升高而增加，10%脂肪添加组为 70.77%，24%脂肪添加组为 81.72%；而蛋白质和碳水化合物表观消化率显著下降，相比 10%脂肪添加组，24%脂肪添加组蛋白质和碳水化合物表观消化率分别降低 9.11%和 14%（表 3-10）。当饲粮脂肪添加水平由 10%增加到 16%时，食入氮、氮沉积和蛋白质生物学效价随之升高，最高分别为

15.82g/d、4.37g/d 和 38.61％；24％脂肪添加组银狐食入氮、氮沉积和蛋白质生物学效价最低，分别为 13.71g/d、2.15g/d 和 24.09％（表 3-11）。当饲粮脂肪添加水平达到 16％时，银狐皮张尺寸及毛皮品质最佳；但当脂肪水平添加量超过 16％时，毛皮品质下降（表 3-12）。

表 3-9　饲粮脂肪水平对冬毛生长期银狐生长性能的影响

项目	脂肪水平				
	10％	12％	16％	20％	24％
干物质采食量（g/d）	291.16±17.08Aa	289.59±10.07Aa	278.10±18.16Bb	270.26±12.09Bb	257.17±20.51Cc
平均日增重（g）	12.83±0.84Bb	13.70±0.90Aa	14.00±1.02Aa	13.86±1.11Aa	9.52±1.03Cc
料重比	18.48±1.56a	18.14±1.03a	17.51±1.11b	16.60±1.32b	18.72±2.01a

注：同行数据肩标不同小写字母表示差异显著（$P<0.05$），不同大写字母表示差异极显著（$P<0.01$）。表3-10 至表 3-12 与此表注释相同。

表 3-10　饲粮脂肪水平对冬毛生长期银狐营养物质消化率的影响

项目	脂肪水平				
	10％	12％	16％	20％	24％
脂肪消化率（％）	70.77±3.93Cc	76.00±7.58Bb	78.07±3.71Bb	81.05±2.30Aa	81.72±6.86Aa
蛋白质消化率（％）	72.70±2.04a	72.15±3.61a	71.19±2.43a	71.91±1.93a	66.08±5.61b
碳水化合物消化率（％）	76.60±2.71Aa	75.58±6.09AaBb	74.26±1.89BbCc	69.83±2.30Cc	65.77±6.10Dd
总能消化率（％）	73.29±1.25	72.58±2.61	73.05±1.22	75.99±2.05	73.75±3.11

表 3-11　饲粮脂肪水平对冬毛生长期银狐氮代谢的影响

项目	脂肪水平				
	10％	12％	16％	20％	24％
食入氮（g/d）	15.55±0.77Aa	15.63±0.40Aa	15.82±0.81Aa	15.93±0.55Aa	13.71±1.80Bb
粪氮（g/d）	4.29±0.32	4.51±0.54	4.44±0.30	4.55±0.37	4.59±0.57
尿氮（g/d）	7.87±0.63	7.25±0.94	7.10±0.85	7.03±1.37	7.01±1.46
氮沉积（g/d）	3.28±0.35Bb	3.94±0.21Aa	4.37±0.39Aa	4.22±0.58Aa	2.15±0.42Cc
蛋白质生物学效价（％）	30.00±1.47Bb	34.37±1.46Aa	38.61±1.28Aa	36.25±1.30Aa	24.09±1.35Cc

表 3-12　饲粮脂肪水平对冬毛生长期银狐毛皮品质的影响

项目	脂肪水平				
	10％	12％	16％	20％	24％
鲜皮长（cm）	101.94±2.53a	103.43±2.14a	104.83±1.94a	102.21±2.44a	99.20±2.31b
针毛长（mm）	97.94±9.70	94.68±8.92	102.01±6.12	101.51±6.56	93.87±8.63
绒毛长（mm）	50.17±5.82	49.87±4.76	52.51±3.44	53.06±4.28	50.00±6.34
毛皮品质	7.05±0.52ab	7.20±0.67a	7.29±0.69a	7.22±0.54a	6.88±0.40b

脂肪是高能饲料原料，添加脂肪可提高饲粮能量浓度，有利于提高动物生长性能。然而高脂饲粮（脂肪水平为 24％）导致冬毛生长期银狐日增重下降，料重比增加。动物都具有为能而食的天性，饲粮脂肪水平过高会直接增加能量浓度，从而导致采食量下

降，最终影响动物的生长。然而，适当提高饲粮脂肪水平则有利于银狐生长，提高饲料报酬，节约饲料成本。银狐饲粮脂肪消化率随脂肪水平的升高而增加，24%脂肪添加组最高，说明高脂饲粮有利于提高冬毛生长期银狐对脂肪的利用率，这对体脂沉积是有利的。而碳水化合物表观消化率与脂肪表观消化率变化趋势不同，这可能是由于各组银狐饲粮脂肪、蛋白质和碳水化合物三者的比例不同导致。在冬毛生长期，蛋白质的供应直接影响毛皮品质。食入氮和氮沉积与饲粮能量水平有关。当饲粮脂肪添加水平由10%增加到16%时，氮沉积和蛋白质生物学效价显著升高；而当饲粮脂肪添加水平达到24%时，食入氮和氮沉积显著下降。由此表明，适当添加脂肪，有利于提高蛋白质利用效率，减少氮排放进而降低环境污染。相对低能饲粮，高能饲粮可提高毛皮动物毛皮品质。当饲粮脂肪添加水平达到16%时，银狐皮张尺寸及毛皮品质最佳；但当脂肪水平添加量超过16%时，毛皮品质下降。这可能是由于高脂饮食降低了银狐采食量，进而导致蛋白质及某些必需氨基酸等营养物质摄入减少，使毛皮品质下降。

冬毛生长期银狐饲粮中添加16%的脂肪（总脂肪水平达到18.7%），可获得最佳的生长性能和毛皮品质，可降低尿氮损失，减少环境污染。

（三）繁殖期狐脂肪需要量

种狐的体况与繁殖力有极密切的关系，过肥过瘦都会降低繁殖力。特别是11～12月应通过调整饲料营养水平调整种狐体况。张铁涛等（2014）研究了脂肪水平（15%、17%、19%、21%、23%）对妊娠期蓝狐繁殖性能、营养物质消化率、氮代谢及产后体重的影响。研究结果表明，随脂肪水平的增加，蓝狐产仔的时间趋向于集中，产仔高峰集中在5月1日到5月15日。脂肪水平为15%时蓝狐产仔的时间略有推迟，23%脂肪组的蓝狐产仔时间明显提前，说明妊娠期较高的营养水平能够刺激胎儿的发育。饲粮脂肪水平对母狐窝产仔数、仔狐初生重和仔狐初生成活率影响不显著，平均母狐窝产仔数、仔狐初生重和仔狐初生成活率分别为9.58只、94.63g和97.18%（表3-13）。当饲粮脂肪水平从15%升高到21%时，7日龄和14日龄仔狐体重显著增加，最大体重分别为197.59g和340.31g。脂肪水平为21%时，28日龄、35日龄、42日龄仔狐体重最大，分别为819.10g、1 017.23g和1311.75g。饲粮脂肪水平对仔狐成活率无显著影响（表3-14）。产后21d到产后42d期间，各组母狐的体重快速下降。在整个泌乳期中，母狐失重随着饲粮脂肪水平的增加呈现升高的趋势，饲粮脂肪水平在23%时，母狐失重程度最高（表3-15）。

表 3-13　脂肪水平对母狐繁殖性能的影响

项目	脂肪水平				
	15%	17%	19%	21%	23%
产仔日期					
4月26日至5月30日（%）	—	—	—	—	15.56
5月1日至5月5日（%）	40.00	34.78	34.78	35.56	40.00
5月6日至5月10日（%）	28.89	30.43	28.26	35.56	28.89
5月11日至5月15日（%）	15.56	23.91	28.26	20.00	15.56

（续）

项目	脂肪水平				
	15%	17%	19%	21%	23%
5月16日至5月20日（%）	15.56	10.87	8.70	8.89	—
平均窝产仔数（只）	9.50±3.54	10.17±3.66	9.00±1.41	10.00±1.21	9.25±4.50
仔狐初生重（g）	101.55±35.78	100.14±26.77	101.90±39.03	72.03±12.83	97.54±17.28
初生成活率（%）	98.33±2.88	94.29±7.82	95.84±5.89	99.00±1.73	98.44±3.13

注：同行数据肩标不同小写字母表示差异显著（$P<0.05$），不同大写字母表示差异极显著（$P<0.01$）。表 3-10 至表 3-12 与此表注释相同。

表 3-14　脂肪水平对仔狐生长性能的影响

项目	脂肪水平				
	15%	17%	19%	21%	23%
7d仔狐重（g）	145.83±14.18[Bb]	148.56±10.15[AaBb]	159.81±34.91[AaBb]	197.59±13.06[Aa]	192.81±31.44[Aa]
14d仔狐重（g）	253.69±46.51[b]	284.03±55.48[ab]	291.25±24.14[ab]	340.31±47.32[a]	292.99±17.52[ab]
21d仔狐重（g）	400.11±99.85	452.26±112.74	444.31±13.17	528.14±76.23	471.97±79.01
28d仔狐重（g）	666.68±44.09[ab]	632.78±82.17[b]	586.69±51.53[a]	819.10±117.85[a]	590.96±92.90[b]
35d仔狐重（g）	859.63±184.17[ab]	822.94±183.54[ab]	745.06±101.55[b]	1 017.23±62.13[a]	889.85±198.81[ab]
42d仔狐重（g）	1184.80±274.05[ab]	974.52±252.35[b]	1007.26±32.17[ab]	1311.75±123	1071.63±170.96[ab]
7d成活率（%）	94.44±7.85	84.91±12.80	77.50±3.53	86.67±5.77	95.31±9.38
21d成活率（%）	88.89±15.71	75.23±19.85	73.33±9.42	80.00±17.32	87.50±14.43
断奶成活率（%）	91.67±11.79	78.46±30.54	90.00±14.14	76.67±15.28	85.97±10.97

表 3-15　脂肪水平对母狐产后体重的影响（kg）

项目	脂肪水平				
	15%	17%	19%	21%	23%
产后1d	5.60±0.23	5.50±0.73	5.75±0.45	5.33±0.61	5.72±0.55
产后7d	4.85±0.10	5.35±0.70	5.45±0.45	4.83±0.22	5.28±0.17
产后14d	4.80±0.15	5.15±1.64	5.40±0.14	4.77±0.31	5.38±0.41
产后21d	4.50±0.35[Aa]	5.03±0.44[ABbc]	5.10±0.40[ABbc]	4.65±0.15[Aab]	5.43±0.37[Bc]
产后28d	4.45±0.35[ABa]	4.71±0.64[ABab]	4.98±0.28[ABab]	4.28±0.24[Aa]	5.33±0.54[Bb]
产后35d	4.45±0.10[Aa]	4.74±0.45[Aab]	4.78±0.18[Aab]	4.27±0.47[Aa]	5.05±0.43[Ab]
产后42d	4.80±0.15	4.64±0.45	4.80±0.05	4.38±0.26	4.74±0.44
母狐失重	0.80±0.08	0.86±0.08	0.95±0.36	0.95±0.35	0.98±0.11

　　衡量母狐繁殖性能的重要指标是仔狐初生重和产活仔数，是蓝狐养殖生产中重要的经济指标。饲粮脂肪水平对蓝狐的产仔率具有一定的影响，17%～21%组蓝狐的产仔数相对较高，23%组蓝狐的产仔数略低；但 21%～23%组蓝狐的产仔成活率相对较高，因而各组蓝狐的活仔数差异不显著。23%组的蓝狐产仔时间明显提前，15%组产仔时间相对推迟，说明妊娠期较高的营养水平能够刺激胎儿的发育。15%脂肪组 42d 断奶成活率最高。仔狐在哺乳期内的生长发育，前 21d 主要依靠母乳喂养，21%组仔狐的生长发

育最快；而 21 日龄之后，仔狐开始逐渐采食，高脂肪组的生长速度反而下降，从出生至 42 日龄体重增长情况看，15%脂肪组仔狐的生长速度最快。这可能是由于仔狐的胃肠道消化酶系统发育不完全，难以利用较高的脂肪，因而较低脂肪组仔狐的生长发育快。这一试验结果提示母狐及仔狐在不同的生理阶段，所需的脂肪水平应该及时调整。

综合母狐繁殖性能和仔狐生长性能，建议繁殖期母狐饲粮脂肪水平为 15%～19%。

五、不同脂类在狐生产上的应用效果

由于不同油脂在感官气味、能量含量、营养价值等方面的差异，导致在狐生产上的应用效果不同。

在蓝狐上，云春凤等（2012）研究了豆油和猪油对育成前期蓝狐营养物质消化率和氮代谢的影响。发现以豆油为脂肪来源可提高蓝狐的粗脂肪消化率，以猪油为脂肪来源显著提高蓝狐氮摄入量、氮沉积、净蛋白质利用率和蛋白质生物学效价。说明蓝狐对豆油的消化率较高，而猪油可以提高其对氮的利用和促进氮沉积，因此为获得最佳生产性能，建议豆油和猪油混合使用。刘佰阳等（2007）为探讨豆油、猪油和脂肪粉 3 种不同脂肪对育成期蓝狐生产性能和消化代谢的影响，通过饲养试验和消化代谢试验，筛选适宜添加的脂肪类型。与脂肪粉组相比，饲喂豆油和猪油可提高育成期公蓝狐日增重、降低料肉比，但豆油组和猪油组间没有显著性差异；脂肪消化率以豆油组最高（公狐 76.49%，母狐 74.54%），其次是猪油组（公狐 74.76%，母狐 66.03%）、脂肪粉组最低（公狐 17.14%，母狐 18.79%）；钙消化率以豆油组最高（公狐 26.55%，母狐 32.43%），并且显著地高于猪油组和脂肪粉组。在饲料生产中，豆油是液态的，易于添加；而猪油是固态的，需要加热融化后添加。豆油的产量大，质量稳定，易于贮存且贮存时间长。这些方面均优于猪油。因此，在育成期蓝狐饲粮中添加豆油的效果较好。耿业业（2011）评价了不同脂肪类型（鱼油、猪油、牛油）对蓝狐消化代谢规律的影响。在育成期，鱼油组蓝狐日增重、日采食量和日采食代谢能显著低于猪油组和牛油组，以猪油组最高，公狐分别为 69.78g、331.84g 和 4.68MJ，母狐分别为 69.38g、334.12g 和 4.71MJ。鱼油组蓝狐料重比和代谢能增重比显著高于猪油组和牛油组，公狐料重比以牛油组最低，为 4.64；母狐料重比以猪油组最低，为 4.78。在冬毛生长期，牛油组日增重和干物质采食量最大，公狐分别为 61.18g 和 430.85g，母狐分别为 34.30g 和 339.01g；而鱼油组最低，公狐分别为 25.28g 和 328.81g，母狐分别为 27.11g 和 310.91g。料重比以牛油最低，公狐为 7.09、母狐为 9.99；而鱼油组最高，公狐为 13.08、母狐为 11.62（表 3-16）。在育成前期，猪油和鱼油组公狐的干物质消化率显著高于牛油组，其中猪油组最高，为 72.31%。脂肪消化率和总能以猪油组最高，分别为 88.54%和 77.83%；猪油组母狐脂肪消化率最高，为 85.80%；总能消化率则为牛油组最高，为 75.05%。公狐碳水化合物消化率鱼油和猪油组显著高于牛油组，最高为 74.72%；母狐以牛油组最高，为 73.37%。在冬毛生长期猪油和牛油组公狐蛋白质消化率显著高于鱼油组，其中猪油组最高，为 74.14%。脂肪消化率和总能以猪油组最高，公狐分别为 90.60%和 79.63%，母狐分别为 87.91%和 78.12%。公狐碳水化合物消化率鱼油组和猪油组显著高于牛油组，最高为 79.30%；母狐以鱼油组最高，为

79.03％（表 3-17）。牛油组公狐打皮时体长为 75.83cm，显著高于其他组；而母狐打皮体长各组间差异不显著。干皮长以牛油组最高，公狐为 119.17cm、母狐为 115.17cm；而鱼油组最低，公狐为 103.50cm、母狐为 104.50。经过三位毛皮动物专家打分得出鱼油组的蓝狐毛皮品质极显著低于其他组，牛油组和猪油组差异不显著（表 3-18）。

综合各项指标，建议蓝狐最适脂肪源植物油为豆油，动物油为猪油和牛油。生产实践过程中不建议单独添加鱼油作为蓝狐饲料的主要脂肪来源。

表 3-16　脂肪类型对蓝狐采食量和饲料转化率的影响

组别	性别	日增重 （g）	干物质日采食量 （g）	日采食代谢能 （MJ）	料重比	代谢能增重比 （MJ/kg）
育成期						
鱼油组	公	52.45±4.50^B	289.79±14.26^{Bb}	4.07±0.20^{Bb}	5.54±0.31^A	77.92±4.30^A
	母	53.80±2.52^B	289.08±11.75^{Bb}	4.06±0.16^{Bb}	5.38±0.092^A	75.51±1.30^A
猪油组	公	69.78±9.08^A	331.84±30.02^{Aa}	4.68±0.42^{Aa}	4.78±0.22^B	67.38±3.13^B
	母	69.38±5.15^A	334.12±24.79^{Aa}	4.71±0.35^{Aa}	4.82±0.17^B	67.95±2.37^B
牛油组	公	68.05±5.26^A	315.25±16.88^{ABa}	4.40±0.23^{ABa}	4.64±0.19^B	64.91±2.69^B
	母	65.96±8.41^A	315.66±23.29^{ABa}	4.42±0.33^{ABa}	4.82±0.32^B	67.35±4.47^B
冬毛生长期						
鱼油组	公	25.28±3.05^C	328.81±23.06^{Bc}	4.47±0.31^C	13.08±0.75^A	177.91±10.15^A
	母	27.11±4.59^{Bb}	310.91±26.97^b	4.23±0.37^B	11.62±1.08^A	158.02±14.66^{ABb}
猪油组	公	37.97±4.26^B	363.85±30.59^{Bb}	5.42±0.46^B	9.62±0.62^B	143.39±9.16^B
	母	28.62±3.80^{ABb}	335.28±21.95^{ab}	5.00±0.33^A	11.82±0.89^A	176.08±13.31^{Aa}
牛油组	公	61.18±7.90^A	430.85±31.90^{Aa}	6.35±0.47^A	7.09±0.45^C	104.45±6.66^C
	母	34.30±4.97^{Aa}	339.01±25.41^a	4.99±0.37^A	9.99±0.86^B	147.12±12.67^{Bb}

注：同行数据肩标不同小写字母表示差异显著（$P<0.05$），不同大写字母表示差异极显著（$P<0.01$）。表 3-17 至表 3-18 与此表注释相同。

表 3-17　育成期蓝狐不同脂肪类型饲粮的营养物质和能量消化率（％）

组别	性别	干物质	粗蛋白质	粗脂肪	粗碳水化合物	总能
育成期						
鱼油组	公	69.88±2.3^{ABa}	72.03±1.62	86.02±0.92^{Ab}	72.47±2.47^{ABa}	75.32±1.66^{AB}
	母	67.31±2.50	70.40±2.09	82.27±1.70^{ABb}	69.43±5.32^{AB}	72.47±2.68^{ab}
猪油组	公	72.31±5.13^{Aa}	74.62±2.80	88.54±2.51^{Aa}	74.72±6.19^{Aa}	77.83±3.82^A
	母	67.68±5.99	71.22±3.66	85.80±2.71^{Aa}	62.82±7.91^B	70.80±3.65^b
牛油组	公	64.33±3.44^{Bb}	74.734±2.01	81.73±1.95^{Bc}	65.133±4.57^{Bb}	72.65±1.91^B
	母	63.48±4.51	72.22±2.57	77.85±3.37^{Bc}	73.37±3.85^A	75.05±2.85^a
冬毛生长期						
鱼油组	公	69.74±3.15^b	70.32±5.11	68.96±3.99^{Bc}	77.23±1.46	71.88±2.91^B
	母	71.53±4.31	72.56±6.74	72.66±5.14^B	79.03±2.20	72.37±5.18^b

（续）

组别	性别	干物质	粗蛋白质	粗脂肪	粗碳水化合物	总能
猪油组	公	74.14±3.53[a]	73.68±4.75	90.60±2.19[Aa]	79.30±3.79	79.63±3.41[A]
	母	72.98±1.76	71.63±2.80	87.91±1.62[A]	78.82±1.80	78.12±1.87[A]
牛油组	公	74.20±1.31[a]	74.24±1.77	85.79±2.61[Ab]	79.07±1.19	79.08±1.51[A]
	母	71.54±3.18	71.97±4.61	84.34±3.27[A]	76.98±1.26	76.82±2.71[a]

表 3-18　饲粮脂肪类型对蓝狐体长和毛皮指标的影响

项目	性别	鱼油组	猪油组	牛油组
体长（cm）	公	70.92±2.87[b]	71.17±1.47[b]	75.83±3.13[a]
	母	67.92±3.58	70.83±2.17	71.17±2.23
干皮长（cm）	公	103.50±3.39[B]	115.00±4.69[A]	119.17±4.79[A]
	母	104.50±3.73[B]	114.83±6.24[A]	115.17±4.22[A]
干皮重（g）	公	710.00±31.62[Bb]	848.33±71.67[ABa]	891.67±92.39[Aa]
	母	653.33±37.78[B]	845.00±83.61[A]	849.17±48.11[A]
毛皮品质	公	6.27±0.62[B]	7.28±0.59[A]	7.53±0.48[A]
	母	6.20±0.62[B]	7.25±0.49[A]	7.45±0.44[A]

　　在银狐上，张婷等（2014）采用单因素试验设计，试验狐分别饲喂在基础饲粮中添加 10% 豆油和 10% 混合油脂（鸡油：豆油＝1：1）的试验饲粮。通过饲养试验、消化代谢评价了不同油脂对银狐生长性能、营养物质消化率及氮代谢规律的影响。育成生长期豆油组蓝狐日增重显著高于混合油脂组，冬毛生长期则表现为混合油脂组日增重略高于豆油组，说明饱和脂肪酸更有利于体脂沉积（表 3-19）。育成期脂肪消化率豆油组为 89.59%，混合油脂组为 85.74%，说明银狐对豆油的消化率高；冬毛生长期两组脂肪消化率相近，豆油为 76.31%，混合油脂组为 76.77%（表 3-20）；整个生长期，混合油脂组氮沉积和蛋白质生物学效价均高于豆油组（表 3-21）。

　　综合考虑各项指标，建议育成生长期银狐以豆油作为饲料脂肪主要来源生产性能较好，而冬毛生长期以混合油脂作为饲料脂肪主要来源效果最佳。

表 3-19　脂肪类型对生长期银狐干物质采食量、日增重及料肉比的影响

项目	豆油组	混合油组
育成期		
干物质日采食量（g）	190.69±4.51	186.10±7.06
日增重（g）	59.15±3.56[b]	54.49±3.47[a]
料重比	3.26±0.34	3.39±0.44
冬毛生长期		
干物质日采食量（g）	329.86±8.44	331.51±10.91
日增重（g）	10.70±1.29	11.56±1.43
料重比	29.76±3.98	27.36±3.01

　　注：同行数据肩标不同小写字母表示差异显著（$P<0.05$），不同大写字母表示差异极显著（$P<0.01$）。表 3-19 至表 3-21 与此表注释相同。

表 3-20　脂肪类型对生长期银狐营养物质消化率的影响（%）

项目	A组	B组
育成生长期		
蛋白质表观消化率	67.37±1.90	64.90±3.02
脂肪表观消化率	89.59±1.81a	85.74±3.47b
碳水化合物表观消化率	77.77±0.64	73.69±5.41
冬毛生长期		
蛋白质表观消化率	73.64±1.57	72.70±2.04
脂肪表观消化率	76.31±5.15	76.77±3.93
碳水化合物表观消化率	77.42±1.55	76.60±2.71

表 3-21　脂肪类型对生长期银狐氮代谢的影响

项目	豆油组	混合油组
育成生长期		
食入氮（g/d）	8.91±0.22	9.05±0.34
粪氮（g/d）	3.08±0.16	2.95±0.79
尿氮（g/d）	3.57±0.72	3.30±0.57
氮沉积（g/d）	2.60±0.12	2.81±0.51
蛋白质生物学效价（%）	44.00±4.58	45.96±6.85
冬毛生长期		
食入氮（g/d）	15.33±0.73	15.75±0.77
粪氮（g/d）	4.49±0.10	4.29±0.32
尿氮（g/d）	8.72±1.47	8.27±1.80
氮沉积（g/d）	2.31±0.55Bb	3.66±0.81Aa
蛋白质生物学效价（%）	21.65±2.97b	29.49±6.05a

第二节　狐脂肪酸的种类及生理功能

一、脂肪酸的种类

食入脂肪在动物体内以脂肪酸的形式被吸收利用。脂肪酸根据碳链长度的不同，可分为短链脂肪酸、中链脂肪酸和长链脂肪酸。脂肪酸也可根据饱和度分为饱和脂肪酸（saturated fatty acid，SFA）、单不饱和脂肪酸（monounsaturated fatty acid，MUFA）及多不饱和脂肪酸（polyunsaturated fatty acid，PUFA）。PUFA 通常可分为 n-3PUFA系列、n-6PUFA 系列和 n-9PUFA 系列，前两者具有重要生物学意义。n-3PUFA 系列包括亚油酸（C18：2）、γ-亚麻酸（C18：3）、花生四烯酸（C20：4）等，而 n-6PUFA系列包括 α-亚麻酸、二十碳五烯酸(EPA，C20：5)、二十二碳六烯酸（DHA，C22：6）

等。脂肪中含不饱和脂肪酸越多，其硬度越小、熔点越低，这就是常温下植物脂肪呈液态（含不饱和碳链），而动物脂肪呈固态的原因。不饱和脂肪酸通过加氢（称作氢化或硬化作用）可转变为饱和脂肪酸。脂肪酸能够满足动物机体对必需脂肪酸的需求，能够在体内氧化分解为机体提供能量，参与机体的新陈代谢并维持机体正常的生命活动。表3-22列出了几种蓝狐常用脂肪的脂肪酸组成。

表 3-22　蓝狐常用脂肪的脂肪酸组成（%）

脂肪酸组成	豆油	玉米油	猪油	鱼油
C12：0	—	—	0.03	0.038
C14：0	0.03	—	0.57	2.558
C15：0	0.01	—	0.020	0.12
C16：0	6.17	2.71	15.17	15.38
C16：1	0.03	—	1.35	8.41
C17：0	0.04	0.02	0.09	0.10
C18：0	2.10	0.49	6.48	2.96
C18：1n9c	24.20	20.29	60.08	54.69
C18：2n6c	56.24	76.12	15.20	9.121
C20：0	0.15	0.13	0.07	0.07
C20：1	0.06	0.09	0.35	0.33
C18：3n3	10.84	0.18	0.28	0.45
C20：2n6	0.014	—	0.22	—
C22：0	0.14	—	—	—
C24：0	0.03	—	—	—
C20：4n6	—	—	0.08	0.17
C20：5n3	—	—	—	3.90
C24：1	—	—	—	0.04
C22：6n3	—	—	—	1.27
SFA	8.67	3.34	22.44	21.22
MUFA	24.29	20.38	61.79	63.47
PUFA	67.10	76.30	15.77	14.91
n-6PUFA	56.26	76.12	15.50	9.30
n-3PUFA	10.84	0.18	0.27	5.617
n-6PUFA/n-3PUFA	5.19	422.89	57.41	1.65

亚麻酸（ALA）和亚油酸（LA）分别是 n-6PUFA 和 n-3PUFA 的前体物质，两者在动物体内均不能自身合成，必须通过食物摄取，它们在生物体内可转化成其他PUFAs。PUFAs 的生物转化是一个复杂的过程。LA 在 Δ6 去饱和酶的作用下转化成GLA（18：3n-6），GLA 在延长酶的作用下延长形成 DGLA（20：3n-6），随后 DGLA在 Δ5 去饱和酶的作用下被转化成花生四烯酸 AA（20：4n-6）。ALA 在 Δ6 去饱和酶的作用下转化成十八碳四烯酸（SDA，18：4n-3），SDA 延长形成二十碳四烯酸（20：4n-3），再经 Δ5 去饱和酶脱氢形成 EPA（20：5n-3）；EPA 在延长酶作用下延长生成二

十四碳五烯酸（24：5n-3），再经 Δ4 去饱和酶形成二十四碳六烯酸，最后二十四碳六烯酸在过氧化物酶体内发生 β-氧化转化成 DHA（22：6n-3）。n-6PUFA 和 n-3PUFA 在生物转化过程中共用相同的去饱和酶、延长酶等，且两种脂肪酸之间存在代谢竞争抑制，两者共用的酶对 n-3PUFA 更具有亲和力。当动物摄入的 n-3PUFA 显著高于 n-6PUFA 时，前者可通过与后者竞争 Δ6 去饱和酶，抑制花生四烯酸 AA 的生成来减少体内总 n-6PUFAs 量。

　　毛皮动物体脂肪酸组成与饲粮脂肪酸组成存在一定的对应关系，而且不同组织中脂肪酸组成有差异。张婷（2015）以豆油和鸡油混合油脂为脂肪来源，研究了不同脂肪水平对银狐体脂肪酸组成的影响。研究表明，银狐肝脏 PUFA（如 C18：2n-6、C18：3n-3）和 MUFA（如 C18：1-n9）比例随饲粮脂肪水平的升高显著升高，而 SFA（如 C18：0）比例显著下降（表 3-23）。说明银狐肝脏脂肪酸组成在很大程度上受饲料中脂肪酸成分的影响，并在一定程度上反映饲料中的脂肪酸组成。银狐肌肉脂肪酸组成反映了饲粮脂肪酸组成，提高饲粮脂肪水平显著提高其 SFA（如 C16：0）比例而 MUFA（如 C18：1）比例下降。与饲粮脂肪酸相比，银狐肌肉中 C20：4 比例略有增加，而 C18：3 比例减少（表 3-24）。这是由于毛皮动物自身可将 C18：3 转化成 C20：4 等长链多不饱和脂肪酸。银狐皮下脂肪 SFA、MUFA、PUFA 的比例不受饲粮脂肪水平变化的影响（表 3-25），但 MUFA 比例相对较高，可能是由于不饱和脂肪酸相对饱和脂肪酸在脂肪酸动员上是有利的，沉积于银狐皮下的不饱和脂肪酸更有利于氧化分解以满足其能量的需求。

表 3-23　银狐肝脏脂肪酸组成（％）

项目	脂肪水平				
	12％	14％	16％	20％	24％
C14：0	0.20±0.04	0.20±0.01	0.35±0.08	0.28±0.06	0.19±0.07
C16：0	10.31±1.15	11.68±0.01	11.28±1.31	10.80±1.79	11.46±0.77
C16：1n-7	0.60±0.17	0.66±0.01	0.56±0.09	0.94±0.41	1.19±0.35
C17：0	0.75±0.05[A]	0.30±0.01[C]	0.33±0.06[C]	0.48±0.02[B]	0.18±0.05[D]
C18：0	46.27±3.07[A]	36.09±0.01[AB]	29.33±4.02[B]	29.31±3.85[B]	17.58±2.62[C]
C18：1n-9c	10.17±0.71[b]	16.30±0.01[ab]	21.21±3.91[a]	21.52±2.56[a]	21.99±2.00[a]
C18：2n-6	17.25±1.30[C]	22.45±0.01[B]	28.98±1.07[B]	29.91±1.17[B]	35.65±8.02[A]
C18：3n-3	0.17±0.05[B]	0.23±0.01[B]	0.53±0.17[B]	0.49±0.01[B]	2.12±0.35[A]
C20：2n-6	0.44±0.05	0.23±0.01	0.26±0.30	0.38±0.07	0.26±0.30
C20：3n-6	0.49±0.09	0.29±0.01	0.16±0.05	0.46±0.07	0.45±0.02
C20：4n-6	8.53±1.15	8.62±0.01	7.00±1.12	9.52±1.02	7.91±0.58
C20：3n-3	0.34±0.09	0.21±0.01	0.21±0.06	0.29±0.03	0.21±0.01
C22：6n-3	4.40±0.69	3.69±0.01	4.20±0.92	4.26±0.61	4.32±0.17
SFA	57.59±3.94[A]	48.40±1.01[A]	41.71±5.59[A]	41.68±1.95[A]	29.50±4.22[B]
MUFA	10.87±0.82[c]	16.95±1.35[b]	22.40±4.43[a]	22.46±2.09[a]	22.51±2.49[a]
PUFA	31.54±4.47[b]	34.54±2.01[b]	34.62±3.84[b]	35.73±2.89[b]	48.46±5.92[a]

　　注：同行数据肩标不同小写字母表示差异显著（P＜0.05），不同大写字母表示差异极显著（P＜0.01）。表 3-24 至表 3-25 与此表注释相同。

表 3-24　银狐肌肉脂肪酸组成（％）

项目	脂肪水平				
	12％	14％	16％	20％	24％
C14：0	0.55±0.09	0.98±0.11	0.52±0.05	0.45±0.03	0.46±0.02
C16：0	19.31±1.52[b]	21.23±0.42[a]	22.24±0.89[a]	21.33±0.56[a]	21.84±0.34[a]
C16：1n-7	3.03±0.85[B]	2.83±0.48[A]	2.56±0.87[AB]	1.99±0.24[B]	1.92±0.20[B]
C17：0	0.07±0.01	0.07±0.01	0.08±0.01	0.09±0.01	0.08±0.01
C18：0	4.59±0.86	4.08±0.85	4.90±0.40	4.91±0.19	5.26±0.32
C18：1n-9c	38.75±1.42[a]	37.12±0.29[b]	36.33±0.78[b]	36.29±0.82[b]	35.81±1.11[b]
C18：2n-6	32.45±0.82	30.01±1.77	31.75±0.68	32.75±0.82	32.48±0.27
C18：3n-3	0.59±0.06	0.75±0.15	0.60±0.05	0.58±0.05	0.60±0.07
C20：2n-6	0.05±0.00	0.06±0.00	0.06±0.00	0.06±0.01	0.05±0.00
C20：3n-6	0.07±0.01	0.08±0.01	0.07±0.01	0.06±0.01	0.07±0.00
C20：4n-6	0.97±0.26	1.34±0.41	0.75±0.11	0.65±0.09	0.84±0.13
C20：5n-3	0.07±0.01	0.07±0.01	0.07±0.01	0.06±0.01	0.07±0.01
C22：6n-3	0.46±0.07	0.65±0.13	0.24±0.03	0.26±0.01	0.16±0.01
SFA	24.46±1.51[b]	26.41±1.82[a]	27.65±2.05[a]	27.76±1.53[a]	27.84±2.78[a]
MUFA	40.87±1.50[a]	40.52±1.28[a]	38.72±1.89[b]	37.71±2.09[b]	36.85±1.02[b]
PUFA	34.55±1.32	32.89±1.10	33.52±1.83	34.41±1.05	34.31±2.40

表 3-25　银狐皮下脂肪脂肪酸组成（％）

项目	脂肪水平				
	12％	14％	16％	20％	24％
C14：0	0.63±0.07	0.72±0.11	0.77±0.05	0.64±0.03	0.65±0.02
C14：1	0.05±0.01	0.05±0.01	0.06±0.01	0.04±0.01	0.05±0.01
C15：0	0.05±0.01	0.04±0.01	0.04±0.01	0.05±0.01	0.04±0.01
C16：0	19.27±3.06	20.94±1.20	21.63±0.58	19.22±2.41	21.26±0.90
C16：1n-7	3.52±1.08	6.80±1.71	7.16±1.36	4.44±1.76	3.68±1.78
C17：0	0.09±0.01	0.09±0.01	0.09±0.01	0.09±0.01	0.07±0.01
C18：0	3.96±0.60	4.03±0.48	3.57±0.50	4.98±3.15	4.37±0.86
C18：1n-9c	39.76±3.08	35.56±1.18	36.89±0.37	29.30±4.45	30.92±1.16
C18：2n-6	31.18±3.16	29.49±1.357	28.70±0.70	32.75±0.82	32.48±0.27
C18：3n-3	0.80±0.12	1.22±021	1.22±0.13	0.83±0.36	0.93±0.18
C20：0	0.09±0.02	0.11±0.03	0.09±0.01	0.10±0.02	0.11±0.04
C20：1	0.19±0.01	0.20±0.01	0.19±0.01	0.22±0.01	0.21±0.04
C20：2n-6	0.05±0.01	0.06±0.01	0.06±0.01	0.06±0.01	0.05±0.01
C20：3n-6	0.05±0.01	0.05±0.01	0.05±0.01	0.05±0.01	0.05±0.01
C20：4n-6	0.12±0.03	0.17±0.05	0.16±0.03	0.11±0.03	0.15±0.04

（续）

项目	脂肪水平				
	12%	14%	16%	20%	24%
C20：5n-3	0.03±0.00	0.04±0.01	0.04±0.00	0.04±0.01	0.04±0.01
C22：6n-3	0.13±0.01	0.17±0.04	013±0.03	0.11±0.01	0.12±0.03
SFA	24.10±3.49	26.12±1.27	26.29±0.86	25.22±4.75	26.50±1.69
MUFA	43.51±2.16	42.61±1.30	43.31±2.10	44.24±1.83	41.20±3.06
PUFA	32.36±1.32	31.22±1.03	30.38±1.69	30.48±4.70	32.25±2.07

钟伟等（2016）以鱼油、豆油和玉米油为脂肪源，研究了饲粮 n-6PUFA/n-3PUFA 对蓝狐体脂肪酸组成的影响。饲粮 n-6/n-3PUFA 配比分别为 3（12%鱼油和 2%豆油）、18（9.38%玉米油和 4.62%豆油）、41（12%玉米油和 2%豆油）、136（1.5%鱼油和 12.5%玉米油）。研究表明，蓝狐肝脏脂肪酸 MUFA、PUFA、n-3PUFA 和 n-6PUFA 的变化规律是随 n-6PUFA/n-3PUFA 比例的升高，MUFA 和 n-3PUFA 的含量呈先降低后升高趋势，PUFA 和 n-6PUFA 含量呈先升高后降低趋势（表 3-26）。肝脏脂肪酸中 SFA 含量约占总脂肪酸的 62%，MUFA 约占 12%，PUFA 约占 26%，说明在蓝狐肝脏中脂肪酸主要以饱和形式沉积。肌内脂肪中 SFA、MUFA 和 PUFA 含量分别是 28.52%、42.5%和 28.73%（表 3-27），饲粮中 SFA、MUFA 和 PUFA 含量分别是 8.01%、29.96%和 62.04%。与饲粮脂肪酸相比，蓝狐肌内脂肪中 SFA、MUFA 含量均有增加，而 PUFA 含量减少，表明北极狐从饲粮中摄入的 PUFA，在机体内发生了脂肪酸的转化和分配，导致肌内脂肪酸的沉积方式差异。皮下脂肪 SFA 未受 n-6PUFA/n-3PUFA 比例影响，而 MUFA 和 PUFA 变化趋势与中饲粮脂肪酸组成呈正相关，北极狐皮下脂肪中 SFA、MUFA 和 PUFA 的比例分别是 22.44%、41.20%和 35.66%（表 3-28），与饲粮脂肪酸相比较，SFA 和 MUFA 分别上升而 PUFA 下降。说明沉积于蓝狐狐皮下的 UFA 更有利于氧化分解提供能量需求，抵御严寒。蓝狐皮下不饱和脂肪酸（UFA）的含量是下降的，相比 SFA，UFA 在脂肪酸动员上是有利的。

表 3-26　饲粮 n-6PUFA/n-3PUFA 比例对蓝狐肝脏脂肪酸组成的影响（%）

项目	n-6PUFA/n-3PUFA			
	3	18	41	136
C14：0	0.385±0.12	0.28±0.00	0.42±0.13	0.56±0.00
C16：0	18.57±3.47	15.67±3.60	15.10±3.80	15.50±1.15
C16：1	1.38±0.43	0.74±0.06	0.85±0.25	1.64±0.68
C17：0	0.66±0.08	0.82±0.08	0.72±0.00	0.66±0.08
C18：0	47.24±2.56	40.70±3.50	46.08±9.23	47.24±2.56
C18：1n9c	10.79±2.65	10.61±1.90	8.73±1.92	10.79±2.65
C18：2n6c	15.39±1.66[Bb]	22.14±1.96[Aa]	18.68±3.47[Bb]	15.39±1.66[Bb]
C20：4n6	5.02±1.89[b]	9.35±2.06[a]	7.45±2.38[ab]	5.03±1.89[b]
C20：5n3	1.44±0.42[Aa]	0.00±0.00[Bb]	0.00±0.00[Bb]	1.44±0.42[Aa]
C22：6n3	2.23±0.61[Aa]	0.00±0.00[Bb]	1.54±0.59[Aa]	1.53±0.57[Aa]

（续）

项目	n-6PUFA/n-3PUFA			
	3	18	41	136
SFA	65.14±2.89	57.01±3.34	62.32±7.15	64.18±3.54
MUFA	12.57±2.79[a]	11.10±1.57[ab]	10.01±1.30[b]	12.43±1.66[a]
PUFA	22.29±4.89[b]	31.89±3.14[a]	27.67±6.56[ab]	23.39±3.46[b]
n-3PUFA	3.19±0.37[Aa]	0.00±0.00[Cc]	1.54±1.13[Bb]	2.97±0.58[Aa]
n-6PUFA	19.10±4.47[Bb]	31.89±3.14[Aa]	26.13±5.57[Aa]	20.42±2.93[Bb]

注：同行数据肩标不同小写字母表示差异显著（$P<0.05$），不同大写字母表示差异极显著（$P<0.01$）。表3-27至表3-28与此表注释相同。

表3-27　饲粮 n-6PUFA/n-3PUFA 比例对蓝狐肌内脂肪脂肪酸组成的影响（％）

项目	n-6PUFA/n-3PUFA			
	3	18	41	136
C14：0	2.47±0.40[Aa]	1.24±0.15[Bb]	1.50±0.10[Bb]	1.73±0.66[Bb]
C14：1	0.16±0.04[a]	0.11±0.03[b]	0.12±0.017[ab]	0.11±0.015[b]
C15：0	0.13±0.03[Aa]	0.00±0.00[Cc]	0.06±0.01[Bb]	0.09±0.03[AaBb]
C16：0	24.18±5.68	17.53±4.07	18.64±3.01	20.14±4.60
C16：1	7.03±1.37[a]	4.12±1.30[b]	5.33±1.57[ab]	4.81±1.35[b]
C17：0	0.22±0.07[a]	0.12±0.008[b]	0.14±0.015[b]	0.19±0.05[ab]
C18：0	7.97±2.15	6.02±0.25	7.32±1.03	7.52±1.58
C18：1n9c	39.32±4.20	35.14±6.96	34.07±3.73	36.39±3.42
C18：2n6c	16.67±3.20[Bb]	30.54±7.55[Aa]	32.10±2.65[Aa]	28.05±4.48[Aa]
C18：3n3	0.49±0.10[Bb]	0.32±0.02[Cc]	0.96±0.17[Aa]	0.44±0.05[BbCc]
C20：1	0.17±0.008[Aa]	0.14±0.01[Bb]	0.15±0.02[Bb]	0.14±0.008[Bb]
C20：4n6	0.27±0.06[Bb]	0.44±0.06[Aa]	0.41±0.05[Aa]	0.48±0.11[Aa]
C20：5n3	0.24±0.03[Aa]	0.00±0.00[Cc]	0.00±0.00[Cc]	0.10±0.01[Bb]
C22：6n3	0.25±0.07[Aa]	0.00±0.00[Cc]	0.00±0.00[Cc]	0.16±0.01[Bb]
SFA	34.96±8.21[a]	23.12±1.16[b]	27.31±4.24[ab]	28.69±7.30[ab]
MUFA	46.58±5.44[a]	42.52±3.38[ab]	39.53±2.69[b]	41.37±3.76[b]
PUFA	18.37±3.25[Cc]	34.40±4.06[Aa]	33.16±2.67[AaBb]	28.97±4.69[Bb]
n-3PUFA	0.94±0.15[Aa]	0.33±0.008[Bb]	0.85±0.29[Aa]	0.54±0.12[Bb]
n-6PUFA	17.43±3.19[Cc]	30.98±4.07[AaBb]	32.45±2.71[Aa]	28.49±4.57[Bb]

表3-28　饲粮 n-6PUFA/n-3PUFA 比例对蓝狐皮下脂肪脂肪酸组成的影响（％）

项目	n-6PUFA/n-3PUFA			
	3	18	41	136
C14：0	2.40±0.15[Aa]	1.08±0.12[Dd]	1.27±0.09[Cc]	1.46±0.12[Bb]
C14：1	0.17±0.02[Aa]	0.08±0.03[Bb]	0.11±0.02[Bb]	0.10±0.03[Bb]
C15：0	0.11±0.01[Aa]	0.06±0.01[Cc]	0.000.00[Dd]	0.08±0.02[Bb]

（续）

项目	n-6PUFA/n-3PUFA			
	3	18	41	136
C16：0	19.24±2.69^{Aa}	16.08±0.93^{Bb}	13.33±2.20^{Bb}	15.66±2.30^{Bb}
C16：1	6.14±0.57^{Aa}	2.21±0.62^{Bb}	2.92±0.60^{Bb}	2.86±0.43^{Bb}
C17：0	0.20±0.03^{Aa}	0.13±0.02^{Cc}	0.14±0.02^{BbCc}	0.16±0.01^{Bb}
C18：0	6.08±1.09	5.17±0.29	4.89±0.70	5.20±0.36
C18：1n9c	43.06±3.51^{Aa}	34.20±2.42^{Bb}	36.02±2.55^{Bb}	36.26±2.19^{Bb}
C18：2n6c	21.43±1.49^{Cc}	39.97±2.54^{Aa}	39.55±1.55^{Aa}	37.16±1.70^{Bb}
C20：0	0.12±0.02	0.11±0.02	0.11±0.03	0.10±0.02
C20：1	0.21±0.04^{a}	0.18±0.03^{ab}	0.17±0.01^{ab}	0.15±0.01^{b}
C18：3n3	0.77±0.09^{Bb}	0.42±0.03^{Cc}	1.41±0.25^{Aa}	0.62±0.03^{Bb}
C20：4n6	0.19±0.06	0.16±0.03	0.14±0.04	0.18±0.03
C20：5n3	0.33±0.09^{Aa}	0.00±0.00^{Bb}	0.00±0.00^{Bb}	0.00±0.00^{Bb}
C22：6n3	0.29±0.09^{Aa}	0.00±0.00^{Bb}	0.00±0.00^{Bb}	0.00±0.00^{Bb}
SFA	24.84±7.90	22.62±0.79	19.69±2.66	22.60±2.22
MUFA	49.58±3.69^{Aa}	36.68±3.04^{Bb}	39.18±3.07^{Bb}	39.34±2.49^{Bb}
PUFA	22.80±1.67^{Cc}	40.68±2.53^{Aa}	41.12±1.87^{Aa}	38.05±1.65^{Bb}
n-3PUFA	1.24±0.32^{Aa}	0.42±0.03^{Bb}	1.41±0.25^{Aa}	0.69±0.16^{Bb}
n-6PUFA	21.57±1.62^{Cc}	40.26±2.56^{Aa}	39.71±1.64^{AaBb}	37.35±1.73^{Bb}

二、脂肪酸的生理功能

PUFA具有许多特殊的生物活性，对调控基因表达、维持细胞膜功能、提高机体免疫力、调控脂肪代谢以及促进生长发育等方面起着重要作用。

（一）供能

饲料或动物体内代谢产生的游离脂肪酸和甘油酯是动物维持生命活动和生产的重要能量来源。在蓝狐饲粮中添加一定的脂肪酸可替代等能值的糖类和蛋白质，不仅可以改善饲粮的适口性，还能提高饲粮代谢能，使消化过程中能量消耗减少，热增耗降低，增加饲粮净能。

（二）提高机体免疫力

动物机体免疫机能明显受饲粮脂肪酸的影响，这种影响与脂肪酸的饱和程度和添加量有关。n-3PUFA是细胞膜磷脂的重要组成成分，在免疫细胞的细胞膜上存在着与免疫相关的酶和受体，任何影响细胞膜变化的因子都会影响免疫受体及分子的表达，进而产生不同的免疫效果。研究发现，n-3PUFA能减少类二十烷酸的生成，增加细胞膜的流动性，影响第二信使（甘油二酯及神经酰胺）的产生，调节受体介导的信号传导途径，影响基因表达，从而起到改善动物机体免疫机能的作用。饲粮中 n-3PUFA 与

n-6PUFA 之间存在竞争关系，因此二者之间的比例是脂肪酸影响机体免疫的关键。在蓝狐的研究发现，当饲粮 n-6PUFA/n-3PUFA 为 136.36 时，升高了血清中补体 4 水平。

（三）参与机体代谢

作为类十二烷的前体，脂肪酸广泛参与机体代谢。类十二烷是花生四烯酸和 EPA 在环加氧酶或脂氧合酶的作用下生成的一系列具有生物活性的物质，包括前列腺素、白三烯和脂氧类。这类物质产生过多或不平衡会导致动物生理功能紊乱。研究表明，富含 EPA 和 DHA 的鱼油或海产品，能有效降低组织中花生四烯酸水平并竞争性抑制类十二烷的生成。而过量摄入亚油酸，通过转变为花生四烯酸会导致炎症加剧、免疫功能抑制等病理状态。

（四）调节体脂肪代谢

饲粮脂肪酸类型和含量可改变蓝狐血脂代谢和体脂肪酸组成。研究表明，n-3PUFA，特别是 EPA、DHA 能够降低血液中甘油三酯、胆固醇、极低密度脂蛋白及胰岛素水平进而影响糖脂代谢。在大鼠的试验发现，DHA 主要具有降低血液总胆固醇的作用，而 EPA 主要具有降低甘油三酯的作用。但是在蓝狐上，饲喂鱼油的蓝狐的肝脏脂肪含量显著高于饲喂猪油组和牛油组，脂肪大量沉积于肝，引起肝细胞脂肪变性、肝功能降低、分解三酰甘油和胆固醇的能力下降，血液中的甘油三酯和总胆固醇水平增高，血液中运输胆固醇的低密度脂蛋白也随着增高。

（五）维持皮肤、大脑和神经组织正常功能

在皮肤中含量最高的脂肪酸是亚油酸和花生四烯酸。必需脂肪酸缺乏时，会导致皮肤表皮过度增生，水的通透性增加，皮肤水分损失。动物的脑和视网膜的神经组织中含有较高浓度的 DHA。许多膜的通透性如血-脑屏障也与必需脂肪酸有关。

第三节　狐脂肪酸的需要量

一、育成生长期狐脂肪酸需要量

饲料脂肪不仅可以为狐提供能量，还可以提供必需脂肪酸。早期的一项研究发现，每天补充 2～3g 亚油酸和亚麻酸可减缓患皮肤病狐的病情恶化。但遗憾的是，该研究没有提供试验的脂肪酸组成，所以无法确定银狐患皮肤病是否与必需脂肪酸缺乏有关。

作为必需脂肪酸，亚油酸在毛皮动物的生毛过程中有着至关重要的作用。食肉目动物在体内合成亚油酸的能力较弱，需要通过摄入外源性亚油酸进行补充。邢敬亚（2016）研究了育成生长期蓝狐亚油酸需要量。试验通过玉米油和棕榈酸的添加比例来调节饲粮亚油酸水平为 0.11％、0.52％、0.92％、1.33％、2.14％ 和 3.36％。试验结果表明，饲粮亚油酸水平极显著影响蓝狐的日增重和料重比，3.36％亚油酸组日增重最大、料重比最低，分别为 51.27g 和 5.29；0.92％亚油酸组日增重最小、料重比最大，

分别为 41.27g 和 6.82（表 3-29）。脂肪消化率和碳水化合物消化率随饲粮亚油酸水平的升高呈上升趋势，二者均以 3.36% 亚油酸组最高，分别为 80.80% 和 74.18%；0.11% 亚油酸组最低，分别为 51.38% 和 66.96%（表 3-30）。饲粮亚油酸水平显著影响粪氮排出量、尿氮排出量和蛋白质生物学价值，粪氮排出量以 3.36% 亚油酸组最高（4.36g/d），0.11% 组亚油酸最低（3.85g/d）；尿氮排出量以 1.33% 亚油酸组最高（5.06g/d），3.36% 亚油酸组最低（3.61g/d）；蛋白质生物学价值以 3.36% 亚油酸组最高（55.35%），0.52% 组亚油酸最低（43.62%，表 3-31）。

表 3-29　饲粮亚油酸水平对育成生长期蓝狐生长性能的影响

项目	亚油酸水平					
	0.11%	0.52%	0.92%	1.33%	2.14%	3.36%
平均日增重（g）	45.56±1.67BCbc	44.28±1.10BCbc	41.27±1.80Cc	45.48±0.54BCbc	47.22±0.93ABab	51.27±1.34Aa
干物质日采食量（g）	266.56±8.08	274.18±0.46	273.66±0.98	274.05±0.60	268.89±5.75	274.43±0.21
料重比	6.71±0.34Aa	6.14±0.12ABab	6.82±0.30Aa	6.03±0.08ABab	5.62±0.13BCbc	5.29±0.14Cc

注：同行数据肩标不同小写字母表示差异显著（$P<0.05$），不同大写字母表示差异极显著（$P<0.01$）。表 3-30 至表 3-31 与此表注释相同。

表 3-30　饲粮亚油酸水平对育成生长期蓝狐营养物质消化率的影响

项目	亚油酸水平					
	0.11%	0.52%	0.92%	1.33%	2.14%	3.36%
干物质消化率（%）	65.78±0.91ABab	64.67±0.47ABab	63.61±1.10Bb	66.99±0.53Aa	67.44±0.69Aa	66.71±0.53Aa
脂肪消化率（%）	51.38±3.51Cc	57.62±5.87BCbc	61.29±3.65BCbc	67.51±3.15ABab	78.68±1.63Aa	80.80±1.25Aa
蛋白质消化率（%）	70.27±1.56	70.38±0.64	67.93±1.10	70.94±0.99	68.91±0.83	67.89±1.01
碳水化合物消化率（%）	66.96±1.23Bb	69.32±0.23Bb	69.52±0.84Bb	73.93±0.60Aa	74.00±0.75Aa	74.18±0.71Aa

表 3-31　饲粮亚油酸水平对育成生长期蓝狐氮代谢的影响

项目	亚油酸水平					
	0.11%	0.52%	0.92%	1.33%	2.14%	3.36%
食入氮（g/d）	13.07±0.40	13.22±0.02	13.34±0.05	13.58±0.03	13.19±0.28	13.56±0.01
粪氮（g/d）	3.85±0.11c	3.92±0.09bc	4.29±0.15ab	3.95±0.13bc	4.09±0.10abc	4.36±0.14a
尿氮（g/d）	3.68±0.31Bb	5.24±0.17Aa	3.95±0.28ABab	5.06±0.18ABab	4.20±0.53ABab	3.61±0.39Bb
氮沉积（g/d）	5.14±0.46	4.06±0.18	5.07±0.32	4.49±0.25	4.90±0.54	5.38±0.35
蛋白质生物学效价（%）	54.19±2.79a	43.62±1.80b	55.09±3.75a	46.93±2.12ab	50.18±4.70a	55.35±2.62a
净蛋白质利用率（%）	39.02±2.67	30.68±1.32	39.61±2.57	33.12±1.86	37.15±3.88	39.68±2.62

玉米油是含有丰富亚油酸的植物性油脂，含量可达到 40% 左右。因此，玉米油可作为亚油酸的油脂来源调配试验饲粮配方。亚油酸作为必需脂肪酸，显著影响育成生长期蓝狐的平均日增重和料重比，饲喂育成期蓝狐 3.36% 亚油酸水平的饲粮平均日增重最高、料重比最小，但 2.14% 和 3.36% 之间差异不显著。从经济效益看，饲粮添加 2.14% 亚油酸水平就可以满足蓝狐的生长需要。随亚油酸水平的升高，育成生长期狐脂肪和碳水化合物消化率逐渐升高。随着玉米油的替代比例增加，脂肪消化率逐渐升高，说明亚油酸可以提高蓝狐对饲粮脂肪的消化率。随饲粮亚油酸水平增加，干物质消化率

呈不规律变化趋势，呈先降低后升高的变化，但高水平的亚油酸含量增加了干物质的采食量（1.33%～3.36%）。这表明与低比例玉米油饲粮相比，含有较高比例的玉米油可能因提高了饲料适口性从而提高了采食量。蓝狐在采食饲粮后，饲粮中的含氮物质经体内消化后，一部分用于合成体内的蛋白质，被称为氮沉积，用来增加动物体重；另一部分随粪、尿排出，来维持动物机体的氮平衡。粪氮和尿氮是食入氮的主要损失部分，粪氮大多是消化道没有吸收而被消化系统排出，这部分氮是被食入后排出，故受饲料成分中蛋白含量影响。尿氮受组织中代谢影响，故与动物体内氨基酸平衡关系较大。亚油酸水平显著影响蛋白质生物学价值，对氮沉积和净蛋白利用率没有产生显著影响，且氮沉积和蛋白质生物学价值均以3.36%亚油酸水平最高，这可能与亚油酸参与体内氮代谢，促进氮沉积有关。

结合蓝狐的各项指标，从保证蓝狐生长性能和降低环境污染的角度考虑，建议育成生长期蓝狐干粉饲粮亚油酸水平为1.33%～2.14%。

二、冬毛生长期狐脂肪酸需要量

美国NRC（1982）狐营养需求标准中指出，亚油酸在毛皮动物的生毛过程中有着至关重要的作用，从而影响毛皮品质。邢敬亚（2016）研究了饲粮亚油酸水平（0.10%、1.32%、2.13%、2.94%、3.76%和4.97%）对冬毛生长期蓝狐生产性能、营养物质消化率及毛皮品质的影响。试验通过玉米油和棕榈酸的添加比例来调节饲粮亚油酸水平。研究表明，随饲粮亚油酸水平的升高，冬毛生长期蓝狐日增重逐渐增加，4.97%亚油酸组最高，为28.25g，相比0.1%亚油酸组提高了32.96%；添加1.32%～4.97%亚油酸能够提高蓝狐鲜皮长，其中4.97%亚油酸组鲜皮长最大，为86.5cm（表3-32）。基础日粮中添加玉米油能够提高蓝狐脂肪、碳水化合物和干物质消化率，其中3.76%亚油酸组干物质消化率最高，为81.57%；4.97%亚油酸组蛋白质消化率和碳水化合物消化率最高，分别为76.67%和69.01%（表3-33）。饲粮亚油酸水平对冬毛生长期蓝狐氮代谢无显著性影响，但随着饲粮玉米油替代比例的增加，氮沉积有升高的趋势（表3-34）。

表3-32　饲粮亚油酸水平对冬毛生长期蓝狐生长性能的影响

项目	亚油酸水平					
	0.10%	1.32%	2.13%	2.94%	3.76%	4.97%
平均日增重（g）	18.94±2.24Bb	22.88±1.8ABab	22.89±1.7ABab	25.09±1.24ABab	27.24±1.40Aa	28.25±1.71Aa
干物质日采食量（g）	327.18±5.15	332.32±0.00	314.72±11.39	327.72±4.60	331.15±1.17	322.78±3.81
料重比	15.85±1.58	14.33±1.21	14.44±1.17	12.97±0.89	12.26±0.79	11.73±0.65
体长（cm）	65.94±0.82	64.88±0.61	66.00±0.80	65.38±0.86	66.44±0.92	65.81±0.52
鲜皮长（cm）	83.75±0.73b	85.25±0.82ab	85.50±0.53ab	86.38±0.65ab	86.00±0.57ab	86.5±0.50a
针毛长度（mm）	5.61±0.18	5.23±0.17	5.41±0.08	5.38±0.11	5.36±0.14	5.39±0.08
绒毛长度（mm）	5.00±0.13	4.78±0.14	4.84±0.05	4.85±0.10	4.95±0.13	4.75±0.11

注：同行数据肩标不同小写字母表示差异显著（$P<0.05$），不同大写字母表示差异极显著（$P<0.01$）。表3-33至表3-34与此表注释相同。

表 3-33　饲粮亚油酸水平对冬毛生长期蓝狐营养物质消化率的影响

项目	亚油酸水平					
	0.10%	1.32%	2.13%	2.94%	3.76%	4.97%
干物质消化率（%）	60.00±3.36Cc	60.36±2.14Cc	66.98±3.15BCbc	73.70±1.17ABab	81.57±0.99Aa	79.56±1.14Aa
脂肪消化率（%）	66.65±1.81	65.78±0.57	61.33±2.78	64.78±0.81	66.44±0.87	66.70±1.66
蛋白质消化率（%）	62.08±1.15Dd	67.68±1.18Cc	68.01±2.23BCbc	73.37±1.61BAab	73.00±1.24ABCabc	76.67±0.61Aa
碳水化合物消化率（%）	60.33±1.23Cc	61.39±0.49Cc	63.22±1.57BCbc	65.75±0.66ABab	68.10±0.93Aa	69.01±1.16Aa

表 3-34　饲粮亚油酸水平对冬毛生长期蓝狐氮代谢的影响

项目	亚油酸水平					
	0.10%	1.32%	2.13%	2.94%	3.76%	4.97%
食入氮（g/d）	15.78±0.25	16.03±0.00	15.18±0.55	16.08±0.22	15.97±0.06	15.57±0.18
粪氮（g/d）	5.27±0.32	5.49±0.09	5.82±0.22	5.56±0.14	5.36±0.15	5.20±0.31
尿氮（g/d）	6.56±0.49	6.58±0.41	6.95±0.19	6.08±0.46	5.96±0.53	6.69±0.42
氮沉积（g/d）	3.22±0.54	3.33±0.30	3.67±0.43	4.24±0.46	4.37±0.55	4.55±0.5
蛋白质生物学效价（%）	21.53±3.10	24.17±2.40	25.28±4.12	26.07±2.81	27.32±3.46	23.49±3.21
净蛋白质利用率（%）	35.10±4.83	36.57±3.56	33.73±2.18	39.56±4.42	41.10±5.00	35.33±4.9

　　饲粮亚油酸水平不同程度地提高了冬毛生长期蓝狐平均日增重和饲料利用率，说明添加适量的亚油酸对蓝狐具有促生长作用。饲粮中添加不同水平亚油酸对冬毛生长期蓝狐生产性能的改善作用存在一定的差异，添加 4.97% 亚油酸水平平均日增重最高，但与 1.32% 亚油酸水平差异不显著。市场上玉米油 19.7 元/kg，棕榈酸价格为 15 元/kg，故饲粮中添加玉米油比例越少饲粮价格成本越低。综合蓝狐生产性能及价格成本分析，亚油酸水平为 1.32% 就可以满足蓝狐的生长需要。蓝狐的皮张大小与毛皮动物的体长及体型密切相关，毛皮动物体长越长皮张越大，其毛皮价值越高。饲粮添加 1.32%～4.97% 亚油酸可提高鲜皮长。饲粮亚油酸水平为 3.76% 时脂肪消化率最高，说明蓝狐对玉米油有较高的消化率。试验中玉米油逐渐替代棕榈酸，使脂肪消化率逐渐升高，这从侧面也说明了棕榈酸不适合完全或大比例替代玉米油添加到蓝狐饲粮中。随玉米油比例的增加，干物质消化率呈上升趋势，可能是由于高比例的玉米油提高了饲料的适口性从而促进了干物质的吸收利用。

　　综合各项指标，以及考虑经济效益，建议冬毛生长期蓝狐干粉饲粮中亚油酸水平为 3.76%。

三、狐最适不饱和脂肪酸比例

　　在狐饲料配制过程中，除考虑必需脂肪酸水平外，还应注意脂肪酸比例是否平衡，尤其是 n-3PUFA 与 n-6PUFA 的比例。饲粮中添加 n-6PUFA 和 n-3PUFA 既能满足必需脂肪酸的需要，二者适宜的比例还能维持机体的生理机能，调节脂质代谢，促进狐的健康生长。钟伟等（2018）研究了不饱和脂肪酸比例（n-6PUFA/n-3PUFA）对育成生长期蓝狐生长性能、营养物质消化率及氮代谢的影响。以鱼油、豆油和玉米油调控脂肪酸组成，其 n-6PUFA/n-3PUFA 分别为：3（6.85％鱼油＋1.15％豆油）、6（6.77％鱼油＋1.23 玉米油）、9（6.11％鱼油＋1.89 玉米油）、18（2.64％豆油＋5.36％玉米油）。提高 n-6PUFA/n-3PUFA 比例，育成前期蓝狐（102～125 日龄）日增重显著增加，n-6PUFA/n-3PUFA 比例为 9 时最高，为 54.44g。而育成后期（125～147 日龄）各组蓝狐的生长性能差异不显著（表 3-35）。n-6PUFA/n-3PUFA 比例为 9 时，蓝狐干物质消化率、脂肪消化率及总能消化率最高，分别为 63.00％、95.50％和 72.80％，但与最低 n-6PUFA/n-3PUFA 组差异不显著（表 3-36）。不同 n-6PUFA/n-3 PUFA 显著影响育成生长期蓝狐氮采食量和粪氮排出量，n-6PUFA/n-3PUFA 比例为 9 时氮采食量最高，为 12.63g/d，n-6PUFA/n-3PUFA 比例为 18 时，粪氮排出量最低，为 4.83g/d（表 3-37）。

当饲粮的 n-6PUFA/n-3PUFA 为 9（配合饲料中添加 6.11％鱼油＋1.89％玉米油）或 18（配合饲料中添加 5.36％玉米油＋2.64％豆油）时，育成生长期蓝狐可获得较优的生产性能，但从饲料成本和贮存稳定性考虑，5.36％玉米油与 2.64％豆油混合更佳。

表 3-35　n-6PUFA/n-3PUFA 配比对育成期蓝狐生长性能的影响

项目	n-6PUFA/n-3PUFA			
	3	6	9	18
102 日龄初始体重（kg）	2.37±0.24	2.37±0.29	2.36±0.20	2.36±0.23
125 日龄体重（kg）	3.53±0.27ab	3.37±0.30b	3.67±0.24a	3.60±0.19a
102～125 日龄平均日增重（g）	48.68±6.51Aa	41.42±9.68b	54.44±7.19Aa	51.53±3.11Aa
平均干物质采食量（g）	260.00±1.25a	251.63±10.23b	259.02±1.86a	255.73±5.97ab
料重比	5.22±0.45b	6.12±1.46a	4.86±0.72b	4.97±0.41b
147 日龄体重（kg）	4.66±0.33	4.48±0.27	4.76±0.31	4.65±0.22
125～147d 平均日增重（g）	48.77±5.91	48.04±6.99	47.54±4.88	45.73±8.99
平均干物质采食量（g）	257.99±1.28	252.37±3.23	255.76±1.45	257.00±2.64
料重比	5.29±0.59	5.25±0.96	5.38±0.65	5.62±0.83

注：同行数据肩标不同小写字母表示差异显著（$P<0.05$），不同大写字母表示差异极显著（$P<0.01$）。表 3-36 至表 3-37 与此表注释相同。

表 3-36　n-6PUFA/n-3PUFA 配比对育成期蓝狐营养物质消化率的影响

项目	n-6PUFA/n-3PUFA			
	3	6	9	18
干物质采食量（g/d）	260.00±1.26a	251.63±10.23b	259.02±1.86a	255.73±5.97ab
干物质消化率（％）	62.54±2.38a	59.06±3.81b	63.00±2.74a	64.42±3.32a
蛋白质消化率（％）	54.67±4.11BbCc	51.42±5.21Cc	58.23±4.84AaBb	60.24±4.84Aa
脂肪消化率（％）	94.25±1.86ab	93.68±1.12b	95.50±0.58a	95.03±1.08ab
碳水化合物消化率（％）	67.87±8.65	65.51±4.08	71.11±2.92	69.04±2.90
总能消化率（％）	68.15±8.78ab	65.90±3.88b	72.80±2.69a	72.71±2.81a

表 3-37　n-6PUFA/n-3PUFA 配比对育成期蓝狐氮代谢的影响

项目	n-6PUFA/n-3PUFA			
	3	6	9	18
日氮采食量（g）	12.53 ± 0.001^{Aa}	11.73 ± 0.48^{Cc}	12.63 ± 0.09^{Aa}	12.14 ± 0.28^{Bb}
日粪氮排出量（g）	5.68 ± 0.52^{a}	5.69 ± 0.64^{a}	5.27 ± 0.59^{ab}	4.83 ± 0.61^{b}
日尿氮排出量（g）	3.67 ± 0.78	3.51 ± 0.46	3.74 ± 0.84	3.56 ± 0.74
氮沉积（g/d）	3.18 ± 0.50	2.93 ± 0.60	3.00 ± 0.56	3.04 ± 0.55
净蛋白利用率（%）	24.23 ± 4.79	22.75 ± 5.95	26.43 ± 4.69	23.14 ± 4.79
蛋白质生物学效价（%）	44.74 ± 7.47	47.59 ± 7.57	41.17 ± 6.49	42.22 ± 6.32

　　钟伟等（2018）研究了不饱和脂肪酸比例（n-6PUFA/n-3PUFA）对冬毛生长期蓝狐生长性能、营养物质消化率及氮代谢的影响。以鱼油、豆油和玉米油调控脂肪酸组成，其 n-6PUFA/n-3PUFA 分别为：3（12%鱼油和 2%豆油）、18（9.38%玉米油和4.62%豆油）、41（12%玉米油和 2%豆油）、136（1.5%鱼油和 12.5%玉米油）。结果表明，饲粮 n-6PUFA/n-3PUFA 为 136 时，冬毛生长期蓝狐平均干物质采食量最大、日增重最大、料重比最低，分别为 318.62g、36.36g 和 8.53；饲粮 n-6PUFA/n-3PUFA为 18 时体长最长，为 72.0cm（表 3-38）。表明鱼油和植物油脂混合组优于植物油脂混合组，不同的油脂按一定比例混合使用，可发挥脂肪酸互补效应。n-6PUFA/n-3PUFA 比例对蓝狐营养物质消化率无显著性影响（表 3-39）。在蛋白水平相近的情况下，氮采食量与干物质采食量的规律相同，说明蓝狐更喜食动物油脂和植物油脂混合的饲料。n-6PUFA/n-3PUFA 为 3 时蛋白质生物学价值最低，为 23.82%；n-6PUFA/n-3PUFA 为 136 时蛋白质生物学价值最高，为 41.53%（表 3-40）。说明少量的动物油脂和植物油脂混合更有利于饲料蛋白质的利用。

　　综合各项指标，饲喂 1.5%鱼油与 12.5%玉米油混合油脂，即 n-6PUFA/n-3PUFA不饱和脂肪酸比例为 136，有利于冬毛生长期蓝狐的生产、营养物质的利用，极大地降低饲料氧化风险带来的安全问题。

表 3-38　n-6PUFA/n-3PUFA 配比对育成生长期蓝狐生长性能的影响

项目	n-6PUFA/n-3PUFA			
	3	18	41	136
平均日增重（g）	30.50 ± 5.23^{Aa}	22.33 ± 5.16^{Bb}	18.00 ± 5.42^{Bb}	36.36 ± 5.50^{Aa}
平均干物质采食量（g）	320.00 ± 2.77^{Aa}	305.19 ± 17.84^{a}	276.92 ± 37.56^{b}	318.62 ± 3.09^{Aa}
料重比	10.82 ± 2.17^{AaBb}	13.63 ± 2.82^{Aa}	13.50 ± 1.87^{Aa}	8.53 ± 1.12^{Bb}
体长（cm）	67.63 ± 1.60^{b}	72.00 ± 2.92^{a}	67.71 ± 2.29^{b}	70.75 ± 4.27^{ab}

注：同行数据肩标不同小写字母表示差异显著（$P<0.05$），不同大写字母表示差异极显著（$P<0.01$）。表 3-39 至表 3-40 与此表注释相同。

表 3-39　n-6PUFA/n-3PUFA 配比对育成生长期蓝狐营养物质消化率的影响

项目	n-6PUFA/n-3PUFA			
	3	18	41	136
干物质消化率（%）	67.38 ± 4.88	71.54 ± 5.26	70.60 ± 3.32	71.90 ± 4.80

（续）

项目	n-6PUFA/n-3PUFA			
	3	18	41	136
蛋白质消化率（%）	61.17±6.47	67.09±7.46	65.71±6.46	62.83±5.54
脂肪消化率（%）	91.76±0.87	89.59±5.61	90.01±2.81	91.46±1.58
碳水化合物消化率（%）	73.77±3.76	76.56±5.72	79.37±3.60	77.35±2.10
总能消化率（%）	78.24±3.08	79.58±4.64	80.55±3.52	79.94±2.28

表 3-40　n-6PUFA/n-3PUFA 配比对育成生长期蓝狐代谢的影响

项目	n-6PUFA/n-3PUFA			
	3	18	41	136
日氮采食量（g）	15.24±0.13[AaBb]	14.59±0.74[Bb]	12.96±2.11[Cc]	16.44±0.61[Aa]
日粪氮排出量（g）	5.90±0.97	4.80±1.13	4.87±1.06	5.59±0.98
日尿氮排出量（g）	6.13±1.47	6.10±1.58	5.82±1.27	6.63±1.02
氮沉积（g/d）	3.10±1.79	4.14±1.72	2.74±0.71	3.68±1.05
净蛋白利用率（%）	18.68±7.98	25.21±6.95	21.13±6.90	28.08±7.65
蛋白质生物学效价（%）	23.82±7.54[b]	40.04±11.40[a]	35.09±7.45[a]	41.53±8.64[a]

油脂的类型和配比能决定 n-6PUFA 和 n-3PUFA 的摄入含量。在银狐上，钟伟等（2018）研究了添加不同油脂配比饲料对冬毛生长期雄性银黑狐生长性能、血清生化指标及肠道形态结构的影响。以添加鱼油、豆油和玉米油为脂肪源，设计四种油脂组合，分别为：12%鱼油＋2%豆油，9.38%玉米油＋4.62%豆油，12%玉米油＋2%豆油，1.5%鱼油＋12.5%玉米油。试验结果发现，不同油脂比例对冬毛生长期银黑狐生长性能无显著性影响（表 3-41），这与在蓝狐上的研究结果不同。银黑狐和蓝狐虽同是犬科，但为不同属，进入冬毛生长期的狐主要是促进皮毛生长及囤积脂肪以抵御严寒，两种狐属在脂肪酸利用与沉积上存在差异，可能是导致生长性能结果出现不同的主要原因。添加 9.38%玉米油＋4.62%豆油（n-6PUFA/n-3PUFA 为 18）显著提高银黑狐体长，同时明显降低血清中 TG 含量（表 3-42），说明适宜的油脂配比有利于机体保持正常的血脂代谢。当饲喂银黑狐 12%玉米油和 2%豆油组合的饲粮（n-6PUFA/n-3PUFA 为41），血清补体 4（C4）水平显著低于其他比例。由于 n-3PUFA 和 n-6PUFA 在脱饱和酶上存在竞争。12%玉米油和 2%豆油配出的高含量 n-6PUFA 与较低含量的 n-3PUFA 比例产生的免疫抑制作用明显高于其他油脂组合对血清 C4 的影响作用。9.38%玉米油和4.62%豆油组合的饲粮组（n-6PUFA/n-3PUFA 为 18），肠道绒毛高度最高、隐窝深度最浅，绒毛高度与隐窝深度之比最大（表 3-43）。说明 9.38%玉米油和 4.62%豆油组合明显改善了银黑狐肠道形态结构，提高了肠道对营养物质的消化吸收能力。

表 3-41　不同油脂配比对冬毛生长期银黑狐生长性能的影响

项目	油脂配比			
	12%鱼＋2%豆油	9.38%玉米＋4.62%豆油	12%玉米油＋2%豆油	1.5%鱼油＋12.5%玉米油
始重（kg）	5.48±0.78	5.58±0.87	5.49±0.37	5.25±0.69

（续）

项目	油脂配比			
	12%鱼+ 2%豆油	9.38%玉米+ 4.62%豆油	12%玉米油+ 2%豆油	1.5%鱼油+ 12.5%玉米油
末重（kg）	6.32±0.73	6.36±0.78	6.15±0.29	5.93±0.58
平均干物质采食量（g）	275.68±19.80	298.17±17.09	282.45±23.68	271.12±36.24
平均日增重（g）	23.13±4.97	21.57±3.79	18.42±4.34	18.89±5.83
料重比	11.56±2.11	13.15±1.49	15.07±3.05	14.56±2.73
体长（cm）	71.67±1.54^{ab}	72.40±1.67^{a}	70.58±2.18^{ab}	69.58±0.92^{b}

注：同行数据肩标不同小写字母表示差异显著（$P<0.05$），不同大写字母表示差异极显著（$P<0.01$）。
表 3-42 至表 3-43 与此表注释相同。

表 3-42　不同油脂配比对冬毛生长期银黑狐血清生化指标的影响

项目	油脂配比			
	12%鱼+ 2%豆油	9.38%玉米+ 4.62%豆油	12%玉米油+ 2%豆油	1.5%鱼油+ 12.5%玉米油
甘油三酯（mmol/L）	1.11±0.27^{a}	0.72±0.23^{b}	1.36±0.26^{a}	1.10±0.31^{a}
胆固醇（mmol/L）	3.33±0.40	2.79±0.62	3.25±0.53	2.95±0.49
高密度脂蛋白（mmol/L）	2.94±0.40	2.51±0.41	2.71±0.45	2.62±0.44
低密度脂蛋白（mmol/L）	0.06±0.019^{Aa}	0.03±0.009^{Bb}	0.02±0.008^{Bb}	0.02±0.0086^{Bb}
血糖（mmol/L）	11.00±2.31	8.18±2.16	7.58±0.31	6.98±0.86
尿素氮 BUN（mmol/L）	8.01±1.41	8.88±0.54	7.44±1.30	7.96±0.59
免疫球蛋白 A（ng/mL）	3.76±0.12	3.83±0.56	3.67±0.19	3.87±0.22
免疫球蛋白 M（ng/mL）	8.18±0.40	8.15±0.29	7.94±0.27	8.29±0.21
免疫球蛋白 G（ng/mL）	8.91±0.56	10.11±0.99	8.34±0.78	8.75±1.07
补体 3（ng/mL）	14.75±0.46	15.67±0.82	14.28±0.61	14.74±1.02
补体 4（ng/mL）	37.60±0.99^{a}	37.98±1.06^{a}	35.78±0.57^{b}	37.71±1.41^{a}

表 3-43　不同油脂配比对冬毛生长期银黑狐生长性能的影响

项目	油脂配比			
	12%鱼+ 2%豆油	9.38%玉米+ 4.62%豆油	12%玉米油+ 2%豆油	1.5%鱼油+ 12.5%玉米油
绒毛高度（μm）	6.70±0.11^{Cc}	7.95±0.62^{Aa}	7.42±0.75^{Bb}	7.22±0.19^{Bb}
隐窝深度（μm）	4.43±0.24^{Aa}	2.69±0.21^{Bb}	2.99±0.69^{Bb}	2.79±0.14^{Bb}
绒毛高度/隐窝深度	1.52±0.08^{BbCc}	2.97±0.26^{Aa}	2.66±0.83^{AaBb}	2.60±0.14^{Ab}

➡ 参考文献

杜纪坤，黄青阳，2007. 脂蛋白脂酶基因的研究进展 [J]. 遗传，29（1）：8-16.
耿业业，2012. 育成期蓝狐脂肪消化代谢规律的研究 [D]. 北京：中国农业科学院．

刘佰阳，李光玉，张海华，等，2008. 不同水平脂肪对冬毛生长期蓝狐生产性能及消化代谢的影响 [J]. 经济动物学报（3）：131-137.

李金宝，曹爱智，娄倩倩，2011. 胆汁酸在脂肪消化吸收中的作用 [J]. 饲料广角，17：34-36.

刘伟，汪汉华，2007. 饲用油脂的营养与应用 [J]. 广东饲料，16（1）：40-41.

史立鹏，2012. 影响动物脂肪代谢的因素 [J]. 山东畜牧兽医，33：60-61.

沈同，1991. 生物化学 [M]. 北京：高等教育出版社.

王继亮，薛晖，程芳艳，2007. 多不饱和脂肪酸对畜禽营养代谢机理的研究 [J]. 山西农业科学，35（12）：65-67.

邢敬亚，钟伟，刘帅，等，2016. 亚油酸水平对育成期蓝狐生长性能、营养物质消化率及氮代谢的影响 [J]. 动物营养学报（7）：2309-2316.

云春凤，耿业业，张铁涛，等，2012. 蛋白质和脂肪来源对育成前期蓝狐营养物质消化率和氮代谢的影响 [J]. 动物营养学报（9）：1721-1730.

张婷，2015. 饲粮脂肪水平对银狐脂肪消化代谢及生产性能的影响 [D]. 北京：中国农业科学院.

张婷，钟伟，罗婧，等，2014. 日粮脂肪酸组成对生长期银狐生长性能、营养物质消化率及氮代谢的影响 [J]. 中国畜牧兽医，41（12）：141-145.

张铁涛，2014. 脂肪水平对蓝狐繁殖性能、营养物质消化率、仔兽生长性能的影响 [C] //中国畜牧兽医学会动物营养学分会第七届中国饲料营养学术研讨会论文集. 郑州.

张铁涛，王卓，郭强，等，2014. 脂肪水平对繁殖期蓝狐繁殖性能、营养物质消化率、氮代谢及产后体重的影响 [J]. 动物营养学报，26（7）：1848-1855.

钟伟，罗靖，张婷，等，2016. n-6/n-3 多不饱和脂肪酸配比对育成期雄性蓝狐生长性能、营养物质消化率及氮代谢的影响 [J]. 动物营养学报（10）：3199-3206.

钟伟，罗婧，张婷，等，2018. 不同油脂比例对冬毛生长期雄性银黑狐生长性能、血清生化指标及肠道形态结构的影响 [J]. 动物营养学报，30（12）：5210-5220.

钟伟，张婷，罗靖，等，2017. n-6/n-3 多不饱和脂肪酸比值对冬毛生长期北极狐生长性能及肝脏脂肪酸代谢相关蛋白基因表达的影响 [J]. 动物营养学报（3）：906-915.

Ahlstrøm Ø, 1992. Different dietary fat：carbohydrate ratios for blue fox in the reproduction period. Effects on reproduction, kit growth, milk composition and blood parameters [J]. Norwegian Journal of Agricultural Sciences.

Ahlstroem Ø, Skrede A, 1995a. Feed with divergent fat：carbohydrate ratios for blue foxes (*Alopex lagopus*) and mink (*Mustela vison*) in the growing-furring period [J]. Norwegian Journal of Agricultural Sciences, 9：115-126.

Ahlstroem Ø, Skrede A, 1995b. Fish oil as an energy source for blue foxes (*Alopex lagopus*) and mink (*Mustela vison*) in the growing-furring period. Journal of Animal physiology and Animal Nutrition, 74：146-156.

Gugołek A, Zabockłi W, Kowalska D, et al., 2010. Nutrient digestibility in Arctic fox (*Vulpes lagopus*) fed diets containing animal meals [J]. Arquivo Brasileiro de Medicina Veterinária e Zootecnia, 62（4）：948-953.

Kopczewski A, Nozdryn-Plotnicki Z, Ondrasovic M, et al., 2001. The effect of feed with various high-energy levels on a anatomical and histopathological changes in arctic foxes [J]. Folia Veterinaria.

NRC, 2005：Nutrient requirements of dogs and cats [M]. Washington：National Academy Press.

Rimeslåtten H, 1976. Experiments in feeding different levels of protein, fat and carbohydrates to blue foxes [J]. Scientifur.

Robertson, Keith D, Alan P, 2000. DNA methylation in health and disease [J]. Nature reviews genetics, 1（1）：11.

第四章
狐蛋白质、氨基酸营养与需要

蛋白质是一切生物生命活动的物质基础，是有机体的重要组成部分。蛋白质对于毛皮动物生产发挥极其重要的作用。蛋白质供给不足会降低动物生长性能，引起体重减轻、产毛数量减少、毛皮品质下降等一系列问题（高秀华，2014）。蛋白质是狐体各组织、器官以及酶和部分激素的主要组成成分，也是机体维持正常生理功能必需的物质基础，是狐能量来源之一。因此，蛋白质是毛皮动物生长发育过程中最重要的营养因子之一。动物对蛋白质的需要，实际上就是对氨基酸的需要。氨基酸的组成越接近狐机体的需求，饲料的生物学效价就越高。当饲料中某种必需氨基酸的含量不能满足狐的需求时，狐体蛋白质的合成比例减少，这种氨基酸被称为限制性氨基酸。蛋氨酸作为含硫氨基酸的主要来源，是毛皮动物生长、繁殖、产毛所必需的第一限制性氨基酸。赖氨酸是促进毛皮动物生长的第二限制性氨基酸。饲粮中各种氨基酸组成比例平衡，才能促进蛋白质的吸收与利用，从而满足狐的蛋白质营养需要。

第一节　狐蛋白质的组成及营养作用

一、蛋白质的组成

蛋白质的基本结构单位是氨基酸，主要由碳、氢、氧、氮4种元素组成，有的也含有少量的硫。动物对蛋白质的需要，实际上就是对氨基酸的需要。对狐来说氨基酸又分为必需氨基酸和非必需氨基酸。凡在动物体内不能合成或虽能合成，但合成的速度及数量不能满足其正常生理需要，而必须由饲料供给的氨基酸，称为必需氨基酸。在狐体内可以由其他物质合成或需要量较少，不必由饲料供给的氨基酸，称为非必需氨基酸。狐的必需氨基酸一般有以下几种，即蛋氨酸、赖氨酸、色氨酸、苏氨酸、缬氨酸、苯丙氨酸、亮氨酸、异亮氨酸等。因为，胱氨酸与毛的生长直接有关，可以认为胱氨酸也是狐的必需氨基酸。当饲料中某种必需氨基酸的含量不能满足狐的需求时，狐体蛋白质的合成比例减少，这种氨基酸被称为限制性氨基酸。限制性氨基酸如果得不到补充，蛋白质的合成就无法进行。与此同时，那些原本被用于合成蛋白质的其他氨基酸也不能被充分利用，最终只能被简单地用作能量代谢而消耗掉。

毛皮动物是以产毛皮为主的动物。毛纤维是复杂的角化蛋白，由近 20 种氨基酸组成，其中含硫氨基酸含量约占氨基酸总量的 18.8%，主要为胱氨酸、半胱氨酸和蛋氨酸，前两者都可通过蛋氨酸供给得到满足，但是蛋氨酸的需要只能从动物采食的饲粮中获得。蛋氨酸作为含硫氨基酸的主要来源，是毛皮动物生长、繁殖、产毛所必需的第一限制性氨基酸。一般在以动物性蛋白质为主要蛋白质来源的狐饲料中，蛋氨酸是第一限制性氨基酸，是影响毛皮动物生产性能的一个重要因素（樊燕燕，2016）。适当添加蛋氨酸和精氨酸有利于狐毛皮的生长发育（李光玉等，2008）。蛋氨酸在动物机体内的合成作用是不可取代的，尤其对于毛皮动物，合成毛发需要大量含硫氨基酸。T. Dahlman 等（2002）研究发现，在低蛋白饲粮中添加蛋氨酸可以提高蓝狐的毛皮品质，尤其是皮毛的拉伸和收缩强度。

蛋白质的利用实际上是氨基酸的利用，当某种必需氨基酸缺乏时，其他氨基酸的吸收会受到限制，从而导致蛋白质的吸收率降低。绝大多数饲料中蛋白质的氨基酸组成是不完全或比例不适宜的，不能满足狐的蛋白质营养需要，所以饲粮中饲料种类单一时，蛋白质利用率低。当两种以上饲料混合搭配时，不同饲料原料所含的不同氨基酸会互相补充，使饲粮中必需氨基酸趋于平衡，从而提高饲料蛋白质的利用率和营养价值，这种作用称为蛋白质互补作用。如狐饲粮中主要饲料成分鱼类和肉类，由于鱼类色氨酸和组氨酸少而肉类多，相互搭配使用时可以弥补氨基酸组成的缺乏。在配制饲料时，饲料种类尽可能多样化，才有利于发挥蛋白质的互补作用，从而增加饲料蛋白质的有效利用率。

二、蛋白质的营养作用

蛋白质是毛皮动物生长发育过程中最重要的营养因子，蛋白质供应不足会引起毛皮动物生产性能、繁殖性能及毛皮等级下降，严重的会导致冬毛密度显著减少。极低的蛋白质浓度可能阻碍其毛囊的再生，而毛囊的再生和发育直接影响冬毛绒毛的密度（金雷等，2007）。国内外学者在狐蛋白质需要量上做了大量的研究工作。毛皮动物对氨基酸的需要，特别是含硫氨基酸的需求要远高于其他家畜（Glem，1980）。蛋白质对狐的生长、发育、繁殖等都具有十分重要的作用。蛋白质不足会使幼仔生长发育受阻、个体矮小；冬毛生长期会影响毛绒生长发育和毛皮质量；繁殖期公狐性欲差、精液品质降低，母狐不发情、妊娠终止；哺乳期母狐泌乳量少，间接影响仔狐发育。然而，蛋白质过量除增加饲料成本外，还会造成心脏、肾脏负担过重、粪氮和尿氮高排放引起环境污染等一系列问题。

狐是肉食性动物，野生状态下它们的食物以鼠、蛙、鸟等动物为主，一般蛋白质含量丰富。在人工饲养条件下，对饲料蛋白质要求较高。狐对一些谷物性饲料利用率比水貂高，但要低于貉或其他杂食性或草食性动物。因此，蛋白质在狐的营养上具有特殊重要意义。在生命活动过程中，各种组织需要蛋白质来修补和更新，精子和卵子的产生需要蛋白质，新陈代谢过程中所需要的酶、激素、色素和抗体等，也主要由蛋白质构成。由此可见，没有蛋白质就没有狐的生命。当饲粮蛋白质供给超过狐的需求时，蛋白质作为能量物质的比例增加，狐可利用蛋白质分解产能，这极大地增加了饲料成本。由于蛋白质饲料价格要远高于提供能量的脂类和碳水化合物饲料的价格，因此，在狐饲料配制中不适宜选择高比例的蛋白质饲料，而应适宜添加谷物性饲料和脂类饲料，既能保证蛋白质的供应，又能满足能量的需求。

狐对蛋白质的利用率高低，还受以下因素的影响：

①饲料中粗蛋白质的数量和质量　如果饲料中蛋白质过多，会降低狐对蛋白质的利用率，饲养效果不佳，反而浪费饲料；如果蛋白质不足或蛋白质品质差，机体会出现氮负平衡，导致狐体重下降、毛皮等级降低，对生产不利。狐长期缺乏蛋白质时，还会引起贫血、抗病力减弱，幼狐生长停滞，水肿，被毛蓬乱，消瘦，皮下黏膜发白；种公狐精液品质下降，母狐性周期紊乱、不易受孕，即使受孕也容易出现死胎、流产、弱仔等现象，严重影响繁殖性能。

②饲料中粗蛋白质与能量的比例关系　如果饲粮中非蛋白质能量供给不足，机体蛋白质分解增加，会使尿中排出的含氮物增多。如果狐饲粮中蛋白质含量偏高，能量含量偏低，两者比例不当，则狐的采食量增加，蛋白质分解供能增加，导致饲养成本上升。

③饲料加工调制方法　合理调制饲料，如谷物饲料熟制或膨化后可影响狐对蛋白质、氨基酸和淀粉的消化率。与未处理饲料比较，膨化处理饲料总氮和氨基酸真消化率显著降低，半胱氨酸所受影响最大，膨化后淀粉消化率增加，但高于100℃处理不再增加淀粉消化率。所以，一般低蛋白质能量饲料适宜于熟化或膨化，而高蛋白质的饲料，如果适宜饲喂，一般不熟化或膨化，以免影响蛋白质的吸收。

第二节　狐蛋白质营养与需要

狐对蛋白质的需要，取决于蛋白质生物学全价性、饲粮中其他营养物质的含量以及狐的年龄和所处生理阶段等。毛皮动物的营养需求标准主要有两个参考标准：美国NRC的毛皮动物饲养标准和芬兰NJF的毛皮动物饲养标准，前者是满足动物正常生长、繁殖、生产的最低需要量，不含安全系数；后者是实用标准，考虑了饲料化学组成的差异、不同品种的遗传差异以及气候和畜舍对营养需要量的影响。NRC（1982）给出了蓝狐蛋白质需要量的推荐值（表4-1），其中维持期蛋白质水平为占饲粮总代谢能的20%，妊娠期蛋白质水平为占饲粮总代谢能的30%，泌乳期蛋白质水平为占饲粮总代谢能的30%，育成生长期（7～16周龄）蛋白质水平为占饲粮总代谢能的30%，冬毛生长期（16周龄至成熟）的蛋白质水平为占饲粮总代谢能的25%（Rimeslatten，1976）。靳世厚等（1998）通过氮代谢试验得出蓝狐不同生物学时期饲粮中适宜的蛋白质水平分别为：育成生长期32%，冬毛生长期28%，妊娠期30%，泌乳期30%。杨嘉实等（1994）推荐，蓝狐育成生长期、冬毛生长期、繁殖期、泌乳期饲粮适宜粗蛋白质水平分别为32%、28%、30%和35%。

NJF（1964）给出蓝狐蛋白质需要量的推荐值为：12月至产仔期蛋白提供代谢能占饲粮总代谢能的35%～45%；产仔到幼兽8周龄蛋白质水平占饲粮总代谢能的40%～50%；幼兽8～14周龄，蛋白水平占饲粮总代谢能的35%～45%；幼兽14周龄至取皮，蛋白水平占饲粮总代谢能的30%～40%。在挪威，1950—1970年，研究人员对蓝狐饲粮中蛋白质的需要量做了大量研究，得出饲粮蛋白质水平从占饲粮总代谢能的45%降到22%时，将不会影响狐的体重；但当蛋白质水平低于占饲粮总代谢能的28%

时，会降低狐的体长。

表 4-1　NRC（1982）和 NJF（1964）所推荐的蓝狐蛋白质需要

项目	生活时期或阶段	蛋白质需要量	
		DCP（g/MJ）	ME（%）
NRC	维持期	11	20
	妊娠期	16	30
	泌乳期	16	30
	前期生长（7～16 周龄）	16	30
	后期生长和毛皮发育（16 周龄至成熟）	13	25
NJF	12 月至产仔		35～45
	产仔至幼仔 8 周龄		40～50
	幼仔 8～14 周龄		35～45
	幼仔 14 周龄至取皮		30～40

一、育成生长期狐蛋白质需要量

（一）育成生长期蓝狐蛋白质需要量

张海华（2008）通过降低饲粮蛋白水平并补充相应的赖氨酸和蛋氨酸，研究其对育成生长期蓝狐生产性能的影响，以探讨低蛋白饲粮在蓝狐生产中的可行性。采用单因素随机试验设计，对照组蓝狐饲喂蛋白质水平为 28.7% 的常规饲粮，试验组蓝狐饲粮蛋白质水平分别为 27.4%、24.5%、23.2% 和 22.4% 的试验饲粮，并向其中加入相应的赖氨酸和蛋氨酸，使其与对照组相当。对各组狐进行饲养试验、氮代谢试验，结果表明：与对照组相比，随着狐日龄的增长，27.4%、24.5%、23.2% 蛋白质组蓝狐平均体重和日增重有明显的上升趋势；试验期末，27.4% 蛋白质组蓝狐的体重和日增重分别达到 5.95kg 和 50.20g，极显著高于对照组的 13.57% 和 62.98%（表 4-2）。蓝狐平均日增重 27.4% 蛋白质组最高，为 49.20g；22.4% 蛋白质组最低，为 32.97g。饲粮蛋白质水平显著影响蓝狐的饲料转化率，蛋白质水平为 27.4% 时，料重比最低，为 6.85（表 4-3）。随着饲粮蛋白质水平降低，蓝狐日食入氮量、粪氮排出量和尿氮排出量有降低趋势，其中 22.4% 蛋白质组最低，分别为 10.62g/d、3.90g/d 和 2.78g/d。添加合成氨基酸的低蛋白饲粮中，随着蛋白水平的降低，日氮的沉积量和氮沉积率呈下降的趋势，其中 27.4% 蛋白质组蓝狐氮沉积量和氮沉积率最高，为 5.88g/d 和 39.08%；与对照组相比，低蛋白饲粮补充限制性氨基酸可显著提高蓝狐的氮生物学效价，其中 22.4% 蛋白质组最高，为 58.45%（表 4-4）。

表 4-2　低蛋白质饲粮中添加赖氨酸和蛋氨酸对育成生长期蓝狐体重和日增重的影响

项目	对照组（28.7%）	27.40%	24.50%	23.20%	22.40%
体重（g）					
第 1 天	2949.28±306.21	2952.85±302.27	2952.33±280.11	2951.00±307.94	2952.22±260.61

（续）

项目	对照组（28.7%）	27.40%	24.50%	23.20%	22.40%
第31天	4221.07±354.18	4221.78±530.64	4269.67±507.62	4245.00±385.54	4079.33±431.53
第52天	4687.86±501.34	4932.86±531.60	4643.33±693.11	4706.33±703.75	4442.33±670.43
第72天	5236.33±555.68[B]	5954.29±693.79[A]	5425.71±605.83[B]	5317.33±685.45[B]	5098.67±601.89[B]
日增重（g）					
第1~31天	4102±9.30	40.9±13.57	45.30±6.86	41.74+10.61	38.74±6.33
第31~52天	22.23±3.86	33.86+6.60	19.62±2.67	21.97±2.16	19.10±1.45
第52~72天	30.80±6.79[C]	50.20±13.35[A]	38.45±4.47[B]	30.55±5.53[C]	34.13±8.80[BC]

注：同行肩标不同的大写字母表示差异极显著（$P<0.01$），不同小写字母表示差异显著（$P<0.05$）。表 4-3 至表 4-4 与表注释相同。

表 4-3　饲粮蛋白质水平对育成生长期蓝狐生长性能影响

项目	对照组 28.7%	27.4%	24.5%	23.2%	22.4%
日采食量（g）	313.33±38.59	330.28±26.37	342.14±49.53	303.57±41.37	301.39±28.51
平均日增重（g）	36.81±4.26[B]	49.20±6.47[A]	39.68±7.03[B]	33.27±9.52[B]	32.97±6.85[B]
料重比	8.37±0.84[a]	6.85±0.36[b]	8.52±1.24[a]	9.11±1.01[a]	9.14±1.04[a]

表 4-4　饲粮蛋白质水平对育成生长期蓝狐氮代谢的影响

项目	对照组 28.7%	27.4%	24.5%	23.2%	22.4%
日食入氮（g）	14.39±1.77[a]	15.06±1.75[a]	13.63±1.97[a]	12.83±2.19[a]	10.62±11.03[b]
日粪排出氮（g）	5.12±0.37[a]	4.79±0.71[a]	4.50±0.53[ab]	4.46±0.75[ab]	3.90±0.25[b]
氮表观消化率（%）	53.40±4.42[a]	56.84±6.58[a]	54.60±3.38[a]	54.29±5.85[a]	46.89±5.67[b]
日尿排出氮（g）	4.44±0.34[a]	4.46±0.91[a]	4.19±0.98[a]	3.61±0.54[ab]	2.78±0.68[b]
氮沉积（g/d）	4.79±0.75[B]	5.88±0.81[A]	4.98±0.80[AB]	4.76±0.72[B]	3.93±0.63[B]
氮沉积率（%）	33.27±3.38[b]	39.08±2.81[A]	36.54±2.91[ab]	37.12±3.08[ab]	37.01±3.22[ab]
氮生物学效价（%）	51.65±4.78[b]	57.28±3.83[a]	54.56±4.96[ab]	56.94±5.18[ab]	58.45±4.65[a]

　　获得较大的体重不仅是育成前期的目的，而且也为冬毛生长期获得大幅皮张奠定基础。当饲粮中粗蛋白质降到 27.4% 并向其中添加相应的赖氨酸和蛋氨酸时，蓝狐的末体重、日增重及饲料转化率均显著提高。说明低蛋白饲粮中添加氨基酸在蓝狐生产上是可行的。在氮代谢方面，各试验组的氮沉积率与氮生物学效价明显高于对照组，而各试验组间无显著差异。这可能是蛋白水平降低到一定程度时，机体通过自身调节使氮在体内发挥最大效益，减少粪氮和尿氮的排出量，使氮沉积率和生物学效价提高。对照组蛋白水平最高，由粪和尿排出的氮量也明显高于其他试验组，从而导致氮沉积率和生物学效价的降低。

　　从蓝狐生长和各营养物质的消化代谢参数上看，蓝狐生长前期饲粮蛋白水平与常规饲粮蛋白水平相比降低 1%~1.5%，添加因蛋白降低而减少的相应的赖氨酸和蛋氨酸能显著提高蓝狐的生产性能，蛋白水平降低 2%~4% 添加相应的赖氨酸和蛋氨酸对蓝狐的生产性能无显著影响。同时能使排泄物中氮的含量降低 10%～15%，减轻了环境污染，节约了蛋白资源。

崔虎等（2011）研究了饲粮蛋白质水平（24%、26%、28%、30%、32% 和 34%）对育成生长期蓝狐生长性能及营养物质消化代谢的影响。试验结果表明：在试验第 45 天，28%～34% 的蛋白质可显著提高蓝狐平均体重，其中 32% 蛋白质组最高，为 5.24kg；在第 60 天，32% 蛋白质组蓝狐平均体重显著高于其他各组，达到 5.95kg。在第 31～45 天，32% 蛋白质组蓝狐平均日增重极显著高于其他各组，达到 81.7g；在第 46～60 天，30%～34% 蛋白质可显著提高蓝狐平均日增重，其中 32% 组最大，为 51.3g（表 4-5）。饲粮蛋白水平对蓝狐干物质采食量的影响差异不显著，各组平均干物质采食量为 314.9g/d，30%～34% 蛋白质显著降低了蓝狐干物质排出量，其中 32% 蛋白质组最低，为 109.6g/d。饲粮蛋白质水平为 32% 和 34% 时，蓝狐的干物质消化率极显著高于其他各组，分别达到 65.18% 和 65.07%；而 24% 蛋白质组的干物质消化率最低，为 60.22%；各组间蛋白质消化率差异不显著，平均为 65.49%。24% 蛋白质组脂肪消化率极显著低于其他各组，32% 蛋白质组脂肪消化率最高，为 80.47%（表 4-6）。32% 蛋白质组和 34% 蛋白质组蓝狐食入氮极显著高于其他各组，分别为 16.17g/d 和 17.07g/d；而蛋白质水平 24% 组食入氮最低，为 12.41g/d。在尿氮指标中，32% 蛋白质组和 34% 蛋白质组极显著高于其他组，分别为 6.24g/d 和 6.20g/d。30% 蛋白质组和 32% 蛋白质组氮沉积显著高于其他各组，32% 氮沉积最高，为 5.04g/d（表 4-7）。

表 4-5　饲粮蛋白质水平对育成生长期蓝狐平均体重和平均日增重的影响

项目	24%	26%	28%	30%	32%	34%
平均体重（kg）						
第 1 天	2.3173 ±0.3172	2.3157 ±0.3070	2.3158 ±0.3044	2.3233 ±0.3097	2.3173 ±0.3076	2.3150 ±0.3078
第 15 天	2.8694 ±0.3082	2.8686 ±0.4205	2.9071 ±0.3332	2.9100 ±0.2733	3.0264 ±0.3073	2.9200 ±0.3234
第 30 天	3.8600 ±0.4446	3.9643 ±0.5756	3.9786 ±0.4265	3.9100 ±0.3670	4.1270 ±0.4540	3.9433 ±0.4208
第 45 天	4.7393 ±0.4872[b]	4.8038 ±0.4567[b]	5.0538 ±0.4863[a]	4.9011 ±0.5356[a]	5.2417 ±0.5803[a]	5.0100 ±0.5753[a]
第 60 天	5.4967 ±0.6169[Bc]	5.3250 ±0.5047[Bc]	5.6955 ±0.5561[Bb]	5.4800 ±0.5464[Bb]	5.9500 ±0.6512[Aa]	5.5933 ±0.5775[Bb]
平均日增重（g）						
第 1～15 天	41.8 ±7.7	42.8 ±10.5	42.4 ±8.6	48.7 ±7.6	50.3 ±9.5	47.9 ±7.8
第 16～30 天	50.2 ±2.1	60.2 ±6.5	52.0 ±9.0	70.0 ±17.1	81.0 ±7.4	76 ±2.7
第 31～45 天	64.5 ±10.7[Bb]	64.2 ±9.1[Bb]	72 ±18[Bb]	68.6 ±17.3[Bb]	81.7 ±8.1[Aa]	73.6 ±17.0[Bb]

（续）

项目	24%	26%	28%	30%	32%	34%
第46~60天	50.6 ±6.9[b]	44.1 ±19.0[b]	51.4 ±9.1[b]	42.0 ±8.3[a]	51.3 ±11.2[a]	43.0 ±7.6[a]

注：同行肩标不同的大写字母表示差异极显著（$P<0.01$），不同小写字母表示差异显著（$P<0.05$）。表4-6 至表4-7与此表注释相同。

表 4-6　饲粮蛋白质水平对育成生长期蓝狐干物质消化率的影响

项目	24%	26%	28%	30%	32%	34%
干物质采食量（kg）	0.3218 ±0.0036	0.3212 ±0.0024	0.3136 ±0.0123	0.3042 ±0.0328	0.3146 ±0.0145	0.3138 ±0.0016
干物质排出量（kg）	0.1280 ±0.0178[Aa]	0.1232 ±0.0059[Aa]	0.1169 ±0.0068[Aa]	0.1136 ±0.0184[Bb]	0.1096 ±0.0082[Bb]	0.1097 ±0.0097[Bb]
干物质消化率（%）	60.22 ±5.53[Bb]	61.66 ±1.61[Bc]	62.63 ±3.12[Bc]	62.79 ±2.47[Bc]	65.18 ±1.90[Aa]	65.07 ±1.87[Aa]
蛋白质消化率（%）	63.18 ±5.77	63.70 ±3.02	63.32 ±4.63	67.02 ±2.53	68.74 ±2.23	66.99 ±2.73
脂肪消化率（%）	70.69 ±5.21[Bc]	76.49 ±5.10[Ab]	76.81 ±4.06[Ab]	77.09 ±3.67[Ab]	80.47 ±2.26[Aa]	76.37 ±2.19[Ab]

表 4-7　饲粮蛋白质水平对育成生长期蓝狐氮代谢的影响

项目	24%	26%	28%	30%	32%	34%
食入氮（g/d）	12.41±0.02[Ce]	13.35±0.10[Bc]	14.11±0.54[Bd]	14.64±0.50[Bd]	16.17±0.72[Aa]	17.07±0.84[Ab]
粪氮（g/d）	4.57±0.71	4.85±0.43	5.22±0.46	4.86±0.80	5.07±0.39	5.34±0.61
尿氮（g/d）	4.20±0.62[Cc]	4.33±0.93[Cc]	5.13±0.92[Bb]	5.22±0.88[Bb]	6.24±0.64[Aa]	6.20±0.88[Aa]
氮排出量（g/d）	8.77±0.51	9.18±0.48	10.35±0.62	10.08±0.68	11.31±0.59	11.54±0.48
氮沉积（g/d）	3.86±0.64[b]	4.19±1.02[b]	4.07±1.10[b]	4.56±0.66[a]	5.04±0.95[a]	4.67±0.58[b]
净蛋白质利用率（%）	30.96±0.05	31.43±0.08	30.18±0.06	31.41±0.05	29.88±0.04	32.05±0.07
蛋白质生物学效价（%）	48.55±0.51	49.07±0.11	47.15±0.08	47.84±0.05	42.63±0.09	46.88±0.12

由生长性能结果可知，在育成前期（第1~15天）各组蓝狐体重增长速度较为缓慢，而在第16~45天则增长速度加快。饲喂蛋白质水平为32%饲粮的蓝狐在育成期获得最大体重，而且平均日增重也最高；蛋白质添加水平为24%和26%时蓝狐的平均体重和平均日增重最低。平均体重和平均日增重随着饲粮蛋白质水平的升高都呈现出先增后减的趋势。蓝狐的采食量受饲粮适口性及能量水平的影响。蓝狐食入氮量与干物质采食量和饲粮中蛋白质水平具有一定的相关性，从而使各组蓝狐的食入氮存在显著差异。饲喂高蛋白质饲粮的蓝狐的食入氮明显比饲喂低蛋白质饲粮的蓝狐高。氮排出量和氮沉积量随着饲粮蛋白质水平的降低而减少，这可能是由于饲粮蛋白质水平下降引起蛋白质供应不足，必需氨基酸的量得不到满足。因此，在适宜的蛋白质水平范围内，适当提高蛋白质水平可以增加氮沉积，提高蛋白质和脂肪的表观消化率，而当蛋白质水平超过32%时脂肪消化率有所下降。

饲喂蛋白质水平为32％饲粮的蓝狐能够获得较好的生长性能，且蓝狐对蛋白质的利用率较高，粪氮、尿氮的排放量较低，可以有效减少氮排放。因此，推荐育成生长期蓝狐饲粮蛋白质水平为32％。

（二）育成生长期银狐蛋白质需要量

刘凤华等（2011）研究了饲粮不同蛋白质水平（37.83％、35.54％、33.22％、30.10％和22.70％）对育成生长期银黑狐生长性能及氮代谢的影响。结果表明：在第31天，水平为37.83％、33.22％、30.10％蛋白质组蓝狐体重显著高于22.70％组，其中30.10％组最高，为4.58kg。末重以37.83％蛋白质组最高，为5.19kg，而22.70％蛋白质组仅为4.67kg。饲粮蛋白质水平对第1～20天的平均日增重有显著影响，以37.83％蛋白质组最高，为45.29g；22.70％蛋白质组最低，为28.62g。各组蓝狐在试验第21～31天的平均日增重差异显著，37.83％蛋白质组显著低于33.22％和30.10％蛋白质组，其中30.10％组最高，为50.83g（表4-8）。各组蓝狐干物质采食量差异不显著，但随饲粮蛋白质水平的降低，干物质采食量呈现先升高后下降的趋势；30.10％和22.70％蛋白质组干物质排出量显著高于35.54％组，22.70％组最高，达到60.12g/d。22.70％蛋白质组氮摄入量显著低于其他各组，为10.10g/d；35.54％组氮摄入量最高，为16.64g/d。尿氮含量以35.54％蛋白质组最高，为0.62g/d，显著高于33.22％、30.10％和22.70％蛋白质组。随饲粮蛋白质水平的降低，氮的表观消化率呈现降低趋势，35.54％蛋白质组达到88.17％，显著高于30.10％和22.70％蛋白质组。随饲粮蛋白质水平的降低，沉积氮逐渐降低，22.70％组氮沉积量为7.70g/d，显著低于其他各组，且蛋白质水平37.83％组有最大沉积氮量，为14.30g/d。随饲粮蛋白质水平的降低，氮的沉积率先升高后降低，35.54％蛋白组最高，为84.08％；22.70％蛋白组最低，为76.38％（表4-9）。

表 4-8　饲粮蛋白质水平对育成生长期银黑狐生长性能的影响

项目	蛋白质水平				
	37.83％	35.54％	33.22％	30.10％	22.70％
始重（g）	3371.25 ±527.16	3101.25 ±48.49	3029.09 ±39.49	3267.50 ±84.93	3129.58 ±38.82
第20天	4095.83 ±536.17	3795.83 ±384.03	3936.36 ±571.44	3941.00 ±536.33	3587.50 ±386.78
第31天	4545.45 ±47.47A	4403.33 ±350.22AB	4616.67 ±332.60A	4577.78 ±321.24A	4144.44 ±224.23B
末重（g）	5190.91 ±496.82A	4785.00 ±294.20B	5033.33 ±428.49AB	4920.003 ±07.97AB	4670.00 ±388.24B
平均日增重（g）					
第1～20天	45.29±7.49A	43.41±5.92a	38.62±9.12a	42.14±13.84a	28.62±9.07b
第21～31天	35.83±10.65B	40.83±8.18ab	47.27±10.20A	50.83±16.94A	40.83±9.33ab
第32～45天	32.44±10.52	25.11±7.64	27.64±7.44	28.72±11.98	31.33±7.78
第1～45天	43.72±7.54	42.09±4.88	50.77±25.52	46.65±5.28	38.51±5.26

注：同行肩标不同的大写字母表示差异极显著（$P<0.01$），不同小写字母表示差异显著（$P<0.05$）。表4-9与此表注释相同。

表 4-9 饲粮蛋白质水平对育成生长期银黑狐氮代谢的影响

项目	蛋白质水平				
	37.83%	35.54%	33.22%	30.10%	22.70%
干物质采食量（g）	269.02±56.40	286.60±26.02	276.17±37.51	318.54±42.04	295.26±29.80
干物质排出量（g）	47.43±9.08[AB]	40.04±12.02[B]	46.60±22.35[AE]	56.89±7.45[A]	60.12±10.32[A]
氮摄入量（g/d）	16.54±3.47[A]	16.64±1.51[A]	15.65±2.13[A]	15.37±2.03[A]	10.10±1.02[B]
粪氮（g/d）	2.38±0.57	2.00±0.63	2.09±0.93	2.53±0.30	2.05±0.31
尿氮（g/d）	0.60±0.29[AB]	0.62±0.08[A]	0.43±0.10[BC]	0.334±0.13[C]	0.324±0.15[C]
排出氮（g/d）	3.04±0.79	2.62±0.65	2.49±0.89	2.90±0.40	2.16±0.65
氮的表观消化率（%）	86.29±2.52[AB]	88.17±2.73[A]	86.54±5.65[AB]	83.22±3.85[BC]	79.56±2.89[C]
沉积氮（g/d）	14.30±42.28[A]	14.02±0.93[A]	13.26±2.28[A]	12.27±2.14[A]	7.704±0.99[B]
氮的沉积率（%）	82.59±3.38[A]	84.46±2.55[A]	84.08±5.39[A]	80.47±4.57[AB]	76.38±2.93[B]

育成生长期是银黑狐生长发育的快速时期，大量的蛋白质及氨基酸参与到动物的生长发育过程中。从本研究饲养试验的结果看，饲粮蛋白质水平为 30.10%～37.83% 时银黑狐有较好的生长性能，说明适当降低饲粮蛋白质水平不影响银黑狐生长。高蛋白质组（37.83%）干物质采食量最低，而低蛋白质组（30.10%）有较高的干物质采食量，这是动物为满足身体生长发育的需要通过采食量来调节能量及蛋白质摄入量的缘故。随饲粮蛋白质水平降低，蓝狐氮沉积呈降低趋势，氮的表观消化率和氮的沉积率呈先升高再降低的趋势，这可能是由于随着饲粮蛋白质水平的降低，饲料中不易消化的饲料原料增多引起的。动物生长发育对蛋白质的需求有一个范围，超过了这个范围，动物就不能完全吸收甚至不吸收，因而氮排出量增大。22.70% 蛋白质组蓝狐，由于饲粮蛋白质水平过低，为满足生长发育的需求，蓝狐通过自身调节使蛋白质的利用率达到较高水平，因而有较低的氮排出量。

从降低环境污染和保证银黑狐生长性能的角度出发，推荐育成生长期银黑狐饲粮蛋白质水平为 33.22%。

二、冬毛生长期狐蛋白质需要量

崔虎等（2011）采用单因子随机试验设计，探讨饲粮蛋白质水平（24%、26%、28%、30%、32%、34%）对冬毛生长期蓝狐生长性能、营养物质消化率的影响。试验结果表明：试验蓝狐末重和平均日增重随饲粮蛋白质水平的升高呈先升高后降低趋势，其中 28% 蛋白质蓝狐末重、平均日增重均最高，分别为 9.15kg 和 52.15g（表 4-10）。24% 和 26% 蛋白质组蓝狐干物质采食量和干物质排出量极显著高于其他组，其中 24% 组最高，分别为 398.15g/d 和 112.34g/d；34% 组最低，分别为 336.64g/d 和 90.96g/d。26%、28% 和 30% 蛋白质组蓝狐干物质消化率极显著高于 24%、32% 和 34% 蛋白质组，其中 28% 组最高，为 76.9%；24% 组最低，为 71.79%。干物质、蛋白质和脂肪消化率随着饲粮蛋白质水平的升高有先升高后降低的趋势，其中 28% 蛋白质组脂肪消化率显著高于其他组，达到 90.66%（表 4-11）。食入氮随饲粮蛋白质水平的升高呈先升高后降低的趋势，在32%蛋白质组达到最大值，为18.52g/d；粪氮排出量在各组间差异不显著；34%组的尿氮排出量最高，为8.89g/d；随蛋白水平增加，总氮排出量呈上升趋势，34%组的总氮排出量最高，为13.60g/d，但与30%和32%蛋白质组差异不显著；蛋白质水平为28%时氮沉积最高，为6.28g/d；此外，30%蛋白质组净蛋白质利用率最高，为34.29%，但与28%、32%和34%蛋白质组差异不显著；蛋白质生物学价值以28%蛋白质组最高，为46.88%，但与蛋白质水平30%组差异不显著（表4-12）。

表 4-10　饲粮蛋白质水平对冬毛生长期蓝狐生长性能的影响

项目	蛋白质水平					
	24%	26%	28%	30%	32%	34%
始重（g）	5696.15	5697.14	5707.69	5724.62	5719.23	5702.31
	±723.83	±651.58	±633.39	±603.59	±580.78	±597.85
末重（g）	7885.01	8911.11	9150.00	8670.00	8272.72	7927.78
	±728.42Cc	±843.64Bb	±925.43Aa	±709.33ABab	±814.97Bb	±238.92Cc
平均日增重（g）	32.73	48.69	52.15	45.05	38.68	33.71
	±8.10Bb	±6.56ABab	±9.00Aa	±7.11ABab	±7.44Bb	±2.71Bb

注：同行肩标不同的大写字母表示差异极显著（$P<0.01$），不同小写字母表示差异显著（$P<0.05$）。表4-11至表4-12与此表注释相同。

表 4-11　饲粮蛋白质水平对冬毛生长期蓝狐营养物质消化率的影响

项目	蛋白质水平					
	24%	26%	28%	30%	32%	34%
干物质采食量（g）	398.15	398.1	390.63	340.49	384.74	336.64
	±51.49Aa	±72.69Aa	±31.22Bb	±26.23Bb	±27.89Bb	±64.04Bb
干物质排出量（g）	112.34	107.49	90.23	81.26	99.74	90.96
	±16.73Aa	±12.02Aa	±12.63Bb	±12.26Bb	±23.23Bb	±20.90Bb
干物质消化率（%）	71.79	75.74	76.9	76.15	74.17	72.98
	±1.59Bc	±3.41Aa	±3.02Aa	±2.92Ab	±5.25Bb	±4.46Bc
蛋白质消化率（%）	44.54	49.84	51.38	50.09	47.17	45.96
	±2.91	±8.79	±8.22	±5.88	±5.94	±7.71
脂肪消化率（%）	86.11	87.61	90.63	88.11	84.57	85.14
	±1.56b	±2.48b	±1.82a	±2.77b	±5.34b	±2.15b

表 4-12　饲粮蛋白质水平对冬毛生长期蓝狐氮代谢的影响

项目	蛋白质水平					
	24%	26%	28%	30%	32%	34%
食入氮（g/d）	16.43±2.79c	16.56±1.28c	18.17±0.14b	18.46±1.33a	18.52±1.43a	17.24±3.27c
粪氮排出量（g/d）	4.47±0.79	4.52±0.27	4.91±1.07	4.96±0.82	5.07±0.75	5.09±0.87

（续）

项目	蛋白质水平					
	24%	26%	28%	30%	32%	34%
尿氮排出量（g/d）	7.69±1.00Bb	7.77±1.24Bb	7.98±1.10Bb	8.25±1.23Bb	8.45±1.31Aa	8.89±1.22Aa
总氮排出量（g/d）	12.05±1.17b	12.02±1.56b	12.43±1.03b	12.53±1.83a	12.56±1.72a	13.60±1.54a
氮沉积（g/d）	4.11±0.73Bb	4.52±0.61Bb	6.28±0.93Aa	6.15±0.82Aa	6.14±0.73Bb	4.52±0.61Bb
净蛋白质利用率（%）	27.69±3.90Bb	27.31±4.54Bb	33.77±4.22Aa	34.29±3.21Aa	32.71±2.10Aa	32.73±3.64Aa
蛋白质生物学效价（%）	30.95±5.21Cc	38.52±5.12Bb	46.88±7.22Aa	46.49±8.75ABab	43.15±9.11Bb	40.38±7.41Bb

本研究中饲粮蛋白质水平在28%时蓝狐的末重和平均日增重最高，且末重和平均日增重随饲粮蛋白质水平的升高呈先升高后降低趋势。这可能是由于低蛋白质水平饲粮的蛋白质不能满足蓝狐的正常需要，而蓝狐又难以有效利用高蛋白质水平饲粮中的过量蛋白质所致。饲粮蛋白质水平为28%时蓝狐的脂肪消化率较高，可能是为御寒而在皮下囤积脂肪；而高蛋白质饲粮组的脂肪消化率稍有下降，可能是由于过高的蛋白质水平增加了机体器官负担，从而影响脂肪的消化吸收。氮是畜禽粪便造成环境污染的重要因素，动物即使在最佳的消化状态下，也不能实现对氮的完全吸收。适宜的饲粮蛋白质水平和合理的饲粮组成可以有效地降低氮的排放量。由本试验结果可以看出，降低饲粮中蛋白质水平会使氮的排出量明显减少，饲粮蛋白质水平在24%时其总氮排出量最低，但在此水平时氮沉积率比较低，不能满足蓝狐自身生长的需求。蛋白质水平在28%时的饲粮氮沉积率、净蛋白质利用率、蛋白质生物学价值均较高，而氮排放量较低。

冬毛生长期蓝狐饲粮蛋白质水平为28%时能够获得较好的生长性能，冬毛生长期蓝狐的蛋白质需要量是120g/d，这一水平下蓝狐对蛋白质的利用率较高，粪氮、尿氮的排出量较低，可以有效减少氮排放，保护环境。

三、准备配种期狐蛋白质需要量

张志强等（2011）以干粉料为基础，试验设计4个不同的蛋白质水平（21.64%、26.21%、30.43%和35.10%），研究了准备配种期蓝狐饲粮蛋白质需要量。结果表明：在准备配种期，30.43%蛋白质组母狐的干物质采食量极显著高于21.64%、26.21%蛋白质组，为266.23g/d；21.64%组最低，为236.15g/d。30.43%蛋白质组蓝狐干物质消化率显著高于21.64%、26.21%蛋白质组，为69.05%。30.43%蛋白质组蓝狐脂肪消化率极显著高于其他各组，达到81.76%；21.64%组最低，为75.07%。各组蓝狐蛋白质消化率差异不显著，其中30.43%蛋白质组最高，为71.49%；35.10%组最低，为67.13%（表4-13）。蓝狐食入氮表现为30.43%蛋白质组极显著高于21.64%和26.21%蛋白质组，35.10%蛋白质组极显著高于21.64%蛋白质组。其中30.43%组最高，为14.95g/d；21.64%组最低，为13.26g/d。30.43%和35.10%蛋白质组蓝狐的尿氮极显著高于21.64%、26.21%蛋白质组，其中21.64%组最低，为2.80g/d；35.10%组最高，为4.59g/d。35.10%蛋白质组蓝狐氮沉积、净蛋白利用率和蛋白质生物学价值显著低于其他各组，其中 21.64％组最高，分别为 6.79g/d、48.92％和 72.98％（表 4-14）。

表 4-13　准备配种期母狐对不同蛋白质水平饲粮的干物质采食量和消化率的影响

项目	蛋白质水平			
	21.64％	26.21％	30.43％	35.10％
干物质采食量（g/d）	236.15±15.57Bc	241.85±7.19ACa	266.23±10.05Aa	256.08±9.44BCbc
干物质排出量（g/d）	85.56±12.57	88.04±12.69	82.32±8.83	84.18±15.76
干物质消化率（％）	63.89±3.79b	63.64±4.75b	69.05±3.48a	67.21±5.51ab
蛋白质消化率（％）	69.84±1.58	70.69±4.97	71.49±3.16	67.13±6.78
脂肪消化率（％）	75.07±3.56Bb	77.79±2.62ABa	81.76±2.77Aa	77.95±5.30ABa

注：同行肩标不同的大写字母表示差异极显著（$P<0.01$），不同小写字母表示差异显著（$P<0.05$）。表 4-14 与此表注释相同。

表 4-14　准备配种期母狐对不同蛋白质水平饲粮的氮代谢的影响

项目	蛋白质水平			
	21.64％	26.21％	30.43％	35.10％
食入氮（g/d）	13.26±0.87Bc	13.58±0.40ACa	14.95±0.56Aa	14.38±0.53BCbc
粪氮（g/d）	3.81±0.60	4.10±0.76	4.26±0.45	4.42±0.62
尿氮（g/d）	2.80±0.60B	3.11±0.52B	4.44±0.83A	4.59±0.77A
氮沉积（g/d）	6.79±0.70A	6.36±0.69A	6.26+0.88A	4.71±0.92B
净蛋白质利用率（％）	48.92±3.78Aa	46.87±5.10Aab	41.81±5.52Ab	32.97±6.93Bc
蛋白质生物学效价（％）	72.98±8.53Aa	67.13±4.90ACa	58.50±7.60BCb	49.13±8.27Bc

各组干物质采食量存在显著性差异，随着蛋白质水平的升高，干物质采食量呈现出先升高后降低趋势。蛋白质水平 21.64％、26.21％组日采食量降低可能是由于蛋白质水平降低，适口性变差，导致采食量下降；蛋白质水平 35.10％组采食量下降可能因为狐已经能满足其自身蛋白质的需要，通过采食量来调节蛋白质的食入量。试验中蛋白质水平为 30.43％和 35.10％组蓝狐干物质消化率高，可能是这两组饲粮含有较高的动物性饲料。试验中食入氮的变化主要是由于采食量的差异和蛋白质水平的不同导致的。随着饲粮蛋白质水平的不断提高，蓝狐粪氮、尿氮均逐渐增加，氮沉积逐渐降低。当蛋白质水平为 21.64％时，蓝狐每天从尿中排出的氮为 2.80g；当蛋白质水平为 35.10％时，每天从尿中排出的氮上升到 4.59g。净蛋白质利用率和蛋白质生物学价值用来衡量饲料蛋白质被利用的程度。净蛋白质利用率是指动物体内沉积的蛋白质占食入蛋白质的百分比。蛋白质生物学价值是指体内沉积的蛋白质占食物中被消化蛋白质的百分比。试验中净蛋白质利用率、蛋白质生物学价值均随着蛋白质水平的提高而降低，说明过高的蛋白质水平会降低蓝狐对饲粮蛋白质的利用程度。

综合各项指标，饲粮蛋白质水平为 30.43％能够满足准备配种期雌性蓝狐的蛋白质需要。

四、妊娠期狐蛋白质需要量

雌性蓝狐妊娠期的前 30 天胎儿很小，营养需要较少。35 天后，胎儿生长速度加快，对营养的需求明显增加。狐的胚胎发育有先慢后快的生长规律，根据胎儿在母体的发育规律，妊娠初期蛋白质需要量不大，但随着妊娠天数的增加，到妊娠中后期蛋白质需要量明显增高。妊娠母狐后期的营养水平高于前期，才能保证胎儿正常生长发育的营养需要。

张志强等（2011）以干粉料为基础，研究了妊娠期雌性蓝狐饲粮蛋白质需要量。试验狐分别饲喂蛋白质水平为36％、32％、28％、24％的饲粮，结果表明：适宜蛋白质水平饲粮能够促进母狐发情；32％蛋白质组蓝狐受配率比36％、28％、24％蛋白质组分别高出11％、20％、18％，并与28％组达到显著差异。受胎率随着饲粮蛋白质水平的降低呈现出先增加后降低的趋势，其中蛋白质水平为32％时最高，分别比蛋白质水平为36％、28％、24％时高出13％、9％、10％；窝产仔数受饲粮中蛋白质水平的影响较小，各组间不存在显著性差异；初生窝重随着饲粮蛋白质水平的降低呈现出先增大后减小的趋势，但未达到显著水平；蛋白质水平为36％和32％组蓝狐的初生个体重显著高于蛋白质水平为24％组，其他各组之间的差异不显著。随着饲粮蛋白质水平的降低初生成活率呈现出降低的趋势，但未达到显著水平（表4-15）。

表 4-15　饲粮蛋白质水平对妊娠期蓝狐繁殖性能的影响

项目	组别			
	36％	32％	28％	24％
受配率（％）	71[ab]	82[a]	62[b]	64[ab]
受胎率（％）	49	62	53	52
窝产仔数（只）	9.86±2.57	10.19±2.91	9.75±2.98	10.54±2.79
初生窝重（kg）	0.76±0.35	0.82±0.25	0.68±0.30	0.67±0.28
初生个体重（kg）	0.086±0.013[a]	0.085±0.011[a]	0.080±0.013[ab]	0.076±0.010[b]
初生成活率（％）	95.48±11.40	92.40±19.06	87.47±17.58	88.75±19.60

注：同行肩标不同的大写字母表示差异极显著（$P<0.01$），不同小写字母表示差异显著（$P<0.05$）。

研究发现提高饲粮中的蛋白质水平能够使雌性蓝狐的发情时间提前，降低饲粮中的蛋白质水平会使雌性蓝狐的发情时间推迟，不利于提高雌性蓝狐受胎率。因此，适宜的蛋白质水平能合理控制雌性蓝狐的发情时间，提高雌性蓝狐受胎率。随着饲粮蛋白质水平的降低，仔狐初生窝重先增高后降低，在蛋白质水平小于32％后仔狐初生窝重开始降低。仔狐初生个体重随着饲粮蛋白质水平的升高而增加，最初增重较快，当蛋白质水平超过32％时增重减缓，蛋白质水平为36％和32％时仔狐初生个体重差异不显著。由此可见，妊娠期低蛋白质饲粮会降低雌性蓝狐的繁殖性能，高蛋白质组（蛋白质含量为36％、32％）初生窝重、初生个体重、初生成活率与低蛋白质组（蛋白质含量为28％、24％组）相比，均有不同程度的改善和提高。蛋白质摄入量对母狐的受配率和受胎率影响很大。随着饲粮中蛋白质水平的升高，受配率和受胎率均呈现出先升高后降低的趋势，在饲粮蛋白质水平为32％时受配率和受胎率达到最高，说明营养水平的提高有利于增加动物的受胎率，促进胎儿的生长发育，但营养水平过高并不能达到最佳效果。胚胎的正常发育还需要依赖子宫良好的环境，子宫腔的环境是不断变化的，各发情阶段均有明显的差异，如果蛋白质水平过高，会引起机体代谢活动紊乱和激素调节过程加重，同时血清中尿素氮浓度升高，造成胚胎的异常发育。

推荐雌性蓝狐繁殖期饲粮适宜蛋白质水平为32%，在此蛋白质水平下蓝狐的受配率、受胎率以及仔狐的初生重、初生成活率等各项繁殖性能均较为理想。

五、哺乳期狐蛋白质需要量

张志强等（2011）研究了蓝狐在哺乳期的适宜饲粮蛋白质水平，试验期分别饲喂各组哺乳母狐蛋白质水平为39.84%、35.69%、32.49%和28.19%的试验饲粮。试验结果表明：随着饲粮中蛋白质水平的降低，仔狐的成活率也逐渐下降，各个日龄阶段蛋白质水平39.84%组仔狐成活率均高于其他各组；在40日龄，蛋白质水平39.84%组仔狐成活率（断奶成活率）相比蛋白质水平35.69%、32.49%和28.19%组分别提高6.58%、8.46%和11.28%，但均未达到显著水平（表4-16）。各组仔狐初生重相近，平均为79.35g；10日龄和20日龄时，蛋白质水平39.84%、35.69%组仔狐窝重均高于蛋白质水平32.49%组和28.19%组，但差异不显著；30日龄时，蛋白质水平39.84%组仔狐窝重显著高于蛋白质水平32.49%组和28.19%组；40日龄时，蛋白质水平39.84%组仔狐窝重显著高于蛋白质水平28.19%组。在仔狐20日龄内，随着饲粮中蛋白质水平的降低，仔狐窝平均日增重呈降低的趋势，但差异不显著；仔狐30日龄的窝平均日增重蛋白质水平39.84%组极显著高于蛋白质水平32.49%组，显著高于蛋白质水平28.19%组；蛋白质水平39.84%组40日龄仔狐的窝平均日增重显著高于蛋白质水平28.19%组。在20日龄以后，增长速度开始出现差异，蛋白质水平39.84%组增长最快，蛋白质水平28.19%组增长最慢（表4-17）。

表4-16　饲粮蛋白质水平对仔狐成活率的影响（%）

日龄（d）	蛋白质水平			
	39.84%	35.69%	32.49%	28.19%
10	90.10±15.09	85.68±16.93	79.75±25.41	78.25±18.59
20	89.06±14.59	81.59±16.83	76.98±25.49	76.16±19.89
30	86.54±13.11	77.01±15.58	68.47±25.05	73.56±19.43
40	75.88±18.07	69.30±15.20	67.42±25.31	64.60±18.77

注：同行肩标不同的大写字母表示差异极显著（P<0.01），不同小写字母表示差异显著（P<0.05）。表4-17与此表注释相同。

表4-17　饲粮蛋白质水平对仔狐生长性能的影响

项目		蛋白质水平			
	日龄（d）	39.84%	35.69%	32.49%	28.19%
初生重（kg）		0.0796±0.0074	0.0790±0.0078	0.0759±0.0111	0.0829±0.0116
平均个体重（kg）	10	0.1978±0.0257	0.1843±0.0303	0.1957±0.0375	0.1842±0.0295
	20	0.3523±0.0511	0.3660±0.0879	0.3590±0.0881	0.3320±0.0484
	30	0.5478±0.8190	0.4847±0.0542	0.5046±0.1619	0.4783±0.0552
	40	0.8271±0.1195	0.7508±0.1331	0.7594±0.1254	0.7294±0.1015

（续）

项目	日龄（d）	蛋白质水平			
		39.84%	35.69%	32.49%	28.19%
窝重（kg）	10	1.7140±0.4420	1.6710±0.5198	1.5090±0.5527	1.3910±0.4872
	20	2.9720±0.5229	3.0610±0.5896	2.5850±0.7209	2.3930±0.8627
	30	4.4680±0.5712a	3.9610±1.0260ab	3.2170±1.1020b	3.2980±1.0410b
	40	5.8770±1.1520a	5.3900±1.0070ab	4.9130±1.6960ab	4.3630±1.4390b
窝平均日增重（kg）	10	0.0947±0.0337	0.0830±0.0409	0.0748±0.0435	0.0619±0.0387
	20	0.1102±0.0232	0.1110±0.0252	0.0912±0.0299	0.0811±0.0393
	30	0.1234±0.0173Aa	0.1040±0.0311ABab	0.0818±0.0333Bb	0.0842±0.0319ABb
	40	0.1278±0.0264a	0.1137±0.0233ab	0.1038±0.0401ab	0.0898±0.0343b

　　哺乳期仔狐死亡率高的主要原因有初生体弱、营养缺乏和管理不当等。仔狐在断奶分窝之前，主要依赖母乳的营养供给，母狐饲粮中蛋白质水平低，其泌乳量、乳养分的含量均会降低，可直接导致仔狐养分摄入量减少，饥饿致死。母性较好的母狐，其仔狐的生长发育良好，抵抗疾病能力强，死亡率低。在母狐所处环境一致的条件下，其母性表现程度与自身营养状况有很大的关系。当母狐自身营养不足、乳的分泌量不足时，可造成母狐频繁不安地叼仔，在笼内乱窜，将仔狐四处藏放、吃仔、拒绝哺乳等，使仔狐成活率降低。各阶段仔狐的成活率均随着哺乳母狐饲粮蛋白质水平的降低而降低，与上述研究结果一致。哺乳母狐饲粮蛋白质水平降低显著影响了仔狐的生长性能。在仔狐初生重和初生窝重相近的基础上，提高初产母狐哺乳期饲粮蛋白质水平能增加其蛋白质的摄入量，改善母狐的哺乳性能，能提高仔狐的断奶窝重、断奶个体重和窝平均日增重。由于在哺乳期维持泌乳量的营养需要较高，所以哺乳期蛋白质摄入量对哺乳性能尤为重要。提高母狐饲粮中蛋白质水平可改善其繁殖性能。在哺乳期间饲喂高蛋白质水平饲粮可增加哺乳母狐的泌乳量，改变初乳和常乳养分含量。仔狐初生窝重差异不显著，20日龄之前表现出了高蛋白质水平饲粮对提高仔狐窝重、窝平均日增重有影响，其中蛋白质水平39.84%组仔狐20日龄窝重比蛋白质水平32.49%和28.19%组分别提高了0.387kg和0.579kg，但是并没有达到显著差异。这说明蓝狐也存在母体的适应性调节，由于妊娠期采食的蛋白质增加了机体蛋白质的储备，从而在哺乳期间被动员以维持较高泌乳量。从30日龄到40日龄断奶分窝，高蛋白质水平组的窝平均日增重和窝重均显著高于低蛋白质水平组，个体生长速度增加。断奶窝重蛋白质水平39.84%组比蛋白质水平35.69%、32.49%和28.19%组分别提高了0.487kg、0.964kg和1.514kg。断奶窝重的增加，直接反映了母狐哺乳性能的好坏。在断奶之前，仔狐饲料采食量很小，主要依赖母乳的营养供给，母乳品质的好坏、母乳量的多少直接影响仔狐的生长。哺乳母狐饲粮蛋白质含量与产奶量之间有紧密的联系，哺乳期蛋白质摄取量不足将直接引起泌乳量下降。试验结果表明，高产母狐的营养需要量仍大有潜力可挖，常规低能低蛋白质饲粮已经不能满足母狐的泌乳需要，提高饲粮中蛋白质水平对提高母狐泌乳力和提高仔狐生长发育有极大的促进作用。

　　泌乳期雌性蓝狐饲粮蛋白质水平为39.84%，此蛋白质水平下仔狐成活率、断奶个体重、断奶窝重等各项性能较为理想。

第三节　氨基酸营养与需要

随着畜禽及毛皮动物养殖业的快速发展，降低毛皮动物生产成本成为研究热点。毛皮动物生产成本大部分取决于饲料中蛋白质原料的价格，因此最大限度地提高蛋白质饲料的利用效率成为营养研究的一个重点（陈立敏，2001）。蓝狐生长前期是指从仔狐断奶到 16 周龄，此时正值仔狐快速生长阶段，该期的发育情况直接影响到皮张尺码的大小（岳隆耀，2007）。因此，既要保证仔狐的正常生长发育，又要最大限度地降低饲料成本，一个有效途径就是通过添加合成氨基酸的低蛋白质饲粮来实现。添加合成氨基酸的低蛋白质饲粮，不仅能降低饲料成本，提高蛋白质消化率，还可大大减少动物氮的排放量。随着合成氨基酸价格的降低，添加合成氨基酸的低蛋白质饲粮将成为一种发展趋势。蓝狐生长前期饲粮蛋白质水平降低 1.0～1.5 个百分点并添加相应量的赖氨酸和蛋氨酸，可显著提高蓝狐消化率、代谢率和生产性能；降低 2.0～4.0 个百分点并添加相应的赖氨酸和蛋氨酸，对蓝狐消化代谢及生产性能无显著影响；此外，添加限制性氨基酸的低蛋白质饲粮降低了蓝狐的饲养成本，减少了氮排泄量（吴世林，1993）。对于生长期动物，主要限制性氨基酸赖氨酸的需要量相对较高。含硫氨基酸包括蛋氨酸、胱氨酸、半胱氨酸，胱氨酸、半胱氨酸是毛蛋白质的主要组成成分，对毛蛋白质分子的化学稳定和空间构型起着重要的作用。蛋氨酸可转化为胱氨酸，当其不足时会影响毛的质量。赖氨酸是合成脑神经细胞、生殖细胞等细胞核的蛋白质，也是血红蛋白、糖代谢和脂肪代谢所必需的，能促进生长发育。

Tuula Dahlman（2004）研究饲粮中不同蛋白水平对生长期蓝狐生长性能的影响，试验设计了 3 个蛋白水平，分别为蛋白占饲粮总代谢能的 15％、22.5％和 30％，其中两种低蛋白饲粮中分别添加蛋氨酸和赖氨酸。试验结合已有的研究成果，得出 9～14 周龄蓝狐饲粮中赖氨酸与含硫氨基酸的最适比例为 100∶77。通过屠宰试验测定体组织中的游离氨基酸含量得出，9～14 周龄蓝狐饲粮中的理想氨基酸模型为赖氨酸、蛋氨酸＋半胱氨酸、苏氨酸、组氨酸、色氨酸的最适比例是 100∶77∶64∶55∶22（Dahlman，2004）。Dahlman 等（2002）研究了生长期蓝狐的理想氨基酸模式及几种必需氨基酸的限制性顺序，结合动物对各种限制性氨基酸的采食量以及各氨基酸饲粮的采食量数据，该研究得出最适氨基酸模式为：以赖氨酸的量为 100 计算，相对的蛋氨酸＋半胱氨酸77、苏氨酸 64、组氨酸 55、色氨酸 22，第一限制性氨基酸为蛋氨酸和半胱氨酸，除了蛋氨酸＋半胱氨酸，在添加酪氨酸的基础饲粮中接下来的限制性氨基酸分别为苏氨酸、组氨酸和色氨酸。Damgaard（1997）的试验表明，过剩的赖氨酸将对精氨酸产生颉颃作用，导致水貂过度兴奋，其症状类似于猫和雪貂的精氨酸缺乏症。而狐毛皮生长会使精氨酸需求量增加，这会解除赖氨酸对精氨酸的颉颃。因此，精氨酸是毛皮动物生长中的必需营养成分。蛋氨酸是唯一的含硫必需氨基酸，饲粮中需要添加适宜的蛋氨酸，保证狐生长、繁殖和毛皮生产需求。国外对有关蛋白质和氨基酸开展了一些研究，但并不系统，我们围绕狐不同生物学时期氨基酸营养方面开展了系统的研究，为我国狐营养标准的制定及养殖生产提供了理论数据。

一、育成生长期狐氨基酸需要量

（一）育成生长期蓝狐蛋氨酸需要量

张铁涛等（2013）通过在蛋白质含量为30％的饲粮中分别添加0、0.2％、0.4％、0.6％、0.8％、1.0％的蛋氨酸，再设一对照组饲喂蛋白质水平32％的基础饲粮，来研究育成生长期蓝狐生长性能、营养物质消化率及含硫氨基酸消化率和氮代谢变化规律。试验结果表明：饲粮添加蛋氨酸0.8％时蓝狐在试验第45天体重最高，为5.09kg，但与蛋氨酸1.0％组和蛋白质水平32％组差异不显著。在试验第16～30天和31～45天，添加蛋氨酸0.8％组平均日增重最高，分别为78.42g和62.31g；在第16～30天，添加蛋氨酸0.8％组平均日增重显著高于0蛋氨酸组，但与其他组差异不显著。在第31～45天，蛋氨酸0.8％组蓝狐平均日增重显著高于蛋氨酸1.0％组和蛋白水平32％组，极显著高于其他试验组，与蛋氨酸0组相比高出15.26g。蛋氨酸水平对其他日龄体重无显著影响（表4-18）。各组间干物质采食量差异不显著，蛋氨酸添加量0组最低，为300.20g。添加0.8％和1.0％蛋氨酸的干物质排出量与蛋白质水平32％的基础饲粮组差异不显著，但极显著低于蛋氨酸添加量0、0.2％、0.4％、0.6％组。蛋白质水平32％组干物质排出量最低，为92.36g。蛋氨酸添加量0.8％组和蛋白质水平32％组的干物质消化率显著高于蛋氨酸添加量0、0.4％、0.6％组，蛋氨酸添加量0.8％与蛋白质水平32％组之间差异不显著，但蛋白质水平32％组的干物质消化率最高，为65.62％。蛋氨酸添加量0、0.2％、0.4％组的蛋白质消化率显著低于蛋氨酸添加量0.8％、1.0％组和蛋白质水平32％组，但蛋白质水平32％组的蛋白质消化率最高，为68.18％；蛋氨酸添加量0.8％、1.0％组和蛋白质水平32％组之间差异不显著。蛋氨酸添加量0组的脂肪消化率显著低于其他各组，脂肪消化率最低为72.34％（表4-19）。蛋氨酸添加量0.8％和1.0％组蓝狐的胱氨酸排出量极显著低于蛋氨酸添加量0.2％、0.4％组和蛋白质水平32％组，蛋氨酸添加量0和0.6％组胱氨酸排出量显著低于蛋氨酸添加量0.2％、0.4％和蛋白质水平32％组；蛋氨酸添加量0.8％组胱氨酸排出量最低，为47.28mg。各组间蛋氨酸排出量均无显著差异，蛋氨酸添加量0.2％组蛋氨酸排出量最低，为30.47mg。蛋氨酸添加量1.0％组的胱氨酸消化率最高，为69.11％，与蛋白水平32％组和0.6％组差异不显著，但极显著高于其他各组；蛋氨酸添加量0、0.2％和0.8％组胱氨酸消化率显著高于蛋氨酸添加量0.4％组。随着蛋氨酸添加水平的提高，蓝狐的蛋氨酸消化率相应增高，0蛋氨酸组蓝狐蛋氨酸消化率极显著低于其他各组，蛋氨酸添加量1.0％组显著或极显著高于其他各组，为91.66％；蛋氨酸添加量0.6％组、0.8％组与蛋白质水平32％组差异不显著（表4-20）。食入氮、粪氮和尿氮指标各组蓝狐差异不显著，其中蛋氨酸添加量0.8％组食入氮最多，为15.55g/d；蛋氨酸添加量0.8％组排出粪氮最少，为4.33g/d；蛋氨酸添加量0.6％组尿氮最低，为4.16g/d，蛋氨酸添加量0.6％组的总氮排出量显著低于蛋氨酸添加量0、0.2％和0.4％组，最低值为9.09g/d；蛋氨酸添加量0.8％组的氮沉积极显著高于其他各组，最高为6.21g/d；而0蛋氨酸添加组蓝狐氮沉积最低，极显著低于其他各组，为4.33g/d；蛋氨酸添加量为0时，蓝狐净蛋白质利用率最低，为29.39％；蛋氨酸添加量0.6％、

0.8％组的蛋白质生物学价值较高，并超过蛋白质水平 32％组（表 4-21）。

表 4-18　低蛋白质饲粮中添加蛋氨酸对育成生长期蓝狐体重和平均日增重的影响

项目	组别						
	0	0.20％	0.40％	0.60％	0.80％	1.00％	32％蛋白组（对照）
体重（kg）							
第 1 天	2.21±0.25	2.24±0.21	2.20±0.26	2.21±0.54	2.20±0.27	2.20±0.27	2.21±0.27
第 15 天	3.09±0.26	3.15±0.30	3.07±0.29	3.08±0.27	3.18±0.318	3.17±0.29	3.10±0.27
第 30 天	4.12±0.33	4.18±0.32	4.17±0.45	4.14±0.29	4.25±0.33	4.22±0.33	4.14±0.20
第 45 天	4.76±0.37Cc	4.84±0.47Bb	4.83±0.40Bb	4.88±0.49Bb	5.09±0.36Aa	5.04±0.30Aa	4.99±0.38ABab
平均日增重（g）							
第 1～15 天	61.23±6.17	63.30±1.12	62.64±1.58	65.14±0.82	69.66±1.40	68.43±2.87	64.12±7.29
第 16～30 天	67.14±2.13b	73.23±1.20ab	73.54±1.51ab	74.05±3.17a	78.42±1.69a	75.11±2.60a	74.20±1.83a
第 31～45 天	47.05±1.10Bc	52.43±2.89Bc	53.07±1.76Bc	52.55±2.35Bc	62.31±1.50Aa	59.14±1.61Ab	59.80±4.52Ab

注：同行肩标不同的大写字母表示差异极显著（$P<0.01$），不同小写字母表示差异显著（$P<0.05$）。表 4-19至表 4-21 与此表注释相同。

表 4-19　低蛋白质饲粮中添加蛋氨酸对育成生长期蓝狐营养物质消化率的影响

项目	组别						
	0	0.20％	0.40％	0.60％	0.80％	1.00％	32％蛋白组（对照）
干物质采食量（g/d）	300.20±8.03	307.66±2.09	303.74±1.21	304.36±7.41	302.0±2.60	307.7±1.03	303.8±6.53
干物质排出量（g/d）	103.13±12.15Bc	101.16±8.72Bb	100.29±6.95Bb	101.79±8.21Bb	93.24±7.63Aa	96.33±6.48Aa	92.36±7.02Aa
干物质消化率（%）	61.42±5.47b	63.13±2.80ab	62.99±6.23b	62.51±3.64b	65.16±1.74a	64.68±2.07ab	65.62±2.60a
蛋白质消化率（%）	60.75±4.36b	62.51±2.25b	62.93±6.67b	66.54±3.24ab	68.16±3.04a	68.11±3.68a	68.18±2.48a
脂肪消化率（%）	72.34±2.47b	75.53±2.37a	75.98±6.58a	77.08±3.29a	79.32±2.97a	78.28±6.28a	80.62±1.63a

表 4-20　低蛋白质饲粮中添加蛋氨酸对育成生长期蓝狐含硫氨基酸消化率的影响

项目	组别						
	0	0.20％	0.40％	0.60％	0.80％	1.00％	32％蛋白组（对照）
胱氨酸排出量（mg）	50.83±3.30ABa	53.96±2.47Aa	54.73±2.51Aa	50.46±4.02ABa	47.28±3.68Bb	48.03±2.80Bb	54.06±3.13Aa
蛋氨酸排出量（mg）	31.09±3.74	30.47±4.26	30.95±3.30	32.14±6.19	31.3±4.59	32.06±4.84	31.45±2.98

（续）

项目	组别						
	0	0.20%	0.40%	0.60%	0.80%	1.00%	32%蛋白组（对照）
胱氨酸	64.12	63.57	59.61	62.07	63.94	69.11	61.02
消化率（%）	±2.33Bb	±2.74Bb	±1.86Cc	±3.02ABab	±2.81Bb	±1.81AaCc	±2.88ABab
蛋氨酸	82.11	86.47	87.31	87.92	89.36	91.66	87.56
消化率（%）	±2.15Cd	±2.11Bb	±1.35Bb	±2.32BCbc	±1.56BCc	±1.26Aa	±2.47BCbc

表 4-21　低蛋白质饲粮中添加蛋氨酸对育成生长期蓝狐氮代谢的影响

项目	组别						
	0	0.2%	0.4%	0.6%	0.8%	1.0%	32%蛋白组（对照）
食入氮（g/d）	14.60 ±0.45	14.56 ±0.33	14.61 ±0.26	14.41 ±0.19	15.55 ±0.33	14.78 ±0.13	14.56 ±0.28
粪氮（g/d）	4.68 ±0.77	4.70 ±0.56	4.59 ±0.39	4.93 ±0.36	4.33 ±0.41	4.36 ±0.34	4.49 ±0.24
尿氮（g/d）	5.58 ±0.14	5.28 ±0.56	4.89 ±0.24	4.16 ±0.13	5.01 ±0.51	4.95 ±0.42	4.77 ±0.31
总氮排出量（g/d）	10.26 ±0.15a	9.98 ±0.53a	9.48 ±0.43a	9.09 ±0.64b	9.35 ±0.37ab	9.31 ±0.30ab	9.26 ±0.29ab
氮沉积（g/d）	4.33 ±0.15Cd	5.35 ±0.19Bb	5.12 ±0.64Bc	5.32 ±0.49Bb	6.21 ±0.60Aa	5.46 ±0.31Bb	5.31 ±0.75Bb
净蛋白质利用率（%）	29.39 ±1.06b	34.88 ±0.89a	35.04 ±2.31a	38.27 ±3.46a	39.95 ±3.91a	36.99 ±2.01a	36.60 ±5.12a
蛋白质生物学效价（%）	48.88 ±4.07	50.31 ±4.54	51.04 ±6.47	56.32 ±7.31	55.38 ±5.36	53.63 ±3.22	54.38 ±4.32

　　本研究发现在蛋白质含量低的饲粮中添加蛋氨酸可以较好地提高蓝狐的干物质消化率。作为毛皮动物的限制性氨基酸，适量添加蛋氨酸可以改善蓝狐体内氨基酸的平衡状况，满足蓝狐对含硫氨基酸的需求。在育成期，低蛋白质饲粮中添加0.8%蛋氨酸组蓝狐体重最大，并且平均日增重也达到最高；同时饲喂添加0.8%蛋氨酸的低蛋白质饲粮组蓝狐的体重和平均日增重稍高于饲喂适宜蛋白质饲粮的对照组蓝狐；但饲喂添加1%蛋氨酸低蛋白饲料的蓝狐体重和平均日增重相对有所下降。说明低蛋白饲粮添加适量蛋氨酸能促进育成生长期蓝狐的生长性能。在低蛋白饲料中添加蛋氨酸后蓝狐的蛋白质和脂肪消化率有所提高；30%蛋白水平饲粮中添加0.8%蛋氨酸后，蓝狐的蛋白质和脂肪消化率与蛋白质水平32%的饲粮基本相当，胱氨酸的排出量降低；添加0.8%～1.0%蛋氨酸到低蛋白质饲粮中能提高饲粮中含硫氨基酸的消化率。虽然在低蛋白质饲粮中添加不同水平的蛋氨酸对食入氮的影响不显著，但是随着饲粮中蛋氨酸添加水平的提高，

总氮排出量有逐渐降低趋势，而氮沉积有逐渐升高的趋势，说明添加蛋氨酸对蓝狐氮代谢产生了一定的影响。在30%低蛋白质饲粮中添加适量的蛋氨酸可以改善育成生长期蓝狐的生长性能及营养物质消化率，但添加过量蛋氨酸会使生长性能降低。

在蛋白质水平30%的低蛋白质饲粮中添加0.8%蛋氨酸，即饲粮中蛋氨酸水平为1.14%时，能够满足育成生长期蓝狐对蛋氨酸的需要量，蓝狐的生长性能、蛋白质消化率和氮沉积在此水平较为理想。

（二）育成生长期银狐赖氨酸和蛋氨酸需要量

钟伟等（2014）研究了基础饲粮中添加赖氨酸和DL-蛋氨酸对育成生长期雄性银狐生长发育、营养物质消化率和血清生化指标的影响。采用2×4双因素设计，赖氨酸（Lys）2个水平（L_1 0、L_2 0.25%），蛋氨酸（Met）4个水平（M_1 0、M_2 0.25%、M_3 0.5%和M_4 0.75%），1组（对照组）（0，0）；2组（0，0.25%）；3组（0，0.5%）；4组（0，0.75%）；5组（0.5%，0）；6组（0.5%，0.25%）；7组（0.5%，0.5%）；8组（0.5%，0.75%）。试验结果表明：赖氨酸水平和蛋氨酸水平显著影响平均日增重，0.5%赖氨酸和0.75%蛋氨酸组平均日增重和料重比最高，分别为43.92g和5.85g；蛋氨酸水平显著影响干物质采食量，蛋氨酸添加水平为0.5%时，干物质采食量最高，为263.61g/d（表4-22）。赖氨酸水平及赖氨酸和蛋氨酸交互作用对干物质和蛋白消化率有显著影响，0.5%赖氨酸水平组低于0赖氨酸组，0赖氨酸和0.75%蛋氨酸组干物质和蛋白消化率最高，分别为87.96%和85.92%，但与对照组差异不显著；赖氨酸水平、蛋氨酸水平及赖氨酸与蛋氨酸交互对脂肪消化率均有显著影响，添加0.5%赖氨酸水平脂肪消化率显著低于0赖氨酸水平；随蛋氨酸水平增加，脂肪消化率逐渐升高，赖氨酸为0、蛋氨酸为0.75%组脂肪消化率最高，为97.28%，比对照组高出1.38%。赖氨酸水平、蛋氨酸水平和赖氨酸与蛋氨酸交互作用对赖氨酸消化率产生显著影响，随赖氨酸水平增加，赖氨酸消化率呈逐渐升高趋势；随蛋氨酸水平增加，赖氨酸消化率呈先降低后升高趋势，赖氨酸为0、蛋氨酸为0.75%组赖氨酸消化率最高，为93.54%。赖氨酸水平和蛋氨酸水平显著影响蛋氨酸消化率，0.5%赖氨酸水平组显著低于0赖氨酸水平组，随蛋氨酸水平增加，蛋氨酸消化率逐渐升高，0赖氨酸和0.75%蛋氨酸组蛋氨酸消化率最高，为97.30%（表4-23）。

表4-22 饲粮赖氨酸和蛋氨酸水平对育成生长期银狐生长性能的影响

项目	初始重（kg）	末重（kg）	平均日增重（g）	干物质采食量（g/d）	料重比
1组（L_1M_1）	3.58±0.37	4.66±0.45	31.48±7.83[c]	254.83±35.94[ab]	9.68±2.23[a]
2组（L_1M_2）	3.60±0.41	4.72±0.44	31.77±7.59[c]	239.05±15.37[b]	7.01±1.58[bc]
3组（L_1M_3）	3.54±0.34	4.97±0.63	39.9±8.62[ab]	259.93±19.93[ab]	6.21±1.20[c]
4组（L_1M_4）	3.58±0.36	4.91±0.32	37.81±6.08[abc]	259.33±24.95[ab]	6.87±1.21[bc]
5组（L_2M_1）	3.58±0.48	4.90±0.33	35.42±7.61[bc]	268.54±14.48[a]	8.26±1.93[ab]
6组（L_2M_2）	3.57±0.46	4.83±0.46	36.31±7.54[abc]	241.72±6.35[b]	7.13±1.55[bc]
7组（L_2M_3）	3.57±0.39	4.97±0.28	40.74±6.29[ab]	267.74±25.61[a]	7.55±1.96[bc]

（续）

项目		初始重（kg）	末重（kg）	平均日增重（g）	干物质采食量（g/d）	料重比
8组（L_2M_4）		3.55±0.45	5.16±0.32	43.92±6.51[a]	252.21±15.37[ab]	5.85±0.94[c]
L_1		3.57±0.36	4.81±0.47	35.21±8.10[b]	253.49±25.35[a]	7.38±2.00[a]
L_2		3.56±0.43	4.98±0.36	39.24±7.48[a]	257.55±19.69[a]	7.13±1.77[a]
M_1		3.57±0.42	4.78±0.40	33.33±7.75[b]	261.69±27.40[a]	9.03±2.14[a]
M_2		3.58±0.42	4.80±0.45	33.89±7.66[b]	240.38±11.45[b]	7.07±1.51[b]
M_3		3.55±0.36	4.97±0.48	40.36±7.24[a]	263.61±22.40[a]	6.88±1.72[b]
M_4		3.57±0.39	5.03±0.34	40.69±6.85[a]	255.77±20.35[a]	6.36±1.17[b]
	L	0.9247	0.1114	0.0364	0.4263	0.559 5
P	M	0.9954	0.1308	0.0041	0.0126	0.000 5
	L&M	0.995	0.7742	0.7569	0.568	0.092 6

注：同行肩标不同的大写字母表示差异极显著（$P<0.01$），不同小写字母表示差异显著（$P<0.05$）。表4-23与此表注释相同。

表4-23　饲粮赖氨酸和蛋氨酸水平对育成生长期银狐营养物质消化率的影响

项目		干物质消化（%）	蛋白消化（%）	脂肪消化率（%）	赖氨酸消化率（%）	蛋氨酸消化率（%）
1组（L_1M_1）		85.39±2.47[a]	84.10±3.14[a]	95.90±1.11[b]	90.34±1.64[b]	91.08±1.63[d]
2组（L_1M_2）		78.01±4.87[b]	74.56±5.41[b]	94.72±1.12[bcd]	86.33±3.19[c]	92.42±1.74[bcd]
3组（L_1M3）		80.40±5.88[b]	77.60±5.81[b]	95.20±1.08[bc]	87.35±3.64[c]	93.32±2.32[bc]
4组（L_1M_4）		87.96±2.11[a]	85.92±2.37[a]	97.28±0.61[a]	93.54±1.26[a]	97.30±0.71[a]
5组（L_2M_1）		77.16±4.75[b]	74.03±3.36[b]	94.81±0.75[bcd]	90.61±1.93[b]	88.38±2.10[e]
6组（L_2M_2）		79.51±2.84[b]	74.80±2.79[b]	93.76±1.26[d]	91.97±1.22[ab]	91.89±2.40[cd]
7组（L_2M_3）		79.03±2.46[b]	76.86±3.20[b]	95.33±0.52[bc]	91.14±1.19[ab]	92.87±1.90[bcd]
8组（L_2M_4）		76.06±7.81[b]	72.40±10.99[b]	94.31±1.87[cd]	90.46±2.82[b]	94.24±2.00[b]
L_1		82.83±5.16[a]	80.37±6.33[a]	95.74±1.36[a]	89.46±3.78[b]	93.54±2.87[a]
L_2		78.65±3.18[b]	74.63±5.87[b]	94.70±1.03[b]	91.09±1.88[a]	91.89±2.90[b]
M_1		81.33±3.38	79.06±6.07	95.11±0.88[b]	90.45±1.71[ab]	89.92±2.24[c]
M_2		78.76±3.92	74.77±4.24	94.24±1.26[b]	89.15±3.73[b]	92.16±2.05[b]
M_3		79.83±3.15	77.23±4.55	95.32±0.82[a]	89.25±3.26[b]	93.10±2.05[b]
M_4		84.11±4.95	81.57±5.35	96.29±1.36[a]	92.01±2.66[a]	95.99±2.07[a]
	L	<0.000 1	<0.000 1	<0.000 1	0.007 7	0.001 5
P	M	0.180 3	0.09	0.001 9	0.003 7	<0.000 1
	L&M	0.000 3	0.000 9	0.002 7	<0.000 1	0.138 2

　　在低蛋白饲粮中添加适量限制性氨基酸可以改善动物生长性能。本试验添加0赖氨酸和0.75%蛋氨酸对营养物质消化率及赖氨酸、蛋氨酸消化率具有显著促进吸收作用，

说明添加适量的蛋氨酸有利于脂肪和蛋氨酸吸收。0赖氨酸和0.75％蛋氨酸组干物质消化率和蛋白消化率与对照组差异不显著，说明蛋氨酸水平对干物质和蛋白质的消化吸收无显著作用。虽然饲喂添加0赖氨酸和0.75％蛋氨酸组的饲粮银狐平均日增重和饲料转化效率不是最高的，但与0.5％赖氨酸和0.75％蛋氨酸组差异不显著，从节约饲料成本和提高动物生产性能的角度，基础饲粮中添加0赖氨酸和0.75％蛋氨酸能够满足育成生长期银狐的生长需求。

推荐育成生长期银狐饲粮中添加0赖氨酸和0.75％蛋氨酸，即饲粮中赖氨酸水平为1.33％，蛋氨酸水平为1.19％能够满足银狐生长的需求。

（三）育成生长期蓝狐精氨酸需要量

孙皓然等（2016）研究饲粮精氨酸添加水平（0、0.2％、0.4％、0.6％、0.8％和1.0％）对育成生长期蓝狐生长性能、营养物质消化率、氮代谢及血清生化指标的影响。结果表明：在雌性蓝狐，平均日增重以精氨酸添加水平0.8％组最高，达到40.96g，且极显著高于精氨酸添加水平0组（39.88g），显著高于精氨酸添加水平0.2％组（40.04g）和0.4％组（40.17g）；干物质采食量以精氨酸添加水平0组最高，精氨酸添加水平0.8％组最低，精氨酸添加水平0.8％组和1.0％组的干物质采食量极显著低于精氨酸添加水平0组、0.2％组和0.4％组；料重比以精氨酸添加水平0.8％组最低，为4.32，精氨酸添加水平0.8％组和1.0％组的料重比分别比对照组低4.64％、4.42％左右（表4-24）。育成生长期雌性蓝狐饲粮中添加不同水平的精氨酸对干物质消化率和碳水化合物消化率无显著影响。饲粮精氨酸添加水平对蓝狐粗脂肪消化率存在极显著影响，随精氨酸添加水平增加，脂肪消化率呈显著降低趋势。精氨酸添加水平1.0％组最低，为87.51％，较精氨酸添加水平0组降低了5.25％。精氨酸添加水平0.8％组蓝狐粗蛋白质消化率最高，达67.21％，与精氨酸添加水平0组相比提高了3.66％（表4-25）。食入氮方面，精氨酸添加水平0组极显著高于除精氨酸添加水平0.2％组外的其他各组，以精氨酸添加水平0.8％组蓝狐的食入氮量最低，为8.71g/d。粪氮排出量以精氨酸添加水平0组最高，为3.24g/d，0.8％精氨酸添加组显著低于0组和0.2％精氨酸添加组；尿氮排出量在各组蓝狐间差异不显著。氮沉积、净蛋白质利用率以及蛋白质生物学价值均以精氨酸添加水平0.8％组最高，分别达3.11g/d、35.66％和53.12％，较精氨酸添加水平0组提高了20.54％、6.58％和7.25％（表4-26）。在公狐，1.0％精氨酸添加组公狐育成生长期末体重和平均日增重均最高，分别为4.54g/d和47.69g，比对照组分别高出10.19％和16.29％；饲粮中添加精氨酸可降低育成生长期公狐料重比，0.8％和1.0％添加组料重比比对照组低12.72％和13.33％，但对平均日采食量无显著影响（表4-27）。1.0％精氨酸添加组公狐干物质消化率和蛋白质消化率均最高，分别为74.43％和70.43％，比对照组分别高2.02％和3.69％。脂肪消化率随精氨酸添加水平的提高而降低，最高为91.80％，最低为89.15％（表4-28）。0.8％和1.0％添加组食入氮极显著高于对照组、0.2％和0.4％添加组。对照组蓝狐粪氮最高，且显著高于1.0％添加组。1.0％添加组氮沉积最高，为4.23g/d，比对照组和0.2％添加组高出18.49％和16.53％。饲粮精氨酸水平对育成生长期公狐氮代谢其他指标无显著影响（表4-29）。

表 4-24　饲粮精氨酸水平对育成生长期母狐生长性能的影响

项目	精氨酸添加水平					
	0	0.2%	0.4%	0.6%	0.8%	1.0%
初体重 (kg)	1.40±0.11	1.40±0.12	1.39±0.09	1.40±0.13	1.40±0.12	1.39±0.11
末体重 (kg)	3.91±0.11	3.92±0.15	3.92±0.09	3.95±0.11	3.98±0.12	3.96±0.12
平均日增重 (g)	39.88±0.63^{Bc}	40.04±0.80^{ABc}	40.17±0.52^{ABc}	40.53±0.97^{ABa}	40.96±0.85^{Aa}	40.82±0.62^{Aab}
平均干物质采食量 (g)	178.93±0.68^{Aa}	178.50±1.17^{ABa}	177.50±0.65^{DCb}	176.43±1.29^{DCc}	175.57±0.35^{Dc}	176.11±0.78^{Dc}
料重比	4.53±0.10^{Aa}	4.45±0.10^{ABa}	4.45±0.15^{ABa}	4.44±0.15^{ABab}	4.32±0.10^{Bb}	4.33±0.08^{Bb}

注: 同行肩标不同的大写字母表示差异极显著 ($P<0.01$), 不同小写字母表示差异显著 ($P<0.05$)。表 4-25 至表 4-29 与此表注释相同。

表 4-25　饲粮精氨酸水平对育成生长期蓝狐营养物质消化率的影响

项目	组别					
	0	0.2%	0.4%	0.6%	0.8%	1.0%
干物质消化率 (%)	70.12±2.04	70.27±3.96	70.40±1.08	70.42±0.68^{ab}	71.49±0.72	71.12±1.92
粗蛋白质消化率 (%)	63.55±3.11^{b}	64.09±4.79^{ab}	65.41±1.38^{ab}	65.74±2.35^{ab}	67.21±1.40^{a}	65.67±3.08^{ab}
粗脂肪消化率 (%)	92.76±1.66^{Aa}	91.17±1.17^{ABb}	90.09±0.51^{Bb}	90.00±1.64^{Bb}	89.95±0.82^{Bb}	87.51±2.45^{Cc}
碳水化合物消化率 (%)	77.08±2.10	77.28±4.55	77.30±1.61	78.08±2.73	78.81±1.36	79.45±1.70

表 4-26　饲粮精氨酸水平对育成生长期雌性蓝狐氮代谢的影响

项目	组别					
	0	0.2%	0.4%	0.6%	0.8%	1.0%
食入氮量 (g/d)	8.88±0.03^{ABa}	8.86±0.06^{ABa}	8.81±0.03^{BCb}	8.76±0.07^{CDc}	8.71±0.02^{Dc}	8.74±0.04^{Dc}
粪氮排出量 (g/d)	3.24±0.28^{a}	3.18±0.43^{a}	3.00±0.15^{ab}	2.98±0.11^{b}	2.86±0.12^{b}	3.00±0.27^{ab}
尿氮排出量 (g/d)	3.06±0.37	3.02±0.24	2.92±0.48	2.77±0.46	2.75±0.28	2.72±0.37
氮沉积 (g/d)	2.58±0.26^{c}	2.66±0.24^{bc}	2.89±0.51^{abc}	3.01±0.48^{ab}	3.11±0.19^{a}	3.02±0.32^{ab}
净蛋白质利用率 (%)	29.08±2.85^{Bb}	30.05±2.80^{ABb}	32.83±5.80^{ABab}	34.33±5.47^{ABa}	35.66±2.10^{Aa}	34.57±3.70^{ABa}
蛋白质生物学效价 (%)	45.87±5.07^{b}	46.86±2.13^{ab}	49.76±8.45^{ab}	52.06±8.08^{ab}	53.12±4.01^{a}	52.71±5.60^{a}

表 4-27 饲粮精氨酸水平对育成生长期雄性蓝狐生长性能的影响

项目	精氨酸添加水平					
	0	0.2%	0.4%	0.6%	0.8%	1.0%
初体重 (kg)	1.54±0.25	1.54±0.24	1.53±0.23	1.54±0.21	1.54±0.22	1.54±0.22
末体重 (kg)	4.12±0.23[b]	4.22±0.35[b]	4.24±0.28[b]	4.25±0.25[b]	4.34±0.34[ab]	4.54±0.31[a]
日采食量 (g)	226.25±2.99	224.54±6.44	224.91±7.09	226.64±2.15	227.04±3.94	225.80±2.26
平均日增重 (g)	41.01±2.23[Bc]	42.62±3.49[Bbc]	42.90±2.78[Bbc]	43.11±2.84[Bbc]	44.48±3.06[ABb]	47.69±3.14[Aa]
料重比	4.95±0.50[a]	4.74±0.33[ab]	4.60±0.46[b]	4.59±0.52[b]	4.32±0.30[b]	4.29±0.40[b]

表 4-28 饲粮精氨酸水平对育成生长期雄性蓝狐营养物质消化率的影响

项目	精氨酸添加水平					
	0	0.2%	0.4%	0.6%	0.8%	1.0%
干物质消化率 (%)	72.41±1.13[b]	72.55±1.50[b]	72.67±1.03[b]	73.51±0.61[ab]	73.64±0.64[ab]	74.43±2.34[a]
粗蛋白质消化率 (%)	66.74±1.93[Cd]	67.04±1.22[BCcd]	68.43±1.48[ABCbc]	68.83±0.35[ABCab]	69.21±1.70[ABab]	70.43±2.59[Aa]
粗脂肪消化率 (%)	91.80±1.28[Aa]	91.67±1.23[Aa]	91.19±1.78[Aab]	89.41±1.62[ABab]	89.55±1.54[ABbc]	89.15±2.13[Bc]
碳水化合物消化率 (%)	78.52±2.49	78.87±2.82	79.15±1.13	79.70±1.31	79.26±1.11	80.65±2.22

表 4-29 饲粮精氨酸水平对育成生长期雄性蓝狐氮代谢的影响

项目	精氨酸添加水平					
	0	0.2%	0.4%	0.6%	0.8%	1.0%
食入氮 (g/d)	11.23±0.15[Cb]	11.29±0.32[Cb]	11.45±0.36[BCb]	11.69±0.11[ABa]	11.85±0.21[Aa]	11.93±0.12[Aa]
粪氮 (g/d)	3.73±0.21[a]	3.72±0.10[a]	3.61±0.11[ab]	3.64±0.04[ab]	3.65±0.05[ab]	3.53±0.33[b]
尿氮 (g/d)	3.92±0.32	3.94±0.37	3.99±0.31	4.12±0.20	4.20±0.26	4.18±0.44
氮沉积 (g/d)	3.57±0.43[b]	3.63±0.28[b]	3.85±0.50[ab]	3.93±0.20[ab]	4.01±0.32[ab]	4.23±0.56[a]
蛋白质利用率 (%)	31.78±3.73	32.16±2.24	33.56±3.86	33.61±1.66	33.80±2.38	35.41±4.87
蛋白质生物学效价 (%)	47.56±4.74	48.01±3.88	48.96±4.86	48.83±2.39	48.83±3.37	50.19±5.75

在饲粮中添加精氨酸会影响育成生长期蓝狐的平均日增重，表明精氨酸对育成生长期蓝狐的生长具有促进作用。在育成生长期雌性蓝狐饲料中添加 0.8%～1.0%精氨酸明显抑制了蓝狐的采食量，这可能与精氨酸在体内代谢产生的过量 NO 有关。精氨酸不仅可以降低动物的脂肪消化率，也可以降低脂肪沉积。高剂量的精氨酸会显著抑制育成生长期蓝狐对脂肪的消化吸收，其作用机理还有待进一步研究。随着饲粮精氨酸水平的提高，粗蛋白质消化率也有升高趋势，雌狐精氨酸添加水平达到 0.8%时粗蛋白质消化率最高，雄狐添加水平为 1%时粗蛋白质消化率最高。饲粮中添加精氨酸能减少蓝狐粪氮排出量，增加氮沉积，雌狐在添加水平达到 0.8%时氮沉积最高，雄狐在添加水平达到 1.0%时氮沉积最高。这可能与精氨酸促进蛋白质的消化吸收、参与体内氮代谢、促进氮沉积有关。

育成生长期雌蓝狐饲粮中添加 0.8%精氨酸（饲粮总精氨酸水平为 2.41%）可提高平均日增重，降低料重比，建议育成期每只雌蓝狐精氨酸摄入量在 4.22～4.24g/d。雄蓝狐添加 1.0%精氨酸（饲粮总精氨酸水平为 2.61%）可以提高平均日增重、降低料重比，建议育成期每只雄蓝狐精氨酸摄入量 5.87g/d。

二、冬毛生长期狐氨基酸需要量

（一）冬毛生长期蓝狐蛋氨酸需要量

郭俊刚（2014）等研究了不同蛋氨酸水平对冬毛生长期蓝狐生产性能、营养物质消化率和氮代谢的影响。试验以饲喂蛋白质水平为 26%饲粮的蓝狐作为负对照组，饲喂蛋白质水平为 28%饲粮的蓝狐作为正对照组，试验组蓝狐分别饲喂在低蛋白质饲粮（26%）基础上添加 0.2%、0.4%、0.6%、0.8%和 1.0%蛋氨酸的试验饲粮。试验结果表明：0.6%蛋氨酸组蓝狐末体重、平均日增重和饲料转化率最高，分别为 8.44kg、44.53g 和 11.09%，极显著高于负对照组和 0.2%蛋氨酸组，比负对照组分别高出 781.93g、7.78g 和 1.95%；0.6%蛋氨酸组末体重和平均日增重与 0.8%和 1.0%蛋氨酸组、正对照组差异不显著。0.6%蛋氨酸组干皮长为 102.33cm，显著长于 0.2%、0.4%、0.8%蛋氨酸组和负对照组，并与正对照组差异不显著。蛋氨酸水平对冬毛生长期蓝狐平均干物质采食量和体长影响不显著（表 4-30）。0.6%蛋氨酸组干物质消化率、粗蛋白质消化率及粗脂肪消化率最高，分别为 68.73%、68.59%和 89.68%，与正对照组相比差异不显著，但显著或极显著高于负对照组。1.0%蛋氨酸组半胱氨酸消化率和蛋氨酸消化率最高，分别为 74.01%和 94.27%，显著或极显著高于其他各组（表 4-31）。0.6%蛋氨酸组氮沉积最高为 5.39g/d，极显著高于 0.2%、0.4%、1.0%蛋氨酸组及负对照组，与正对照组相比差异不显著；0.6%蛋氨酸组净蛋白质利用率和蛋白质生物学价值最高，分别为 31.30%和 41.61%，显著高于 1.0%蛋氨酸组和负对照组，与正对照组相比差异不显著（表 4-32）。

表 4-30　低蛋白质饲粮中添加蛋氨酸对冬毛生长期蓝狐生产性能的影响

项目	组别						
	负对照	0.2%	0.4%	0.6%	0.8%	1.0%	正对照
初始体重（g）	4 884.01 ±103.21	4 855.31 ±97.33	4 834.37 ±89.56	4 887.62 ±131.41	4 896.46 ±135.51	4 878.53 ±90.89	4 893.33 ±106.81
终末体重（g）	7 661.12 ±301.10^{Cc}	7 705.19 ±286.48^{BCbc}	7 990 ±261.24^{BCbc}	8 443.05 ±363.42^{Aa}	8 202.26 ±450.11^{ABab}	8 213.51 ±186.36^{ABab}	8 550.41 ±406.19^{Aa}
平均日采食量（g）	379.79 ±0.98	378.57 ±1.56	383.75 ±1.38	432.39 ±1.62	377.05 ±1.20	384.21 ±1.56	438.7 ±1.52
平均日增重（g）	36.75 ±6.33^{Cc}	37.77 ±7.13^{Bc}	41.31 ±6.13^{ABCb}	44.53 ±7.24^{Aa}	43.93 ±6.31^{ABa}	42.99 ±8.20^{ABab}	43.78 ±7.66^{Aa}
饲料转化率（%）	9.14 ±0.96^{Bc}	9.41 ±1.07^{bc}	10.28 ±1.11^{Ab}	11.09 ±0.83^{Aa}	10.96 ±1.26^{Ab}	10.85 ±1.09^{Ab}	10.42 ±1.51^{Ab}
体长（cm）	63.81 ±2.72	64.12 ±1.81	64.34 ±2.60	66.02 ±1.51	65.1 ±1.78	65.09 ±2.43	66.48 ±2.70
干皮长（cm）	96.75 ±2.83^{c}	97.06 ±1.74^{bc}	98.08 ±3.32^{bc}	102.33 ±3.02^{a}	100.33 ±2.58^{ab}	98 ±2.48^{bc}	101.98 ±2.94^{a}

表 4-31　低蛋白质饲粮中添加蛋氨酸对冬毛生长期蓝狐营养物质消化率的影响

项目	组别						
	负对照	0.2%	0.4%	0.6%	0.8%	1.0%	正对照
干物质消化率（%）	62.49 ±2.22^{Cd}	64.93 ±3.06^{BCc}	65.98 ±3.57^{ABb}	68.73 ±1.96^{Aa}	66.79 ±2.67^{ABb}	66.77 ±1.71^{ABb}	68.09 ±1.43^{Aa}
粗蛋白质消化率（%）	63.14	65.73	67.48	68.59	67.32	67.42	69.10

注：同行肩标不同的大写字母表示差异极显著（P<0.01），不同小写字母表示差异显著（P<0.05）。表4-30至表4-32与此表注释相同。

（续）

项目	组别						
	负对照	0.2%	0.4%	0.6%	0.8%	1.0%	正对照
粗脂肪消化率（%）	81.74±3.66^b	87.51±3.11^a	88.76±3.84^a	89.68±2.93^a	88.24±2.81^a	87.65±2.93^a	89.91±1.62^a
半胱氨酸消化率（%）	65.10±6.92^b	64.67±1.01^a	65.20±3.92^a	67.75±1.27^a	67.13±2.38^a	74.01±1.64^a	70.37±3.64^a
蛋氨酸消化率（%）	81.90±1.29^Ee	84.97±1.86^Dd	87.21±1.55^Cc	90.46±0.48^Bb	90.25±0.71^Bb	94.27±1.04^Aa	83.08±1.70^DEde

表 4-32　饲粮蛋氨酸水平对冬毛生长期蓝狐氮代谢的影响

项目	组别						
	负对照	0.2%	0.4%	0.6%	0.8%	1.0%	正对照
食入氮（g/d）	15.24±0.43^b	16.53±0.38^ab	16.73±0.73^ab	17.19±0.15^a	16.76±0.77^ab	16.58±0.16^ab	17.16±0.13^a
粪氮（g/d）	5.98±0.60^a	5.32±0.47^b	5.44±0.64^b	5.41±0.51^b	5.46±0.48^b	5.39±0.48^b	5.50±0.28^b
尿氮（g/d）	6.32±0.79^Bc	5.97±0.15^Bc	7.15±0.63^Ab	6.45±0.18^Bc	7.02±0.16^Ab	7.62±0.66^Aa	7.69±0.14^Aa
总氮排出量（g/d）	12.31±1.51	11.30±1.07	12.59±0.98	11.85±1.62	12.49±1.11	12.47±0.20	13.19±1.63
氮沉积（g/d）	3.92±0.15^Cd	4.23±0.13^BCc	4.13±0.46^BCc	5.39±0.20^Aa	4.77±0.63^ABb	4.33±0.21^Bc	5.11±0.15^Aa
净蛋白质利用率（%）	24.17±2.36^b	24.27±1.13^b	24.69±1.88^b	31.30±1.87^a	25.35±1.81^b	26.15±1.21^b	27.44±2.10^b
蛋白质生物学效价（%）	36.36±4.31^b	38.60±1.61^ab	37.66±1.45^ab	41.61±1.71^a	37.40±2.16^ab	35.15±1.18^b	40.46±1.52^a

饲喂添加 0.6％蛋氨酸低蛋白质饲粮的蓝狐，其冬毛生长期的终末体重、平均日增重和饲料转化率相比于其他各组蓝狐高，与饲喂 28％蛋白质水平的蓝狐相比差异不显著。饲料中蛋白质水平降低会影响蓝狐的干皮长，但如果补充适宜水平的蛋氨酸到低蛋白质饲粮中能够增加干皮长。在低蛋白质饲粮中逐渐增加蛋氨酸的添加水平，冬毛生长期蓝狐的消化率呈现出先增高后降低的趋势。添加 0.6％蛋氨酸的低蛋白质饲粮饲喂冬毛生长期蓝狐，其干物质消化率、粗蛋白质消化率和粗脂肪消化率相对于其他添加水平最高，且与蛋白质添加水平为 28％的组差异不显著。添加 0.4％蛋氨酸组与 28％蛋白质水平组（正对照组）蛋氨酸水平相同，但是前者的蛋氨酸消化率更高。在添加 1.0％蛋氨酸组中出现了半胱氨酸消化率和蛋氨酸消化率的最高值。在添加 0.6％蛋氨酸低蛋白质饲粮组中，冬毛生长期蓝狐的氮沉积最高且与蛋白质水平 28％组相比差异不显著。在低蛋白质饲粮中添加适宜水平的蛋氨酸可以提高冬毛生长期蓝狐氮的利用率。

在蛋白质水平 26％的低蛋白质饲粮中添加 0.6％蛋氨酸，即饲粮中蛋氨酸水平为 0.99％时，能够满足冬毛生长期蓝狐对蛋氨酸的需要量，此时蓝狐的生长性能、营养物质消化率、氮沉积和相应的毛皮参数较为理想。

饲粮蛋白水平过高、过低或氨基酸之间比例不平衡都会对动物的生产性能产生不利的影响。给动物提供最佳蛋白含量和必需氨基酸比例的饲粮是发挥动物最佳生产性能的重要途径。氨基酸组成和比例与动物的氨基酸需要相吻合的蛋白质为"理想蛋白质"。

张海华（2008）分别以体组织氨基酸组成比例和析因法建立蓝狐理想蛋白模式，即赖氨酸、蛋氨酸＋胱氨酸、丝氨酸、缬氨酸、异亮氨酸、亮氨酸、苯丙氨酸、组氨酸、精氨酸、苏氨酸的比例为 100∶159∶120∶86∶46∶147∶68∶33∶123∶89 时最适宜（表 4-33 和表 4-34）。

表 4-33　体组织、毛皮及维持需要氨基酸含量及组成模式

氨基酸	体组织		毛皮		维持需要		总模式
	含量（%）	模式	含量（%）	模式	含量（mg/mL）	模式	
赖氨酸	0.968 8	100	2.960 6	100	0.583 6	100	100
蛋氨酸＋胱氨酸	0.215 5	43	10.730 3	362	0.053 7	53	159
丝氨酸	0.481 1	50	7.144 8	241	0.337 8	58	120
缬氨酸	0.595 8	62	3.757 2	126	0.380 4	65	86
异亮氨酸	0.468 3	48	2.136 8	72	0.106 0	18	46
亮氨酸	0.989 2	102	6.323 2	214	0.687 4	118	147
苯丙氨酸	0.551 5	57	2.491 4	84	0.358 2	61	68
组氨酸	0.318 1	33	1.105 9	37	0.172 0	29	33
精氨酸	0.690 4	71	6.767 5	229	0.354 6	61	123
苏氨酸	0.511 7	53	4.678 2	158	0.302 3	52	89

表 4-34 以体组织法、全体法及析因法建立的理想蛋白模型比较

氨基酸	体组织模式	全体模式	析因模式
赖氨酸	100	100	100
蛋氨酸＋胱氨酸	43	153	159
丝氨酸	50	116	120
缬氨酸	62	84	86
异亮氨酸	48	46	46
亮氨酸	102	144	147
苯丙氨酸	57	67	68
组氨酸	33	33	33
精氨酸	71	120	123
苏氨酸	53	87	89

注：以赖氨酸为 100 份算，其他氨基酸相对赖氨酸的份数。

（二）冬毛生长期银狐赖氨酸和蛋氨酸需要量

钟伟等（2014）采用二因素试验设计，研究饲粮中不同赖氨酸和蛋氨酸水平对冬毛生长期雄银狐生长性能、营养物质消化率及毛皮性状的影响。在基础饲粮中赖氨酸添加水平分别为 L_1（0）、L_2（0.5%），蛋氨酸添加水平分别为 M_1（0）、M_2（0.25%）、M_3（0.5%）、M_4（0.75%），基础饲粮中赖氨酸 1.15%、蛋氨酸 0.66%。试验分成 7 组：1 组 L_1M_2、2 组 L_1M_3、3 组 L_1M_4、4 组 L_2M_1、5 组 L_2M_2、6 组 L_2M_3、7 组 L_2M_4。试验结果表明：饲粮中添加赖氨酸和蛋氨酸对银狐生长性能影响不显著（表 4-35）；不同赖氨酸水平对干物质、脂肪排出量及干物质、脂肪消化率产生显著性影响，且随着赖氨酸水平增加，两种营养物质消化率呈升高趋势，添加 0.5% 赖氨酸组干物质消化率达83.25%，脂肪消化率达 95.72%，比添加 0 赖氨酸组分别增加 4.38% 和 1.56%，干物质排出量减少 4.05g/d，脂肪排出量减少 0.25g/d；不同蛋氨酸水平对干物质排出量有显著性影响，添加 0.5% 蛋氨酸组排出量最高，达 43.64g/d（表 4-36）。不同赖氨酸水平对血清天门冬氨酸氨基转移酶产生显著性影响，添加 0.5% 赖氨酸组血清天门冬氨酸氨基转移酶比添加 0 组低 8.53U/L；不同赖氨酸和蛋氨酸交互或赖氨酸和蛋氨酸单一作用对血清总氨基酸产生极显著性影响，添加 0.5% 赖氨酸和 0.2% 蛋氨酸组血清总氨基酸含量最高，为 34.59μmol/mL（表 4-37）。赖氨酸和蛋氨酸交互作用或蛋氨酸与赖氨酸单一作用对银狐毛皮性能指标无显著性影响，但随着氨基酸添加水平增加，体长、鲜皮长、鲜皮重及皮张厚度有升高趋势（表 4-38）。

表 4-35 不同水平赖氨酸和蛋氨酸对冬毛生长期雄性银狐生长性能影响

项目	初重（kg）	末重（kg）	平均日采食量（g）
1	5.88±0.56	5.96±0.62	204.34±27.73
2	5.88±0.62	5.91±0.45	210.76±19.04
3	6.03±0.48	6.07±0.51	224.91±13.92

项目	初重（kg）	末重（kg）	平均日采食量（g）
4	6.12±0.33	6.18±0.40	214.82±21.58
5	5.92±0.66	6.30±0.47	222.25±18.54
6	6.03±0.59	6.13±0.51	218.91±20.60
7	5.93±0.30	6.03±0.29	214.29±33.97
L_1	5.98±0.49	6.03±0.49	213.44±21.65
L_2	5.97±0.56	6.16±0.43	218.48±24.01
M_1	5.88±0.56	5.96±0.62	204.34±27.73
M_2	5.90±0.62	6.09±0.49	217.03±18.79
M_3	6.03±0.53	6.10±0.49	221.91±17.05
M_4	6.06±0.32	6.12±0.36	214.55±27.13
P　L	0.7530	0.4988	0.8352
M	0.7626	0.9645	0.5618
L & M	0.8172	0.3299	0.6617

注：同行肩标不同的大写字母表示差异极显著（$P<0.01$），不同小写字母表示差异显著（$P<0.05$）。表4-36至表4-38与此表注释相同。

表4-36　不同水平赖氨酸和蛋氨酸对冬毛生长期雄性银狐营养物质消化率的影响

项目	日采食干物质量（g）	日排出粪干物质（g）	干物质消化率（%）	日采食蛋白量（g）	日排出粪蛋白（g）	蛋白消化率（%）	日采食脂肪量（g）	日排出粪脂肪（g）	脂肪消化率（%）
1	188.05±25.52	35.79±4.17^b	80.81±2.28^{AB}	62.48±8.48	13.14±1.48	78.80±2.40	35.88±4.87	1.89±0.29^{ab}	94.67±0.87^{AB}
2	194.39±17.56	38.94±5.91^{ab}	79.52±2.39^{AB}	64.45±5.82	14.35±2.42	80.57±7.71	36.06±3.26	2.05±0.21^a	94.19±0.25^{AB}
3	207.46±12.84	47.31±8.72^a	78.90±4.45^{AB}	69.48±4.30	17.17±4.48	75.42±5.69	38.80±2.40	2.04±0.41^a	94.23±1.42^{AB}
4	198.27±19.92	40.5±1±3.08^{ab}	76.14±9.93^B	67.82±6.81	17.47±4.79	73.53±10.29	37.08±3.72	1.97±0.23^{ab}	93.47±3.39^B
5	205.07±17.11	34.55±7.21^b	83.13±3.26^{AB}	68.12±5.68	13.29±3.07	80.51±3.92	39.20±3.27	1.70±0.36^b	95.64±0.97^{AB}
6	202.07±19.01	39.05±7.77^{ab}	84.42±6.36^A	67.38±6.34	15.32±3.35	81.87±7.74	38.30±3.60	1.76±0.30^b	96.02±1.54^A
7	209.81±11.18	35.85±6.26^b	82.20±3.88^{AB}	71.10±3.79	14.14±2.76	79.03±5.70	37.67±5.97	1.70±0.40^b	95.52±0.58^{AB}
L_1	196.78±20.00	40.26±6.88^a	78.87±5.69^B	65.97±6.86	15.54±3.88	77.01±7.04	36.95±3.70	1.97±0.28^a	94.16±1.87^B
L_2	205.41±22.16	36.21±6.84^b	83.25±4.51^A	68.73±5.37	14.11±2.96	80.47±5.76	38.39±4.23	1.72±0.34^b	95.72±1.06^A
M_1	188.05±25.52	35.79±4.17^b	80.81±2.28	62.48±8.48	13.14±1.48	78.80±2.40	35.88±4.87	1.89±0.29	94.67±0.87

（续）

项目		日采食干物质量（g)	日排出粪干物质（g)	干物质消化率（%)	日采食蛋白量（g)	日排出粪蛋白（g)	蛋白消化率（%)	日采食脂肪量（g)	日排出粪脂肪（g)	脂肪消化率（%)
M$_2$		200.21±17.34	36.30±6.76^b	81.68±3.36	66.45±5.78	13.72±2.74	80.54±5.61	37.78±3.51	1.84±0.35	95.06±1.05
M$_3$		204.76±15.72	43.64±8.92^a	81.66±5.97	68.43±5.30	16.43±3.98	78.64±7.30	38.55±2.93	1.90±0.37	95.12±1.69
M$_4$		203.52±25.03	38.44±5.05^{ab}	79.17±7.85	69.31±5.65	16.14±4.28	76.28±8.44	37.37±4.75	1.82±0.35	94.50±2.55
	L	0.386 1	0.023 6	0.010 0	0.454 4	0.111 3	0.439 2	0.439 2	0.017 8	0.003 8
P	M	0.465 5	0.028 8	0.443 8	0.229 1	0.078 1	0.759 7	0.759 7	0.826 1	0.607 7
	L×M	0.472 9	0.768 9	0.861 0	0.465 6	0.760 9	0.557 0	0.557 0	0.959 8	0.914 8

表 4-37　不同水平赖氨酸和蛋氨酸对冬毛生长期雄性银狐血液生化指标的影响

项目		总蛋白（g/L)	白蛋白（g/L)	尿素氮（mmol/L)	丙氨酸氨基转移酶（U/L)	天门冬氨酸氨基转移酶（U/L)	血清总氨基酸（μmol/mL)
1		59.78±2.52	40.33±1.07	6.14±1.61	44.44±7.25	36.74±6.76^{AB}	25.11±1.26^B
2		59.29±4.29	40.19±0.94	6.29±0.93	40.00±4.21	42.27±6.18^A	21.20±2.70^{BC}
3		56.66±2.67	40.90±1.38	6.80±0.97	42.07±3.74	41.33±6.27^A	19.25±4.20^{CD}
4		56.24±3.03	40.38±1.17	6.69±0.81	42.40±8.42	34.78±6.50^{AB}	12.99±2.23^E
5		55.45±3.04	39.15±2.20	6.13±1.25	46.66±8.13	37.93±8.84^{AB}	34.59±1.67^A
6		57.68±2.09	40.26±1.17	6.40±0.92	37.96±5.67	28.04±5.77^B	15.41±2.88^{DE}
7		55.44±2.42	39.68±2.19	6.05±1.07	34.78±3.03	27.18±6.06^B	34.20±1.07^A
L$_1$		57.99±3.40	40.44±1.12	6.47±1.11	42.71±6.33	38.68±6.51^A	19.59±5.07^B
L$_2$		56.25±2.61	39.75±1.85	6.22±1.03	40.38±7.93	30.15±7.67^B	25.76±10.12^A
M$_1$		59.78±2.52	40.33±1.07	6.14±1.61	44.44±7.25	36.74±6.76	25.11±1.26^{AB}
M$_2$		57.52±4.13	39.71±1.66	6.22±1.03	44.44±7.54	40.16±7.22	26.94±7.47^A
M$_3$		57.20±2.35	40.56±1.27	6.59±0.93	40.01±4.96	34.69±9.03	17.51±4.21^C
M$_4$		55.84±2.68	40.03±1.73	6.41±0.95	38.59±7.19	30.03±6.96	22.08±11.47^{BC}
	L	0.1778	0.0897	0.2496	0.5142	0.0080	<0.001
P	M	0.1030	0.4490	0.6058	0.3242	0.1049	<0.001
	L×M	0.0981	0.9334	0.8498	0.0777	0.4452	<0.001

表 4-38　不同水平赖氨酸和蛋氨酸对冬毛生长期雄性银狐毛皮性状的影响

项目	体长（cm)	鲜皮长（cm)	鲜皮重（g)	皮张厚度（μm)
1	73.19±2.27	101.70±2.97	780.06±44.70	3.19±0.06
2	73.00±1.44	102.60±2.85	794.88±54.87	3.50±0.53
3	73.36±1.44	102.10±2.86	782.58±51.88	3.36±0.29
4	73.94±0.62	104.00±2.61	820.69±65.47	3.27±0.53

（续）

项目		体长（cm）	鲜皮长（cm）	鲜皮重（g）	皮张厚度（μm）
5		73.63±0.92	101.19±4.84	808.94±49.08	3.54±0.43
6		74.19±1.00	103.16±3.46	803.31±41.46	3.24±0.54
7		74.38±1.71	104.88±2.44	834.75±56.26	3.58±0.70
L₁		73.37±1.52	102.60±2.83	795.35±54.62	3.33±0.50
L₂		74.06±1.25	102.91±3.94	815.67±49.14	3.45±0.56
M₁		73.19±2.27	101.70±2.97	780.06±44.70	3.19±0.06
M₂		73.31±1.21	101.89±3.91	801.91±50.81	3.52±0.47
M₃		73.80±1.25	102.63±3.12	794.43±45.54	3.29±0.44
M₄		74.16±1.26	104.38±2.48	827.72±59.41	3.42±0.62
	L	0.138 8	0.855 3	0.301 0	0.642 2
P	M	0.411 0	0.155 0	0.225 5	0.557 9
	L×M	0.930 3	0.502 1	0.980 8	0.550 7

本试验设计在银狐适宜蛋白水平下添加不同赖氨酸和蛋氨酸，来探求适宜的赖氨酸和蛋氨酸添加量，发现不同赖氨酸和蛋氨酸水平对冬毛生长期银狐生长性能影响不显著。生长期蓝狐在102日龄后生长速度缓慢，至154日龄后身体增长基本终止，生长后期主要是毛皮的快速生长阶段，因此银狐摄入的赖氨酸和蛋氨酸主要用于毛皮的生长，在体重方面影响不明显。赖氨酸和蛋氨酸交互作用对蓝狐营养物质采食量、消化率没有产生影响，但赖氨酸或蛋氨酸单独作用对营养物质采食量、排出量及其营养物质消化率产生显著性影响，说明饲喂赖氨酸或蛋氨酸饲粮可以促进饲粮氨基酸的平衡，加强机体内的物质代谢，进而提高营养成分的利用率。添加赖氨酸对天门冬氨酸氨基转移酶产生显著性影响，0.5%赖氨酸组天门冬氨酸氨基转移酶活性明显低于0赖氨酸组，表明添加赖氨酸对肝脏组织的保护程度要优于未添加组；各组蓝狐血清丙氨酸氨基转移酶虽然未达到显著性差异，但0.5%赖氨酸、0.75%蛋氨酸组丙氨酸氨基转移酶和天门冬氨酸氨基转移酶均低于对照组和其他试验组。血清中总氨基酸含量反映动物机体内氨基酸平衡和代谢程度，血清中总氨基酸含量较高，表明氨基酸代谢效果较好，本试验蛋氨酸和赖氨酸交互作用、蛋氨酸或赖氨酸单一作用对血清总氨基酸产生极显著影响，以0.5%赖氨酸、0.25%蛋氨酸组总氨基酸含量最高。随赖氨酸和蛋氨酸添加水平递增，冬毛生长期蓝狐体长、鲜皮长、鲜皮重、皮张厚度均呈升高趋势，皮张厚度反映出皮张的延展性和拉伸性，表明添加赖氨酸和蛋氨酸有促进毛皮生长的趋势，0.5%赖氨酸、0.75%蛋氨酸组要优于其他试验组和对照组。

综合考虑生产性能、降低饲养成本和减少环境污染，建议在冬毛生长期蛋白质水平为30.58%的饲粮中添加赖氨酸0.5%（实际含量1.65%）和蛋氨酸0.25%（实际含量0.91%）较为适宜。

（三）冬毛生长期蓝狐精氨酸需要量

孙皓然（2016）采用单因素试验设计，研究饲粮中不同精氨酸添加水平（0、

0.2%、0.4%、0.6%、0.8%和1.0%)对冬毛生长期雌蓝狐生产性能、营养物质消化率及氮代谢的影响。试验结果表明：基础饲粮中适当添加精氨酸对提高冬毛生长期蓝狐的平均日增重、体长和皮长有利；在雌蓝狐，0.6%精氨酸组平均日增重为31.21g、料重比为10.28、体长为69.81cm、鲜皮长为103.14cm，均优于对照组及其他试验组。而过量添加精氨酸（1.0%）对雌蓝狐生产性能的发挥并不利（表4-39）。在雄蓝狐，0.8%精氨酸组平均日增重为29.94g、料重比为10.42、体长为73.21cm、鲜皮长为105.50cm，均优于对照组及其他试验组（表4-40）。添加0.6%精氨酸组雌蓝狐干物质消化率最高，0.6%和0.8%精氨酸组雄蓝狐干物质消化率最高。随着饲粮精氨酸添加水平的提高，冬毛生长期蓝狐脂肪消化率也随之提高（表4-41和表4-42）。随着饲粮精氨酸添加水平逐步提高，雌蓝狐经由尿液排出的氮含量先下降后升高，氮沉积则呈现先升高后降低的趋势，与平均日增重变化趋势相近；雌蓝狐0.6%添加组氮沉积最高，较对照组提高13.57%，其净蛋白利用率、蛋白质生物学价值和蛋白质效率均最高（表4-43）。精氨酸水平对雄蓝狐氮代谢无显著性影响（表4-44）。

表4-39　饲粮精氨酸水平对冬毛生长期雌性蓝狐生长性能的影响

项目	精氨酸添加水平					
	0	0.2%	0.4%	0.6%	0.8%	1.0%
初体重（kg）	4.10±0.25	4.10±0.33	4.07±0.27	4.08±0.21	4.10±0.32	4.07±0.38
末体重（kg）	6.19±0.28b	6.23±0.47b	6.36±0.42ab	6.58±0.32a	6.31±0.4ab	6.12±0.28b
平均日增重（g）	26.08±2.54Cc	26.56±2.24BCc	28.69±2.33Bb	31.21±2.25Aa	27.60±1.48BCbc	25.60±1.84Cd
日采食量（g）	321.28±4.96a	320.50±1.91a	316.43±3.37b	319.17±1.61ab	319.78±3.61a	319.72±1.74a
料重比	11.98±1.04Aab	11.97±0.92Aab	10.67±0.60BCc	10.28±0.88Cc	11.65±0.77ABb	12.54±0.36Aa
体长（cm）	68.83±1.61ab	69.00±1.00a	69.19±0.60a	69.81±0.78a	69.19±1.27a	67.81±1.05b
鲜皮长（cm）	101.86±1.05Aab	102.14±2.76Aab	102.14±0.78Aab	103.14±4.04Aa	100.00±1.50ABbc	97.86±2.93Bc

注：同行肩标不同的大写字母表示差异极显著（$P<0.01$），不同小写字母表示差异显著（$P<0.05$）。表4-40至表4-44与此表注释相同。

表4-40　饲粮精氨酸水平对冬毛生长期雄性蓝狐生长性能的影响

项目	精氨酸添加水平					
	0	0.2%	0.4%	0.6%	0.8%	1.0%
初体重（kg）	4.45±0.29	4.44±0.16	4.44±0.22	4.44±0.18	4.44±0.22	4.45±0.47
末体重（kg）	6.47±0.26	6.45±0.22	6.49±0.30	6.52±0.26	6.72±0.22	6.70±0.37
平均日增重（g）	26.47±2.45Bb	26.47±2.37Bb	27.03±2.54ABb	27.45±2.63ABb	29.94±3.28Aa	29.68±2.29ABa
平均干物质采食量（g）	320.82±2.99	319.43±3.44	321.05±1.21	319.33±1.73	319.07±5.07	317.23±4.05
料重比	12.31±0.94Aa	11.97±1.16Aab	11.83±0.62ABab	11.32±0.60ABabc	10.42±1.07Bc	11.03±0.95ABbc
体长（cm）	71.30±1.10b	72.28±0.65ab	72.21±1.19ab	72.05±1.42ab	73.21±1.46a	72.53±1.68ab
鲜皮长（cm）	103.11±1.88b	103.26±1.73ab	103.37±2.58b	103.34±1.60b	105.50±2.11a	105.25±2.21a

表 4-41　饲粮精氨酸水平对冬毛生长期雌性蓝狐营养物质消化率的影响

项目	精氨酸添加水平					
	0	0.2%	0.4%	0.6%	0.8%	1.0%
干物质消化率（%）	68.31±1.33^{Bb}	68.39±1.39^{Bb}	68.73±1.21^{Bb}	70.54±1.04^{Aa}	69.48±0.95^{ABab}	69.38±1.36^{ABab}
蛋白消化率（%）	73.40±1.49	74.18±1.27	74.71±2.07	75.63±1.12	74.48±1.56	73.77±1.64
脂肪消化率（%）	88.48±0.90^{Cd}	90.43±0.69^{Bc}	91.27±0.52^{Ab}	91.36±0.47^{Ab}	91.42±0.44^{Aab}	91.99±0.41^{Aa}
碳水化合物消化率（%）	63.14±2.44	61.95±2.52	61.91±1.97	64.77±1.74	62.46±3.01	62.82±1.87

表 4-42　饲粮精氨酸水平对冬毛生长期雄性蓝狐狐营养物质消化率的影响

项目	精氨酸添加水平					
	0	0.2%	0.4%	0.6%	0.8%	1.0%
干物质消化率（%）	67.61±1.45^{b}	68.50±2.11^{ab}	69.59±0.77^{ab}	69.92±1.78^{a}	70.62±0.57^{a}	69.28±2.95^{ab}
蛋白消化率（%）	74.13±1.77	74.21±1.69	75.41±2.02	74.97±1.21	73.98±1.45	73.08±3.46
脂肪消化率（%）	90.23±0.68^{Bc}	90.20±0.60^{Bc}	90.24±0.75^{Bc}	91.36±0.65^{ABb}	92.16±0.48^{Aab}	92.33±1.16^{Aa}
碳水化合物消化率（%）	60.02±1.78^{b}	63.09±3.43^{ab}	64.24±2.20^{a}	64.03±3.07^{a}	65.84±2.87^{a}	64.83±4.05^{a}

表 4-43　饲粮精氨酸水平对冬毛生长期雌性蓝狐氮代谢的影响

项目	精氨酸添加水平					
	0	0.2%	0.4%	0.6%	0.8%	1.0%
食入氮（g/d）	14.78±0.23^{a}	14.74±0.09^{a}	14.56±0.15^{b}	14.68±0.07^{ab}	14.71±0.17^{a}	14.71±0.08^{a}
粪氮（g/d）	3.93±0.22^{a}	3.81±0.20^{ab}	3.68±0.32^{ab}	3.58±0.17^{b}	3.76±0.25^{ab}	3.86±0.23^{a}
尿氮（g/d）	6.27±0.47^{ABbc}	6.29±0.33^{ABbc}	6.01±0.37^{Bbc}	5.91±0.33^{Bc}	6.39±0.45^{ABab}	6.67±0.60^{Aa}
氮沉积（g/d）	4.57±0.49^{bc}	4.65±0.33^{abc}	4.86±0.42^{ab}	5.19±0.40^{a}	4.57±0.67^{bc}	4.18±0.91^{c}
净蛋白利用率（%）	30.95±3.21^{bc}	31.53±2.17^{abc}	33.43±3.09^{ab}	35.37±2.71^{a}	31.03±4.38^{bc}	28.45±6.19^{c}
蛋白质生物学效价（%）	42.15±4.19^{ab}	42.51±2.91^{ab}	44.70±3.55^{a}	46.74±3.25^{a}	41.81±6.45^{ab}	38.55±8.27^{b}

表 4-44　饲粮精氨酸水平对冬毛生长期雄性蓝狐氮代谢的影响

项目	精氨酸添加水平					
	0	0.2%	0.4%	0.6%	0.8%	1.0%
食入氮（g/d）	14.76±0.14^{Dc}	14.90±0.16^{Dc}	15.18±0.06^{Cb}	15.31±0.08^{BCb}	15.50±0.25^{ABa}	15.61±0.20^{Aa}
粪氮（g/d）	3.82±0.27	3.84±0.27	3.73±0.31	3.83±0.17	4.03±0.22	4.21±0.57
尿氮（g/d）	6.16±0.19	6.07±0.47	6.42±0.79	6.32±0.50	6.34±0.29	6.26±0.57
氮沉积（g/d）	4.78±0.22	4.99±0.27	5.03±0.67	5.16±0.33	5.12±0.44	5.15±0.58
净蛋白利用率（%）	32.37±1.33	33.47±1.68	33.10±4.40	33.69±2.20	33.03±2.50	32.97±3.77
蛋白质生物学效价（%）	43.66±1.43	45.17±3.24	43.96±6.22	44.98±3.44	44.62±2.93	45.11±4.64

　　研究证明食肉目动物，不论是幼龄动物还是成年动物，精氨酸都是一种必需氨基酸。饲粮中添加不同水平精氨酸对冬毛生长期蓝狐生产性能的改善作用存在一定差异，雌狐饲粮添加0.6%精氨酸明显优于其他各组，雄狐饲粮添加0.8%精氨酸更优。基础饲粮中添加1.0%精氨酸降低了冬毛生长期雌蓝狐的平均日增重、体长和皮长，说明过量添加精氨酸并不利于蓝狐生产性能的发挥。基础饲粮中添加精氨酸能够提高蓝狐干物质消化率。这可能是由于精氨酸具有改善肠道健康的作用，其具体表现为能够促进肠道形态发育，维持小肠绒毛形态结构，提高消化酶活力。随着饲粮精氨酸水平的提高，冬毛生长期蓝狐脂肪消化率也随之提高，这可能与精氨酸的代谢产物NO参与脂质代谢存在联系。随着饲粮精氨酸水平的提高，蓝狐氮沉积呈现先升高后降低的趋势，与平均日增重变化趋势接近。这可能是由于随着精氨酸添加量接近适宜水平，饲粮氨基酸各组分构成逐步达到平衡，满足了动物的需求；而饲粮中过量添加精氨酸则可能影响机体对营养物质的吸收利用，破坏体内氮平衡，从而对氮代谢产生干扰，造成母狐1.0%精氨酸添加组尿氮和粪氮高于其他各组，降低氮沉积。

　　综合冬毛生长期蓝狐生产性能、营养物质消化率和氮代谢等各项指标，推荐冬毛生长期雌蓝狐饲粮中添加0.6%精氨酸（饲粮总精氨酸水平为2.04%），雄蓝狐添加0.8%精氨酸（饲粮总精氨酸水平为2.24%）可提高平均日增重、降低料重比。

参考文献

崔虎，张铁涛，张志强，等，2011.饲粮蛋白质水平对育成期蓝狐生长性能及营养物质消化代谢的影响 [J].动物营养学报，23（8）：1439-1445.

崔虎，张铁涛，张志强，等，2011.饲粮蛋白质水平对冬毛生长期蓝狐生长性能、营养物质消化代谢及血清生化指标的影响 [J].动物营养学报，23（12）：2217-2224.

陈立敏，2001.饲粮营养水平对育成期蓝狐生产性能和营养物质消化代谢的影响 [D].北京：中国农业科学院.

樊燕燕，张海华，孙伟丽，等，2016.毛皮动物蛋氨酸营养的研究进展 [J].黑龙江畜牧兽医，（17）：76-79.

郭俊刚，张铁涛，崔虎，等，2014.低蛋白质饲粮中添加蛋氨酸对冬毛生长期蓝狐生产性能、营养物质消化率及氮代谢的影响 [J].动物营养学报，26（04）：996-1003.

高秀华，2014.珍贵毛皮动物（貂、狐、貉）饲料营养研究进展 [C] //中国畜牧兽医学会动物营养学分会.中国畜牧兽医学会动物营养学分会第七届中国饲料营养学术研讨会论文集.郑州.

黄晶晶，等，2007.L-精氨酸对脂多糖刺激的断奶仔猪肠道损伤的缓解作用 [J].畜牧兽医报，38（12）：1323-1328.

金雷，金礼吉，徐永平，等，2007.当前国际毛皮动物营养研究进展 [J].饲料与畜牧（3）：42-44.

靳世厚，杨嘉实，1998.狐的能量、蛋白质需要量及其饲料配制技术的综合研究报告 [J].经济动物学报（2）：10-13.

刘凤华，孙伟丽，钟伟，等，2011.饲料蛋白质水平对银黑狐生长性能及氮代谢的影响 [J].动物营养学报（11）：2024-2030.

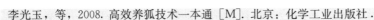
李光玉，等，2008. 高效养狐技术一本通 [M]. 北京：化学工业出版社.

刘艳，2007. 蓝狐妊娠期的饲养管理 [J]. 农村养殖技术（22）：20-21.

齐丽霞，2013. 母狐妊娠期与哺乳期饲料营养的搭配 [J]. 养殖技术顾问（3）：197.

孙皓然，张铁涛，刘志，等，2015. 饲粮精氨酸水平对育成期雌性蓝狐生长性能、营养物质消化率、氮代谢及血清生化指标的影响 [J]. 动物营养学报（10）：3285-3292.

孙皓然，张铁涛，王晓旭，等，2016. 饲粮精氨酸添加水平对冬毛生长期雌性蓝狐生产性能、营养物质消化率及氮代谢的影响 [J]. 动物营养学报（4）：1267-1273.

吴世林，等，1993. 低蛋白氨基酸平衡日粮研究与应用 [J]. 中国饲料（6）：15-18.

杨嘉实，等，1994. 中国特产（种）动物营养需要及饲料配制技术 [M]. 北京：科学出版社.

岳隆耀，谯仕彦，2007. 低蛋白补充合成氨基酸日粮对仔猪氮排泄的影响 [J]. 新饲料（3）：10-12.

尹清强，马振凯，1990. 育成期雄性蓝狐日粮适宜蛋白质水平 [J]. 兽医大学学报（4）：387-391.

张海华，2008. 蓝狐生长期低蛋白日粮及理想蛋白模型的研究 [D]. 北京：中国农业科学院.

张海华，李光玉，杨福合，等，2008. 低蛋白质日粮中添加赖氨酸和蛋氨酸对生长前期蓝狐消化代谢及生产性能的影响 [J]. 动物营养学报（6）：724-730.

张铁涛，崔虎，高秀华，等，2013. 低蛋白质饲粮中添加蛋氨酸对育成期蓝狐生长性能和营养物质消化代谢的影响 [J]. 动物营养学报，25（9）：2036-2043.

钟伟，刘晗璐，张铁涛，等，2014. 饲粮赖氨酸和蛋氨酸水平对冬毛生长期银狐生长性能、营养物质消化率、血清生化指标及毛皮性状的影响 [J]. 动物营养学报（11）：3332-3340.

张志强，张铁涛，耿业业，等，2011. 准备配种期雌性蓝狐对不同蛋白水平日粮营养物质消化率及氮代谢的比较研究 [J]. 中国畜牧兽医，38（6）：25-28.

张志强，张铁涛，耿业业，等，2011. 饲粮蛋白质水平对雌性蓝狐繁殖性能的影响 [J]. 动物营养报，23（7）：1253-1258.

张志强，张铁涛，耿业业，等，2011. 饲粮蛋白水平对蓝狐哺乳性能的影响 [J]. 动物营养学报，23（9）：1631-1636.

Czarnecki GL，et al.，1985. Antagonism of arginine by excess dietary lysine in the growing dog [J]. The Journal of Nutrition，115（6）：743-752.

Dahlman T，Valaja J，Venäläinen E，et al.，2004. Optimum dietary amino acid pattern and limiting order of some essential amino acids for growing - furring blue foxes（*Alopex lagopus*）[J]. Animal Science，78：77-86.

Dahlman T，Kiiskinen T，Makela J，et al.，2002. Digestibility and nitrogen utilisation of diets containing protein at different levels and supplemented with DL-methionine，L-methionine and L-lysine in blue fox（*Alopex lagopus*）[J]. Animal feed science and technology（98）：3-4，219-235.

Dahlman T，Mantysalo M，Rasmussen P V，et al.，2002. Influence of dietary protein level and the amino acids methionine and lysine on leather properties of blue fox（*Alopex lagopus*）pelts [J]. Arch Tierernahr，56（6）：443-454.

Damgaard，B，1997. Dietary protein supply to mink（*Mustela vison*）- Effects on physiological parameters，growth performance and health [D]. Royal Veterinary and Agricultural University，Frederiksberg，Denmark，31.

Damgaard B M，1998. Effects of dietary supply of arginine on urinary orotic acid excretion，growth performance and blood parameters in growing mink（*Mustela vison*）kits fed low-protein diets [J]. Acta Agriculturae Scandinavica A-Animal Sciences，48（2）：113-121.

Glem Hansen N，1980. The requirement for sulphur containing amino acids of mink during the growth period [J]. Acta Agric Scand，30：349 -356.

Hoie J，Rimeslatten H，1950. Experiments in feeding proteins，fats and carbohydrates at different levels to silver and blue foxes [J]. Meldinger Fra Norges Landbrukshogskole.

Morris J G，et al.，1979. Arginine：an essential amino acid for the cat [J]. The Journal of Nutrition，108（12）：1944-1953.

NRC. 1982. Nutrient requirements of mink and foxes [M]. Washington DC：National Academy Press.

Rimeslatten H，1976. Experiments in feeding different levels of protein，fat and carbohydrates to blue foxes. [C]. The First International Scienctific Congress in Fur Animal Production，Helsinki：29.

Yao K，Guan S，Li T，et al.，2011. Dietary l-arginine supplementation enhances intestinal development and expression of vascular endothelial growth factor in weanling piglets [J]. British Journal of Nutrition，105（5）：703-709.

Zhang H H，Li G Y，Liu B Y，et al.，2010. Effects of low-protein, DL-methionine and lysine-supplemented diets on growth performance，N-balance and fur characteristics of blue foxes（*Alopex lagopus*）during the growing-furring period [J]. Chinese Journal of Animal Nutrition，22（6）：1614-1624.

第五章
狐矿物质营养与需要

与人及多数动物机体一样，狐的机体也是由 60 多种元素所组成。根据元素在狐机体内的含量不同，可分为常量元素和微量元素两大类。常量元素是指占狐机体总重量 0.01% 以上的元素，如碳、氢、氧、氮、钙、磷、钠、钾、镁、氯、硫等，合计约占狐体重的 99.9%。这些生命必需元素中，除了碳、氢、氧、氮、硫等主要以有机物质形式存在外，其余各元素均为无机盐的矿物质。微量元素包括钴、铜、碘、铁、锰、钼、硒、锌以及铬、镍、硅、铝、砷、钛和钒，但对狐生产发挥重要作用的主要是钴、铜、碘、铁、锰、钼、硒、锌。微量元素仅占有机体的 0.01% 以下，饲料和动物体中的微量元素多以无机盐的形式存在，少数与有机物合成复杂的有机化合物存在。

在狐机体中矿物质虽然含量较少，但在营养和生理功能上却具有非常重要的作用。这是因为矿物质是机体细胞的组成成分，细胞的各种重要机能，如氧化、发育、分泌、增殖等，都需要矿物质参与，矿物质对维持机体各组织的机能，特别是神经和肌肉组织的正常兴奋性有重要作用。矿物质也参与食物的消化和吸收过程，在维持水的代谢平衡、酸碱平衡、调节血液正常渗透压等方面有重要生理作用。适量的矿物元素营养供给是维持狐健康、生长及正常生产的必要条件。本章依据狐部分常量元素和主要微量元素需要量的试验研究，对狐所必需的矿物元素进行介绍。

第一节　狐常量元素需要量

一、钙和磷

（一）钙、磷在动物体内的含量

钙和磷是机体内含量最高的矿物质元素，平均占体重的 1%～2%，其中 98% 以上的钙、80% 以上的磷存在于骨和牙齿中，其余的存在于体液和软组织中。因此，狐体内的钙、磷主要功能是构成骨骼和牙齿，生长期仔兽及妊娠、哺乳期母兽的需要量较大。血清中几乎保存着血液中全部的钙，所以通过检测血清中的钙含量可以比较准确地反映动物机体是否缺钙，以便及时、准确诊断并予以治疗。血磷则主要以 $H_2PO_4^-$ 形式存在于血细胞中。

（二）影响钙和磷吸收的因素

1. 钙、磷含量　钙、磷自身在饲粮中的含量直接影响着钙、磷吸收。有文献研究表明，7～37 周龄生长狐钙的需求量占饲粮干物质的 0.5%～0.6%（Harris 等，1945）。而在我国狐养殖业，经典干粉饲料中钙含量在 1.2% 左右，磷含量在 0.7% 左右，一般狐生长期对钙的吸收率为 29.5% 左右，磷的吸收率为 14.7% 左右（刘佰阳等，2007）。

2. 钙磷比例　研究表明钙磷比对狐钙磷的吸收和利用非常重要，钙磷比在（1～1.7）：1 较好，不在此范围的钙磷比，即使饲粮中有丰富的维生素 D，也不利于骨的生长。

3. 维生素 D 含量　研究证明，维生素 D 和磷含量与钙的吸收关系密切，当饲粮中维生素 D 或磷含量不足，而钙含量过量时，会导致仔兽行走困难、爬行，严重时会难以站立。发生钙、磷或维生素 D 缺乏时，狐会表现后腿僵直、用脚掌行走、腿关节肿大、腿骨弯曲、产后瘫痪等症状。

人工饲养条件下，蓝狐主要以动物性饲料为主，一般不会造成钙、磷缺乏。但在用膨化玉米和豆粕为主要组成的低钙、磷水平饲粮养狐时，由于植物性饲料所占比例大，容易引起钙、磷缺乏。在饲料中补充钙、磷含量丰富的骨粉或肉骨粉、鱼粉等饲料，同时补充维生素 D，可以很好地解决这一问题。在狐干粉料生产中，一般钙、磷的常用补充饲料有磷酸氢钙、碳酸钙、蛋壳粉、骨粉等。但需注意工艺粗劣、技术不过关的磷酸氢钙中往往含有较高的氟，极易因为动物氟中毒而诱发骨骼变形，危害极大。故饲料中补充钙、磷时要注重安全性。也有的添加剂中钙、磷测定值并不低，还是发生钙、磷缺乏现象，这是因为其中的钙多以难以吸收的石粉形式存在，并未提供具有活性的钙和磷。

（三）饲粮钙水平对育成期蓝狐生产性能、营养物质消化率及氮代谢的影响研究

1. 饲粮钙水平对育成生长期蓝狐生产性能、营养物质消化率及氮代谢的影响研究　徐逸男等（未发表）研究了饲粮钙水平（0、0.4% 和 0.8%）对育成生长期蓝狐生产性能、营养物质消化率和氮代谢的影响。基础饲粮钙磷比固定为 1.5：1，含钙量为 0.8%。试验结果表明饲粮添加钙水平对育成期蓝狐生长性能影响不显著（图 5-1）。随着饲粮钙水平增加，蛋白和碳水化合物消化率呈增加趋势；饲粮中添加 0.4% 和 0.8% 的钙，脂肪消化率显著增加；随饲粮钙水平增加，钙消化率呈下降趋势，添加 0.8% 钙水平组磷的消化率较 0 和 0.4% 钙水平组显著降低。本试验中，饲粮钙磷比是恒定的，而磷水平会随着钙的变化而变化。饲粮中添加 0.4% 钙更有利于育成期蓝狐对蛋白质、脂肪和钙、磷的消化与利用（图 5-2）。随着饲粮钙水平增加，食入氮含量和粪氮排出呈逐渐降低趋势，对尿氮和氮沉积无显著影响，但 0.4% 钙水平氮沉积略高于其他组。随钙水平增加，净蛋白利用率逐渐增加，添加 0.8% 钙水平和 0.4% 钙水平显著高于 0 钙水平，而 0.8% 钙水平与 0.4% 钙水平差异不显著；钙水平对蛋白质生物学价值影响不显著（图 5-3 和图 5-4）。

仔狐在育成生长期主要是处于骨骼发育阶段，对钙的需求量较高，饲粮中适宜的钙

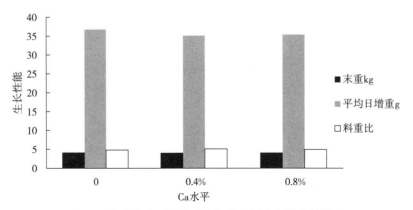

图 5-1　饲粮钙水平对育成生长期蓝狐生长性能的影响

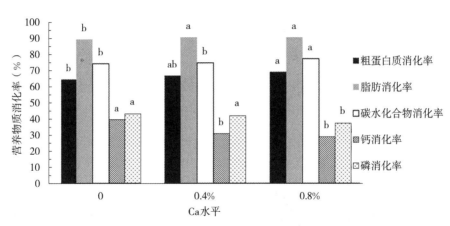

图 5-2　饲粮钙水平对育成生长期蓝狐营养物质消化率的影响

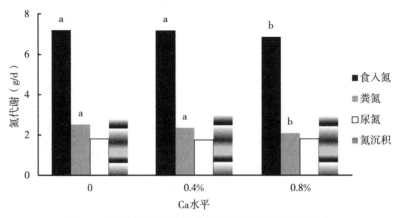

图 5-3　饲粮钙水平对育成生长期蓝狐氮代谢的影响

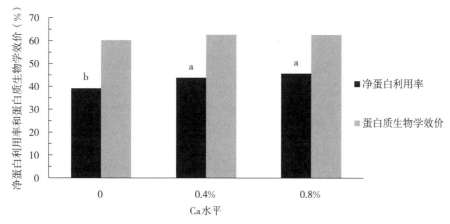

图 5-4　饲粮钙水平对育成生长期蓝狐净蛋白利用率和蛋白质生物学价值的影响

水平能提高营养物质的消化利用和氮的利用效率从而保证仔狐的生长发育需求。随饲粮钙水平增加，降低了钙的消化率，提高了磷的消化率，说明饲粮中钙水平适宜会促进磷的吸收，钙过量时会影响磷的吸收，对磷产生颉颃作用，从而降低磷的利用率（Jr，1993；Waldroup 等，1963）。

　　育成生长期饲粮钙磷比固定为 1.5∶1 的条件下，饲粮中添加 0.4%～0.8%钙时即总钙 1.2%～1.6%较为适宜，能够满足育成生长期蓝狐的生长需求。

　　2. 饲粮钙水平对冬毛生长期蓝狐生产性能、营养物质消化率及氮代谢的影响研究
徐逸男等（2018）研究了饲粮钙水平（0、0.4%和 0.8%）对冬毛生长期蓝狐生产性能、营养物质消化率、氮代谢及胫骨发育的影响。基础饲粮钙磷比固定为 1.4∶1，含钙量为 0.8%。试验结果表明饲粮钙水平显著影响了冬毛生长期蓝狐的末重和平均日增重，饲喂 0 钙水平组蓝狐体重和平均日增重显著高于 0.4%和 0.8%组，饲喂 0 钙水平组蓝狐体长显著高于 0.4%和 0.8%组，与生长性能结果相一致（表 5-1 和图 5-5）。随饲粮钙水平增加，干物质、碳水化合物和磷消化率呈显著降低趋势，脂肪消化率呈显著升高趋势，0.4%钙水平和 0.8%钙水平组脂肪消化率显著高于 0 钙水平，但 0.4%和 0.8%钙水平组间差异不显著。随饲粮钙水平增加，钙消化率呈逐渐降低趋势，但组间无显著差异，磷的消化率显著降低（图 5-6）。随饲粮钙水平增加，食入氮显著降低，粪氮排出呈先升高后降低趋势，氮沉积呈逐渐降低趋势，粪钙和粪磷排出显著增加，净蛋白生物学效率和蛋白质生物学价值呈逐渐降低趋势。钙水平 0 组食入氮最高，粪氮排出最低，氮沉积和净蛋白生物学效率及蛋白质生物学价值最高，粪钙和粪磷排出量最低，优于添加钙 0.4%和 0.8%水平，与生长性能结果变化相一致（图 5-7 和图 5-8）。在胫骨钙含量、磷含量、灰分含量等方面，随着钙含量的增加胫骨钙含量逐渐增加，饲粮中的钙越高，沉积到骨骼中的钙就越多，对胫骨灰分和磷的含量无显著影响（表 5-2）。

表 5-1　饲粮钙和维生素 D_3 水平对冬毛生长期蓝狐生产性能和皮张长度的影响

项目	钙（%）			维生素 D_3（IU/kg）			SEM	P 值		
	0	0.4	0.8	1 000	2 000	4 000		Ca	维生素 D_3	Ca×维生素 D_3
体长（cm）	72.58[a]	71.54[b]	70.08[b]	70.92	71.25	72.04	4.45	0.001	0.174	0.189

（续）

项目	钙（%）			维生素 D_3（IU/kg）			SEM	P 值		
	0	0.4	0.8	1 000	2 000	4 000		Ca	维生素 D_3	Ca×维生素 D_3
皮长（cm）	95.91	95.22	96.73	96.19	95.74	96.05	13.13	0.427	0.932	0.227

注：同一行数据无肩标或相同字母表示差异不显著（$P>0.05$），肩标不同小写字母表示差异显著（$P<0.05$），不同大写字母表示差异极显著（$P<0.01$）。表 5-2 与此注释相同。

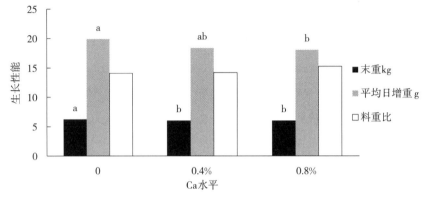

图 5-5　饲粮钙水平对冬毛生长期蓝狐生长性能的影响

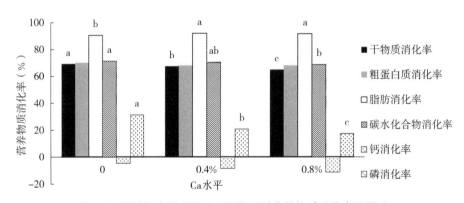

图 5-6　饲粮钙水平对冬毛生长期蓝狐营养物质消化率的影响

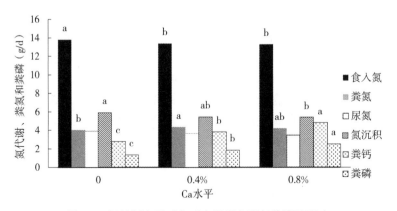

图 5-7　饲粮钙水平对冬毛生长期蓝狐氮代谢的影响

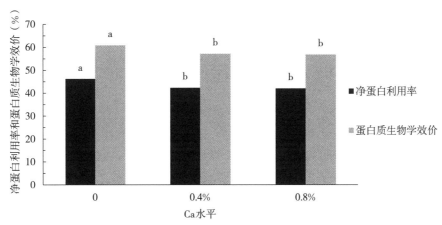

图 5-8　饲粮钙水平对冬毛生长期蓝狐净蛋白利用率和蛋白质生物学价值的影响

表 5-2　饲粮钙和维生素 D₃ 水平对冬毛生长期蓝狐胫骨发育的影响

项目	钙（%）			维生素 D₃（IU/kg）			SEM	P 值		
	0	0.4	0.8	1 000	2 000	4 000		Ca	维生素D₃	Ca×维生素D₃
胫骨长度（cm）	13.26	13.27	13.47	13.25	13.40	13.45	0.25	0.37	0.35	0.61
钙含量（%）	22.37ᶜ	22.93ᵇ	25.07ᵃ	23.67	23.84	24.06	0.81	0.001	0.10	0.001
磷含量（%）	8.99	8.82	9.36	9.10	9.24	8.73	0.58	0.15	0.26	0.02
灰分含量（%）	60.92	60.54	61.17	61.33ᵃ	60.56ᵇ	60.69ᵃᵇ	1.17	0.134	0.049	0.001

　　饲粮钙水平为 0 组蓝狐的氮沉积、净蛋白利用效率和蛋白质生物学价值较高，同时该组动物生长性能较好，主要体现在体重和体长指标上，说明冬毛生长期饲粮中不需额外添加钙，就能满足动物的生产需要。饲粮中添加钙反而降低干物质、碳水化合物和磷的消化率，也从另一方面验证了饲粮中浓度过高的钙形成不可吸收的复合物阻止了营养物质的利用（Selle 等，2009）。饲粮中钙磷比是一定的，当钙过量时会影响磷的吸收，从而产生颉颃作用，降低磷的利用率与育成生长期的变化趋势相同。但饲粮中添加钙会促进脂肪的消化，可能由于钙在肠道脂质消化过程中提高脂质消化率起着重要的作用（Ayala-Bribiesca 等，2017）。饲粮中的钙水平增加，会增加胫骨中钙的含量，说明饲粮中的钙有一部分沉积到骨骼中；胫骨的灰分含量无显著增加，说明蓝狐进入冬毛生长期骨骼发育减缓。

　　饲粮中钙磷比为 1.4∶1 的条件下，冬毛生长期蓝狐饲粮中添加钙 0～0.4％、即饲粮中总钙 0.8％～1.2％较为适宜，能够提高蛋白质和磷的利用率，降低粪钙和粪磷的排出量，减少环境污染，改善蓝狐生长性能。

二、钠和氯

　　钠离子参与体内水分的代谢，对维持体内酸碱平衡，维持肌肉和心脏的活动起重要作用，氯离子参与胃酸的形成。食盐是补充钠和氯的有效物质，可以有效防止钠和氯的缺乏，增加饲料的适口性，刺激唾液分泌。一般食盐添加占鲜饲料的 0.5%（Hartsough 等，1955），干饲料比例为 0.8%～1.2% 即可，泌乳期可以适当提高，但需要供应充足的饮水，以防食盐中毒。

在养狐生产中，常常由于饲料原料盐分含量过高引起食盐中毒。轻度食盐中毒狐表现为食欲减少或不食，瞳孔散大，饮欲增加，呕吐，呻吟，四肢软弱无力不能站立，频频排尿，病程一般 1～2 天。重症表现为舌尖外露不回缩，口腔干燥，可视黏膜发绀，食欲废绝，呼吸迫促，视觉和听觉机能障碍，无目的地转圈和用头顶撞笼壁，四肢趋于瘫痪卧于笼地不起，全身肌肉痉挛，并陷入虚脱昏迷而死亡，病程一般 5～10h。剖检可见心、肝、脾、肺、肾肿大、出血，心包积黑色血液；大脑充血、水肿；胆囊肿大，充满胆汁；部分出现胃内容物干燥，胃肠黏膜脱落、出血。也有文献指出，盐分摄入过高也是狐自咬的一个主要原因，每天盐分摄入达 8～10g 时，容易诱发狐自咬（宋景山，1998），其原因可能是盐及其中所含的碘摄入过量引起狐中毒。

三、镁

镁是构成骨骼和牙齿的成分之一，为骨骼正常发育所必需，在机体生命活动中起着重要的作用。镁和钙一样具有保护神经的作用，是很好的镇静剂。严重缺镁时，狐自咬症会加重。镁又是动物体内多种酶的活化剂，对于蛋白质的合成、脂肪和糖类的利用及数百组酶系统都有重要作用。镁和钙的比例得当，可帮助钙的吸收，若缺少镁，钙会随尿液流失。镁还是利尿剂和导泻剂。若镁过量，会导致镁、钙、磷从粪便、尿液中大量流失，因此对钙、镁、磷的摄取都要适量，比例合适。

大多数饲料均含有适量的镁，能满足狐对镁的需要，所以一般情况下不会发生镁缺乏症。但在有些地方性缺镁地区饲料原料、水中镁含量较低，也可引起镁的缺乏。镁缺乏可使动物血液中的镁含量降低，同时产生痉挛症，致使动物神经过敏、震颤、面部肌肉痉挛、步态不稳与惊厥。狐饲粮中钙、磷含量过高会降低镁的吸收，引起镁的缺乏。镁过量也会引起动物中毒，主要表现为：采食量下降、昏睡、运动失调和腹泻、生产性能下降，严重的会导致死亡。生产中狐饲粮镁推荐浓度一般为 450mg/kg。

四、钾

钾的作用是调节酸碱平衡和维持渗透压，主要分布在肌肉组织和神经细胞内，参与神经信号传导、肌肉收缩、二氧化碳和氧气运输。钾还与酶的活性有关，参与新陈代谢，维持正常的心脏和肾组织，是机体不可或缺的大量元素。植物性饲料原料一般钾含量丰富，能为狐提供足够的钾。但在特定条件下发生钾缺乏时，动物表现为食欲差、生长缓慢、体重下降、生产性能下降、饲料利用率降低，检测可见血浆及粪尿中钾浓度下降。在大多数饲料中，钾的真正消化率是 95% 或更高（McDowell 等，1992）。但当机体的钾稳态遭到破坏，狐也有可能发生钾中毒，症状主要表现为心脏骤停等。机体通过肾脏对钾进行调节，进入体内的钾 90% 以上通过尿液排出体外，饲粮中钾的浓度对组织中钾含量的影响不大。

五、硫

硫是合成含硫氨基酸所必需的元素。硫的作用主要是通过含硫有机物质来进行的，如含硫氨基酸合成体蛋白质、被毛和许多激素；长期饲喂含蛋白质很低的饲料或饲粮结构不合理时，容易出现硫的缺乏症状。硫供应不足可使黏多糖的合成受阻，导致上皮组织干燥和过度角质化。硫严重缺乏时，动物食欲减退或丧失、掉毛、被毛粗乱、泪溢并因体质虚弱而引起死亡，狐缺乏硫时毛皮生长会受到严重影响。蛋氨酸（含硫氨基酸）是毛皮动物的限制性氨基酸（靳世厚等，1998），研究表明饲粮中适当提高蛋氨酸，能够提高蓝狐的生产性能（Dahlman T 等，2002；张海华等，2010）。生产中推荐育成期蓝狐饲粮中蛋氨酸水平为 1.14%（张铁涛等，2013），冬毛生长期饲粮蛋氨酸水平为 0.99%（郭俊刚等，2014）。冬毛生长期蓝狐适宜的蛋氨酸摄入量是 3.96g/d（崔虎，2012）。因为硫可在体内合成黏多糖而被机体利用，因此，通过补充无机硫也对动物生产具有一定的促进作用，但是无机硫利用率较低，添加过量时会引起中毒。

第二节　狐微量元素需要量

微量元素是维持动物机体正常活动代谢的必需物质，但这些元素机体自身不能合成，一般需要额外添加才能满足动物生长的需要。对狐生产发挥重要生理作用的主要是指铜、铁、锰、硒、锌等元素。研究表明这些微量元素对狐的生长性能、毛色与毛绒品质及繁殖性能产生重要影响。因此，毛皮动物饲粮中要保证这些元素的含量，才能促进其发挥最佳生产性能。

一、铜

铜是动物生长必需的微量元素，在动物能量代谢、血红蛋白合成和脂肪代谢等生理过程中发挥重要作用。铜缺乏会影响动物对铁的吸收，进而影响造血功能。动物饲粮添加适宜的铜可以提高肠道脂肪酶的活性，进而提高脂肪表观消化率。此外，大量研究表明，动物饲粮添加铜可以降低血浆总胆固醇和甘油三酯含量。高剂量铜能够诱导机体产生多种生长轴调控因子，提高下丘脑中多巴胺含量，多巴胺直接作用于垂体刺激生长激素的分泌，调节生长激素释放激素、生长激素和饥饿激素等神经物质在生长轴中的浓度，通过对生长轴的调控来改善动物的生产性能。高铜食糜能刺激胃底腺，使胃底腺饥饿激素 mRNA 的表达量提高。饥饿激素具有与胃动素相似的生物学功能，一方面能够促进胃蛋白酶的分泌和胃的排空，另一方面能够保护胃黏膜的完整性。同时，体外试验证实饥饿激素能够促进原代垂体细胞分泌生长激素，促进动物生长。

铜为毛皮正常色素沉着所必需，对狐维持正常生长及产毛有重要作用。缺铜必然降低狐吸收铁和从组织中动员并利用铁合成血红蛋白的能力，同时会导致生长不良、腹泻、不育、被毛褪色、胃肠消化机能障碍以及脑干和脊髓损害。铜缺乏经常发生在土壤及牧草中含高铜颉颃物质如硫、铁、钼的地方。铜缺乏会致使狐生长不良、被毛零乱、肠胃消化机能障碍及抵抗力下降等。但过量采食含铜量高的饲料，将使肝脏中铜的蓄积显著增加，大量铜转移入血液中使红细胞溶解，出现血红蛋白尿和黄疸，并使组织坏死，动物将迅速死亡。

（一）育成生长期狐铜需要量

1. 饲粮铜水平对育成生长期蓝狐生长性能的影响 刘志等（2013）研究了饲粮铜水平对育成生长期蓝狐生长性能、血清生化指标、营养物质消化率及氮代谢的影响。试验饲粮以五水硫酸铜（$CuSO_4 \cdot 5H_2O$）为铜源，试验狐饲喂铜元素含量分别为7.89（对照组）、20、40、80、160mg/kg的配合饲粮，从而确定育成生长期蓝狐饲粮适宜的铜水平。试验结果表明：①40mg/kg Cu组蓝狐生长性能最好，其中40mg/kg Cu组公狐的日增重显著高于160mg/kg Cu组，料重比显著低于160mg/kg Cu组；40mg/kg Cu组母狐的日增重显著高于对照组。料重比显著低于对照组。通过一元二次非线性回归模型预测育成期公狐最大日增重和最适铜水平分别为57.01g和46.73mg/kg，母狐最大日增重和最适铜水平分别为58.11g和53.41mg/kg（表5-3）。②40mg/kg Cu组公狐的干物质消化率、蛋白质消化率最高，分别为70.18%和73.99%，显著高于20mg/kg Cu和160mg/kg Cu组；脂肪消化率显著高于其他四组，为90.55%。40mg/kg Cu组母狐的脂肪消化率最高，为89.42%，显著高于对照组（表5-4）。③随着饲粮铜水平的升高，食入铜、粪铜和铜的沉积极显著增加，但铜的表观消化率却随着铜水平的升高而极显著降低；育成生长期蓝狐活体重（LW）维持铜需要量为0.47mg/(d·kg)（表5-5）。通过铜摄入量与排出量建立线性回归方程，$y = 0.820\ 4x - 1.530\ 63$，$R^2 = 0.97$，$P < 0.01$。其中$y$表示铜的排出量，$x$表示铜的食入量。根据线性模型预测得知当铜日摄入量为1.8657mg时，达到食入铜与排出铜的平衡。代谢试验期间蓝狐平均体重为（3.96±0.42）kg，因此育成期蓝狐活体重维持铜需要量为0.47mg/(kg·d)。

表 5-3 饲粮铜水平对育成生长期蓝狐生长性能的影响

性别	项目	组别				
		7.89mg/kg（对照组）	20mg/kg	40mg/kg	80mg/kg	160mg/kg
公狐	始重（kg）	2.24±0.44	2.44±0.32	2.23±0.33	2.23±0.40	2.23±0.29
	末重（kg）	5.57±0.48	5.59±0.30	5.66±0.29	5.59±0.33	5.48±0.24
	日增重（g）	55.5±4.10ab	55.93±3.77ab	57.20±3.97a	56.03±3.34ab	53.58±2.15b
	日采食量（g）	300.32±0.41	300.32±0.74	300.70±0.44	300.14±0.41	300.29±0.73
	料重比	5.44±0.42ab	5.39±0.37ab	5.28±0.36b	5.37±0.32ab	5.65±0.20a
母狐	始重（kg）	1.99±0.45	2.18±0.45	2.01±0.44	2.07±0.68	2.05±0.63
	末重（kg）	5.18±0.43	5.42±0.60	5.30±0.45	5.30±0.76	5.33±0.72
	日增重（g）	51.14±5.37b	55.12±2.07ab	57.17±4.06a	55.79±6.32ab	54.73±4.19ab
	日采食量（g）	290.29±0.56	290.14±0.78	288.65±5.32	288.65±2.00	290.08±1.30
	料重比	5.53±0.69a	5.27±0.19ab	5.07±0.34b	5.25±0.73ab	5.33±0.41ab

注：同行肩标不同的大写字母表示差异极显著（$P < 0.01$），不同小写字母表示差异显著（$P < 0.05$），同行肩标相同的或不标字母的表示差异不显著（$P > 0.05$）。表5-4至表5-5标注与此表注释相同。

表5-4　饲粮铜水平对育成生长期蓝狐营养物质消化率的影响

性别	项目	组别				
		7.89mg/kg（对照组）	20mg/kg	40mg/kg	80mg/kg	160mg/kg
公狐	干物质采食量（g）	274.10±0.37^{Bc}	276.17±0.68^{Bb}	277.69±0.41^{Aa}	276.28±0.38^{Bb}	277.28±0.67^{Aa}
	干物质排出量（g）	88.58±6.35	94.66±8.02	85.92±7.96	92.66±5.01	95.58±9.74
	干物质消化率（%）	67.68±2.30^{ABab}	65.72±2.93^{Bb}	70.18±1.05^{Aa}	66.46±1.84^{ABb}	65.53±3.46^{Bb}
	蛋白质消化率（%）	70.10±2.10^{ABb}	69.53±3.18^{Bb}	73.99±0.57^{Aa}	70.08±2.25^{ABb}	69.83±2.69^{Bb}
	脂肪消化率（%）	86.72±1.08^{Bb}	86.14±1.78^{Bb}	90.55±0.67^{Aa}	87.67±1.69^{Bb}	87.14±1.58^{Bb}
母狐	干物质采食量（g）	264.94±0.51	266.82±0.72	266.57±4.91	265.70±1.84	267.86±1.20
	干物质排出量（g）	92.23±10.28	91.17±5.92	84.01±3.98	86.04±9.27	87.40±9.01
	干物质消化率（%）	65.19±3.88	65.83±2.16	68.49±1.30	67.62±3.42	67.37±3.41
	蛋白质消化率（%）	68.84±3.23	69.83±2.29	72.01±1.46	71.93±2.77	71.16±2.77
	脂肪消化率（%）	85.90±1.75^{Bc}	87.26±0.72^{ABbc}	89.42±0.56^{Aa}	87.62±1.81^{ABb}	87.85±1.47^{ABab}

表5-5　饲粮铜水平对育成期蓝狐铜代谢的影响

项目	组别				
	7.89mg/kg（对照组）	20mg/kg	40mg/kg	80mg/kg	160mg/kg
食入铜（g/d）	2.33±0.04^A	5.90±0.11^B	11.79±0.29^C	23.55±0.49^D	47.23±0.87^E
粪铜（g/d）	1.18±0.11^A	3.15±0.24^B	7.07±0.51^C	13.63±1.21^D	35.97±3.90^E
尿铜（g/d）	0.10±0.02	0.10±0.02	0.10±0.02	0.11±0.01	0.12±0.02
铜沉积（g/d）	1.06±0.12^{Aa}	2.65±0.23^{Ab}	4.61±0.52^{Bc}	9.81±1.06^{Cd}	11.14±3.61^{De}
表观铜消化率（%）	49.53±4.98^{Aa}	46.64±3.83^{Aa}	39.97±4.16^{Ab}	42.14±4.72^{Ab}	23.87±7.74^{Bc}

铜可促进胆固醇转化为胆酸，本研究中铜的不同添加水平提高了育成期脂肪消化率，可能与铜提高脂肪酶的活性和促进胆汁的分泌有关。饲粮铜是动物体内铜的主要来源，饮水中的铜含量较低（<0.01ug/L），其对铜摄入量的影响可忽略不计。由于各组所采食的试验饲粮中铜水平相差很大而且各组采食量无明显差异，其造成食入铜含量差异显著，对照组食入铜最低，160mg/kg Cu组最高。粪铜主要包括饲粮中未被吸收的铜和以胆汁铜形式向肠道内排放的内源铜。

蓝狐育成生长期饲粮中铜的适宜浓度为40mg/kg时，干物质消化率、蛋白质消化率和脂肪消化率较佳。通过铜摄入量和铜排出量的对应关系确定了育成期蓝狐活体重维持铜需要量为0.47mg/（kg·d）。育成期阶段活体重维持铜需要量为1.87mg/（kg·d）。根据代谢试验期间每日采食量为300g干物质，计算得出当饲粮铜含量为6.23mg/kg时，即可满足育成生长期蓝狐的维持需要。

2. 饲粮铜、锌互作对育成生长期蓝狐生长性能等指标的影响　刘志等（2014）研究饲粮中不同水平的锌元素、铜元素对育成生长期蓝狐生长性能、营养物质消化率和氮代谢的影响，明确两种元素互相作用对蓝狐的影响，确定铜、锌元素在饲粮中适宜的水平。试验采用 2×3＋1 设计，分别在基础饲粮中添加不同水平的铜（30、45 和 60mg/kg）和锌（40 和 120mg/kg）配制成试验饲粮，对照组铜、锌添加水平为 0 Cu 和 40mg/kg Zn。结果表明：①饲粮中添加铜有提高蓝狐平均日增重和降低料重比的趋势，但并未观测到铜、锌之间的互作效应。30mg/kg 铜＋40mg/kg 锌和 45mg/kg 铜＋120mg/kg 锌组平均日增重显著高于对照组，料重比显著低于对照组（表 5-6）。②饲粮中添加铜能极显著提高蓝狐蛋白质和脂肪消化率。60mg/kg 铜＋40mg/kg 锌和 60mg/kg 铜＋120mg/kg 锌组蓝狐蛋白质消化率极显著高于对照组；30mg/kg 铜＋40mg/kg 锌、45mg/kg 铜＋40mg/kg 锌、30mg/kg 铜＋120mg/kg 锌、60mg/kg 铜＋120mg/kg 锌组蓝狐脂肪消化率极显著高于对照组，45mg/kg 铜＋120mg/kg 锌组显著高于对照组（表 5-7）。饲粮铜、锌添加水平对粪便中铜排出量有极显著影响；饲粮锌添加水平对粪便中锌排出量有极显著影响。③饲粮中添加铜极显著降低了粪氮含量，饲粮铜、锌添加水平并未对各组蓝狐食入氮、尿氮、氮沉积含量及蛋白质生物学价值、净蛋白质利用率产生显著影响（表 5-8）。

表 5-6　饲粮铜锌水平对育成生长期蓝狐生长性能的影响

项目	40mg/kg Zn				120mg/kg Zn		
	0 Cu	30mg/kg Cu	45mg/kg Cu	60mg/kg Cu	30mg/kg Cu	45mg/kg Cu	60mg/kg Cu
初始体重（kg）	2.02±0.66	2.02±0.64	2.03±0.63	2.02±0.62	2.02±0.61	2.02±0.59	2.03±0.59
日增重（g）	47.20±2.84[b]	50.23±1.93[a]	49.95±2.97[ab]	49.74±4.63[ab]	49.91±4.09[ab]	50.32±2.61[a]	49.60±2.64[ab]
平均日采食量（g）	248.42±1.74	249.38±2.13	249.77±2.08	250.26±1.99	251.35±3.11	249.03±2.42	250.26±3.28
料重比	5.27±0.34[a]	4.96±0.19[b]	5.01±0.28[ab]	5.06±0.45[ab]	5.06±0.40[ab]	4.96±0.26[b]	5.05±0.26[ab]

注：同行肩标不同的大写字母表示差异极显著（$P<0.01$），不同小写字母表示差异显著（$P<0.05$），同行肩标相同的或不标字母的表示差异不显著（$P>0.05$）。表 5-7 至表 5-8 与此表注释相同。

表 5-7　饲粮铜、锌水平对育成生长期蓝狐营养物质消化率的影响

项目	40mg/kg Zn				120mg/kg Zn		
	0 Cu	30mg/kg Cu	45mg/kg Cu	60mg/kg Cu	30mg/kg Cu	45mg/kg Cu	60mg/kg Cu
干物质消化率（%）	57.20±2.97	59.66±1.49	59.20±3.38	59.33±2.87	58.1±2.74	58.50±4.09	60.43±2.65
蛋白质消化率（%）	63.69±4.96[Bc]	68.51±2.22[Aab]	66.91±2.96[ABabc]	68.78±2.33[Aab]	65.99±3.04[ABbc]	66.93±3.00[ABabc]	70.01±2.33[Aa]
粗脂肪消化率（%）	83.35±2.21[Bb]	85.89±1.22[Aa]	86.51±1.17[Aa]	84.73±1.89[ABab]	86.46±0.94[Aa]	85.55±1.75[ABa]	85.90±1.42[Aa]
铜排出量（mg/kg）	0.99±0.24[De]	11.83±2.20[Dde]	42.73±19.43[Cc]	105.05±13.30[Aa]	23.38±7.20[DCd]	67.25±9.21[Bb]	116.28±19.00[Aa]
锌排出量（mg/kg）	135.38±8.54[Bb]	128.26±7.67[Bb]	137.74±10.12[Bb]	143.86±9.08[Bb]	295.57±13.84[Aa]	314.18±17.91[Aa]	307.40±14.49[Aa]

表 5-8 饲粮铜、锌水平对育成生长期蓝狐氮代谢的影响

项目	40mg/kg Zn				160mg/kg Zn		
	0 Cu	30mg/kg Cu	45mg/kg Cu	60mg/kg Cu	30mg/kg Cu	45mg/kg Cu	60mg/kg Cu
氮摄入量 (g/d)	11.78± 0.06	11.77± 0.07	11.82± 0.05	11.75± 0.10	11.70± 0.11	11.68± 0.08	11.75± 0.06
粪氮含量 (g/d)	4.28± 0.58[a]	3.71± 0.26[bc]	3.91± 0.35[abc]	3.67± 0.28[bc]	3.98± 0.36[ab]	3.86± 0.36[bc]	3.53± 0.28[c]
尿氮含量 (g/d)	4.04± 0.61	4.08± 0.82	4.74± 0.81	4.44± 1.00	4.19± 0.43	4.14± 1.48	4.75± 1.47
氮沉积 (g/d)	3.46± 0.55	3.98± 0.82	3.17± 0.95	3.64± 1.06	3.53± 0.53	3.67± 1.70	3.47± 1.39
蛋白质生物学效价 (%)	46.15± 6.87	49.47± 10.44	39.88± 11.28	44.97± 12.94	45.62± 5.81	46.47± 20.29	42.36± 17.25
净蛋白质利用率 (%)	29.37± 4.59	33.88± 7.06	26.82± 8.06	30.96± 8.92	30.15± 4.49	31.42± 14.52	29.53± 11.71

本试验饲粮中添加适宜水平的铜或锌可以提高蓝狐的生长性能，增加采食量，降低料重比。饲粮中添加铜能极显著提高育成期蓝狐的脂肪消化率，铜能够提高与脂肪消化相关酶的活性，进而促进饲粮中脂肪的吸收。添加 60mg/kg 铜组蓝狐的蛋白质消化率高于未添加铜组，说明体内适宜的铜离子浓度能激活胃蛋白酶，促进蛋白质的吸收。本研究中虽然 2 个锌添加水平之间无显著差异，但饲喂添加 40mg/kg 锌饲粮的蓝狐脂肪和蛋白质消化率高于饲喂添加 120mg/kg 锌饲粮组。随着饲粮铜添加水平的升高，粪便中铜排出量越来越高，说明由于铜、锌存在着颉颃作用，高水平的锌会抑制饲粮中铜的吸收，因此随着饲粮锌添加水平的升高，粪便中铜排出量也随之升高。随粪便排放出的铜、锌会对周边环境造成污染，因此在保证蓝狐生长性能的基础上应降低饲粮中铜、锌的添加水平。

育成生长期蓝狐饲粮中适宜的铜、锌添加水平分别为 30mg/kg、40mg/kg（饲粮中总铜、总锌水平分别为 37.68mg/kg 和 80.08mg/kg），在此添加水平上育成生长期蓝狐可获得较好的生长性能，并能够减少粪便中氮以及铜、锌的排放量，降低对环境的影响。

3. 育成生长期银狐饲粮适宜铜源的研究 钟伟等（2013）研究不同铜源对育成生长期雌银狐生长性能、营养物质消化率以及相关血清生化指标的影响，从而确定饲粮中适宜铜源添加形式。在基础饲粮中添加甘氨酸螯合铜、蛋氨酸螯合铜、硫酸铜、柠檬酸铜，添加水平以铜计均为 30mg/kg，基础饲粮中铜含量为 5.47mg/kg。试验结果表明：①不同铜源对育成生长期雌银狐的末重、平均日增重和料重比均有显著影响，柠檬酸铜组的末重和平均日增重显著高于硫酸铜组，柠檬酸铜组料重比显著低于蛋氨酸螯合铜组；对平均日采食量无显著影响（表 5-9）。②不同铜源对育成生长期雌银狐的干物质、蛋白质排出量和脂肪采食量影响显著（表 5-10）。③柠檬酸铜组血清白蛋白含量显著高于其他各组，血清总蛋白、尿素氮、免疫球蛋白 G、免疫球蛋白 M、铜蓝蛋白含量及碱性磷酸酶活性各组间差异不显著，但柠檬酸铜组尿素氮含量和碱性磷酸酶活性均略高

于其他组。④不同铜源对育成生长期雌银狐的血清白蛋白、超氧化物歧化酶活性有显著影响，对血清铜锌超氧化物歧化酶活性有极显著影响，甘氨酸螯合铜组血清超氧化物歧化酶活性显著高于蛋氨酸螯合铜组和硫酸铜组；甘氨酸螯合铜组和硫酸铜组血清铜锌超氧化物歧化酶活性极显著高于蛋氨酸螯合铜组（表5-11）。

表5-9 不同铜源对育成生长期银狐生长性能的影响

项目	组别			
	甘氨酸螯合铜	蛋氨酸螯合铜	硫酸铜	柠檬酸铜
初重（kg）	3.31±0.35	3.31±0.37	3.33±0.41	3.32±0.50
末重（kg）	4.14±0.29[ab]	4.44±0.68[a]	3.85±0.47[b]	4.49±0.46[a]
平均日增重（g）	26.39±5.56[ab]	24.44±7.52[ab]	22.50±3.85[b]	32.78±4.67[a]
平均日采食量（g）	218.46±25.94	215.52±38.37	205.26±16.30	227.29±17.07
料重比	8.73±1.77[ab]	10.53±1.22[a]	8.83±1.87[ab]	7.10±1.03[b]

注：同行肩标不同的大写字母表示差异极显著（$P<0.01$），不同小写字母表示差异显著（$P<0.05$），同行肩标相同的或不标字母的表示差异不显著（$P>0.05$）。表5-10至表5-11与此表注释相同。

表5-10 不同铜源对育成生长期银狐营养物质消化的影响

项目	组别			
	甘氨酸螯合铜	蛋氨酸螯合铜	硫酸铜	柠檬酸铜
干物质采食量（g/d）	202.56±24.05	206.73±30.67	189.67±15.06	210.45±15.80
干物质排出量（g/d）	26.56±3.20[ab]	32.37±6.09[a]	24.05±3.68[b]	29.84±6.07[ab]
干物质消化率（%）	85.97±1.95	85.03±3.78	86.58±2.17	85.72±2.57
粗蛋白质采食量（g/d）	70.97±8.42	71.64±10.63	64.98±5.16	70.09±5.26
粗蛋白质排出量（g/d）	11.86±2.62[ab]	14.48±3.65[a]	9.93±1.93[b]	11.01±2.58[ab]
粗蛋白质消化率（%）	83.34±2.61	82.81±5.09	84.78±2.29	83.24±4.18
粗脂肪采食量（g/d）	31.25±3.71[ab]	28.83±4.83[ab]	27.99±2.22[b]	32.16±2.41[a]
粗脂肪排出量（g/d）	1.40±0.28	1.66±0.41	1.35±0.24	1.71±0.44
粗脂肪消化率（%）	95.65±1.03	95.07±1.37	95.17±0.72	94.93±1.32

表5-11 不同铜源对育成生长期银狐血液生化指标影响

项目	组别			
	甘氨酸螯合铜	蛋氨酸螯合铜	硫酸铜	柠檬酸铜
总蛋白（g/L）	53.88±2.74	55.16±2.23	54.48±3.13	55.11±7.25
白蛋白（g/L）	34.83±1.40[b]	35.25±0.82[b]	34.73±1.36[b]	36.85±1.81[a]
尿素氮（mmol/L）	8.11±1.33	7.45±1.34	7.28±0.55	8.76±2.02
碱性磷酸酶（U/L）	107.43±22.20	100.86±18.80	106.50±21.64	109.20±18.07

（续）

项目	组别			
	甘氨酸螯合铜	蛋氨酸螯合铜	硫酸铜	柠檬酸铜
免疫球蛋白 G（g/L）	1.45±0.40	1.80±0.36	1.41±0.29	1.66±0.28
免疫球蛋白 M（g/L）	0.42±0.17	0.47±0.17	0.36±0.17	0.38±0.13
铜蓝蛋白（mg/L）	35.71±5.35	33.75±5.18	34.00±5.47	35.00±5.48
总超氧化物歧化酶（U/mL）	133.81±21.60[a]	112.03±11.03[b]	104.49±18.07[b]	120.97±8.31[ab]
铜锌超氧化物歧化酶（U/mL）	51.80±11.10[Aa]	31.05±6.32[Bb]	53.30±11.97[Aa]	44.58±9.61[ABab]

本试验表明柠檬酸铜在促进银狐生长性能上优于其他铜源形式。银狐育成生长期添加相同水平铜的前提下，硫酸铜源对动物的促生长作用不及有机铜源。添加的铜水平（30mg/kg）未达到高铜水平，可能是导致营养物质采食量和其消化率未产生显著性影响的原因。不同铜源对银狐血清中碱性磷酸酶活性虽未达到显著水平，但柠檬酸铜组活性最高，与银狐平均日增重较高一致。铜是铜锌超氧化物歧化酶催化活性中心的组成部分，与铜锌超氧化物歧化酶活性密切相关。柠檬酸铜和甘氨酸铜组的超氧化物歧化酶和铜锌超氧化物歧化酶活性高于其他组，在银狐育成生长期较蛋氨酸铜和硫酸铜组更有利于保护机体组织细胞免受损伤。

综合考虑生长性能、营养物质消化率及血液生化指标，得出育成生长期雌银狐饲粮适宜铜源为柠檬酸铜。

（二）冬毛生长期蓝狐铜需要量

1. 饲粮铜水平对冬毛生长期蓝狐生长性能等指标的影响　刘志等（2016）和 Liu 等（2016）研究饲粮铜水平对冬毛生长期蓝狐生产性能、营养物质消化率与氮代谢及血清生化指标的影响，从而确定冬毛生长期蓝狐饲粮适宜铜水平及其营养需要量。试验饲粮以五水硫酸铜（$CuSO_4 \cdot 5H_2O$）为铜源，5 组蓝狐分别饲喂含铜量为 7.89、20、40、80、160mg/kg 的配合饲粮，基础饲粮（对照组）含铜量为 7.78mg/kg。试验结果表明：①40mg/kg Cu 组公狐和 80mg/kg Cu 组母狐的日增重显著高于对照组公狐和母狐，料重比显著低于对照组公狐和母狐；通过一元二次非线性回归模型预测冬毛生长期公狐最大日增重和最适铜水平分别为 54.71g 和 61.41mg/kg，母狐最大日增重和最适铜水平分别为 45.43g 和 61.97mg/kg（表 5-12）。②40mg/kg Cu 组公狐和 80mg/kg Cu 组母狐的脂肪消化率最高，显著高于对照组蓝狐（表 5-13）。③随着饲粮铜水平的升高，冬毛生长期蓝狐食入铜、粪铜和铜的沉积极显著增加，但铜的表观消化率却极显著降低；冬毛生长期阶段蓝狐活体重维持铜需要量为 0.34mg/(kg·d)（表 5-14）。④随着饲粮铜含量的升高，血清总胆固醇有降低趋势、高密度脂蛋白胆固醇有升高趋势，低密度脂蛋白胆固醇变化规律不明显，当饲粮铜水平为 80mg/kg 时，血清胆固醇最低，高密度脂蛋白胆固醇和低密度脂蛋白胆固醇最高（表 5-15）。⑤蓝狐肝铜浓度随着饲粮铜水平的升高而极显著升高；160mg/kg Cu 组血清铜含量显著高于对照组、20mg/kg Cu

组和 40mg/kg Cu 组蓝狐（表 5-16）。80mg/kg Cu 和 160mg/kg Cu 组蓝狐血清铜蓝蛋白活性显著高于对照组和 20mg/kg Cu 组蓝狐；铜锌超氧化物歧化酶活性各组间无显著差异，但 80mg/kg Cu 组略高于其他组（表 5-17）。⑥40mg/kg Cu 和 160mg/kg Cu 组蓝狐的针毛长度和绒毛长度显著高于 20mg/kg Cu 和 80mg/kg Cu 组；160mg/kg Cu 组蓝狐的皮张颜色要显著深于对照组蓝狐（表 5-18）。

表 5-12　饲粮铜水平对冬毛生长期雄性和雌性蓝狐生长性能的影响

| 性别 | 项目 | 饲粮铜水平（mg/kg DM） | | | | |
		7.78（对照组）	20	40	80	160
雄性	始重（kg）	5.78±0.34	5.78±0.35	5.78±0.26	5.78±0.30	5.79±0.26
	末重（kg）	9.46±0.80	9.70±0.70	9.88±0.56	9.96±0.50	9.77±0.54
	日增重（g）	49.73±1.81a	51.96±2.02ab	53.84±1.76b	54.17±1.68b	52.61±2.01ab
	平均日采食（g）	362.58±3.08	371.29±2.65	368.56±3.33	365.40±4.35	367.61±3.41
	料重比	8.03±0.44	7.57±0.38	7.34±0.36	7.25±0.42	7.42±0.35
雌性	始重（kg）	5.40±0.57	5.42±0.64	5.41±0.51	5.40±0.76	5.46±0.67
	末重（kg）	7.81±0.59	7.98±0.64	8.05±0.67	8.07±0.74	8.01±0.59
	日增重（g）	40.19±2.86b	42.63±2.62ab	44.11±4.37a	44.43±2.69a	43.50±2.19a
	平均日采食（g）	320.19±8.03	321.54±0.46	319.85±0.41	320.53±0.74	321.71±0.52
	料重比	8.03±0.62a	7.57±0.48ab	7.34±0.79b	7.25±0.46b	7.42±0.38b

注：同行肩标不同的大写字母表示差异极显著（$P<0.01$），不同小写字母表示差异显著（$P<0.05$），同行肩标相同的或不标字母的表示差异不显著（$P>0.05$）。表 5-13 至表 5-18 与此表注释相同。

表 5-13　饲粮铜水平对冬毛生长期雄性和雌性蓝狐饲粮营养物质消化率的影响

| 性别 | 项目 | 饲粮铜水平（mg/kg DM） | | | | |
		7.78（对照组）	20	40	80	160
雄性	干物质采食量（g）	321.17±0.41	321.28±0.56	320.23±0.36	319.85±0.31	321.25±0.39
	干物质排出量（g）	118.49±6.5	123.20±10.86	111.88±11.54	112.05±9.59	120.42±5.02
	干物质消化率（%）	66.04±3.88	64.69±2.16	67.96±1.3	67.90±3.42	65.52±2.61
	蛋白质消化率（%）	63.20±3.23	63.79±2.29	65.27±2.74	65.98±1.46	64.35±2.57
	脂肪消化率（%）	90.12±1.75b	91.94±0.72b	92.82±0.83a	93.06±1.24a	91.66±1.33ab
雌性	干物质采食量（g）	310.51±0.25	310.76±0.46	309.40±0.41	309.22±0.74	310.72±0.52
	干物质排出量（g）	113.15±13.4	113.84±9.52	115.90±7.35	114.89±11.01	113.80±6.27
	干物质消化率（%）	63.56±4.34	63.37±3.09	64.17±2.37	63.80±3.58	63.37±2.04
	蛋白质消化率（%）	62.65±4.63	62.03±3.23	63.35±2.89	63.54±4.76	62.91±4.51
	脂肪消化率（%）	88.79±0.96b	89.82±1.44ab	90.11±1.25a	90.28±0.76a	89.75±0.76ab

表 5-14 饲粮铜水平对冬毛生长期蓝狐铜代谢的影响

项目	饲粮铜水平（mg/kg DM）				
	7.78（对照组）	20	40	80	160
食入铜（g/d）	2.33±0.04[E]	5.31±0.10[D]	10.31±0.25[C]	21.79±0.46[B]	44.28±0.81[A]
粪铜（g/d）	1.27±0.12[E]	3.34±0.25[D]	7.07±0.51[C]	13.63±1.21[B]	35.97±3.90[A]
尿铜（g/d）	0.10±0.02	0.10±0.02	0.10±0.02	0.11±0.01	0.12±0.02
铜沉积（g/d）	0.97±0.13[De]	1.88±0.24[De]	3.14±0.51[Cd]	8.05±1.07[Bc]	8.19±3.62[Aa]
表观铜消化率（%）	45.64±5.36[Aa]	37.21±4.50[Bb]	32.46±3.16[Bc]	36.60±4.38[Bb]	20.40±6.39[Cd]

表 5-15 饲粮铜水平对冬毛生长期蓝狐血清脂类代谢指标的影响（mmol/L）

项目	饲粮铜水平（mg/kg DM）				
	7.78（对照组）	20	40	80	160
总胆固醇	3.27±0.17[a]	3.20±0.23[ab]	3.19±0.21[ab]	2.89±0.19[b]	2.92±0.17[b]
甘油三酯	0.57±0.12	0.51±0.10	0.57±0.19	0.56±0.09	0.55±0.15
高密度脂蛋白胆固醇	1.38±0.23[b]	1.44±0.27[ab]	1.40±0.31[b]	1.61±0.19[a]	1.56±0.22[a]
低密度脂蛋白胆固醇	0.19±0.07[ab]	0.21±0.04[ab]	0.16±0.06[b]	0.25±0.04[a]	0.21±0.05[ab]

表 5-16 饲粮铜水平对冬毛生长期蓝狐血清铜、锌、铁及肝脏铜含量的影响（mg/kg）

项目	饲粮铜水平（mg/kg DM）				
	7.78（对照组）	20	40	80	160
肝脏铜	152.68±48.44[b]	187.13±50.91[ab]	206.79±41.30[ab]	220.63±46.69[ab]	251.80±55.16[a]
血清铜	11.60±0.76	10.98±1.19	12.29±0.85	12.83±2.56	12.98±1.46
血清铁	42.05±11.26	48.58±10.43	41.36±9.69	48.11±7.91	47.81±4.53
血清锌	82.64±17.62	62.56±18.75	83.38±36.05	80.34±18.85	65.98±23.48

表 5-17 饲粮铜水平对冬毛生长期蓝狐血清铜蓝蛋白及铜锌超氧化物歧化酶活性的影响

项目	饲粮铜水平（mg/kg）					S.E.M	P 值
	7.78（对照组）	20	40	80	160		
铜蓝蛋白（U/L）	12.09[b]	12.39[b]	12.43[b]	14.03[ab]	17.41[a]	0.73	0.005
铜锌超氧化物歧化酶（U/mL）	30.09	29.48	32.67	39.54	37.43	0.56	0.060

表 5-18 饲粮铜水平对蓝狐毛皮品质的影响

项目	组别				
	7.78（对照组）	Cu20	Cu40	Cu80	Cu160
体长（cm）	61.40±2.41	61.60±0.55	63.00±2.92	62.80±1.64	62.40±2.97
针毛长（cm）	5.52±0.27[ab]	5.24±0.61[b]	5.76±0.71[a]	5.28±0.45[b]	5.78±0.26[a]
绒毛长（cm）	4.64±0.15[ab]	4.30±0.53[b]	4.78±0.49[a]	4.36±0.0[b]	4.82±0.36[a]

（续）

项目	组别				
	7.78（对照组）	Cu20	Cu40	Cu80	Cu160
干皮长（cm）	105.60±4.95	106.68±3.92	107.21±8.05	107.59±5.35	106.96±4.32
底绒丰满度	8.90±0.65	8.80±0.50	8.90±0.45	9.00±0.22	8.90±0.22
皮张颜色	3.85±0.22[b]	4.00±0.22[ab]	4.00±0.22[ab]	4.10±0.27[ab]	4.20±0.27[a]

注：底绒丰满度和皮张颜色从1（质量最差）到10（质量最好）进行打分。

　　饲粮中添加40mg/kg与80mg/kg Cu能够提高雌蓝狐的平均日增重，降低料重比，明显提高脂肪消化率，说明适宜水平的铜能够促进饲粮中脂肪的消化率。胆汁是动物消化脂肪的关键物质，胆汁中的胆酸能将脂肪乳化成脂肪颗粒，增大脂肪与脂肪酶的接触面积，极大地提高了脂肪分解效率，促进了脂肪的吸收。随着饲粮铜水平的升高，蓝狐粪便中铜排出量急剧升高。研究表明，绝大多数（85％）的饲粮铜由胆汁分泌并经由粪便排出体外（Roberts等，2008）。铜的抗氧化作用主要通过铜锌超氧化物歧化酶和铜蓝蛋白实现。铜锌超氧化物歧化酶和铜蓝蛋白的活性受到体内铜状态的影响，缺铜会导致这两种酶活性的下降。本研究中，虽然铜锌超氧化物歧化酶的活性各组间差异不显著，但是血清铜蓝蛋白的活性随着饲粮铜水平的升高而升高。饲粮铜水平为40mg/kg时蓝狐的针绒毛长度较好。铜是酪氨酸酶的重要组成部分，而酪氨酸酶是黑色素合成过程中的关键限速酶。饲粮中补饲铜能够提高酪氨酸酶的活性。本试验中饲喂含铜量160mg/kg的蓝狐皮张颜色较对照组深，原因可能是高剂量铜促进了酪氨酸酶基因的表达和酪氨酸酶活性提高，进而促进了黑色素的合成，使得毛色加深。

　　饲粮铜水平为40～80mg/kg时，冬毛生长期雌蓝狐可获得较快的生长，饲粮脂肪的消化率较高；饲粮铜水平为40mg/kg时雌蓝狐的皮长及毛皮品质较好；饲粮铜水平为160mg/kg时能加深毛皮的颜色，但会造成肝脏铜的沉积并增加铜的排放。综合得出，饲粮铜水平为40mg/kg时，冬毛生长期雌蓝狐可获得较好的生长性能、营养物质消化率及毛皮品质，同时在饲养中向环境排放的铜较低。

　　2. 饲粮适宜铜、锌互作对冬毛生长期蓝狐生长性能等指标的影响　Liu等（2015）研究饲粮中不同水平的锌元素、铜元素，对冬毛生长期蓝狐营养物质消化率和生长性能的影响，明确两种元素互相作用对蓝狐的影响，确定铜、锌元素在饲粮中适宜的水平。试验采用2×4双因素设计，铜添加水平分别为0、20、40、60mg/kg，锌添加水平为40和200mg/kg，基础饲粮铜锌含量分别为7.89Cu mg/kg（干物质）和39.76Zn mg/kg（干物质）。试验结果表明：①饲粮铜的添加提高了蓝狐的日增重，降低了料重比；饲粮添加40mg/kg Zn和0 Cu组料重比显著高于40mg/kg Zn和45mg/kg Cu组，其他组间差异不显著（表5-19）。②饲粮铜、锌的添加均提高了脂肪的消化率；随着铜添加量的升高，铜的排放量极显著提升；饲粮添加高锌显著提高了蓝狐铜的排放量，极显著提高了锌的排放量（表5-20）。③随着铜添加量的提升，肝铜含量显著升高，饲粮添加锌有降低肝铜的趋势（表5-21）。④铜和锌的添加均显著提高了铜锌超氧化物歧化酶、过氧化氢酶的活性，降低了血清丙二醛的浓度（表5-22）。⑤铜的添加有增大皮张长度、加深毛色的趋势（表5-23）。

表 5-19　饲粮铜、锌水平对冬毛生长期蓝狐生长性能的影响

项目	40mg/kg Zn				200mg/kg Zn		
	0 Cu	30mg/kg Cu	45mg/kg Cu	60mg/kg Cu	30mg/kg Cu	45mg/kg Cu	60mg/kg Cu
日增重（g）	36.24 ±4.87[b]	37.73 ±3.12[ab]	40.25 ±2.03[a]	39.01 ±3.89[ab]	37.64 ±3.26[b]	38.82 ±4.27[ab]	39.37 ±5.41[ab]
平均日采食量（g）	338.31 ±5.74	336.36 ±6.13	342.63 ±6.78	339.26 ±9.41	341.25 ±7.32	338.73 ±5.49	339.62 ±8.38
料重比	8.82 ±1.19[a]	8.43 ±0.77[ab]	8.09 ±0.44[b]	8.40 ±0.86[ab]	8.80 ±0.78[ab]	8.59 ±1.00[ab]	8.63 ±1.01[ab]

注：同行肩标不同的大写字母表示差异极显著（$P<0.01$），不同小写字母表示差异显著（$P<0.05$），同行肩标相同的或不标字母的表示差异不显著（$P>0.05$）。表 5-20 至表 5-23 与此注释相同。

表 5-20　饲粮铜、锌添加水平对冬毛生长期蓝狐营养物质消化率的影响

组别	干物质（%）	蛋白质（%）	脂肪（%）	碳水化合物（%）	氮沉积（g/d）	铜排放量（mg/kg）	锌排放量（mg/kg）
铜锌添加（mg/kg）							
0&40	64.54	66.22	89.99[c]	75.36	3.08	9.65[d]	78.32[c]
20&40	65.19	66.42	90.89[bc]	74.35	3.26	58.29[c]	72.34[b]
40&40	62.31	66.63	91.28[b]	75.59	3.18	110.56[b]	76.64[b]
60&40	63.45	66.27	91.66[b]	74.87	3.12	173.04[a]	70.97[b]
0&200	63.65	66.37	90.13[c]	75.68	3.14	13.62[d]	428.98[a]
20&200	65.74	66.04	92.25[ab]	75.41	3.31	65.37[c]	435.73[a]
40&200	63.35	67.06	93.25[a]	76.02	3.28	119.97[b]	423.81[a]
60&200	64.44	66.46	93.01[a]	74.98	3.13	186.41[a]	443.63[a]
S.E.M	4.38	3.45	7.46	5.24	0.51	141.11	364.87
铜添加量（mg/kg）							
0	64.02	33.30	90.08[c]	75.64	3.12	11.59[d]	255.28
20	65.47	66.23	91.02[b]	75.38	3.37	61.83[c]	252.84
40	62.83	66.85	92.23[a]	75.71	3.11	116.26[b]	247.05
60	63.49	66.37	92.35[a]	74.94	3.06	179.73[a]	253.61
锌添加量（mg/kg）							
40	63.65	66.44	90.99[b]	75.02	3.22	85.98[b]	74.53[b]
200	64.41	66.52	92.42[a]	75.21	3.16	93.65[a]	436.92[a]
P 值							
铜	0.26	0.96	<0.01	0.65	0.64	<0.001	0.53
锌	0.43	0.94	0.04	0.43	0.49	0.03	<0.001
铜×锌	0.97	0.95	0.46	0.39	0.78	0.07	0.39

表 5-21　饲粮铜、锌添加水平对冬毛生长期蓝狐血清和脏器元素含量的影响

组别	血清（μmol/L）			肝脏（mg/kg）		肾脏（mg/kg）	
	Cu	Zn	Fe	Cu	Zn	Cu	Zn
铜锌添加（mg/kg）							
0&40	12.12	64.66	65.89	168.69b	175.03	52.41	49.57
20&40	12.55	76.88	56.63	183.88ab	183.93	59.38	46.62
40&40	12.78	69.42	61.89	191.76a	189.27	57.41	47.84
60&40	13.38	74.58	48.59	201.14a	192.36	60.22	48.75
0&200	11.89	72.61	45.36	147.68b	184.34	56.29	48.76
20&200	13.01	67.14	51.33	175.78ab	192.24	58.59	48.46
40&200	13.05	69.40	49.03	179.85ab	178.16	59.76	49.24
60&200	13.45	63.12	48.94	194.59a	180.92	58.92	48.97
S.E.M	1.29	22.98	12.55	54.87	39.92	21.14	7.39
0 Cu	12.01	68.38	55.62	156.42b	180.32	54.51	48.69
20mg/kg Cu	12.78	72.01	53.98	179.33ab	188.09	58.87	47.79
40mg/kg Cu	12.92	69.41	55.46	185.81ab	186.6	58.69	48.36
60mg/kg Cu	13.42	68.85	48.75	197.86a	183.71	59.23	48.66
40mg/kg Zn	12.71	73.63	55.70	193.59a	188.49	59.02	48.32
200mg/kg Zn	12.85	67.55	49.57	180.41ab	183.77	58.87	48.89
P_{Cu}	0.22	0.95	0.67	0.04	0.63	0.83	0.67
P_{Zn}	0.49	0.34	0.21	0.08	0.25	0.37	0.26
$P_{Cu×Zn}$	0.32	0.85	0.48	0.32	0.17	0.45	0.37

表 5-22　饲粮铜锌添加水平对冬毛生长期蓝狐血清抗氧化性能的影响

组别	总超氧化物歧化酶（U/mL）	铜锌超氧化物歧化酶（U/mL）	铜蓝蛋白（U/L）	谷胱甘肽过氧化物酶（U/L）	丙二醛（nmol/mL）	过氧化氢酶（U/mL）
铜、锌的添加量（mg/kg）						
0&40	119.24	39.45	15.87	482.91	14.96a	144.70ab
20&40	122.45	41.28	17.06	484.79	14.13a	135.16a
40&40	121.68	41.46	18.50	480.74	12.49ab	141.03ab
60&40	124.39	43.73	17.32	481.67	12.61ab	149.57b
0&200	120.44	40.31	16.23	484.65	14.37a	140.85ab
20&200	124.97	42.37	16.60	484.93	12.55ab	149.84b
40&200	125.16	42.92	18.26	478.40	9.76b	138.18ab
60&200	131.02	43.53	17.48	488.33	11.56ab	151.21b
S.E.M	11.26	4.43	3.85	55.38	2.87	6.97
0 Cu	120.07	39.81b	16.04	483.93b	14.64a	142.84ab

（续）

组别	总超氧化物歧化酶（U/mL）	铜锌超氧化物歧化酶（U/mL）	铜蓝蛋白（U/L）	谷胱甘肽过氧化物酶（U/L）	丙二醛（nmol/mL）	过氧化氢酶（U/mL）
20mg/kg Cu	123.84	41.79ab	16.83	484.86b	13.34a	142.50b
40mg/kg Cu	123.62	42.23ab	18.38	485.00ab	11.13b	139.60b
60mg/kg Cu	127.03	43.62a	14.96	487.58a	12.08b	150.39a
40mg/kg Zn	123.36	41.31b	16.77	483.22b	13.08a	141.92
200mg/kg Zn	126.35	42.24a	16.79	482.40b	12.29b	145.41
P_{Cu}	0.54	0.08	0.30	0.09	0.03	<0.01
P_{Zn}	0.26	0.05	0.91	0.47	0.01	0.08
$P_{Cu \times Zn}$	0.37	0.13	0.79	0.62	0.21	0.21

表 5-23　饲粮铜、锌添加水平对冬毛生长期蓝狐毛皮品质的影响

铜、锌添加（mg/kg）	体长（cm）	皮长（cm）	皮张重量（g）	针毛长（cm）	绒毛长（cm）	绒毛丰度	针毛品质	毛色深度
0&40	69.67	109.80b	1 135.80	6.58	5.36	8.80	7.41	3.20b
20&40	69.40	111.20ab	1 189.50	6.54	5.42	8.72	7.85	3.60ab
40&40	68.00	112.40ab	1 136.40	6.52	5.20	8.60	7.22	3.55ab
60&40	69.89	113.80a	1 106.60	6.50	5.26	8.75	7.40	3.90a
0&200	69.35	110.21b	1 103.80	6.64	5.21	8.73	7.35	3.15b
20&200	68.20	110.80ab	1 055.60	6.78	5.32	8.86	7.46	3.50ab
40&200	69.50	115.20a	1 177.30	6.82	5.40	8.93	7.83	3.60ab
60&200	70.70	110.60ab	1 137.30	6.80	5.22	8.69	7.88	3.85a
S.E.M	5.68	9.94	92.38	0.12	0.09	0.47	0.31	0.21
0 Cu	69.51	110.12b	1 119.94	6.60	5.28	8.78	7.39	3.17b
20mg/kg Cu	68.80	111.00ab	1 122.55	6.66	5.37	8.78	7.60	3.57ab
40mg/kg Cu	68.75	114.30a	1 156.85	6.67	5.30	8.76	7.54	3.64ab
60mg/kg Cu	70.28	112.20ab	1 122.15	6.65	5.28	8.73	7.58	3.82a
40mg/kg Zn	69.09	112.80	1 144.17	6.52	5.31	8.69	7.46	3.67
200mg/kg Zn	69.47	112.20	1 122.53	6.80	5.19	8.71	7.57	3.68
P_{Cu}	0.28	0.09	0.55	0.98	0.26	0.86	0.66	0.07
P_{Zn}	0.66	0.61	0.49	0.13	0.35	0.75	0.59	0.54
$P_{Cu \times Zn}$	0.43	0.23	0.21	0.86	0.31	0.83	0.77	0.29

注：绒毛丰度、针毛品质和毛色深度从 1（质量最差）到 10（质量最好）进行打分。

　　饲粮铜、锌的添加均能促进蓝狐的生长，提高饲料的利用率。高剂量锌对狐的促生

长作用，一方面通过增进食欲进而提高采食量和饲料消化率；另一方面，高锌能够提高动物抗氧化能力，增强机体免疫力并在基因转录水平增强某些酶蛋白的合成，促进胰岛素、IGF₁等激素的合成和分泌，加强合成代谢而取得促生长的效果。金属硫蛋白对铜离子有很强的结合能力，刚被肠细胞吸收的铜会被大量金属硫蛋白（高锌诱导）所捕获并滞留在肠细胞内，并随着肠上皮细胞的更新进入消化道，随粪便排出体外。高锌组蓝狐铜排放较低锌组蓝狐高，这可能是高锌添加导致铜吸收率降低引起的。此外并未观测到铜锌的互作效应，这可能与试验中铜、锌的添加剂量和铜锌的比例有关。肝脏是体内主要的贮铜器官，研究表明饲粮中过量的铜会导致动物肝铜的沉积。本研究中，随着饲粮铜含量的升高，肝铜沉积增加。当饲粮铜含量过高时，肾脏铜的浓度出现升高的现象，但程度较肝铜小得多。肝铜浓度随着锌添加量的升高而降低，可能与铜锌之间的颉颃作用有关。饲粮高锌会与铜竞争肠道上皮细胞的膜转运蛋白，导致铜吸收率降低和肝铜沉积下降。

冬毛生长期饲粮中适宜的铜、锌添加量为 60mg/kg 和 40mg/kg，饲粮总铜和总锌含量分别为 67.89mg/kg 和 79.76mg/kg，此水平下营养物质利用率较高、毛皮品质较优、机体的抗氧化性能较好。

3. 饲粮铜水平对冬毛生长期银狐生长性能等指标的影响　钟伟等（2014）研究饲粮添加不同铜水平对冬毛生长期雌银狐铜表观生物学利用率及组织铜沉积量的影响。在基础饲粮中分别添加 6mg/kg、30mg/kg、60mg/kg、90mg/kg 和 150mg/kg 的柠檬酸铜配制五组试验饲粮，基础饲粮中铜含量为4.92mg/kg。结果表明：①饲粮铜水平对平均采食量和粪排出量均无显著性影响，随着饲粮铜水平增加，铜摄入量和粪铜排出量极显著升高，150mg/kg 柠檬酸铜组铜摄入量和粪铜排出量最高；对铜表观生物学利用率未产生显著影响（表 5-24）。②随着铜水平增加，毛铜沉积量有升高趋势，150mg/kg柠檬酸铜组沉积量最高，然后依次是60mg/kg、90mg/kg、6mg/kg 和 30mg/kg 柠檬酸铜组；对肝铜、肾铜和心铜沉积量产生极显著影响，但随着铜水平增加，各组间肝铜、肾铜和心铜沉积量未显现出规律性的变化（表 5-25）。③对心脏发育产生显著影响，从30mg/kg 组至 150mg/kg 柠檬酸铜组，心脏重呈降低趋势；对肝脏、肾脏和脾脏发育无显著影响（表 5-26）。

表 5-24　饲粮不同铜水平对冬毛生长期雌性银狐铜表观生物学利用率的影响

项目	柠檬酸铜				
	6mg/kg	30mg/kg	60mg/kg	90mg/kg	150mg/kg
日平均采食量（g）	258.70±37.39	233.94±22.68	262.40±25.24	250.50±33.41	252.43±27.88
粪日排出量（g）	36.98±6.64	30.77±6.93	37.19±7.05	39.57±8.19	43.44±5.35
日采食铜（mg）	2.83±0.41^E	8.17±0.79^D	17.03±1.64^C	23.78±3.17^B	39.11±4.32^A
日排出粪铜（mg）	1.42±0.36^E	3.86±0.75^D	6.95±0.71^C	12.51±2.19^B	19.98±3.34^A
铜表观生物学利用率（%）	52.89±7.97	52.40±7.67	57.11±5.71	52.74±5.46	51.10±8.52

注：同行肩标不同的大写字母表示差异极显著（$P<0.01$），不同小写字母表示差异显著（$P<0.05$），同行肩标相同的或不标字母的表示差异不显著（$P>0.05$）。表 5-25 至表 5-26 与此表注释相同。

表5-25　饲粮不同铜水平对冬毛生长期雌性银狐组织中铜沉积量的影响（mg/kg）

项目	柠檬酸铜				
	6mg/kg	30mg/kg	60mg/kg	90mg/kg	150mg/kg
毛铜	12.54±1.17Cc	8.96±0.40D	16.99±3.20Bb	14.77±1.51BbCc	20.19±2.99A
肝铜	27.60±1.83Bb	53.73±9.08Aa	30.77±4.92Bb	51.40±12.51Aa	41.03±5.25AaBb
心铜	5.80±0.63Bb	4.61±0.79Cc	6.81±0.75A	5.11±0.39BbCc	4.79±0.45Cc
肾铜	5.56±0.81Aa	4.68±0.48AaBb	4.24±1.27Bb	3.29±0.28Dd	3.65±45CcDd

表5-26　不同铜水平对冬毛生长期母银狐组织器官发育影响（g）

项目	柠檬酸铜				
	6mg/kg	30mg/kg	60mg/kg	90mg/kg	150mg/kg
心脏重	47.30±3.51b	60.33±9.63a	55.93±7.14ab	52.17±6.03ab	50.92±5.12b
脾脏重	7.00±1.61	8.07±2.32	8.25±1.65	7.75±1.41	9.14±1.80
肝脏重	143.25±29.42	158.64±25.56	162.63±13.22	141.50±20.11	155.42±20.05
肾脏重	26.50±3.27	29.29±4.52	29.00±2.07	26.67±2.42	28.50±2.52

动物对外源添加的高铜会自身调节，吸收利用满足机体需要的用量，多余的铜大部分会通过粪便的形式排出体外，但长期饲喂高铜会增加动物组织器官中铜的沉积量，并对周围的土壤和环境造成严重的污染，建议在动物养殖生产中谨慎控制添加量。本试验中添加150mg/kg柠檬酸铜组毛铜沉积量最高，说明铜对毛色沉着发挥重要作用。肝脏是动物存储铜的重要器官，是铜代谢的主要场所，本试验得出随着饲粮铜水平增加，肝铜沉积含量有升高趋势。适宜的铜添加水平有利于银狐机体对铜的吸收利用来促进其心脏的发育。高铜对肝脏、肾脏和脾脏发育未产生明显影响。

从经济效益和环境污染角度考虑，饲粮中添加30mg/kg柠檬酸铜（实际铜含量约为34mg/kg）能促进毛皮生长。银狐冬毛生长期基础饲粮中添加60mg/kg柠檬酸铜（饲粮中铜含量约65mg/kg），有利于银狐对铜的消化利用。

二、锌

锌对生物体有广泛而重要的作用，它是细胞生长和繁殖以及某些酶活性所必需的微量元素之一，已知机体中有70多种酶与锌有关，其中比较重要的如碳酸酐酶、羧肽酶、乳酸脱氢酶、碱性磷酸酶、DNA聚合酶、RNA聚合酶等，锌为这些酶的组成成分或激活剂，从而参与了蛋白质、特别是核蛋白的合成以及脂肪、糖的代谢。锌对生物膜的结构与功能有稳定作用，对维持细胞的完整性和反应性有重要作用。它对成纤维细胞的增生、上皮形成时胶原的合成以及角蛋白特别是指甲、毛发上硬角蛋白的合成极为重要。锌还影响机体的免疫功能及维生素A的正常血浓度。锌缺乏可导致发育迟缓、抗病力降低、伤口愈合缓慢、脱发、脱甲、皮肤角化异常、色素减退等。

（一）育成生长期狐适宜锌源及其需要量

1. 饲粮不同锌源对育成生长期蓝狐生产性能的影响 郭强等（2013）研究不同锌源对育成生长期蓝狐生产性能的影响，并评价无机锌和有机锌的生物学效价。试验采用单因素设计，在基础饲粮中添加 40mg/kg 硫酸锌、20mg/kg 蛋氨酸锌、40mg/kg 蛋氨酸锌、20mg/kg 葡萄糖酸锌、40mg/kg 葡萄糖酸锌。试验结果表明：①有机锌（20mg/kg 蛋氨酸锌和 20mg/kg 葡萄糖酸锌）组生长性能优于 40mg/kg 无机锌组（硫酸锌）（表 5-27）。②40mg/kg 葡萄糖酸锌组公狐脂肪消化率显著高于 20mg/kg 蛋氨酸锌组；40mg/kg 蛋氨酸锌组和 20mg/kg 葡萄糖酸锌组母狐脂肪消化率极显著高于 40mg/kg 硫酸锌组（表 5-28）。③蓝狐净蛋白利用率和蛋白质生物学价值各组间差异不显著，但有机锌组优于无机锌组，40mg/kg 蛋氨酸锌、20mg/kg 葡萄糖酸锌、40mg/kg 葡萄糖酸锌组蓝狐尿氮极显著高于 20mg/kg 蛋氨酸锌，20mg/kg 蛋氨酸锌组蓝狐氮沉积显著高于 40mg/kg 葡萄糖酸锌组（表 5-29）。

表 5-27　饲粮锌源和锌水平对育成生长期蓝狐生长性能的影响

项目	性别	硫酸锌	蛋氨酸锌		葡萄糖酸锌	
		40mg/kg	20mg/kg	40mg/kg	20mg/kg	40mg/kg
初始重（kg）	公	1.66±0.33	1.67±0.28	1.63±0.34	1.66±0.29	1.63±0.37
	母	1.66±0.39	1.63±0.35	1.63±0.30	1.61±0.34	1.67±0.24
末体重（kg）	公	4.60±0.23	4.71±0.24	4.66±0.15	4.82±0.26	4.65±0.32
	母	4.51±0.38	4.55±0.45	4.61±0.25	4.60±0.30	4.56±0.23
平均日增重（g）	公	52.46±4.81	54.29±3.23	54.05±4.38	56.37±4.96	53.97±3.29
	母	50.82±2.28	52.13±4.84	53.18±3.77	55.31±5.03	51.61±2.89
料重比	公	4.18±0.38	4.02±0.24	4.05±0.31	3.89±0.34	4.05±0.27
	母	4.29±0.20	4.21±0.44	4.11±0.29	3.96±0.34	4.26±0.24

注：同行肩标不同的大写字母表示差异极显著（$P<0.01$），不同小写字母表示差异显著（$P<0.05$），同行肩标相同的或不标字母的表示差异不显著（$P>0.05$）。表 5-28 至表 5-29 与此注释相同。

表 5-28　饲粮锌源和锌水平对育成期蓝狐营养物质消化率的影响

项目	性别	硫酸锌	蛋氨酸锌		葡萄糖酸锌	
		40mg/kg	20mg/kg	40mg/kg	20mg/kg	40mg/kg
干物质采食量（g）	公	198.50±1.20	197.00±0.91	197.50±1.45	198.00±1.24	196.52±0.85
	母	197.70±1.79	197.00±1.58	196.60±1.14	197.20±1.79	196.00±1.22
干物质排出量（g）	公	70.89±5.44	74.14±7.25	75.37±4.30	72.23±7.94	69.76±7.37
	母	74.02±7.34	71.81±6.93	66.45±5.63	64.96±7.26	74.13±6.28
干物质消化率（%）	公	64.55±2.72	62.93±3.63	62.31±2.15	63.89±3.97	65.12±3.68
	母	62.99±3.67	64.09±3.47	66.78±2.81	67.52±3.63	62.93±3.14
脂肪消化率（%）	公	87.70±1.53ab	86.92±2.02b	88.29±1.64ab	88.76±1.59ab	89.53±1.85a
	母	83.74±4.70B	87.49±2.66AB	89.79±1.12A	90.47±2.08A	88.40±1.21AB

（续）

项目	性别	硫酸锌	蛋氨酸锌		葡萄糖酸锌	
		40mg/kg	20mg/kg	40mg/kg	20mg/kg	40mg/kg
蛋白质消化率（%）	公	69.00±3.19	66.63±4.90	67.98±2.82	70.10±3.58	69.54±4.15
	母	67.36±3.72	67.59±5.22	71.94±2.53	71.54±4.63	67.52±2.82

表 5-29　饲粮锌源和锌水平对育成生长期蓝狐氮代谢的影响

项目	性别	硫酸锌	蛋氨酸锌		葡萄糖酸锌	
		40mg/kg	20mg/kg	40mg/kg	20mg/kg	40mg/kg
食入氮（g/d）	公	9.73±0.22	9.65±0.15	9.68±0.32	9.70±0.12	9.63±0.24
	母	9.69±0.23	9.65±0.36	9.63±0.13	9.66±0.35	9.61±0.30
粪氮（g/d）	公	3.04±0.31	3.27±0.48	3.14±0.28	2.93±0.35	2.90±0.27
	母	3.20±0.36	3.18±0.51	2.75±0.25	2.79±0.45	3.18±0.28
尿氮（g/d）	公	2.87±0.58	2.65±0.52	2.58±0.43	2.85±0.36	3.00±0.32
	母	2.83±0.32AB	2.47±0.18B	3.47±0.31A	3.35±0.40A	3.24±.042A
氮沉积（g/d）	公	3.89±0.40	3.88±0.41	4.08±0.79	4.02±0.38	3.90±0.24
	母	3.78±0.55ab	4.16±0.59a	3.58±0.19ab	3.66±0.37ab	3.38±0.54b
净蛋白利用率（%）	公	39.68±4.11	39.57±4.15	41.65±8.03	41.00±3.90	39.80±2.42
	母	38.66±5.49	40.80±6.45	39.74±1.07	39.54±3.25	40.16±3.34
蛋白质生物学效价（%）	公	57.67±7.15	59.54±6.33	61.08±10.07	58.65±6.69	56.59±3.64
	母	57.23±5.62	60.31±7.99	55.27±1.45	55.33±3.84	59.57±5.62

关于不同锌源对动物生长性能的影响前人做了很多研究，各种报道结果不尽相同，有机锌源的利用率是否比无机锌高的结论不一。本试验中，蛋氨酸锌和葡萄糖酸锌对育成期蓝狐生长性能的影响优于无机锌。饲粮中添加有机锌可不同程度地提高蓝狐对营养物质的消化率，蛋氨酸锌和葡萄糖酸锌添加组的蓝狐脂肪消化率高于硫酸锌组。本试验结果表明，饲粮中添加蛋氨酸锌或葡萄糖酸锌 20～40mg/kg 时，提高了蓝狐的净蛋白利用率和蛋白质生物学价值。

育成生长期蓝狐饲粮中添加 20mg/kg 蛋氨酸锌和 20mg/kg 葡萄糖酸锌对蓝狐生长性能的影响优于 40mg/kg 硫酸锌。建议生产中蛋氨酸锌或葡萄糖酸锌的添加量 20mg/kg、每只每天摄入有机锌量为 5mg、总锌量为 12mg 或硫酸锌的添加量为 40mg/kg、每只每天摄入总锌量为 16mg 可提高蓝狐对营养物质的利用率，获得较好的生长性能。

2. 饲粮锌水平对育成生长期蓝狐生长性能等指标的影响　郭强等（2013）研究饲粮锌水平对育成期蓝狐生长性能、营养物质消化率及氮代谢等指标的影响。本试验采用单因素设计，以一水硫酸锌（$ZnSO_4 \cdot H_2O$）为锌源，每组饲喂锌的含量分别为41.25mg/kg（基础饲粮）、60mg/kg、80mg/kg、100mg/kg、120mg/kg（以锌元素计）的饲粮，从而确定育成期蓝狐饲粮适宜锌水平及其营养需要量研究。试验结果表明：①母狐 60mg/kg 锌组平均日增重极显著高于 120mg/kg 组，与其他锌组无显著差异（表 5-30）。②公狐干物质消化率 60mg/kg 锌组极显著高于 41.25mg/kg 锌组和100mg/kg 锌组；脂肪消化率和蛋白质消化率 60mg/kg 锌组极显著高于 41.25mg/kg、

80mg/kg 和 100mg/kg 组（表 5-31）。③母狐尿氮 80mg/kg 锌组和 120mg/kg 锌组显著高于 60mg/kg 锌组；氮沉积和净蛋白利用率 41.25mg/kg 锌组和 60mg/kg 锌组极显著高于 120mg/kg 锌组；蛋白质生物学价值 60mg/kg 锌组极显著高于 120mg/kg 锌组（表 5-32）。

表 5-30　饲粮锌水平对育成生长期蓝狐生长性能的影响

项目	性别	硫酸锌水平				
		41.25mg/kg	60mg/kg	80mg/kg	100mg/kg	120mg/kg
初始重（kg）	公	2.47±0.34	2.43±0.48	2.33±0.42	2.36±0.39	2.44±0.44
	母	1.93±0.69	1.90±0.53	2.02±0.46	2.12±0.26	2.06±0.54
末体重（kg）	公	5.91±0.68	5.97±0.59	6.03±0.78	5.63±0.26	5.93±0.33
	母	5.29±0.46	5.48±0.75	5.33±0.43	5.39±0.37	5.01±0.50
平均日增重（g）	公	57.33±12.71	59.07±7.17	61.65±6.58	54.37±5.02	58.15±6.65
	母	55.93±9.04AB	59.52±5.29A	55.22±7.63AB	54.59±5.01AB	49.07±6.68B
料重比	公	4.36±1.51	4.00±0.45	3.83±0.49	4.32±0.40	4.06±0.49
	母	4.26±0.62AB	3.95±0.34B	4.31±0.69AB	4.31±0.47AB	4.85±0.76A

注：同行肩标不同的大写字母表示差异极显著（$P<0.01$），不同小写字母表示差异显著（$P<0.05$），同行肩标相同的或不标字母的表示差异不显著（$P>0.05$）。表 5-31 至表 5-32 与此表注释相同。

表 5-31　饲粮锌水平对育成生长期蓝狐营养物质消化率的影响

项目	性别	硫酸锌水平				
		41.25mg/kg	60mg/kg	80mg/kg	100mg/kg	120mg/kg
干物质采食量（g/d）	公	256.76±1.29	248.82±13.06	252.14±10.73	255.95±0.58	255.83±1.49
	母	246.97±6.25	254.10±4.08	245.67±16.36	241.61±28.09	249.58±11.83
干物质排出量（g/d）	公	98.89±5.60Aa	77.60±8.35Bb	91.67±16.58ABa	99.96±6.28Aa	92.86±4.64ABa
	母	87.91±5.7	94.11±14.05	90.39±12.37	87.03±19.26	92.44±6.81
干物质消化率（%）	公	61.48±2.21Bb	68.85±2.46Aa	63.80±5.52ABb	60.95±2.46Bb	63.70±1.84ABb
	母	64.43±1.63	63.02±5.05	63.35±2.90	64.31±5.41	62.97±1.93
脂肪消化率（%）	公	85.47±1.37Bb	88.57±1.25Aa	84.91±2.86Bb	84.98±1.48Bb	87.72±0.60ABa
	母	87.43±0.68	86.10±1.99	86.03±1.57	86.77±2.71	87.15±1.28
蛋白质消化率（%）	公	69.14±2.69Bb	74.03±2.65Aa	71.10±4.31ABab	67.59±1.26Bb	68.65±1.88Bb
	母	71.47±1.03	69.36±5.00	69.87±2.22	70.05±4.17	68.05±1.56

表 5-32　饲粮锌水平对育成生长期蓝狐氮代谢的影响

项目	性别	硫酸锌水平				
		41.25mg/kg	60mg/kg	80mg/kg	100mg/kg	120mg/kg
食入氮（g/d）	公	13.89±0.07Aa	13.10±0.69Bb	13.65±0.58ABa	13.87±0.03Aa	13.46±0.08ABab
	母	13.36±0.34	13.38±0.21	13.30±0.89	13.10±1.52	13.13±0.62
粪氮（g/d）	公	4.29±0.37Aa	3.41±0.47Bb	3.96±0.70ABa	4.50±0.17Aa	4.22±0.26Aa
	母	3.81±0.19	4.11±0.72	4.02±0.53	3.95±0.82	4.19±0.25

（续）

项目	硫酸锌水平					
	性别	41.25mg/kg	60mg/kg	80mg/kg	100mg/kg	120mg/kg
尿氮（g/d）	公	5.72±0.91	5.05±1.86	5.63±1.91	5.96±0.64	5.83±1.58
	母	4.56±1.06ab	4.22±1.63b	5.74±0.74a	4.70±1.06ab	5.94±1.17a
氮沉积（g/d）	公	3.89±0.75	4.64±1.77	4.06±1.84	3.42±0.78	3.41±1.57
	母	4.99±0.91Aa	5.05±1.30Aa	3.54±0.51ABBc	4.45±0.77ABab	2.99±0.81Bc
净蛋白利用率（%）	公	27.99±5.44	35.28±13.17	30.02±14.14	24.65±5.57	25.33±11.73
	母	37.42±7.42Aa	37.70±9.48Aa	26.75±4.66ABBc	34.53±8.31ABab	23.00±6.85Bc
蛋白质生物学效价（%）	公	40.57±8.43	48.01±18.67	42.02±19.31	36.38±7.79	36.88±16.74
	母	52.35±10.37ABa	54.92±16.19Aa	38.24±6.18ABBc	48.94±9.15ABab	33.85±10.26Bc

饲粮 60mg/kg 锌组蓝狐末体重优于对照组和其他试验组，添加更高剂量的锌对末体重和平均日增重无显著影响，可能是由于高剂量锌元素影响了饲粮中的矿物质平衡。随着饲粮锌水平的升高，干物质消化率呈现先升高再降低的趋势，饲粮锌水平为 60mg/kg 时，干物质消化率、脂肪消化率和蛋白质消化率均优于其他各组。可能由于添加适量锌元素可以保持或提高消化道中与锌有关的酶的正常分泌，增强蓝狐肠道消化吸收功能，促进营养物质吸收利用。随着饲粮锌水平的增加，氮沉积、净蛋白利用率和蛋白质生物学价值均呈现先升高后降低的趋势，饲粮锌水平为 60mg/kg 时，可提高蓝狐对氮的利用率并且减少氮的排出量。

建议育成生长期蓝狐饲粮锌水平为 60～80mg/kg，能够满足蓝狐的锌营养需要并获得较好的生产性能。

3. 饲粮锌水平对育成生长期银狐生长性能等指标的影响 耿文静（2010）研究饲粮中不同锌水平对育成生长期银狐生长性能、氮代谢及血清生化指标的影响。本试验采用单因子设计，基础饲粮中硫酸锌添加水平分别为 0、30、80、130、180、500mg/kg。试验结果表明：①饲粮不同锌水平显著影响银狐日增重和饲料转化率，未添加锌组日增重显著低于添加锌组，料重比显著高于添加锌组，但添加锌组间无显著性差异（表 5-33）。②饲粮不同锌水平对银狐日采食量、干物质消化率、氮代谢和脂肪消化率没有显著影响（表 5-34）。③未添加锌组血清锌含量显著低于其他添加锌组，随着饲粮锌水平的提高，血清锌含量逐渐增加（表 5-35）。④未添加锌组碱性磷酸酶（AKP）活性显著低于其他添加锌组，且在 0～180mg/kg 范围内，随着锌添加水平的提高，AKP 活性呈逐渐升高趋势。不同锌添加水平对银狐血清铜锌超氧化物歧化酶、乳酸脱氢酶和谷丙转氨酶活性无显著影响（表 5-36）。

表 5-33 饲粮锌水平对育成生长期银狐生长性能的影响

项目	对照组	硫酸锌				
	0	30mg/kg	80mg/kg	130mg/kg	180mg/kg	500mg/kg
日采食量（g）	223.31±2.85	226.03±3.07	224.57±3.86	226.30±3.21	225.61±1.91	226.05±1.72
干物质消化率（%）	68.55±1.41	73.82±3.81	67.71±5.38	72.30±5.57	67.06±2.97	69.98±4.38

（续）

项目	对照组	硫酸锌				
	0	30mg/kg	80mg/kg	130mg/kg	180mg/kg	500mg/kg
平均日增重（g）	39.77±4.69[b]	45.67±4.80[a]	43.98±5.14[a]	43.02±8.59[a]	43.58±6.17[a]	43.07±6.85[a]
料重比	5.39±0.78[a]	4.67±0.50[b]	4.86±0.60[b]	5.09±1.03[b]	4.95±0.80[b]	5.02±0.83[b]

注：同行肩标不同的大写字母表示差异极显著（$P<0.01$），不同小写字母表示差异显著（$P<0.05$），同行肩标相同的或不标字母的表示差异不显著（$P>0.05$）。表5-34至表5-36与此注释相同。

表5-34　饲粮锌水平对育成生长期银狐氮代谢的影响

项目	对照组	硫酸锌				
	0	30mg/kg	80mg/kg	130mg/kg	180mg/kg	500mg/kg
食入氮（g/d）	11.70±0.17	11.66±0.20	11.87±0.16	11.72±0.67	11.78±0.10	11.71±0.09
粪氮（g/d）	3.86±0.22	4.09±0.46	4.31±0.72	4.29±0.80	4.52±0.52	3.95±0.62
氮表观消化率（%）	63.88±4.11	67.00±1.57	68.65±6.31	69.00±6.59	67.60±4.24	68.25±5.13
尿氮（g/d）	3.70±0.23	3.40±0.95	3.20±0.40	3.10±0.66	3.48±0.83	3.09±0.48
氮沉积（g/d）	4.14±1.23	4.77±0.53	4.37±1.00	5.19±0.71	4.57±0.58	5.06±1.82
氮沉积率（%）	35.37±10.63	38.90±4.60	36.77±8.10	39.89±5.60	40.03±4.96	43.19±14.45
氮生物学效价（%）	52.78±15.76	58.79±9.36	57.27±8.12	59.70±7.31	60.31±9.41	61.95±10.76

表5-35　饲粮锌水平对育成生长期银狐血清锌浓度的影响（mg/mL）

锌组别	18周龄	23周龄
0	1.60±0.09[b]	1.62±0.19[b]
30mg/kg	1.80±0.01[a]	1.81±0.18[a]
80mg/kg	1.86±0.04[a]	1.88±0.10[a]
130mg/kg	1.94±0.03[a]	1.96±0.06[a]
180mg/kg	1.96±0.04[a]	1.99±0.02[a]
500mg/kg	1.98±0.02[a]	2.01±0.25[a]

表5-36　饲粮锌水平对育成生长期银狐血清酶活性的影响

周龄	锌添加水平（mg/kg）	碱性磷酸酶（金氏单位/100mL）	铜锌超氧化歧化酶（U/mL）	谷丙转氨酶（卡门氏单位/mL）	乳酸脱氢酶（U/L）
18	0	18.21±1.46[b]	52.75±5.18	32.39±3.31	2 811.26±213.90
	30	21.21±2.19[a]	55.96±5.46	33.43±3.46	2 955.53±232.71
	80	22.51±2.70[a]	57.48±5.00	34.00±3.53	3 076.44±328.91
	130	23.44±2.61[a]	58.03±6.45	34.49±3.70	3 156.32±334.33
	180	24.67±2.73[a]	59.58±5.45	36.70±3.75	3 168.08±320.59
	500	22.05±2.21[a]	54.44±4.91	37.24±4.29	3 098.79±290.52
23	0	12.12±1.96[b]	55.97±5.82	38.52±3.78	3 161.97±315.97
	30	14.01±1.63[a]	57.63±5.74	40.38±3.82	3 215.11±360.71

（续）

周龄	锌添加水平（mg/kg）	碱性磷酸酶（金氏单位/100mL）	铜锌超氧化歧化酶（U/mL）	谷丙转氨酶（卡门氏单位/mL）	乳酸脱氢酶（U/L）
23	80	14.6±1.90a	60.77±5.90	41.38±4.56	3 295.72±299.95
	130	15.71±1.35a	62.95±6.83	42.34±3.88	3 424.98±380.44
	180	16.00±1.92a	63.83±6.95	42.20±4.49	3 591.74±334.14
	500	14.25±1.50a	58.08±5.70	44.30±4.37	3 443.85±385.70

从本试验的饲料消耗情况和狐生长情况来看，添加 30mg/kg 锌组最好，其饲料消耗少、体重增长最快。本试验中锌水平对氮代谢没有显著性影响，但添加锌可以不同程度地提高氮表观消化率、氮沉积率和氮生物学效价。动物血清或血浆中的锌含量被广泛作为判定机体是否缺锌的重要依据。未添加锌组银狐可能处于缺锌状态，加锌后提高了血清锌含量，改善了银狐的锌营养状况。添加锌组碱性磷酸酶活性显著高于未添加锌组。随着锌添加水平的提高，在 0～180mg/kg 范围内，血清铜锌超氧化物歧化酶和乳酸脱氢酶活性呈现逐渐升高的趋势。血清谷丙转氨酶活性在 0～500mg/kg 范围内，呈现逐渐升高的趋势。

饲粮中添加锌 30mg/kg，即饲粮中锌含量为 66.54mg/kg 时可满足育成生长期银狐生长需要。建议生产中育成生长期银狐饲粮锌的添加水平为 30～80mg/kg。

（二）冬毛生长期狐锌营养需要量

1. 饲粮锌水平对冬毛生长期蓝狐生产性能等指标的影响　郭强等（2014）研究饲粮锌水平对冬毛生长期蓝狐生产性能、营养物质消化率、氮代谢及毛皮品质等指标的影响，从而确定冬毛生长期蓝狐饲粮适宜锌水平及其营养需要量。试验采用单因素设计，试验以一水硫酸锌为锌源，每组饲喂锌的含量分别为41.25mg/kg(基础饲粮)、60mg/kg、80mg/kg、100mg/kg、120mg/kg（以锌元素计）的饲粮。试验结果表明：①80mg/kg 锌组公狐末体重显著高于 41.25mg/kg 锌组和 60mg/kg 锌组（表 5-37）。②公狐和母狐干物质排出量、干物质消化率和蛋白质消化率各组间差异不显著；120mg/kg 锌组公狐脂肪消化率显著高于 41.25mg/kg 锌组（表 5-38）。③41.25mg/kg 锌组母狐粪氮显著高于 60mg/kg 锌组，80mg/kg 锌组、100mg/kg 锌组和 120mg/kg 锌组的氮沉积和净蛋白利用率极显著高于 41.25mg/kg 锌组（表 5-39）。④120mg/kg 锌组母狐针毛长极显著高于其他各组，120mg/kg 锌组绒毛长显著高于 41.25mg/kg 锌组和 80mg/kg 锌组（表 5-40）。⑤41.25mg/kg 锌组母狐底绒丰度显著低于其他添加锌组，同时皮张光泽度显著低于 120mg/kg 锌组。41.25mg/kg 锌组公狐皮张光泽度显著低于 100mg/kg 锌组。

表 5-37　饲粮锌水平对冬毛生长期蓝狐生长性能的影响

项目	性别	硫酸锌				
		41.25mg/kg	60mg/kg	80mg/kg	100mg/kg	120mg/kg
初体重（kg）	公	6.16±0.54	5.96±0.49	6.41±0.68	5.88±0.44	6.18±0.68
	母	5.35±0.59	5.40±0.66	5.67±0.42	5.50±0.55	5.50±0.43

（续）

项目	性别	硫酸锌				
		41.25mg/kg	60mg/kg	80mg/kg	100mg/kg	120mg/kg
末体重（kg）	公	7.20±0.58[b]	7.22±0.28[b]	7.84±0.65[a]	7.65±0.47[ab]	7.64±0.80[ab]
	母	6.90±0.65	6.94±0.62	7.35±0.49	7.09±0.88	7.04±0.60
平均日增重（g）	公	21.92±6.33	22.42±5.15	26.54±8.54	26.23±4.85	26.19±5.77
	母	26.13±8.18	27.54±8.26	29.98±4.01	28.33±7.34	27.54±4.72

注：同行肩标不同的大写字母表示差异极显著（$P<0.01$），不同小写字母表示差异显著（$P<0.05$），同行肩标相同的或不标字母的表示差异不显著（$P>0.05$）。表5-38至表5-40与此表注释相同。

表5-38　饲粮锌水平对冬毛生长期蓝狐营养物质消化率的影响

项目	性别	硫酸锌				
		41.25mg/kg	60mg/kg	80mg/kg	100mg/kg	120mg/kg
干物质采食量（g）	公	342.86±0.59	343.16±0.55	343.24±0.73	343.17±0.53	342.74±0.53
	母	343.00±0.83	342.81±0.39	343.46±0.60	343.46±0.51	342.84±0.45
干物质排出量（g）	公	116.44±9.96	119.18±14.55	110.14±7.38	114.10±20.20	109.57±5.76
	母	124.27±17.53	126.07±9.55	115.42±4.68	119.09±4.41	118.92±6.25
干物质消化率（%）	公	66.04±2.88	65.27±4.25	67.91±2.12	66.75±5.92	68.03±1.70
	母	63.76±5.14	63.22±2.80	66.39±1.34	65.33±1.26	65.31±1.82
脂肪消化率（%）	公	89.89±0.32[b]	90.76±1.46[ab]	90.82±0.57[ab]	90.62±1.58[ab]	91.31±0.84[a]
	母	87.90±2.26	88.53±1.90	89.96±0.99	88.06±1.68	89.14±1.44
蛋白质消化率（%）	公	64.96±1.98	67.65±4.34	67.68±1.57	66.77±4.76	67.34±2.05
	母	60.15±7.86	63.35±3.55	64.81±3.52	62.23±2.28	61.77±3.35
总能消化率（%）	公	73.93±2.39	75.68±3.49	76.79±1.43	74.81±4.19	77.28±1.22
	母	72.92±4.40	74.60±2.70	76.15±1.35	74.54±1.08	74.91±1.31

表5-39　饲粮锌水平对冬毛生长期蓝狐氮代谢的影响

项目	性别	硫酸锌				
		41.25mg/kg	60mg/kg	80mg/kg	100mg/kg	120mg/kg
食入氮（g/d）	公	16.23±0.03	16.24±0.03	16.24±0.03	16.24±0.02	16.22±0.02
	母	16.23±0.04	16.22±0.02	16.25±0.03	16.25±0.02	16.22±0.02
粪氮（g/d）	公	5.69±0.33	5.24±0.71	5.25±0.26	5.40±0.77	5.30±0.33
	母	6.53±0.54[a]	6.13±0.35[ab]	5.89±0.59[b]	6.09±0.38[ab]	5.97±0.39[ab]
尿氮（g/d）	公	6.65±1.44	6.88±1.02	6.48±0.44	6.73±2.46	6.87±0.75
	母	6.25±0.54	6.24±0.41	6.27±0.44	6.10±0.47	6.20±0.42
氮沉积（g/d）	公	3.89±1.41	4.12±1.07	4.52±0.38	4.11±2.09	4.06±0.75
	母	3.45±0.21[Bb]	3.85±0.29[ABab]	4.10±0.36[Aa]	4.06±0.44[Aa]	4.05±0.37[Aa]
净蛋白利用率（%）	公	24.00±8.69	25.38±6.61	27.81±2.29	25.32±12.89	25.02±4.62
	母	21.23±1.32[Bb]	23.73±1.78[ABa]	25.20±2.22[Aa]	25.01±2.72[Aa]	24.96±2.23[Aa]
蛋白质生物学效价（%）	公	36.98±13.24	37.37±8.81	41.11±3.51	38.50±21.70	37.14±6.59
	母	35.61±2.71[b]	38.16±2.82[ab]	39.51±2.66[ab]	39.98±4.15[a]	39.52±3.2[ab]

表 5-40　饲粮锌水平对冬毛生长期蓝狐毛皮质量的影响

项目	性别	硫酸锌				
		41.25mg/kg	60mg/kg	80mg/kg	100mg/kg	120mg/kg
体长（cm）	公	66.00±2.74	66.20±1.64	67.80±1.30	66.60±2.07	67.40±1.52
	母	63.40±3.21	66.20±1.92	64.00±0.71	66.20±3.03	64.60±1.82
针毛长（cm）	公	5.30±1.53	5.50±0.64	5.74±0.97	5.86±0.74	5.40±0.23
	母	5.08±1.08Bb	5.82±0.31Bb	5.76±0.15Bb	5.78±0.40Bb	6.92±0.61Aa
绒毛长（cm）	公	4.16±0.81	4.36±0.51	4.56±0.45	4.78±0.33	4.46±0.25
	母	4.34±0.73b	4.72±0.79ab	4.38±0.38b	4.75±0.62ab	5.34±0.44a
干皮长（cm）	公	96.60±5.41	98.80±5.07	100.20±3.11	100.80±5.36	102.80±4.55
	母	94.80±6.10	97.40±5.59	97.60±5.13	97.59±4.76	99.00±3.67
底绒丰度	公	8.70±0.45	8.80±0.45	8.90±0.55	9.40±0.22	9.20±0.45
	母	8.70±0.45b	9.20±0.27a	9.2±0.27a	9.30±0.45a	9.30±0.27a
皮张光泽度	公	3.90±0.22b	4.10±0.42ab	4.10±0.22ab	4.40±0.22a	4.30±0.27ab
	母	3.90±0.22b	4.20±0.27ab	4.10±0.22ab	4.20±0.27ab	4.30±0.27a

注：底绒丰满度和皮张颜色从 1（质量最差）到 10（质量最好）进行打分。

随着饲粮锌水平的增加，冬毛生长期蓝狐末体重和平均日增重呈现先升高后降低的趋势，饲粮锌水平为 80～100mg/kg 时，可提高冬毛生长期蓝狐末体重和日增重，这可能是低锌水平的饲粮不能满足蓝狐的生长需要，高锌组饲粮破坏体内矿物元素的平衡而影响动物生长。脂肪消化率随锌水平的增加呈升高趋势，这可能是锌可以促进机体脂肪的合成代谢。本研究发现饲粮锌水平为 80mg/kg 时，可有效降低粪氮和尿氮的排出量，提高了净蛋白利用率和蛋白质生物学价值，更高水平的锌对降低氮的排出量无影响。锌是影响动物毛皮的重要微量元素，参与维持上皮细胞的正常形态和被毛的健康生长。饲粮锌水平为 80～120mg/kg 时，蓝狐的体长、针毛长、绒毛长、干皮长、底绒丰度和皮张光泽度均优于对照组，毛皮质量较好。

冬毛生长期蓝狐饲粮锌水平为 80mg/kg 时，能够提高蓝狐体增重，提高脂肪和蛋白质的消化率，降低粪氮和尿氮的排出量。综合各项指标，建议冬毛生长期蓝狐饲粮总锌水平为 80～120mg/kg，狐每天摄入 27.52～41.16mg 锌即可满足冬毛生长期蓝狐的营养需要，从而获得较好的生产性能和皮毛质量。

2. 饲粮锌水平对冬毛生长期银狐生长性能等指标的影响　耿文静（2010）研究饲粮锌水平对冬毛生长期银狐生长性能、血清生化指标、毛皮品质及组织器官发育的影响，确定冬毛生长期银狐适宜的锌营养需要量。试验采用单因素设计，饲粮硫酸锌添加水平分别为 0、30、80、130、180、500mg/kg。试验结果表明：①未添加锌组日增重显著低于其他添加锌组，但其他添加锌组之间无显著性差异；不同锌水平对日采食量、饲料转化率、干物质消化率没有显著影响（表 5-41）。②未添加锌组碱性磷酸酶活性显著低于其他添加锌组，在 0～180mg/kg 范围内，随着锌添加水平的提高，碱性磷酸酶活性逐渐升高；不同锌添加水平对银狐血清铜锌超氧化物歧化酶、乳酸脱氢酶和谷丙转氨酶活性无显著影响（表 5-42）。③未添加锌组的针、绒毛长度和毛皮质量感官评分显著低于其他添加锌组，但添加锌组间无显著性差异（表 5-43）。④不同锌水平显著影响肝脏和脾脏的发育，对其他内脏器官发育无显著影响。与未添加锌组相比，添加锌组肝脏重量都有不同程度的增大，500mg/kg 锌组肝脏重量增加显著。添加锌组脾脏重量显著高于未添加锌组（表 5-44）。

表 5-41　饲粮锌水平对冬毛生长期银狐生产性能的影响

组别	0	30mg/kg	80mg/kg	130mg/kg	180mg/kg	500mg/kg
日采食量（g）	226.37±33.29	268.07±4.38	253.89±23.19	250.29±38.83	257.88±24.89	250.33±65.23
平均日增重（g）	12.10±6.46[b]	19.39±5.83[a]	18.04±7.68[a]	17.95±6.82[a]	18.74±6.21[a]	16.95±6.82[a]
料重比（%）	12.96±2.34	8.81±3.53	10.05±2.41	10.95±4.79	10.18±5.48	11.42±3.40
干物质消化率（%）	68.47±2.34	73.89±3.89	71.14±3.15	71.48±3.25	68.75±5.46	71.44±4.93

　　注：同行肩标不同的大写字母表示差异极显著（$P<0.01$），不同小写字母表示差异显著（$P<0.05$），同行肩标相同的或不标字母的表示差异不显著（$P>0.05$）。表 5-42 至表 5-44 与此表注释相同。

表 5-42　饲粮锌水平对冬毛生长期银狐血清酶活性的影响

周龄	锌水平（mg/kg）	碱性磷酸酶（金氏单位/100mL）	铜锌超氧化物歧化酶（U/mL）	谷丙转氨酶（卡门氏单位/mL）	乳酸脱氢酶（U/L）
29	0	8.47±0.62[a]	26.50±2.10	40.45±4.75	1 751.86±114.65
	30	10.02±1.12[b]	27.77±2.45	42.30±4.65	1 851.55±123.96
	80	10.71±1.13[b]	28.80±2.96	43.36±4.87	1 926.10±118.03
	130	11.71±1.13[b]	30.98±3.44	44.57±4.93	1 947.21±153.47
	180	11.92±1.51[b]	31.09±3.14	46.05±4.31	2 102.39±205.47
	500	10.39±1.51[b]	27.72±2.69	42.89±4.09	1 982.01±206.72
36	0	6.90±0.08[a]	23.89±2.02	50.26±5.86	2 359.55±252.78
	30	7.21±0.30[b]	26.03±2.43	53.01±5.33	2 444.23±215.54
	80	7.32±0.85[b]	27.85±2.61	54.97±5.71	2 544.29±260.34
	130	8.02±0.56[b]	28.69±2.24	55.79±5.53	2 672.89±254.51
	180	8.22±0.75[b]	30.13±3.54	56.24±6.78	2 697.64±206.90
	500	7.28±0.28[b]	26.13±2.08	54.81±5.36	2 562.27±237.97

表 5-43　饲粮锌水平对冬毛生长期银狐毛皮质量的影响

指标	0	30mg/kg	80mg/kg	130mg/kg	180mg/kg	500mg/kg
体长（cm）	72.50±2.20	74.13±1.73	73.13±2.17	72.63±2.77	73.5±1.93	72.25±2.66
胸围（cm）	42.50±1.51	43.75±1.49	44.00±1.85	44.13±2.23	44.75±2.82	42.60±2.86
刮油后皮重（g）	763.75±102.11	773.75±66.75	737.50±94.23	737.50±66.92	762.50±40.97	692.50±71.46
刮油后皮长（cm）	100.88±5.87	102.88±3.14	100.50±1.85	103.00±4.72	103.25±2.76	101.63±4.00
干皮长（cm）	98.17±5.32	99.25±3.08	98.50±3.15	99.33±5.38	99.67±3.37	97.33±3.37
干皮重（g）	534.33±48.96	543.33±42.50	535.17±54.85	536.67±58.67	540.83±42.31	535.17±52.48
针毛长（cm）	7.18±0.39[b]	7.96±0.53[a]	7.41±0.36[a]	7.67±0.62[a]	7.78±0.47[a]	7.53±0.65[a]

（续）

指标	0	30mg/kg	80mg/kg	130mg/kg	180mg/kg	500mg/kg
绒毛长 (cm)	5.08±0.26[b]	5.53±0.34[a]	5.38±0.75[a]	5.23±0.14[a]	5.43±0.15[a]	5.28±0.34[a]
针毛直径 (μm)	70.45±6.86	72.57±2.82	71.21±0.97	72.40±0.31	73.12±7.20	71.19±2.95
绒毛直径 (μm)	18.10±3.62	19.43±2.37	20.26±0.51	19.80±0.54	20.18±3.62	18.86±4.16
感官评分 (分)	3.58±0.79[b]	4.48±1.00[a]	4.28±1.31[a]	4.38±1.71[a]	4.25±1.14[a]	4.00±1.09[a]

表 5-44 不同锌水平对冬毛生长期银狐组织器官发育的影响 (g)

项目	0	30mg/kg	80mg/kg	130mg/kg	180mg/kg	500mg/kg
心脏	52.30±3.02	53.36±7.58	53.73±6.79	53.03±8.15	53.13±12.50	54.39±9.12
肝脏	188.86±57.70[b]	221.54±31.99[ab]	205.09±26.40[ab]	220.82±31.71[ab]	220.47±32.86[ab]	227.91±37.25[a]
脾脏	9.48±2.18[b]	12.39±3.29[a]	10.98±1.60[a]	10.33±2.51[a]	10.21±1.76[a]	10.19±2.39[a]
肺脏	45.72±7.27	47.40±5.45	50.15±7.44	46.64±4.84	45.94±3.70	44.86±7.68
肾脏	35.52±7.53	37.16±4.02	37.40±6.49	37.86±2.92	36.27±5.16	38.83±3.74
胰脏	17.92±5.83	17.99±9.66	17.39±6.45	17.40±3.42	17.71±2.59	17.55±3.40
胫骨重	23.07±2.40	23.12±1.60	21.14±1.84	22.31±2.60	22.50±2.49	21.57±2.45
胫骨长 (cm)	15.30±1.13	16.20±0.85	15.75±1.84	15.50±0.14	15.65±0.92	15.25±0.35

本研究发现锌水平对氮代谢没有显著性影响，但添加锌可以不同程度地提高氮表观消化率、氮沉积率和氮生物学效价。随着锌添加水平的提高，到180mg/kg 范围内，血清铜锌超氧化物歧化酶活性呈现逐渐升高的趋势，说明体内锌含量的变化能直接影响铜锌超氧化物歧化酶的活性。未添加锌组的针毛长、绒毛长和感官评分显著低于其他添加锌组，主要因为锌参与上皮细胞和皮毛的正常形态、生长和成熟。锌水平显著影响肝脏和脾脏的发育，说明锌提高机体对疾病的抵抗力存在剂量相关性，适量的锌能增强机体的免疫力，过量或不足均损害机体的免疫机能。

饲粮中添加 30mg/kg 锌，即饲粮中锌水平为 67.67mg/kg 可满足冬毛生长期银狐的需要，建议生产中冬毛生长期饲粮锌的添加水平为 30~80mg/kg。

三、锰

锰是动物不可缺少的必需元素之一，是机体内多种酶的组成成分和激活剂，同时参与造血、免疫、生殖以及氨基酸、脂肪、蛋白质和碳水化合物代谢等重要生命活动。动物对锰的吸收主要在回肠。锰的吸收包括 3 个步骤：肠腔中的锰被肠黏膜上皮细胞摄取，锰在上皮细胞内转移，锰经上皮细胞基底膜进入血液。血浆中锰大多与 γ 球蛋白和白蛋白结合，少部分与转铁蛋白结合。锰经动物小肠吸收后大部分通过门静脉转运到肝脏，进入肝脏的锰至少进入 5 个代谢池，分别是溶酶体、线粒体、细胞核、新合成的锰蛋白和游离的二价锰离子。动物体内锰排泄的主要途径是经胆汁从粪中排出，当体内锰过量或胆汁排泄途径受阻时，胰液对锰的排泄量增加。另外，十二指肠、空肠肠壁也可作为锰排泄的辅助途径。

饲粮中长期含锰量不足时，可使骨骼发育受损、骨质松脆。仔狐缺锰后因软骨组织增生而导致关节肿大、生长缓慢、性成熟推迟。母狐严重缺锰时，发情不明显，妊娠初期易流产，死胎和弱仔率增加，仔兽初生重小。过量的锰可降低食欲，影响钙、磷利用，导致动物体内铁贮存量减少，引起缺铁性贫血。

孙伟丽等（2012）研究了饲粮中添加锰源和锰水平对育成生长期蓝狐生长性能、营养物质消化率及血清生化指标的影响，以确定育成生长期适宜的锰源和锰水平。试验采用 $2 \times 3 + 1$ 双因素设计，基础饲粮中添加无锰的添加剂，硫酸锰浓度为20、40、60mg/kg，有机螯合锰浓度为20、40、60mg/kg。试验结果表明：①锰源及锰水平对蓝狐日增重、料重比、干物质摄入量及干物质消化率无显著影响（表5-45、表5-46）。②粗蛋白质消化率随有机锰水平的增加呈升高趋势，无机锰未见明显规律，有机锰粗蛋白质消化率高于无机锰；粗脂肪的消化率随锰添加水平的增加呈降低趋势，有机螯合锰添加组高于无机锰添加组；锰的添加形式和水平对于钙的消化吸收率无显著影响；随着有机锰水平的增加，磷的消化率有升高的趋势；随着无机锰水平的增加，磷消化率未见明显规律（表5-47）。

表5-45   不同锰添加水平对育成生长期蓝狐生产性能的影响

组别	初体重（kg）	体增重2（kg）	体增重3（kg）	末体重（kg）	平均日增重（g）	料重比
对照组	3.04±0.32	4.02±0.34	4.82±0.43	5.76±0.52	52.34±8.89	6.04±0.98
硫酸锰20mg/kg	3.08±0.40	4.03±0.45	4.87±0.51	5.73±0.65	52.46±5.795	5.07±0.68
硫酸锰40mg/kg	3.116±0.341	4.000±0.388	4.823±0.549	5.51±0.714	47.434±10.137	5.981±1.46
硫酸锰60mg/kg	3.12±0.40	4.09±0.36	4.82±0.52	5.63±0.63	49.45±9.90	5.54±1.26
有机螯合锰20mg/kg	3.00±0.50	3.97±0.57	4.85±0.62	5.79±0.57	53.62±5.96	5.82±0.61
有机螯合锰40mg/kg	3.20±0.18	4.23±0.36	5.01±0.54	5.92±0.70	53.66±9.52	6.01±1.30
有机螯合60mg/kg	3.14±0.35	4.18±0.43	4.92±0.59	5.79±0.53	51.01±8.56	6.00±1.14

注：同行肩标不同的大写字母表示差异极显著（$P < 0.01$），不同小写字母表示差异显著（$P < 0.05$），同行肩标相同的或不标字母的表示差异不显著（$P > 0.05$）。表5-46至表5-47与此表注释相同。

表5-46   锰添加水平对育成生长期蓝狐干物质采食量和干物质消化率的影响

组别	干物质采食量（g/d）	干物质排泄量（g/d）	干物质消化率（%）
对照	314.03±9.90	87.01±9.50[a]	72.26±3.30
硫酸锰20mg/kg	298.47±49.97	80.97±9.66[ab]	72.07±6.53
硫酸锰40mg/kg	316.45±4.22	75.45±15.56[b]	72.47±10.44
硫酸锰60mg/kg	315.28±7.91	89.17±17.043[a]	70.92±4.56
有机螯合锰20mg/kg	314.90±9.549	74.67±14.98[b]	76.27±4.72
有机螯合锰40mg/kg	317.78±8.32	82.92±17.99[ab]	73.90±3.77
有机螯合锰60mg/kg	312.16±15.91	82.14±13.13[ab]	72.57±4.50

表 5-47　锰水平和锰源对育成生长期蓝狐营养物质的消化率的影响（%）

组别	粗蛋白质消化率	脂肪消化率	钙消化率	磷消化率
对照	71.31 ± 6.90^b	90.06 ± 0.083^{AB}	41.24 ± 10.19	71.59 ± 1.97^a
硫酸锰 20mg/kg	72.09 ± 3.31^b	92.53 ± 1.41^A	39.14 ± 7.73	72.99 ± 3.23^a
硫酸锰 40mg/kg	71.25 ± 6.03^b	88.83 ± 3.55^{AB}	41.91 ± 7.28	60.91 ± 8.66^b
硫酸锰 60mg/kg	73.71 ± 4.27^{ab}	85.79 ± 7.72^B	40.38 ± 8.28	70.65 ± 4.29^a
有机螯合锰 20mg/kg	76.20 ± 6.52^a	92.22 ± 2.30^A	42.23 ± 6.11	65.77 ± 11.14^{ab}
有机螯合锰 40mg/kg	77.11 ± 7.88^a	91.76 ± 2.68^A	41.91 ± 7.28	67.95 ± 9.36^{ab}
有机螯合锰 60mg/kg	77.65 ± 5.18^a	88.88 ± 6.77^{AB}	42.93 ± 11.56	72.99 ± 4.44^a

　　饲粮添加锰无论是有机锰还是无机锰对蓝狐育成期采食量、日增重和料重比均无显著影响，对生产性能的影响也不显著。添加有机锰的粗蛋白质和粗脂肪消化率要高于无机锰，且锰水平对粗蛋白质和粗脂肪消化率的影响较显著，说明有机锰的生物活性比无机锰好，螯合有机微量元素比起无机元素具有更好的生物学价值。锰的添加形式和水平对于钙的消化吸收率无显著影响。然而，有机锰水平增加会促进磷的消化吸收。微量元素在动物体内促进消化吸收的机制、机理尚不明确，以及很多微量元素之间的互作机理也不清楚，目前还较难明确饲粮中添加微量元素后对营养物质消化吸收的明确机制。

　　对比蛋白质和脂肪消化率，有机锰组优于无机锰组，有机锰组蓝狐能够获得较好的生长性能和较低的氮排放量，建议育成生长期蓝狐饲粮中有机锰的适宜添加量为40mg/kg，适宜锰摄入量为 13.6mg/d。

四、铁

　　铁属于动物生命活动所必需的微量元素，是生物机体营养代谢、生长发育与繁衍后代不可缺少的基本元素之一，以多种形式参与生命活动中新陈代谢，包括功能蛋白和含铁酶（细胞色素氧化酶、过氧化氢酶、黄嘌呤氧化酶等），在动物机体的正常生长发育中发挥重要作用。动物缺铁损害血细胞体积、形态和结构，最终导致营养性贫血，影响机体的生长发育；然而铁过量会诱导氧化、对机体造成损失，达不到促进动物生长的作用，反而造成微量元素添加剂饲料资源的浪费。

　　铜、锌、铁三种元素在狐体内代谢时，具有协同作用。但高剂量的铁会对铜元素的吸收产生抑制作用。狐饲料中，如果鸡肝添加比例在 10% 以上，基本能满足狐生长对铁需要，而不需要额外补充铁元素。饲料中铁元素含量超过 3 000mg/kg，狐易发生铁元素中毒，采食 2h 后即出现呕吐。铁缺乏还会致使狐皮毛呈棉状，绒毛色彩暗淡、粗乱，贫血，严重衰弱，生长受阻等。典型的缺铁症状除贫血外，还有绒毛褪色，肝脏中含铁量显著低于正常水平，有时伴有腹泻现象。我们在狐对铁元素的需要量方面尚未开展试验研究，NRC 标准中未有推荐量，但根据狐养殖生产经验推荐饲粮干物质中铁含量为 90mg/kg，能够满足狐的生产需求。

五、硒

微量元素硒是机体必需的营养成分，对于动物生产和繁殖都有重要意义。在动物生产实践中，硒作为功能性添加剂，在提高生长性能、改善繁殖性能、提高抗氧化功能、增强免疫力、缓解应激等方面已有广泛应用。动物营养中常用的硒有无机硒和有机硒两种形式：无机硒有亚硒酸钠和硒酸钠，其中亚硒酸钠使用较为广泛。无机硒作为饲料添加剂，价格较低、含硒量高，但毒性大，其随粪便排出体外严重污染环境；由于无机硒是以被动扩散方式通过肠壁吸收进入肝脏，再转化成生物硒被机体利用，因此利用率较低。生产中常见的有机硒有蛋氨酸硒、半胱氨酸硒、富硒酵母和富硒藻类等，富硒酵母在饲料生产中应用广泛，由于其以主动吸收的方式被机体吸收利用。因此，有机硒同无机硒相比具有适口性好、吸收率高、毒性小、环境污染小等优点，但其成本较高。

硒的代谢与维生素E密切相关，有助于维生素E的吸收和贮存，硒与维生素E具有相似的抗氧化作用。狐饲粮中缺硒可引起白肌病，患病动物步态僵硬、行走和站立困难、弓背和全身出现麻痹症状等，硒缺乏会降低狐对疾病的抵抗力。仔狐缺硒时，表现为食欲降低、消瘦、生长停滞；缺硒还可引起母兽的繁殖机能紊乱，引起空怀或胚胎死亡。

Liu等（2019）研究了维生素E和硒互作对冬毛生长期蓝狐生长性能、营养物质消化率及抗氧化能力等指标的影响，从而确定冬毛生长期蓝狐饲粮中适宜的硒含量。采用4×2双因素试验设计，饲粮维生素E含量分别为0、100、200、400mg/kg，硒含量为0、0.2mg/kg。结果表明：①添加0.2mg/kg硒组公狐和母狐60d体重低于添加0硒组；添加硒显著增加了1～30d公狐平均日增重，显著影响了公狐和母狐的平均日增重，料重比受到硒与维生素E互作的显著影响（表5-48）。②饲粮硒水平显著影响公狐血清总抗氧化能力，影响丙二醛、谷胱甘肽过氧化物酶、谷胱甘肽-S-转移酶、总谷胱甘肽含量，显著影响母狐超氧化物歧化酶、谷胱甘肽过氧化物酶、谷胱甘肽-S-转移酶、硫氧还蛋白氧化还原酶、硫氧还蛋白过氧化物酶和总谷胱甘肽的含量（表5-49）。

表5-48　维生素E和硒对冬毛生长期蓝狐生产性能的影响

| 项目 | 性别 | 维生素E和硒添加量（mg/kg） | | | | | | | | SEM | P值 | | |
		0,0	100,0	200,0	400,0	0,0.2	100,0.2	200,0.2	400,0.2		维生素E	硒	维生素E×硒
体重（kg）													
第1天	母	4.91	4.92	4.93	4.98	4.96	4.94	4.98	4.96	0.153	0.994	0.818	0.996
	公	5.19	5.17	5.13	5.15	5.12	5.10	5.13	5.13	0.153	0.998	0.716	0.993
第30天	母	5.88	5.63	5.69	5.86	5.71	5.74	5.90	5.89	0.149	0.663	0.681	0.624
	公	6.23	5.98	5.85	6.10	6.29	6.23	6.28	6.35	0.177	0.636	0.055	0.796
第60天	母	7.65[a]	7.79[a]	7.77[a]	8.15[a]	7.87[a]	6.94[b]	6.82[b]	6.71[b]	0.180	0.065	<0.000 1	0.000 4
	公	7.86[bc]	8.11[ab]	8.08[ab]	8.28[ab]	8.58[a]	7.33[c]	7.36[c]	7.29[c]	0.198	0.046	0.003	0.000 3

（续）

项目	性别	维生素E和硒添加量（mg/kg）								SEM	P值		
		0,0	100,0	200,0	400,0	0,0.2	100,0.2	200,0.2	400,0.2		维生素E	硒	维生素E×硒
平均日增重（g）													
1～30d	母	32.50	23.89	25.28	29.45	25.00	26.67	30.83	31.11	2.973	0.407	0.768	0.161
	公	34.44abc	26.94bc	24.17c	31.67abc	39.17a	37.50a	38.34a	40.56a	3.409	0.281	0.000 3	0.581
31～60d	母	58.89b	71.95a	69.17ab	76.39a	71.95a	40.00c	30.56cd	27.22d	3.686	0.001	<0.000 1	<0.000 1
	公	54.45b	71.11a	74.45a	72.78a	76.11a	36.94c	36.11c	31.39c	3.545	0.003	<0.000 1	<0.000 1
平均干物质采食量（g）													
1～30d	母	247.92	261.67	253.13	263.13	257.08	241.04	248.54	246.46	8.292	0.965	0.171	0.284
	公	269.79	270.21	262.71	273.33	272.92	258.54	263.13	258.13	8.155	0.747	0.318	0.616
31～60d	母	269.41ab	293.95a	256.17b	270.60ab	257.11b	264.46b	273.85ab	264.73b	8.008	0.203	0.193	0.043
	公	266.39	262.40	269.96	288.84	292.62	285.40	278.27	292.01	10.555	0.371	0.049	0.644
料重比													
1～30d	母	7.91	12.26	10.60	9.15	11.10	9.52	8.80	8.22	1.220	0.353	0.512	0.094
	公	8.05	11.05	11.16	9.27	7.66	7.06	7.33	6.61	1.000	0.376	0.000 3	0.262
31～60d	母	4.66bc	4.12c	3.75c	3.55c	3.69c	7.13b	10.26a	9.72a	0.874	0.011	<0.000 1	0.000 3
	公	5.09b	3.71b	3.66b	4.05b	3.87b	8.01a	8.17a	9.37a	0.482	0.001	<0.000 1	<0.000 1

注：同行肩标不同的大写字母表示差异极显著（$P<0.01$），不同小写字母表示差异显著（$P<0.05$），同行肩标相同的或不标字母的表示差异不显著（$P>0.05$）。表5-49与此表注释相同。

表5-49　维生素E和硒对蓝狐血清生化指标的影响

项目	性别	维生素E和硒添加水平（mg/kg）								SEM	P值		
		0,0	100,0	200,0	400,0	0,0.2	100,0.2	200,0.2	400,0.2		维生素E	硒	维生素E×硒
总抗氧化能力（U/mL）	母	5.28	5.92	5.64	5.80	5.68	6.20	5.11	5.27	0.347	0.215	0.704	0.381
	公	3.05d	3.68cd	4.50bc	4.94b	6.52a	5.16b	4.82b	4.81b	0.303	0.480	<0.000 1	<0.000 1
丙二醛（mmol/mL）	母	1.05	1.36	1.37	1.52	1.09	1.44	1.47	1.41	0.340	0.019	0.783	0.847
	公	1.07	1.14	1.12	1.35	1.53	1.35	1.36	1.31	0.132	0.898	0.024	0.314
超氧化酶歧化酶（U/mL）	母	78.67b	85.17b	122.38a	81.88b	84.01b	83.45b	77.28b	77.86b	2.693	<0.000 1	<0.000 1	<0.000 1
	公	68.96e	70.95de	119.59a	64.96e	86.57b	81.34cb	78.99cb	77.08cd	2.624	<0.000 1	0.950	<0.000 1
谷胱甘肽过氧化物酶（U/mL）	母	421.39c	425.15c	483.67bc	477.33bc	611.74a	552.17ab	550.71ab	550.30ab	25.100	0.624	<0.0001	0.068
	公	433.11c	468.05bc	533.34ab	519.40bc	555.83ab	550.70ab	592.33a	537.62ab	28.096	0.106	0.001	0.321
谷胱甘肽-S-转移酶（U/mL）	母	48.79b	65.31a	61.07a	45.92b	42.21b	34.63c	24.47d	23.17d	2.789	<0.0001	<0.0001	<0.0001
	公	30.76c	42.70ab	49.28a	40.40b	40.27b	22.58d	19.28d	21.99d	2.295	0.274	<0.0001	<0.0001
谷胱甘肽还原酶（U/mL）	母	15.34	15.53	15.82	15.47	16.28	20.15	15.47	16.13	1.909	0.618	0.285	0.589
	公	13.47bc	14.64bc	12.67bc	23.12a	17.65b	17.20b	11.32c	10.84c	1.610	0.024	0.140	<0.0001

（续）

项目	性别	维生素E和硒添加水平（mg/kg）								SEM	P值		
		0.0	100.0	200.0	400.0	0,0.2	100,0.2	200,0.2	400,0.2		维生素E	硒	维生素E×硒
硫氧还蛋白氧化还原酶（U/mL）	母	28.14	29.48	30.32	33.18	34.47	34.49	34.59	35.68	2.793	0.712	0.029	0.920
	公	31.41	33.75	33.78	34.86	44.26	34.68	34.59	34.53	3.159	0.611	0.121	0.144
硫氧还蛋白过氧化物酶（U/mL）	母	0.023c	0.042b	0.052a	0.053a	0.055a	0.053a	0.052a	0.030c	0.003	<0.0001	0.012	<0.0001
	公	0.026d	0.041bc	0.042abc	0.051a	0.048ab	0.048ab	0.037c	0.027d	0.003	0.083	0.908	<0.0001
总谷胱甘肽（μmol/L）	母	2.54c	4.15a	3.63ab	3.14bc	3.01bc	2.90bc	2.86bc	2.71c	0.256	0.030	0.010	0.016
	公	2.99bc	3.63ab	3.89a	2.71c	2.49c	3.04abc	3.09abc	2.71c	0.282	0.015	0.024	0.541

饲粮中适量添加维生素E、硒的蓝狐生长性能优于对照组和维生素E高剂量组。有报道称，饲粮中添加维生素E、硒能够提高狐的体重并降低料重比。蓝狐采食含有较多比例海鱼的饲粮时，基本能满足硒营养需要。本研究中，维生素E、硒能够改变机体的抗氧化能力，提高血清中抗氧化酶的活性，降低超氧离子、自由基浓度。谷胱甘肽-S-转移酶、谷胱甘肽过氧化物酶、超氧化物歧化酶等协同作用，减少了血清丙二醛含量。硒构成硫氧还蛋白氧化还原酶的辅基，清除超氧离子，饲粮中硒水平可能影响了硒代半胱氨酸残基的合成，进一步影响硫氧还蛋白氧化还原酶的活性。维生素E和硒协同作用，提高了蓝狐的抗氧化能力，饲粮中较高水平的维生素E和硒，能够减少血清中葡萄糖和甘油三酯的含量。

建议冬毛生长期蓝狐饲粮中适宜的维生素E含量为200mg/kg，硒含量为0.1mg/kg。

六、钴

钴作为酶活性中心的组成部分，起桥梁基团的作用与酶螯合起来形成一种络合物。钴能刺激肾脏增加红细胞生成素的分泌或促进红细胞成熟过程中铁的利用。钴是合成维生素B_{12}的必需元素。当饲粮中缺乏钴时，会影响动物的食欲，引起体重下降等，会引起贫血。添加钴有利于雌狐子宫恢复，加强雌激素循环，提高繁殖率。狐缺钴可通过添加钴盐饲料来补充。

七、碘

碘是合成甲状腺素的必需元素，甲状腺激素为正常生长及繁殖所必需。碘缺乏会导致甲状腺肿、死胎、弱仔等症。狐碘缺乏多发生在地方性甲状腺肿地区，一般采取的预防措施是在饲料中添加碘，如碘化钠、碘化钾或碘酸钠等，都能取得很好的效果。一般海鱼中碘的含量达2.4～6.4mg/kg，远远超过了狐推荐的0.2mg/kg添加量。

参考文献

崔虎，2012. 饲粮蛋白质和蛋氨酸水平对蓝狐生产性能及营养物质代谢的影响 [D]. 北京：中国农业科学院：10-22，25-32.

郭强，张铁涛，刘志，等，2013. 饲粮锌水平对育成期蓝狐生长性能、营养物质消化率及氮代谢的影响 [J]. 动物营养学报，25（10）：2497-2503.

耿文静，2010. 不同锌水平对银狐生产性能和血液生化指标的影响 [D]. 北京：中国农业科学院.

郭强，张铁涛，刘志，等，2014. 饲粮锌水平对冬毛生长期蓝狐生长性能、营养物质消化率、氮代谢及毛皮质量的影响 [J]. 动物营养学报，26（5）：1414-1420.

郭俊刚，张铁涛，崔虎，等，2014. 低蛋白质饲粮中添加蛋氨酸对冬毛生长期蓝狐生产性能，营养物质消化率及氮代谢的影响 [J]. 动物营养学报，26（4）：996-1003.

刘佰阳，李光玉，张海华，等，2007. 不同脂肪对育成期蓝狐生产性能及消化代谢的影响 [J]. 经济动物学报，11（3）：125-129.

刘志，张铁涛，郭强，等，2013. 饲粮铜水平对育成期蓝狐生长性能、营养物质消化率及氮代谢的影响 [J]. 动物营养学报（7）：1497-1503.

刘志，吴学壮，张铁涛，等，2014. 饲粮铜、锌添加水平对育成期蓝狐生长性能、营养物质消化率及氮代谢的影响 [J]. 动物营养学报，26（9）：2706-2713.

刘志，吴学壮，张铁涛，等，2016. 饲粮铜水平对冬毛生长期雌性蓝狐生长性能，营养物质消化率，血清生化指标及毛皮品质的影响 [J]. 动物营养学报，28（6），1841-1849.

宋景山，1998. 狐自咬症是氯化钠、碘中毒引起的 [J]. 经济动物学报（2）：13.

靳世厚，杨嘉实，1998. 狐的能量、蛋白质需要量及其饲料配制技术的综合研究报告 [J]. 经济动物学报（2）：10-13.

徐逸男，张海华，王静，等，2018. 钙和维生素 D_3 水平对冬毛生长期蓝狐（公狐）生产性能、胫骨发育和脏器指数的影响 [J]. 畜牧兽医学报，49（7）：1416-1422.

钟伟，鲍坤，张婷，等，2014. 饲粮铜水平对冬毛生长期银狐铜表观生物学利用率及组织器官铜沉积量的影响 [J]. 动物营养学报，26（11），3525-3530.

钟伟，刘凤华，赵靖波，等，2013. 不同铜源对育成期雌性银狐生长性能、营养物质消化率及血液生化指标的影响 [J]. 动物营养学报，25（10），2489-2496.

张铁涛，崔虎，高秀华，等，2013. 低蛋白质饲粮中添加蛋氨酸对育成期蓝狐生长性能和营养物质消化代谢的影响 [J]. 动物营养学报，25（9）：2036-2043.

张海华，李光玉，刘佰阳，等，2010. 低蛋白质饲粮中添加 DL-蛋氨酸和赖氨酸对冬毛生长期蓝狐生产性能，氮平衡及毛皮质量的影响 [J]. 动物营养学报（6）：1614-1624.

Ayala-Bribiesca E，Turgeon S L，2017. Effect of calcium on fatty acid bioaccessibility during in vitro digestion of Cheddar-type cheeses prepared with different milk fat fractions [J]. Journal of Dairy Science，100：2454.

Dahlman T，Valaja J，Niemela P，et al.，2002. Influence of protein level and supplementary L-methionine and lysine on growth performance and fur quality of blue fox（*Alopex lagopus*）[J]. Acta Agriculturae Scandinavica Section A-Animal Science，52（4）：174-182.

Harris L E，Bassett C F，Smith S E，1945. The calcium requirement of growing foxes [J]. Cornell University College of Veterinary Medicine，35：9.

Jr E H，1993. Dietary 125-dihydroxycholecalciferol supplementation increases natural phytate phosphorus utilization in chickens [J]. Journal of Nutrition，123：567-577.

Liu K，Liu H，Zhang T，et al.，2019. Effects of Vitamin E and Selenium on growth performance, antioxidant capacity, and metabolic parameters in growing furring blue Foxes（*Alopex lagopus*）[J]. Biological Trace Element Research，192（2）：183-195.

Liu Z，Wu X，Zhang T，et al.，2016. Influence of dietary copper concentrations on growth performance，serum lipid profiles，antioxidant defenses and fur quality in growing-furring male blue foxes (*Vulpes lagopus*) [J]. Journal of animal science (94)：1095-1104.

Liu Z，Wu X，Zhang T，et al.，2015. Effects of dietary copper and zinc supplementation on growth performance，tissue mineral retention，antioxidant status and fur quality in growing-furring blue foxes (*Apolex lagopus*) [J]. Biological trace element research (168)：401 - 410.

Mcdowell L R，1992. Minerals in Animal and Human Nutrition [J]. Tropical Animal Health & Production，24 (4)：241.

Roberts E A，Sarkar B，2008. Liver as a key organ in the supply，storage，and excretion of copper [J]. Am Journal of Clinical Nutrition，88 (3)：851S-854S.

Selle P H，Cowieson A J，Ravindran V，2009. Consequences of calcium interactions with phytate and phytase for poultry and pigs [J]. Livestock Science，124：126-141.

Wang Y，2010 . Dietary zinc glycine chelate on growth performance，tissue mineral concentrations，and serum enzyme activity in weanling piglets [J]. Biological Trace Element Research，133 (3)：325-334.

Waldroup P W，Ammerman C B，Harms R H，1963. The relationship of phosphorus，calcium，and vitamin D_3 in the diet of broiler-type chicks [J]. Poultry Science，42：982-989.

第六章
狐维生素营养与需要

　　维生素是保证动物健康，维持机体代谢和正常生理功能所必需的营养物质。维生素在机体内不能提供能量，一般也不是机体的组成物质，然而许多维生素是作为维持生命所必需的酶的主要组成部分而发挥作用，所有的维生素对动物体内有关的消化作用、中间代谢、合成代谢和分解代谢等化学反应都起着不同的催化作用。维生素在多数食物中以微量形式存在，其含量通常为 $10^{-6} \sim 10^{-5}$。动物体正常代谢对维生素的需要量很少，但动物所需的多种维生素在机体内不能自行合成或合成数量不足，同时在动物体内贮存的数量和时间有限，因此必须从饲料中不断获得。饲料（食物）中任何一种维生素缺乏或机体对其吸收、利用不良，都会引起与这种特定维生素有关的代谢过程受到破坏，从而引起特异性缺乏病或综合征，甚至导致动物死亡。

　　当今，用于强化畜禽饲料的各种已发现的维生素都可以进行人工合成，并已详细地列入世界各国多种畜禽的饲料标准中。由于人工饲养的狐采食范围和种类受到限制，因此，饲粮中需补充一定数量和种类的维生素。狐饲粮中维生素的适宜添加量目前仍不全面，有待相关工作者进一步研究。

　　常见的维生素有 14 种。根据溶解性质的差异，一般分为脂溶性维生素和水溶性维生素两大类。维生素对应化学名称见表 6-1。

表 6-1　维生素类别

维生素	化学名称
脂溶性维生素	
维生素 A	视黄醇
维生素 D_2	麦角钙化醇
维生素 D_3	胆钙化醇
维生素 E	生育酚[a]
维生素 K	叶绿醌[b]
水溶性维生素	
B 族维生素	
维生素 B_1	硫胺素

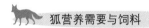
（续）

维生素	化学名称
维生素 B_2	核黄素
维生素 B_3	烟酰胺
维生素 B_6	吡哆醇
维生素 B_5	泛酸
维生素 B_7	生物素
维生素 B_9	叶酸
维生素 B_4	胆碱
维生素 B_{12}	氰钴胺素
维生素 C	抗坏血酸

表示维生素活力的计量单位最初是用国际单位（IU）来表示的。这种衡量单位是根据试验动物对含不同剂量维生素饲粮的不同反应程度而制定的，并一直沿用到现在。在已能对全部维生素进行合成的今天，在维生素的研究和使用中也采用 $\mu g/100g$ 或 $mg/100g$ 和 mg/g 或 mg/kg 的表示方法。两种计量单位的换算见表 6-2。

表 6-2　一些维生素国际单位与质量换算表

维生素	1IU 维生素的质量数（以微克计）	
A	$0.6\mu g$	β-胡萝卜素
	$0.344\mu g$	维生素 A 醋酸酯
D	$0.025\mu g$	胆钙化醇
E	$1\,000\mu g$	DL-α-生育酚醋酸酯
	$1\,750\mu g$	D-β-生育酚
	$7\,000\mu g$	D-γ-生育酚
K	$1\mu g$	2-甲基-14-萘醌
B_1	$3\mu g$	盐酸硫胺素
B_2	$3\mu g$	核黄素
B_6	$7.5\mu g$	盐酸吡哆醇
生物素（B_7）	$6.037\mu g$	生物素甲酯
	$5\mu g$	D-生物素
泛酸（B_5）	$14\mu g$	泛酸钙
C	$50\mu g$	L-抗坏血酸

第一节　狐脂溶性维生素需要量

脂溶性维生素是指可溶于脂肪、但不能溶于水的维生素，包括维生素 A、维生素

D、维生素 E 和维生素 K。脂溶性维生素的吸收受脂肪吸收的影响，在机体内能大量贮存，吸收得越多，贮存得也越多。体内能贮存脂肪的组织，均可贮存脂溶性维生素。其排泄主要是通过胆汁从粪便排出。

一、维生素 A

（一）生理功能

维生素 A 是除类胡萝卜素外，呈现视黄醇生物活性的化合物的统称。天然存在的维生素 A 主要是视黄醇，主要在肝脏中贮存，多与脂肪酸结合，以全反式棕榈酸酯的形式存在。维生素 A 是狐新陈代谢的必需维生素之一，其主要作用是维持正常视觉功能，保护狐消化系统、泌尿系统、生殖系统和呼吸系统的上皮组织完整，促进仔狐生长，使狐骨骼正常发育，增强对各种疾病的抵抗力，还可参与性激素的形成，提高狐繁殖力。

（二）来源及储存

虽然维生素 A 在体内含量很少，但是动物不能通过自身合成维生素 A，维生素 A 的含量在很大程度上取决于狐所采食的饲粮中维生素 A 的含量。某些鱼类肝脏中的油脂，尤其是鳕鱼和大比目鱼，一直被认为是可食用维生素 A 的重要来源。蛋黄和乳脂也是维生素 A 的丰富来源。植物中不含维生素 A，却含有以某些类胡萝卜素形式存在的维生素 A 原或维生素 A 前体物。维生素 A 原主要包括 α-胡萝卜素、β-胡萝卜素、γ-胡萝卜素和隐黄质。其中 β-胡萝卜素的活性最高。狐可以利用 β-胡萝卜素产生维生素 A，理论上每分子 β-胡萝卜素能形成 2 分子的维生素 A；但因胡萝卜素在肠道中的吸收不如维生素 A 的效率高，故每分子 β-胡萝卜素形成不超过 1 分子的维生素 A，即 6 分子 β-胡萝卜素形成 1 分子维生素 A（Coombes 等，1940；Bassett 等，1946b）。

维生素 A 的纯化合物视黄醇和胡萝卜素二者在热和酸碱环境中相对稳定，一般的饲料调制过程不易被破坏，但极易被空气中的氧所氧化，特别是在高温条件下，紫外线可促进此种氧化破坏，脂肪酸败时可使其破坏加重。在含有磷脂、维生素 E 和抗坏血酸或其他抗氧化剂的条件下，二者的稳定性增强。"酯化"有利于维生素 A 添加剂的稳定性，酯化维生素 A 的有机酸，常用的有醋酸、丙酸和棕榈酸。商业强化的饲料中通常含有的是酯化的维生素 A（Leoschke，1957）。通常在加有抗氧化剂并经明胶、淀粉包被处理的产品，可较长时间保存（12 个月），其生物效价无明显改变。

（三）维生素 A 缺乏症

饲料中缺乏维生素 A 时，会导致仔狐生长发育受阻，表皮和黏膜上皮角质化，严重时会引起狐繁殖性能和毛皮品质的下降（Nenonen 等，2003）。NRC（1982）推荐生长期狐维生素 A 最小剂量 100IU/(kg·d) 或者以 β-胡萝卜素计算 600IU（360μg）/(kg·d)。Smith（1941，1942b）和 Bassett 等（1948）研究显示银狐维生素 A 缺乏症会造成幼崽生长抑制和死亡率增加。饲料缺乏维生素 A，银狐幼崽首先出现头部发抖，然后头翘起、旋转、步态不稳，显示明显的平衡障碍等一系列神经紊乱症状；也有的幼崽出现快速转圈跑，保持 10～15min 的兴奋，随后出现 5～15min 的昏迷状态。Coombes 等（1940）指出维生素 A 缺乏症狐的胃、肠道、尿道黏膜出现炎症，伴有肾和尿道膀胱结石，肝脏中未检测出维生素 A。Smith（1941a，1941b）研究表明，当银狐幼崽饲料中维生素 A 的水平为 15IU/（kg·d）时，导致维生素 A 缺乏，表现出特有的神经症状。狐幼崽饲喂维生素 A 25～50IU/（kg·d）时，体重生长受阻。直到饲料中提供维生素 A 在 50～100IU/（kg·d）时，维生素 A 才能存储到肝脏中。Bassett 等（1946b）研究指出用于肝脏贮存和维持血液水平中的维生素 A，β-胡萝卜素的最小需要量为 200IU/（kg·d）。Coombes 等（1940）研究表明，当饲料提供维生素 A 水平在 1 500～3 000IU/kg 干物质范围内时，可以满足银狐幼崽健康生长的需要，但在狐打皮时期，肝和血液中维生素 A 水平非常低。Bassett 等（1948）指出将维生素 C 添加剂添加到不含维生素 A 的饲料中，可阻止维生素 A 缺乏症的发生。杨雅涵（2019 未发表）的试验结果也表明在育成生长期蓝狐中饲喂基础饲料，即饲粮中维生素 A 水平为 1 380IU/kg 时，蓝狐生长性能未受影响，但并不是保持本地蓝狐健康状态的最优水平。

（四）维生素 A 过量

Helgebosted（1955）指出狐可以耐受高剂量的维生素 A，当持续饲喂 3～4 个月水平为 40 000IU/（kg·d）的维生素 A 后，狐没有产生中毒的迹象；但持续饲喂 1～2 个月水平为 200 000IU/（kg·d）的维生素 A 时，狐幼崽产生厌食、骨的变化与外生骨疣、脱钙和自发性骨折、脱毛、眼球突出症、肌肉抽筋、局部皮肤过敏等过量症状。

（五）需要量

杨雅涵等（未发表）研究了饲粮添加不同维生素 A 水平（0，5 000，10 000，15 000，20 000，25 000IU/kg）对育成生长期雄蓝狐生长性能、营养物质消化率、氮代谢和血清生化指标的影响，基础饲粮中维生素 A 水平为 1 380IU/kg。试验结果表明：饲粮中添加维生素 A 对育成期蓝狐生长性能影响不显著，但维生素 A 为 5 000IU/kg 时蓝狐末重和平均日增重最大，分别为 5.78kg 和 51.70g（表 6-3）；添加维生素 A 显著影响脂肪消化率，当维生素 A 为 10 000IU/kg 时蓝狐脂肪消化率最高，达到 89.64%，显著高于对照组，高出 2.34%，但与添加维生素 A5 000IU/kg 组差异不显著（表 6-4）。维生素 A 添加水平对蓝狐氮代谢无显著影响（表 6-5）。维生素 A 添加水平对血清中脂类代谢指标产生显著或极显著影响，低密度脂蛋白和甘油三酯在维生素 A 添加量为 20 000IU/kg 和 25 000IU/kg 时显著增高，显著高于对照组；高密度脂蛋白显著降低，维生素 A 添加量为 25 000IU/kg 时最低，比对照组低 17.81%。血清中总胆固醇呈现先增高后降低的趋势，维生素 A 添加量为 5 000IU/kg 、10 000IU/kg 和 15 000IU/kg 时，显著高于对照组和 25 000IU/kg（表 6-6）。血清维生素 A 含量随着添加维生素 A 水平增加而增加，但维生素 A 在 20 000IU/kg 以内时无显著差异，维生素 A 达到 25 000IU/kg 时，血清维生素 A 含量显著增加，显著高于其他剂量组，达到 695.91μmol/L（表 6-7）。

表6-3　饲粮维生素 A 添加水平对育成生长期蓝狐生长性能的影响

项目	始重（kg）	末重（kg）	平均日增重（g）	平均日采食量（g）	料重比
对照组	2.14±0.21	5.76±0.21	51.61±2.47	266.79±1.68	5.12±0.21
5 000	2.16±0.23	5.78±0.15	51.70±2.88	267.93±1.37	5.27±0.22
10 000	2.15±0.22	5.75±0.11	51.43±2.06	268.14±1.91	5.28±0.21
15 000	2.13±0.25	5.74±0.43	51.52±6.97	266.71±1.73	5.00±0.39
20 000	2.13±0.22	5.69±0.32	50.89±4.38	266.86±1.73	5.15±0.35
25 000	2.11±0.22	5.66±0.38	50.71±6.90	266.50±0.87	5.11±0.48
P 值	0.997 2	0.956 6	0.997 6	0.265 1	0.602 9

注：同行肩标不同的大写字母表示差异极显著（$P<0.01$），不同小写字母表示差异显著（$P<0.05$），同行肩标相同的或不标字母的表示差异不显著（$P>0.05$）。表6-4 至表6-7 与此注释相同。

表6-4　饲粮维生素 A 添加水平对育成生长期蓝狐营养物质消化率的影响

项目	干物质采食量（g）	干物质排出量（g）	干物质消化率（%）	蛋白质消化率（%）	脂肪消化率（%）
对照组	266.79±1.68	67.98±5.91	74.51±2.33	72.49±2.67	87.30±2.65[bc]
5 000	267.93±1.37	66.92±6.27	75.02±2.33	73.56±2.91	89.09±1.71[ab]
10 000	268.14±1.91	66.37±8.52	75.25±3.13	75.20±3.22	89.64±1.46[a]
15 000	266.71±1.73	71.25±6.37	73.27±2.49	73.10±3.74	86.39±1.85[c]
20 000	266.86±1.73	71.74±5.97	73.12±2.19	73.62±1.67	86.63±2.66[c]
25 000	266.50±0.87	61.54±6.67	76.91±2.43	74.55±3.13	86.87±1.13[bc]
P 值	0.265 1	0.078 3	0.075 3	0.577 4	0.014 5

表6-5　饲粮维生素 A 添加水平对育成期蓝狐氮代谢的影响

项目	食入氮（g/d）	粪氮（g/d）	尿氮（g/d）	氮沉积（g/d）	净蛋白质利用率（%）	蛋白质生物学效价（%）
对照组	13.91±0.09	3.83±0.35	5.57±0.33	4.52±0.68	32.45±4.75	44.63±5.05
5 000	13.97±0.07	3.70±0.40	5.56±0.38	4.72±0.68	33.74±4.87	45.72±5.27
10 000	13.98±0.10	3.47±0.46	5.85±0.66	4.66±0.92	33.37±6.68	44.19±7.38
15 000	13.91±0.09	3.74±0.50	5.80±0.51	4.36±0.92	31.33±6.50	42.63±7.09
20 000	13.91±0.09	3.67±0.23	5.99±0.44	4.26±0.66	30.59±4.74	41.44±5.61
25 000	13.90±0.05	3.54±0.44	6.14±0.40	4.22±0.44	30.35±3.19	40.68±3.54
P 值	0.259 2	0.599 2	0.159 9	0.724 3	0.759 5	0.559 3

表6-6　饲粮维生素 A 添加水平对育成期蓝狐血清脂类代谢相关指标的影响

项目	0	5 000	10 000	15 000	20 000	25 000
低密度脂蛋白（μmol/L）	139.89±23.70[b]	145.72±17.75[b]	148.56±14.39[b]	152.47±38.91[b]	186.71±15.80[a]	184.37±14.7[a]

（续）

项目	0	5 000	10 000	15 000	20 000	25 000
高密度脂蛋白 （μmol/L）	117.21 ±12.16[ab]	123.56 ±13.14[a]	116.43 ±7.86[ab]	118.70 ±22.81[ab]	103.42 ±11.58[bc]	96.34 ±6.28[c]
甘油三酯 （μmol/L）	19.81 ±0.9[a]	19.96 ±0.5[a]	19.96 ±1.2[a]	17.13 ±1.21[b]	22.15 ±0.65[c]	22.78 ±1.19[c]
总胆固醇 （μmol/L）	23.70 ±1.85[c]	26.37 ±1.53[ab]	26.99 ±1.86[a]	27.76 ±1.47[a]	24.68 ±0.57[bc]	20.85 ±1.96[d]

表 6-7　饲粮维生素 A 添加水平对育成期蓝狐血清维生素 A 和 D 及部分生化指标的影响

项目	0	5 000	10 000	15 000	20 000	25 000
维生素 A （μmol/L）	517.95 ±89.33[b]	532.33 ±80.32[b]	541.55 ±74.52[b]	567.05 ±106.59[b]	581.97 ±120.80[b]	695.91 ±40.13[a]
维生素 D （μmol/L）	11.24 ±1.85	10.47 ±0.92	10.02 ±1.57	11.37 ±2.05	11.51 ±2.35	11.85 ±1.81
丙氨酸氨基转移酶 （ng/L）	170.73 ±16.98	165.14 ±19.85	178.26 ±13.25	204.54 ±40.79	206.12 ±39.30	189.76 ±28.87
天冬氨酸氨基转移酶 （ng/L）	126.22 ±14.02[a]	139.38 ±17.81[a]	108.39 ±10.09[b]	107.58 ±5.25[b]	123.98 ±9.48[ab]	134.02 ±6.15[a]
尿素氮 （mmol/L）	19.08 ±0.60[a]	16.35 ±1.34[bc]	17.55 ±1.54[b]	19.10 ±0.53[a]	15.98 ±1.47[c]	20.38 ±0.86[a]

随着维生素 A 添加水平的升高，蓝狐末重、平均日增重和平均日采食量均呈现先上升后下降二次曲线变化，说明适量的维生素 A 可以促进蓝狐生长，过多添加反而降低了蓝狐的生长性能。当饲粮中添加 5 000IU/kg 维生素 A 时，蓝狐获得最佳生长性能。维生素 A 在适宜范围内会促进脂肪合成，超过这个范围会抑制脂肪合成，减少肝脏脂肪的积累，说明饲粮维生素 A 对动物脂肪合成的影响具有阶段依赖性。血循环中维生素 A 主要以全视黄醇结合蛋白形式存在，血清中维生素 A 水平不能完全代表总体维生素 A 的状态，低水平的维生素 A 表明储存的维生素 A 全部耗尽，机体处于维生素 A 缺乏的状态；高水平维生素 A 表明维生素 A 的量超过机体储存能力，血循环中维生素 A 过量，将沉积于其他组织，会造成维生素 A 中毒。维生素 A 在 20 000IU/kg 以内时无显著差异，说明在一定范围时，血清维生素 A 含量可以保持稳定；而添加维生素 A 25 000IU/kg 时超过机体储存能力，血清维生素 A 含量显著增加，但未发现明显中毒症状。

综合日增重、料重比、营养物质消化率及相关血清指标，育成生长期蓝狐饲粮适宜维生素 A 添加水平为 5 000IU/kg（饲粮中维生素 A 水平为 6 380IU/kg），可使其获得较好的生长发育潜能。NRC（1982）公布狐快速生长时期的维生素 A 推荐水平为 2 440 IU/kg 饲料干物质（提供 3 700kcal 代谢能）即 66IU/100kcal 代谢能；芬兰毛皮动物育种协会维生素 A 推荐值为 3 500IU/kg 饲料干物质（Nenonen 等，2003）。综合得出，育成生长期狐饲粮中维生素 A 的推荐量为 3 500～5 000IU/kg。

二、维生素 D

(一) 生理功能

维生素 D 又称钙（骨）化醇，系类固醇衍生物，与钙、磷代谢关系密切。维生素 D 家族成员中最重要的成员是维生素 D_2（麦角钙化醇）和维生素 D_3（胆钙化醇）。维生素 D 均为不同的维生素 D 原经紫外线照射后的衍生物。植物甾醇麦角固醇受紫外线照射后可转变为维生素 D_2，皮下储存的胆固醇生成的 7-脱氢胆固醇受紫外线照射后可转变为维生素 D_3。维生素 D 的主要作用是促进肠道钙吸收，诱导骨质钙、磷沉着，维持血浆和骨骼中钙的内稳态，维持狐正常的钙、磷代谢水平，当缺乏时往往会引起狐软骨病（维生素 D 缺乏性佝偻病），甚至影响繁殖性能。动物的不同状态也影响狐维生素 D_3 吸收和利用。新生幼龄狐肾中 α-羟化酶的活性较低，对维生素 D_3 的羟化作用产生影响；动物体内酸碱平衡状态影响氢化酶活性，从而影响维生素 D_3 的合成；前列腺素能刺激氢化酶的活性，当前列腺素代谢异常时，骨的结构会受到破坏。

(二) 来源及储存

维生素 D 在植物性饲料中分布较少，动物性饲料中含维生素 D 较丰富的是动物肝脏、鱼肝油及其他鱼油、禽蛋等，乳中含有少量的维生素 D。由于维生素 D 可以通过阳光照射在狐体内合成，所以狐很少出现维生素 D 缺乏症状，但在妊娠期和哺乳期易发生，这时需要增加钙和磷的供给量。纯制的维生素 D_3 为白色结晶，在较高温的中性和碱性溶液中稳定，不易被氧化和破坏，在 130℃ 环境中加热 90min，仍可保存其生理活性；但在酸性溶液中则逐渐分解。故饲料调制不会引起维生素 D_3 的损失，但脂肪酸败可引起维生素 D_3 的破坏。

(三) 维生素 D 缺乏症

幼年动物维生素 D 缺乏症称为"佝偻病"，而成年动物维生素 D 缺乏将导致骨软化症，患病动物已沉积的骨钙会被重吸收。佝偻病和骨软化症不一定是由维生素 D 缺乏导致的特有疾病，这两种病也可以由钙或磷缺乏或两者之间比例不平衡引起。Smith 和 Barnes（1941）的试验指出，当维生素 D 含量相对较低时，最适宜的钙磷比值为 1∶1 时，也不会发生佝偻病。然而当饲料中钙含量 0.1%、磷含量 0.52%，每天补充 95IU 维生素 D 有助于患佝偻病的狐幼崽轻微的骨愈合，而 100～200IU/d 维生素 D 可以使两只患有佝偻病的狐幼崽骨愈合良好。

野生状态下佝偻病的发生是很少见的，但当采食的食物含有较少的维生素 D，同时钙磷比例失调时会产生佝偻病（Hanson，1935；Schoop，1939；Ott 和 Coombes，1941；Smith 和 Barnes，1941；Harris 等，1945；Enders 等，1949；Helgebostad 和 Bohler，1949；Harris 等，1951b）。当饲料中低钙高磷时，动物会伴有痉挛、抽搐的症状，同时具有持续的紧张不安和易怒表现。

(四) 维生素 D 过量

Harris 等（1951b）研究指出狐维生素 D 水平在 200IU/d，小狐没有中毒症状。

Helgebostad 和 Nordstogen（1978）同时研究银狐和蓝狐发现，维生素 D 水平持续两个月为 5 000IU/（kg·d）时，没有产生中毒症状；维生素 D 水平为 10 000IU/（kg·d）时在很短的一段时间内，动物表现出食欲减退、行动困难、呆滞、腹泻并伴有黑色粪便，分析血清结果显示明显的高钙血，伴有肾脏、肌肉、胃黏膜和心脏出现钙沉淀物。Jorgensen（1977）表示狐相对较为耐受高剂量的维生素 D_3，然而当狐商业化饲料含有高水平的海鱼（鱼肝和脂肪组织含有丰富的维生素 D_3）则可能导致它们摄入过量的维生素 D_3。

（五）需要量

1. 维生素 D_3 在育成生长期蓝狐养殖生产中的应用 徐逸男（2018）研究不同钙水平和维生素 D 含量交互对育成生长期蓝狐生长性能、营养物质消化率及氮代谢的影响。试验采用 3×3 双因素试验设计，饲粮中固定钙磷比为 1.5：1，饲粮中添加不同水平钙（0、0.4% 和 0.8%）和维生素 D_3（1 000、2 000 和 4 000IU/kg），基础饲粮中维生素 D_3 含量为 327IU/kg。试验结果表明：随着维生素 D_3 的增加，蓝狐的试验末重和日增重先升高后降低，料重比则是先降低后升高。试验末重和日增重最高值以及料重比的最低值出现在维生素 D_3-2 000 组（图 6-1）。维生素 D_3-2 000 组氮沉积、蛋白质利用效率和蛋白质生物学价值最高（图 6-2 和图 6-3）。最高的钙、磷消化率和最低的粪钙值出现在维生素 D_3-2 000 组（图 6-4）。因此，蓝狐育成生长期饲粮钙磷比为 1.5：1 时，添加维

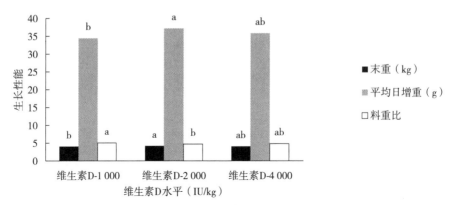

图 6-1 饲粮维生素 D 添加水平对育成生长期蓝狐生长性能的影响

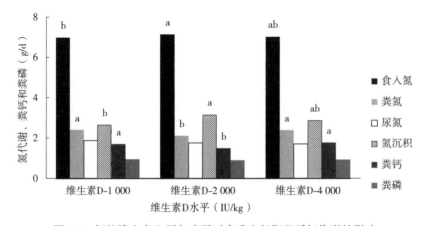

图 6-2 饲粮维生素 D 添加水平对育成生长期蓝狐氮代谢的影响

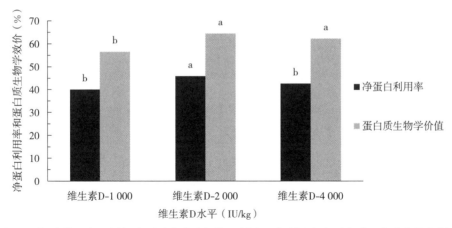

图 6-3 饲粮维生素 D 添加水平对育成生长期蓝狐净蛋白利用率和蛋白质生物学价值的影响

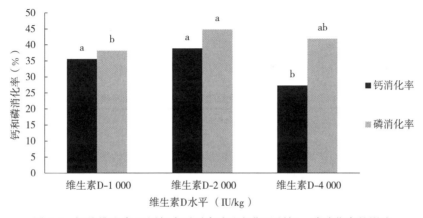

图 6-4 饲粮维生素 D 添加水平对育成生长期蓝狐钙、磷消化率的影响

生素 D_3 2 000 IU/kg 时即饲粮中维生素 D_3 2 327 IU/kg 较为适宜。这一试验结果与 Harris 等（1951b）的研究相比，饲料维生素 D 820IU/kg 可以满足生长期狐的需要，推荐维生素 D 补充量高，可能由于狐经过不断育种、体型变大，维生素 D 的需求量也有所增加。

2. 维生素 D_3 在冬毛生长期蓝狐生产中的应用 徐逸男（2018）研究不同钙水平和维生素 D 含量交互对冬毛生长期蓝狐生长性能、营养物质消化率及氮代谢的影响。试验采用 3×3 双因素试验设计，饲粮中固定钙磷比为 1.4∶1，饲粮中添加不同水平钙（0、0.4％和 0.8％）和维生素 D_3（1 000、2 000 和 4 000IU/kg），基础饲粮中维生素 D_3 含量为 327IU/kg。试验结果表明：维生素 D_3 水平对蓝狐末重、体长和皮长均无显著影响，但随着维生素 D_3 的升高，蓝狐末重有降低的趋势（表 6-8），说明饲粮中添加维生素 D_3 1 000IU/kg，即饲粮中 1 327IU/kg 已经满足蓝狐的营养需要。维生素 D_3 水平对蓝狐胫骨灰分含量有显著影响，随着维生素 D_3 的升高灰分含量降低。胫骨灰分含量与骨骼发育成正相关，是骨骼矿物质元素储备状况的主要反映参数（表 6-9）。因此，冬毛生长期蓝狐饲粮钙磷比固定为 1.4∶1 的条件下，添加维生素 D_3 1 000IU/kg 时即饲粮中维生素 D_3 1 327IU/kg 时，即可满足冬毛生长期蓝狐的需要。

表6-8　饲粮钙和维生素 D_3 水平对冬毛生长期蓝狐生产性能和皮张长度的影响

项目	钙（%）			维生素 D_3（IU/kg）			SEM	P 值		
	0	0.4	0.8	1 000	2 000	4 000		Ca	维生素D_3	Ca×维生素D_3
末重（kg）	6.24[a]	6.03[b]	6.03[b]	6.17	6.10	6.06	0.130	0.046	0.540	0.241
体长（cm）	72.58[a]	71.54[a]	70.08[b]	70.92	71.25	72.04	4.450	0.001	0.174	0.189
皮长（cm）	95.91	95.22	96.73	96.19	95.74	96.05	13.127	0.427	0.932	0.227

注：同行肩标不同的大写字母表示差异极显著（$P<0.01$），不同小写字母表示差异显著（$P<0.05$），同行肩标相同的或不标字母的表示差异不显著（$P>0.05$）。表6-9 与此表注释相同。

表6-9　饲粮钙和维生素 D_3 水平对冬毛生长期蓝狐胫骨发育的影响

项目	钙（%）			维生素 D_3（IU/kg）			SEM	P 值		
	0	0.4	0.8	1 000	2 000	4 000		Ca	维生素D_3	Ca×维生素D_3
胫骨长度（cm）	13.36	13.27	13.47	13.25	13.40	13.45	0.247	0.370	0.349	0.612
钙含量（%）	22.37[c]	23.93[b]	25.07[a]	23.67	23.84	24.06	0.813	<0.001	0.100	<0.001
磷含量（%）	8.99	8.82	9.36	9.10	9.24	8.73	0.583	0.146	0.260	0.020
灰分含量（%）	60.92	60.54	61.17	61.33[a]	60.56[b]	60.69[ab]	1.166	0.134	0.049	<0.001

三、维生素 E

（一）生理功能

维生素 E 又称生育酚，其中 α-生育酚效力最大。维生素 E 在饲粮中可以作为一种抗氧化剂，它是饲料中必需脂肪酸及其他不饱和脂肪酸以及维生素 A 和维生素 D_3、胡萝卜素和叶黄素等物质的一种重要保护剂，除能有效防止脂肪酸和脂溶性维生素氧化变性外，还可避免或减轻动物真菌毒素中毒情况的发生；维生素 E 本身可以参与脂肪代谢，维持内分泌腺的正常机能，使性腺细胞正常发育，提高繁殖性能；它与硒合作，使多种不饱和脂肪酸的抗氧化性能增强，从而保证细胞膜的正常脂质结构和生理功能。

（二）来源及储存

绿叶植物中几乎都含有此种维生素。谷物胚芽及胚油，如小麦胚油、棉籽油、玉米油、花生油、芝麻油和大麦芽等均是维生素 E 的丰富来源；在动物性饲料中，如奶、肉、蚕蛹、蛋及鱼肝油中也含有一定量的维生素 E。α-生育酚为黄色油状液体，对热和酸较稳定，在碱性环境中易破坏，在空气中可缓慢被氧化，在酸败的脂肪中维生素 E 会很快失去活性。为了保持维生素 E 的稳定性，常用醋酸或棕榈酸将其酯化。

（三）维生素 E 缺乏

维生素 E 缺乏症往往同硒缺乏症同时发生。如蓝狐较长时间采食含酸败脂肪较多的鱼、痘猪肉后，可引起公狐睾丸上皮细胞萎缩、精液品质下降、性欲降低；母狐则发情不规律、性欲下降、受孕困难，甚至发生死胎和流产。多不饱和脂肪酸（PUFA）易被氧化而破坏维生素 E，因此当狐饲料中添加鱼油等含有高水平的 PUFA 时，会增加维生素 E 的需要量。水貂饲料不含高水平的 PUFA，缺乏维生素 E 时引起水貂的骨骼和血液发生变化，产生贫血（Stowe 和 Whitehair，1963）。当饲料中含有高水平的 PUFA 和不相适宜的维生素 E 水平，会导致毛皮动物"黄脂肪病"。早在 1942—1943年，Helgebostad 和 Ender（1955）给银狐幼崽饲喂鲱鱼和圆黑鳕，打皮时动物脂肪组织出现明显的黄色现象。通常"黄脂肪病"的狐表现食欲下降、精神沉郁，发病后期排黑色稀便。Rapoport（1961a）指出当蓝狐饲料中添加鱼油 12~24g/d，除非提供额外的维生素 E，否则将影响雄性蓝狐的性行为和雌性蓝狐的生育能力，减少幼崽的数量。Rapoport（1961b）指出当饲料中添加鱼油 12~18g/d，小蓝狐的体重会增加；而当额外补充维生素 E 后，蓝狐体重增加更加明显。Harris 和 Embee（1963）推荐维生素 E 的额外添加量与饲料 PUFA 的水平直接相关，也就是每克 PUFA 需要维生素 E 0.6mg（0.6mg/g）。每只狐饲料中每天添加 5mg 维生素 E，可有效降低狐空怀率，减少狐不发情、流产、死胎等现象，提高产仔数以及仔狐成活率（王俊毅，1998）。刘玉萍（1993）用亚硒酸钠维生素 E 混合制剂通过每次 2mL，每 2 天注射 1 次，连续注射 5~6次后，停止 4~5d 后再继续用药的方式，治疗蓝狐自咬症 101 例，治愈 89 例，治愈率 87.8%。

（四）维生素 E 过量

在狐的文献中并没有关于维生素 E 过量而中毒的数据记载，但 Wilson（1983）研究水貂幼崽颗粒饲料中维生素 E 含量为 200mg/kg 干物质，由于饲料中不含高水平的 PUFA，过量的维生素 E 使幼崽出现中毒症状，导致动物出血死亡，这是由于维生素 E 代谢产物颉颃维生素 K 的原因。

（五）需要量

1. 育成生长期蓝狐维生素 E 需要量研究 刘可园等（2019，未发表）研究饲粮中添加不同水平维生素 E（0、50、100、150 和 200mg/kg，添加形式为 50%α-生育酚醋酸酯）对育成生长期雄性蓝狐生长性能、抗氧化能力和血清生化指标的影响。试验结果表明：饲粮维生素 E 水平对 56d 体重、29~56d 平均日增重、平均日采食量和料重比有显著的影响。添加剂量为 200mg/kg 时，56d 体重和平均日增重最高，比对照组（0 维生素 E）分别高出 0.47kg、13.99g，料重比最低，比对照组低 1.25，但维生素 E 添加剂量为 200mg/kg 在 56d 体重、29~56d 平均日增重和料重比与维生素 E 添加剂量100mg/kg 和 150mg/kg 间无显著差异（表 6-10）。饲喂维生素 E 添加量为 200mg/kg组蓝狐脂肪消化率显著高于其他各组，达到 94.60%，维生素 E 水平对其他营养物质消化率和氮代谢指标无显著影响（表 6-11）。饲粮中维生素 E 添加 100mg/kg 和 150mg/kg组蓝狐血清超氧化物歧化酶活性和谷胱甘肽过氧化物酶活性显著高于添加 50mg/kg组。当饲粮中维生素 E 的含量为 100~200mg/kg 时，蓝狐血清中超氧化物歧化酶活性、谷胱甘肽过氧化物酶活性和免疫球蛋白 G 含量高于其他剂量组。维生素 E 剂量为

150mg/kg 时超氧化物歧化酶活性最高，为 11.73U/mL；维生素 E 剂量为 200mg/kg 时谷胱甘肽过氧化物酶活性最高，为 1 186.65U/mL；维生素 E 剂量为 100mg/kg 时，免疫球蛋白 G 含量最高，达 19.35mg/mL（表 6-12）。当饲粮中维生素 E 的添加量为 100～200mg/kg 时，蓝狐血清中总蛋白和球蛋白含量维持较高水平，维生素 E 的添加量为 150mg/kg 时最高，分别为 53.59g/L 和 28.34g/L。当饲粮中维生素 E 的添加量为 100～200mg/kg 时蓝狐血清中甘油三酯含量显著低于维生素 E 剂量 0 和 50mg/kg（表 6-13）。

表 6-10　饲粮维生素 E 添加水平对育成生长期蓝狐生长性能的影响（$n=15$）

项目	维生素 E 添加量（mg/kg）					SEM	P 值		
	0	50	100	150	200		维生素 E	线性	二次
体重（kg）									
1d	2.29	2.31	2.31	2.30	2.28	0.07	0.995	0.810	0.858
28d	3.79	3.95	3.84	3.94	3.92	0.07	0.432	0.603	0.117
56d	4.78[b]	5.08[a]	5.01[ab]	5.15[a]	5.25[a]	0.10	0.015	0.090	0.120
平均日增重（g）									
1～28d	51.72	56.53	52.71	56.40	56.65	1.88	0.182	0.712	0.066
29～56d	41.37[c]	46.88[bc]	48.81[ab]	50.45[ab]	55.36[a]	2.23	0.001	0.021	0.515
平均日采食量（g）									
1～28d	171.43	173.57	173.30	172.50	170.63	5.49	0.995	0.810	0.858
29～56d	218.40[c]	229.77[ab]	221.81[bc]	233.24[a]	230.47[ab]	3.72	0.030	0.520	0.038
料重比									
1～28d	3.38	3.11	3.33	3.10	3.18	0.19	0.778	0.835	0.300
29～56d	5.49[a]	5.02[ab]	4.68[bc]	4.68[bc]	4.24[c]	0.31	0.002	0.010	0.805

注：同行肩标不同的大写字母表示差异极显著（$P<0.01$），不同小写字母表示差异显著（$P<0.05$），同行肩标相同的或不标字母的表示差异不显著（$P>0.05$）。表 6-11 至表 6-12 与此注释相同。

表 6-11　饲粮维生素 E 添加水平对育成期蓝狐营养物质消化率的影响（$n=8$）

项目	维生素 E 添加量（mg/kg）					SEM	P 值		
	0	50	100	150	200		维生素 E	线性	二次
干物质消化率（%）	67.78	66.28	66.84	66.33	67.07	1.00	0.822	0.508	0.407
蛋白质消化率（%）	67.61	67.37	64.76	65.50	66.27	1.07	0.293	0.067	0.373
脂肪消化率（%）	92.79[b]	92.50[b]	92.53[b]	92.53[b]	94.60[a]	0.55	0.044	0.739	0.817
碳水化合物消化率（%）	68.40	66.47	68.81	67.33	67.29	1.16	0.626	0.806	0.142
氮沉积（g）	8.59	9.61	8.43	9.43	8.47	0.83	0.761	0.898	0.288
净蛋白利用率（%）	28.97	30.20	28.39	30.21	28.13	2.71	0.921	0.881	0.454
蛋白质生物学效价（%）	42.87	46.12	44.10	45.79	42.39	4.01	0.951	0.225	0.663

表 6-12　饲粮维生素 E 添加水平对育成期蓝狐血清抗氧化指标和免疫球蛋白含量的影响（$n=8$）

项目	维生素 E 添加量（mg/kg）					SEM	P 值		
	0	50	100	150	200		维生素 E	线性	二次
总抗氧化能力（nmol/mL）	0.17	0.21	0.16	0.15	0.18	0.02	0.506	0.764	0.185
超氧化物歧化酶（U/mL）	10.73[ab]	9.56[b]	11.22[a]	11.73[a]	10.15[ab]	0.51	0.039	0.505	0.029
谷胱甘肽过氧化物酶（U/mL）	952.7[b]	912.79[b]	1 096.25[a]	1 126.71[a]	1 186.65[a]	37.56	<0.000 1	0.011	0.021
丙二醛（nmol/mL）	14.95	15.14	14.27	16.47	13.38	1.04	0.321	0.646	0.674
免疫球蛋白 G（mg/mL）	10.72[b]	14.82[ab]	19.35[a]	17.94[a]	17.89[a]	3.56	0.012	0.002	0.918
免疫球蛋白 A（mg/mL）	4.86	5.07	5.86	6.40	5.26	0.66	0.473	0.300	0.727
免疫球蛋白 M（μg/mL）	97.93	99.61	108.50	154.07	161.04	18.88	0.096	0.700	0.879

表 6-13　饲粮维生素 E 添加水平对育成期蓝狐血清生化指标的影响（$n=8$）

项目	维生素 E 添加量（mg/kg）					SEM	P 值		
	0	50	100	150	200		维生素 E	线性	二次
总蛋白（g/L）	48.87[b]	51.80[ab]	52.27[ab]	53.59[a]	53.26[ab]	1.47	0.194	0.112	0.500
白蛋白（g/L）	30.07[a]	30.89[a]	28.09[ab]	25.25[b]	25.47[b]	1.01	0.001	0.175	0.154
球蛋白（g/L）	18.80[c]	20.91[bc]	24.19[ab]	28.34[a]	27.78[a]	1.55	0.000 3	0.020	0.761
葡萄糖（mmol/L）	5.27	5.45	5.80	5.88	5.75	0.20	0.200	0.076	0.746
甘油三酯（mmol/L）	1.30[a]	1.24[a]	0.53[b]	0.67[b]	0.54[b]	0.10	<0.000 1	<0.000 1	0.010
胆固醇（mmol/L）	4.40	4.31	4.23	4.57	4.37	0.20	0.818	0.548	0.966
低密度胆固醇（mmol/L）	0.24	0.22	0.23	0.23	0.24	0.01	0.861	0.697	0.454
高密度胆固醇（mmol/L）	3.40	3.30	3.56	3.58	3.61	0.17	0.624	0.493	0.375

　　饲粮中添加维生素 E 能够提高育成生长期蓝狐的生长性能，当添加达到一定剂量时促生长作用较明显。维生素 E 可通过抗氧化功能提高脂肪组织中多不饱和脂肪酸的含量，促进脂肪吸收，因此，维生素 E 添加剂量高的组脂肪消化率较高。超氧化物歧化酶和谷胱甘肽过氧化物酶是重要的自由基清除酶，其活性可客观地反映机体抗氧化能力的高低。添加适当剂量的维生素 E 可提高动物机体抗氧化能力，本试验添加 $100\sim200$ mg/kg 时，超氧化物歧化酶和谷胱甘肽过氧化物酶活性较高，说明添加这个剂量范围抗氧化能力较强。维生素 E 与淋巴细胞膜的流动性有关，参与免疫球蛋

白 G 的合成，试验中添加维生素 E 100～200mg/kg 时，血清中的 IgG 含量相对较高。随饲粮中维生素 E 水平增加，血清中总蛋白和球蛋白有升高趋势，血清甘油三酯有降低趋势，说明维生素 E 可促进机体对蛋白质的消化吸收、调节血脂、提高机体的免疫能力。

基础饲粮中未检测到维生素 E 的含量，育成生长期蓝狐饲粮中添加维生素 E 100～200mg/kg 时，即饲粮中维生素 E 含量为 100～200mg/kg 能够满足蓝狐的生长需求。

2. 冬毛生长期蓝狐维生素 E 需要量研究 刘可园等（2019）研究饲粮中添加不同水平维生素 E（0、100、200 或 400mg/kg）对冬毛生长期蓝狐生产性能、营养物质消化率和抗氧化能力的影响。试验结果表明：饲粮维生素 E 水平对雌性蓝狐第 60 天体重无显著影响，添加维生素 E 组雄性蓝狐体重比对照组高。添加维生素 E 组 30～60d 雄性和雌性蓝狐平均日增重显著高于对照组，添加维生素 E 400mg/kg 雌性蓝狐平均日增重比对照组高出 29.72%，但与添加维生素 E 200mg/kg 组差异不显著；添加维生素 E 200mg/kg 组雄性蓝狐平均日增重比对照组高出 36.73%。随着维生素 E 水平增加，雄性蓝狐料重比有降低趋势，维生素 E 含量 400mg/kg 组最低，比对照组低出 1.11；添加维生素 E 组雌性蓝狐料重比与对照组无显著差异，但均低于对照组，30～60d 料重比添加 200mg/kg 维生素 E 组比对照组低 19.53%（表 6-14）。400mg/kg 维生素 E 硒总排泄量最高，显著高于对照组，导致该组硒沉积低于对照组；200mg/kg 维生素 E 组雄性蓝狐硒沉积和硒消化率最高，分别为 1.03μg/kg 和 11.97%（表 6-15）。饲粮中维生素 E 为 200mg/kg 雄性和雌性蓝狐超氧化物歧化酶、硫氧还蛋白氧化还原酶、谷胱甘肽转移酶活性显著高于对照组，添加维生素 E 各组三种酶的活性均高于对照组（表 6-16）。

饲粮中添加维生素 E 可以提高蓝狐的日增重和饲料转化率，提高蓝狐的抗氧化能力，同时维生素 E 影响蓝狐硒的排泄和沉积。当狐饲粮中脂肪含量较高时，要适当添加维生素 E，防止饲粮中的不饱和脂肪酸酸化变质，预防黄脂肪病的发生。因此，狐饲粮中添加维生素 E 200mg/kg，饲粮中未检测到维生素 E 的含量，即冬毛生长期蓝狐饲粮中含有维生素 E 200mg/kg，蓝狐的生长性能和抗氧化能力较理想。

四、维生素 K

（一）生理功能

维生素 K 的主要作用是维持机体血液正常凝固，催化合成凝血酶原，因此又称为凝血维生素、抗出血维生素和凝血酶原因子。维生素 K 常见有三种：即维生素 K_1、维生素 K_2、维生素 K_3。

（二）来源

维生素 K_1 又称叶绿醌，自然存在于青绿植物中。维生素 K_2 化学名为甲基萘醌，可由动物瘤胃和大肠中的微生物合成，在这些微生物体内含量很丰富。维生素 K_3 为二甲基萘醌，是由人工合成的水溶性化合物，其生物活性高于前两者。

表6-14 饲粮添加不同水平维生素E和硒对冬毛生长期蓝狐生长性能的影响

项目	性别	维生素E和硒添加量 (mg/kg)								SEM	P值		
		0和0	100和0	200和0	400和0	0和0.2	100和0.2	200和0.2	400和0.2		维生素E	硒	维生素E×硒
体重 (kg)													
1d	母	4.91	4.92	4.93	4.98	4.96	4.94	4.98	4.96	0.153	0.994	0.818	0.996
	公	5.19	5.17	5.13	5.15	5.12	5.10	5.13	5.13	0.153	0.998	0.716	0.993
30d	母	5.88	5.63	5.69	5.86	5.71	5.74	5.90	5.89	0.149	0.663	0.681	0.624
	公	6.23	5.98	5.85	6.10	6.29	6.23	6.28	6.35	0.177	0.636	0.055	0.796
60d	母	7.65[a]	7.79[a]	7.77[a]	8.15[a]	7.87[a]	6.94[b]	6.82[b]	6.71[b]	0.180	0.065	<0.0001	0.0004
	公	7.86[bc]	8.11[ab]	8.08[ab]	8.28[ab]	8.58[a]	7.33[c]	7.36[c]	7.29[c]	0.198	0.046	0.003	0.0003
平均日增重 (g)													
1~30d	母	32.50	23.89	25.28	29.45	25.00	26.67	30.83	31.11	2.973	0.407	0.768	0.161
	公	34.44[abc]	26.94[bc]	24.17[c]	31.67[abc]	39.17[a]	37.50[a]	38.34[a]	40.56[a]	3.409	0.281	0.0003	0.581
30~60d	母	58.89[b]	71.95[a]	69.17[ab]	76.39[a]	71.95[a]	40.00[c]	30.56[cd]	27.22[d]	3.686	0.001	<0.0001	<0.0001
	公	54.45[b]	71.11[a]	74.45[a]	72.78[a]	76.11[a]	36.94[c]	36.11[c]	31.39[c]	3.545	0.003	<0.0001	<0.0001
平均干物质采食量 (g)													
1~30d	母	247.92	261.67	253.13	263.13	257.08	241.04	248.54	246.46	8.292	0.965	0.171	0.284
	公	269.79	270.21	262.71	273.33	272.92	258.54	263.13	258.13	8.155	0.747	0.318	0.616
30~60d	母	269.41[ab]	293.95[a]	256.17[b]	270.60[ab]	257.11[b]	264.46[b]	273.85[ab]	264.73[b]	8.008	0.203	0.193	0.043
	公	266.39	262.40	269.96	288.84	292.62	285.40	278.27	292.01	10.555	0.371	0.049	0.644
料重比													
1~30d	母	7.91	12.26	10.60	9.15	11.10	9.52	8.80	8.22	1.220	0.353	0.512	0.094
	公	8.05	11.05	11.16	9.27	7.66	7.06	7.33	6.61	1.000	0.376	0.0004	0.262

（续）

项目	性别	维生素E和硒添加量（mg/kg）								SEM	P值		
		0和0	100和0	200和0	400和0	0和0.2	100和0.2	200和0.2	400和0.2		维生素E	硒	维生素E×硒
30~60d	母	4.66[bc]	4.12[c]	3.75[c]	3.55[c]	3.69[b]	7.13[b]	10.26[a]	9.72[a]	0.874	0.011	<0.0001	0.0003
	公	5.09[b]	3.71[b]	3.66[b]	4.05[b]	3.87[a]	8.01[a]	8.17[a]	9.37[b]	0.482	0.001	<0.0001	<0.0001

注：维生素E×硒代表维生素E和硒之间交互作用。

同行肩标不同的大写字母表示差异极显著（$P<0.01$），不同小写字母表示差异显著（$P<0.05$），同行肩标相同的或不标字母的表示差异不显著（$P>0.05$）。表6-15至表6-16与此注释相同。

表6-15　饲粮添加不同水平维生素E和硒对冬毛生长期蓝狐硒代谢的影响

项目	性别	维生素E和硒添加量（mg/kg）								SEM	P值		
		0和0	100和0	200和0	400和0	0和0.2	100和0.2	200和0.2	400和0.2		维生素E	硒	维生素E×硒
硒粪便排泄量（μg/d）	母	6.50[cd]	7.52[cd]	4.84[d]	9.06[b]	18.77[b]	23.42[a]	23.05[a]	25.12[a]	1.163	0.005	<0.0001	0.109
	公	7.73[c]	8.06[c]	8.16[c]	8.33[c]	25.92[b]	27.36[b]	25.94[ab]	29.85[a]	1.045	0.158	<0.0001	0.301
硒尿排泄量（μg/d）	母	2.06[bc]	2.21[bc]	2.12[bc]	1.93[c]	2.66[bc]	3.37[ab]	3.13[abc]	4.19[a]	0.412	0.408	0.0002	0.243
	公	1.01	2.05	1.39	1.64	1.69	2.92	2.79	2.61	0.538	0.223	0.017	0.923
总硒排泄量（μg/d）	母	8.56[d]	9.73[cd]	6.96[cd]	10.98[b]	21.42[b]	26.80[a]	26.18[a]	29.31[a]	1.254	0.003	<0.0001	0.083
	公	8.74[c]	10.11[c]	9.55[c]	9.97[b]	27.61[b]	30.28[b]	28.72[b]	32.46[a]	0.876	0.012	<0.0001	0.182
硒沉积（μg/d）	母	−0.16[ab]	−0.29[ab]	1.03[ab]	−2.01[b]	3.06[a]	−2.64[b]	−2.06[b]	−3.19[b]	1.291	0.030	0.360	0.094
	公	−0.58[ab]	−1.64[ab]	−1.12[ab]	−1.06[ab]	0.34[a]	−4.34[bc]	−3.11[ab]	−6.87[c]	1.163	0.020	0.008	0.060
硒消化率（%）	母	−2.69	−4.09	11.97	−21.64	11.94	−11.01	−8.99	−12.18	9.189	0.111	0.885	0.227
	公	−7.18	−19.13	−13.44	−13.34	0.96	−16.91	−13.56	−27.86	7.682	0.139	0.855	0.515

表 6-16　饲粮添加不同水平维生素 E 和硒对冬毛生长期蓝狐抗氧化性能的影响

项目	性别	维生素 E 和硒添加量 (mg/kg)								SEM	P 值		
		0 和 0	100 和 0	200 和 0	400 和 0	0 和 0.2	100 和 0.2	200 和 0.2	400 和 0.2		维生素 E	硒	维生素 E×硒
超氧化物歧化酶 (U/mL)	母	78.67[b]	85.17[b]	122.38[a]	81.88[b]	84.01[b]	83.45[b]	77.28[b]	77.86[b]	2.693	<0.000 1	<0.000 1	<0.000 1
	公	68.96[e]	70.95[de]	119.59[a]	64.96[e]	86.57[b]	81.34[cb]	78.99[ab]	77.08[cd]	2.624	<0.000 1	0.950	<0.000 1
硫氧还蛋白氧化还原酶 (U/mL)	母	0.023[c]	0.042[b]	0.052[a]	0.053[a]	0.055[a]	0.053[a]	0.052[a]	0.030[c]	0.003	<0.000 1	0.012	<0.000 1
	公	0.026[d]	0.041[bc]	0.042[abc]	0.051[a]	0.048[ab]	0.048[ab]	0.037[c]	0.027[d]	0.003	0.083	0.908	<0.000 1
谷胱甘肽转移酶 (μmol/L)	母	2.54[c]	4.15[a]	3.63[bc]	3.14[bc]	3.01[bc]	2.90[bc]	2.86[bc]	2.71[c]	0.256	0.030	0.010	0.016
	公	2.99[bc]	3.63[ab]	3.89[a]	2.71[c]	2.49[c]	3.04[abc]	3.09[abc]	2.71[c]	0.282	0.015	0.024	0.541

（三）维生素 K 缺乏

维生素 K 缺乏会导致动物因较小的外伤而流血不止，甚至死亡。狐维生素 K 缺乏症较少见，因此一般不需要外源补充。Perel dik 等（1972）报道农场中发现银狐和蓝狐出生时常伴有皮下和内部脏器出血，因此对于怀孕期的母狐，饲料中含有丰富的维生素 K 是非常有益的。

（四）维生素 K 过量

超大剂量的维生素 K 可引起机体代谢紊乱，出现中毒症状。Perel dik 等（1972）指出当动物维生素 K 剂量为每只每天 6mg 时，会出现消化不良、恶心、唾液量增多的症状；当孕期水貂摄入量为每只每天 10mg 时，会产生中毒反应并伴有胎儿的死亡。

（五）需要量

帝斯曼公司推荐水貂或狐的维生素 K 需要量为 1～2mg/kg 干物质饲粮。

（六）储存

维生素 K 在常温下比较稳定，但是暴露于阳光下则迅速被破坏。维生素 K 在体内存贮量不多，需经常供给。

第二节　水溶性维生素需要量

维生素是维持动物机体正常生理机能所必需的物质，既不参与构成机体细胞，也不为机体提供能量，却是许多酶的辅酶或辅基，是维持和调节机体正常代谢的重要物质，在动物生长发育、新陈代谢过程中发挥着重要的作用。每种维生素都有其特殊作用，而且相互间不可替代。维生素在动物机体内不能自身合成或合成量不足，必须从饲料或药物中摄取，当机体从外界摄取的维生素不适合其生命活动需要时，会出现维生素缺乏、中毒及不平衡，动物机体会出现某些代谢性疾病、免疫功能下降，并最终降低动物的整体生产性能。

水溶性维生素包括维生素 B 族和维生素 C，其中维生素 B 族又包括维生素 B_1（硫胺素）、维生素 B_2（核黄素）、维生素 B_3（烟酸）、维生素 B_4（胆碱）、维生素 B_5（泛酸）、维生素 B_6（吡哆醇）、维生素 B_7（生物素）、维生素 B_9（叶酸）、维生素 B_{12}（氰钴胺素）。

动物的维生素来源主要有：饲料中提供、动物消化道中某些微生物合成、动物某些器官所合成。前者称外源性维生素，后两者均称为内源性维生素。目前被列为维生素的大约有 30 种以上，从生理功能看，它们有的是辅酶的组成部分，参与细胞的物质和能量代谢过程。

近年来随着动物营养生理研究的发展，人们逐渐认识到添加维生素在动物饲养中的作用不仅仅在于预防缺乏症，更重要的意义在于为养殖动物提供最佳的抗逆能力，以减少动物发病和发挥最大遗传潜力。由此，人们提出了动物最佳维生素营养（optimum vitamin nutrition，OVN）的概念。刘宗柱（2010）研究表明，维生素 C 及多种 B 族维生素能提高家禽的抗逆、抗应激能力，促进家禽发挥最佳生产性能。研究证实当饲养动物维生素有效摄入量低于最低需求量或维生素有效摄入量高于最低需求量时，在应激状态下均表现为抗逆能力低下；只有维生素摄入量处于最佳需求量时，才能使动物具有最佳抗逆能力，减少发病，发挥最佳生产性能。同时，在最佳维生素营养状态下，可以提高动物产品的质量。B 族维生素主要作为辅酶，催化碳水化合物、脂肪和蛋白质在代谢过程中的各种反应。除维生素 B_{12} 外，水溶性维生素几乎不能在体内贮存，其代谢产物主要经尿排出。B 族维生素一般不会引起中毒症状，因其溶于水的特性，动物机体摄入过量会通过尿液排出，不会在机体内累积。

有关水溶性维生素营养与需要部分，笔者团队开展的试验研究较少，主要是参考国外多年前的研究报道，并结合我国狐养殖生产中维生素 B 族和维生素 C 缺乏的临床症状给予介绍，推荐量主要是参考 NRC（1982）貂、狐营养需要中的建议量列出。

一、维生素 B_1

（一）生理功能

维生素 B_1（硫胺素）是动物体内许多细胞的辅酶，活性形式是焦磷酸硫胺素（TTP），主要功能是参与碳水化合物代谢，在动物正常生理状态下，硫胺素被三磷酸腺苷激活产生硫胺素焦磷酸。硫胺素需要通过氧化脱羧反应，比如丙酮酸盐、戊二酸盐、酮类似物的亮氨酸、异亮氨酸、缬氨酸以及磷酸戊糖途径代谢的转酮醇酶的反应。因为丙酮酸盐是糖分解代谢的终产物，碳水化合物含量越高，动物饲粮中硫胺素的需求量越高。维生素 B_1 对维持神经组织及心肌的正常功能、维持正常的肠蠕动及消化道内脂肪吸收均起一定作用，可提高动物食欲，防止神经系统疾病的发生。

（二）缺乏症

狐基本上不能合成维生素 B_1，全靠饲粮来满足需要，当维生素 B_1 缺乏时，碳水化合物代谢及脂肪利用率迅速降低，表现为以食欲减退或消失、共济运动失调和麻痹为特征等多发性神经炎症状的疾病。狐开始出现衰弱、步态摇晃、抽搐和痉挛等症状，如不及时治疗，经 1d 即死。神经症状的生理基础直接与硫胺素氧化脱羧反应产生乙酰辅酶 A 和二氧化碳有关。因此，伴随硫胺素缺乏，其产物含量降低导致乳酸在血液及组织中累积导致了神经症状。过敏也是一种常见的症状，狐处在极大的痛苦中，在病的初期连续呻吟。研究表明，在狐痉挛期直肠温度升高，然后体温降低（Hodson 和 Smith，1942a；Coombes，1940；Green 等，1941），心脏机能减弱。维生素 B_1 是红细胞转酮醇酶的辅酶，缺乏硫胺素的狐其红细胞转酮醇酶的活性较低。妊娠期母狐缺乏维生素 B_1，初生仔兽发育不良，表现为渗出性出血和头部水肿，严重缺乏时引起胚胎死亡。胚胎死亡的母狐在妊娠后期可因中毒死亡，死亡母狐子宫内可见到发育到不同时期死亡的木乃伊胚胎。如哺乳期母狐缺乏维生素 B_1，会导致哺乳仔狐腹泻，严重的母狐会咬伤仔狐的尾巴，吃掉部分或所有的仔狐。

（三）预防

淡水鱼类（特别是鲤鱼科）含有一种叫硫胺素酶的物质，能够破坏饲料中的硫胺素（维生素 B_1），长期生喂会导致狐维生素 B_1 缺乏症。因此，在饲喂前应当采取加热处理，最好用高压蒸煮或用饭锅蒸制，不要用水煮。新鲜的淡水鱼生喂与熟喂交替进行，同时增加酵母的用量，可弥补维生素 B_1 的不足。

（四）来源

糠麸类、豆粉、动物内脏、乳、蛋及酵母中维生素 B_1 含量较多。在自然界中，维生素 B_1 分布很广，在酵母中含量最多。在植物中主要存在于种皮和胚中，在蔬菜中以胡萝卜、豆类、白菜、芹菜中含量较多。在动物食品中，以蛋、瘦肉、肝、肾、脑等含量较多，在酸性溶液中很稳定，在碱性溶液中加热即被破坏。

（五）需要量

NRC（1982）推荐育成生长期和冬毛生长期维生素 B_1 需要量为 $1.0\mu g/kg$ 干物质饲粮，这是最低的维持需要量。目前狐养殖生产中添加维生素 B_1 含量为 $1.2mg/kg$ 干物质饲粮。由于含量微少，一般与其他维生素以复合形式添加到饲粮中要保证混合均匀。

二、维生素 B_2

（一）生理功能

维生素 B_2 又叫核黄素，命名为核黄素主要是因为它是黄素单核苷酸（FMN）和黄素腺嘌呤二核苷酸（FAD）辅酶的重要成分，主要参与体内生物氧化与能量代谢，可提高机体对蛋白质的利用率，促进生长发育，维护皮肤和细胞膜的完整性。在动物机体内，核黄素被 ATP 激活产生黄素单核苷酸，黄素单核苷酸和第二个 ATP 分子连接形成黄素腺嘌呤二核苷酸。在柠檬酸循环中，黄素腺嘌呤二核苷酸参与琥珀酸到延胡索酸的转化。在脂肪酸代谢中，黄素单核苷酸参与长链烷烃脱氢反应，因黄素单核苷酸和黄素腺嘌呤二核苷酸都涉及脂肪酸分解代谢的多个步骤，可以理解为随着饲粮中脂肪水平的增加，核黄素的需要量也相应增加。维生素 B_2 在生物氧化过程中传递氢原子，具有促进生物氧化的作用，主要参与碳水化合物、脂肪和蛋白质代谢中某些酶系统的组成成分，对碳水化合物、蛋白质和脂肪的代谢具有十分重要的作用。

（二）缺乏症

维生素 B_2 缺乏时，会引起神经机能的破坏，狐主要表现为步态摇晃、后肢不全麻痹、痉挛及昏迷状态，心脏衰弱，被毛脱色。母狐发情期推迟，长期缺乏会造成不妊娠，新生仔狐畸形。仔狐在出生时无毛或在哺乳期呈灰白色绒毛，具有肥厚脂肪皮肤，运动肌衰弱，晶状体混浊、呈乳白色。缺乏时还会引起口角炎、舌炎、唇炎、脂溢性皮炎、结膜炎和角膜炎等。

（三）预防

当饲粮中含脂肪量高时，需要增加维生素 B_2 的供给量，妊娠和哺乳期母狐需要的维生素 B_2 较多。

（四）来源

维生素 B_2 广泛存在于青绿饲料及动物肝脏、肾脏、乳、蛋及酵母中。广泛分布于动植物界，在酵母以及动物肝、肾、心肌和鱼类中含量最丰富，小麦、黄豆、菠菜、白菜、发芽的种子等均含有较多的维生素 B_2。

（五）需要量

NRC（1982）推荐狐育成生长期和冬毛生长期维生素 B_2 需要量为 3.7mg/kg 干物质饲粮，妊娠期和哺乳期需要量为 5.5mg/kg 干物质饲粮，一般与其他维生素以复合形式添加到饲粮中，要保证混合均匀。

三、维生素 B_3

（一）生理功能

维生素 B_3 又称尼克酸、烟酸和抗癞皮病维生素或维生素 PP。烟酸主要在动物体内以辅酶Ⅰ（NAD）和辅酶Ⅱ（NADP）的形式参与机体代谢，在动物的能量利用及脂肪、蛋白质和碳水化合物合成与分解方面都起着重要的作用。它们是多种脱氢酶的辅酶，在生物氧化中起传递氢的作用。烟酸具有维护皮肤和神经健康，促进消化的功能。

（二）缺乏症

狐体内缺乏烟酸，会发生糙皮病（癞皮病），常伴发一种神经和胃肠机能障碍症状的疾病，主要表现为食欲消失，口腔黏膜发炎，伴有消耗性腹泻和肠炎。仔狐生长缓慢，神经系统障碍，步伐摇晃、麻痹和癫痫。

（三）预防

狐养殖生产中较少出现烟酸缺乏症。长期饲喂缺乏色氨酸的玉米，可促进本病的发生。给发病动物注射烟酸并补充胆碱及色氨酸，同时降低饲料中的脂肪含量，可改善症状。

（四）来源

啤酒酵母、发酵酵母、动物肝脏、籽实中均含有充足的尼克酸。

（五）需要量

NRC（1982）推荐狐育成生长期和冬毛生长期维生素 B_3 需要量为 9.6mg/kg 干物质饲

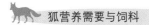

粮。目前狐养殖生产中维生素 B_3 添加量为 20mg/kg 干物质饲粮，能满足狐生产的需求。

四、胆碱

（一）生理作用

胆碱为动物机体所必需，以前被称作维生素 B_4，对某些代谢过程具有一定的调节作用，尤其是对脂肪代谢、神经传导、甲基转移等具有调节作用。它不参与任何酶系统，不具有维生素特有的催化作用。胆碱是 β-羟基乙酸三甲胺羟化物，是动物机体内维持生理机能所必需的低分子有机化合物。胆碱不同于其他维生素，大部分动物都可以自身合成，但在很多情况下其合成数量和速度不能完全满足动物的需要。刘敏（2007）研究表明，饲粮中脂肪、丝氨酸、碳水化合物和蛋白质的含量、动物年龄、性别、能量进食量、生长速度、应激等都影响胆碱的抗脂肪肝作用以及动物对胆碱的需要量。李博等（2016）研究发现，脂肪含量高的饲粮会加重胆碱的缺乏症，并增加对胆碱的需要量，生长较快的幼龄动物对胆碱的缺乏更敏感。

（二）缺乏症

胆碱缺乏时首先表现为脂肪代谢障碍，易发生肝脏脂肪浸润，形成脂肪肝，还会引起幼狐生长发育受阻，母狐乳量不足。

（三）需要量

NRC（2006）推荐饲养标准中，狐胆碱的适宜摄入量为 1 097mg/kg 干物质饲粮。

五、维生素 B_5

（一）生理功能

维生素 B_5 又称泛酸，是所有活的有机物所必需的，广泛存在于自然界。泛酸是乙酰辅酶 A 的重要成分，参与动物和植物许多酶反应。辅酶 A 涉及乙酰化胺、丙酮酸氧化脱羧、乙酰柠檬酸和草酰乙酸的合成，柠檬酸循环中戊二酸的氧化脱羧反应，脂肪酸分解代谢中的 β 氧化步骤，是体内能量代谢不可缺少的成分，参与碳水化合物、脂肪和蛋白质代谢，为生长动物所必需。

（二）缺乏症

缺乏维生素 B_5 的狐会出现体重减轻，阵挛，紧接着昏迷，卡他性肠胃炎，肾脏淤血。毛皮脱色、呈灰白色，首先从鼻子开始，然后延伸到眼窝和耳朵，严重影响毛皮质量和等级。

（三）来源

酵母、肝脏和脱脂奶粉都含有丰富的维生素 B_5，而谷物及其副产品是维生素 B_5 的主要来源。质量较好的加工谷物中也含有充足的维生素 B_5。

（四）预防

以大量鱼粉、煮肉及谷物饲料、酸败脂肪等饲喂毛皮动物，易引起维生素 B_5 不足，NRC（1982）推荐狐育成生长期和冬毛生长期维生素 B_5 的需要量为 7.4mg/kg 干物质饲粮。

六、维生素 B_6

维生素 B_6 又叫吡哆醇，是抗皮肤炎的维生素。维生素 B_6 存在三种形式：吡哆醛、吡哆醇、吡哆胺。在这三种形式中，吡哆醇是最常见用于动物饲料中的添加物。虽然维生素 B_6 是相对热稳定的，但在加工的食物中，各种热反应会降低维生素 B_6 的含量。

（一）生理作用

维生素 B_6 是一组含氮化合物，主要以吡哆醇（pyridoxine）、吡哆醛（pyridoxal）、吡哆胺（pyridoxamine）3 种天然形式存在。维生素 B_6 是动物体内重要的营养素，机体中的 100 多种与转氨、脱硫及脱羧反应有关的酶，都需要维生素 B_6 的参与，主要是以有活性的辅酶形式——5'-磷酸吡哆醛（pyridoxal 5'-phosphate，PLP）参与氨基酸及几种含氮化合物的反应。研究证实，维生素 B_6 与葡萄糖的异生作用、烟酸的形成、脂质代谢、神经系统和免疫系统有着十分密切的关系，在免疫功能的调节中有重要作用。与维生素 B_6 相关的免疫系统有 T 淋巴细胞介导的细胞免疫，B 淋巴细胞介导的体液免疫，单核吞噬细胞的吞噬、分解和抗原呈递功能，血细胞的直接杀伤靶细胞功能以及红细胞的免疫黏附、促进吞噬和清除免疫复合物的功能。

（二）缺乏症

维生素 B_6 缺乏时，动物性别和生理状况不同，临床症状也不同。毛皮动物繁殖期维生素 B_6 不足，公狐没有精子，性能力消失；妊娠母狐空怀率和仔狐死亡率增加；仔狐生长发育滞后，皮炎、癫痫样抽搐、贫血及色氨酸代谢受阻。母狐妊娠期推迟及健壮的公狐尿结石与维生素 B_6 缺乏有关。狐缺乏维生素 B_6 导致痉挛、生长停滞、贫血和皮肤炎、昏迷直至死亡。

（三）来源

啤酒酵母、发酵酵母、籽实及动物肝、肾、肌肉中。

（四）预防及需要量

狐对维生素 B_6 的需要量尚未有试验数据。NRC（1982）推荐狐育成生长期和冬毛生长期维生素 B_6 需要量为 $1.8\mu g$/kg 干物质饲粮。NRC 推荐的含量是满足动物生产的最低维持需要量，目前狐养殖生产中推荐饲粮维生素 B_6 含量为 1.6mg/kg，能满足狐生产的需求。

七、生物素

生物素又称维生素 B₇、维生素 H 或辅酶 R，是动物生长所必需的一种水溶性含硫维生素。

(一) 生理作用

生物素有结合态和游离态两种形式。结合态的生物素不能被动物直接利用，必须经过肠道生物素降解酶分解释放出游离生物素才能被动物利用。生物素在小肠可较好地吸收，在小肠上 1/3～1/2 段以完整分子形式被吸收。肝脏和肾脏中生物素含量较多，几乎所有的细胞均含有生物素，其含量与细胞的生化作用有关。同位素标记表明，肾脏的近端上皮细胞、肝细胞、小肠绒毛上皮细胞、脂肪细胞中的生物素含量较高，而一些快速增生细胞，如肾脏皮质细胞、骨髓细胞及淋巴细胞中含量低。

在动物代谢中，生物素是乙酰辅酶 A 羧化酶的辅酶，并参与柠檬酸循环中丙酮酸转化成草酰乙酸的 α-酮酶的辅酶，是参与柠檬酸循环中草酰乙酸转化成丙酮酸的脱羧酶的辅酶。生物素需要辅酶 A 脱羧催化作用，是脂肪酸生物合成中的重要一步。生物素也是参与氨基酸代谢的众多酶的辅酶。生物素的主要功能是脱羧——在羧化反应和脱氨反应中起辅酶的作用。它是由肠道内细菌合成的，一般不易缺乏，但经常投喂抗菌药会引起缺乏。

(二) 缺乏症

过去人们普遍认为生物素在饲料中广泛存在，而且可由动物肠道内的细菌合成，因此其量足以满足动物生长的需要，不必在饲粮中添加。但在生产实践中，长期饲喂生鸡蛋会出现生物素缺乏症，因其含有卵白素，与生物素结合而抑制生物素的活性；在动物体内不能被消化酶分解和被动物消化利用。生物素缺乏会导致生长缓慢、摄食减少、繁殖性能降低、皮炎、被毛易脱落、表皮角化、被毛卷曲现象等，严重时甚至导致死亡。补充生物素可以使以上症状消失，因此，生物素是动物饲料的关键成分之一，成为受到关注的维生素添加剂。狐缺乏时引起换毛障碍，新生仔狐被毛生长延迟。仔银狐毛皮上部出现黑色毛皮镶边，下边为白色；长期缺乏母狐失去母性本能，发情期不足，空怀率增高；母狐妊娠中期出现生物素缺乏如不及时补加，会引起仔狐脚掌水肿和被毛变灰。

(三) 来源

生物素广泛存在于酵母、牛肉、猪肝、谷物及其副产品中。

(四) 需要量及预防

狐在妊娠期及仔狐生长期，不要饲喂生鸡蛋、生淡水鱼和带有氧化脂肪的饲料。不要经常投喂抗菌药物，出现生物素缺乏症时可注射生物素 1mg/只，每周 2 次，直至症状消失。狐生物素需要量为 0.3～0.4mg/kg 干物质饲粮。

八、维生素 B_{11}

（一）生理功能

维生素 B_{11} 又称叶酸，为一碳基载体，参与多种反应，在核酸和蛋白质的生物合成过程中发挥重要作用。对血细胞的形成有促进作用，对于某些氨基酸如组氨酸、丝氨酸、蛋氨酸等在生物体内的代谢是不可缺少的。

（二）缺乏症

缺乏时引起严重贫血、消化失调和被毛形成缺损为特征的疾病。病狐表现衰弱、腹泻、可视黏膜苍白，红细胞减少，血红蛋白降低，被毛蓬松，部分褪色。对病狐长期应用大量抗生素，破坏胃肠道微生物菌群，可引起叶酸不足。

（三）需要及预防

对妊娠和哺乳期的母狐，必须在饲粮中给予含叶酸高的饲料。狐对叶酸的需要量仍未确定，NRC（1982）推荐狐育成生长期和冬毛生长期叶酸添加量为 $0.2\mu g/kg$ 干物质饲粮。NRC 推荐量是满足狐生产的最低维持量，狐养殖生产中推荐叶酸含量为 $0.5mg/kg$ 干物质饲粮，能满足狐生产的需求。

（四）来源

叶酸在青绿饲料、麦麸、酵母等饲料中含量丰富。

九、维生素 B_{12}

维生素 B_{12} 又叫钴胺素，和叶酸以及微量元素铁、铜都是防止贫血的关键营养元素。维生素 B_{12} 与微量元素钴存在相关，因此命名为钴胺素。

（一）生理作用

维生素 B_{12} 作为甲基转移酶的辅助因子，能促进甲基转移，参与蛋氨酸和胸腺嘧啶等合成，因此可促进蛋白质的合成。维生素 B_{12} 保护叶酸在细胞内的转移和贮存，可增加叶酸的利用率。维生素 B_{12} 还能够促进红细胞的发育和成熟，维持机体造血机能的正常运转。饲粮中添加足量的维生素 B_{12} 可减少胚胎死亡数量，降低新生仔狐死亡率，消除母狐食仔现象。

（二）缺乏症

动物体内缺乏维生素 B_{12} 时红细胞浓度降低，引起贫血，神经敏感性增强，严重影响繁殖力。妊娠期母狐缺乏时，胎儿死亡率增加；哺乳期母狐缺乏时，出现母狐食仔现象。

（三）来源

维生素 B_{12} 仅存在于动物性饲料中，肝脏、蛋黄和鱼中均含有，但以肝脏中含量较高。

（四）需要量

目前，无试验研究数据表明狐饲粮中维生素 B_{12} 的需要量。狐饲粮中通常含有充足的维生素 B_{12} 因其是动物蛋白源的一种成分。此外，通过狐肠道的菌群区系也能合成维生素 B_{12}。因此，一般不会导致缺乏。帝斯曼公司推荐狐维生素 B_{12} 营养需要量为 $0.03 \sim 0.06 mg/kg$ 干物质饲粮。

十、维生素 C

维生素 C 又叫抗坏血酸，是一种相对简单的化合物，在大多数动物体内是由葡萄糖和半乳糖合成的。除灵长类（人类和猴子）、豚鼠、鱼类外，其他大多数动物体内均能合成。

（一）生理作用

维生素 C 是动物生长发育、生产及繁殖过程中必不可少的一种营养素。具有维持正常血脂代谢、心脏功能、中枢神经功能、造血功能及促进体内多种激素合成的作用。由于它本身含有烯醇式结构，因此具有氧化-还原特性并参与蛋白质中的氨基酰羟化反应。它在动物体内有以下生理功能：①参与胶原组织的形成，保持细胞间质的完整，维护结缔组织、骨、牙及毛细血管的正常结构与功能，促进创伤与骨折愈合；②参与体内氧化-还原反应，促进生物氧化过程；③可将 Fe^{3+} 还原成 Fe^{2+}，并与铁结合，促进其吸收，还可将叶酸还原成四氢叶酸的活性形式；④是抗氧化剂，具有降低过氧化脂质、降低血清胆固醇、参与肝脏解毒、阻断亚硝胺的形成和预防癌症的作用；⑤参与多巴胺去甲肾上腺素的合成，可促进抗体生成和白细胞的噬菌能力，增强机体免疫功能。

动物摄入生理剂量的维生素 C 后，几乎在消化道内全部吸收。若摄入量超过生理剂量，其吸收率会随剂量的增加而减少。正常情况下，维生素 C 绝大部分在体内经代谢分解，最终产物随尿排出体外。维生素 C 也可直接由尿排出，但肾脏对维生素 C 有一阈值，只有当血浆维生素 C 水平超过此阈值时，才从肾脏大量排出。血浆维生素 C 浓度一般不会升高而超过此阈值，但若长时间大量摄入维生素 C，血浆浓度特别高时会发生草酸盐尿和草酸盐结石。

（二）缺乏症

妊娠母狐机体内缺乏维生素 C 时，引起新生仔狐呈现所谓"红爪病"的疾病。患病仔狐多在出生后第 1 周内发生，四肢水肿为主要临床症状，关节变粗、趾垫肿胀、患部皮肤紧张和高度潮红；以后指间形成溃疡和龟裂，脚掌水肿。患病仔狐发出尖锐的叫声，不间断的前进（乱爬）、向后仰头。患病仔狐不能吸吮母狐乳头，使母狐发生乳腺硬结，表现不安，沿笼子拖拉仔狐，甚至咬死仔狐。患病狐还会出现牙齿松动、骨软弱、抗病力和生产力下降等。

（三）来源

维生素 C 主要来源于新鲜的动、植物饲料中，在干粉饲料中基本不存在，新鲜的动物性饲料如果品质有问题，必须煮熟后方可饲喂。植物性饲料须经加工膨化处理后方可饲喂，但维生素 C 对热敏感，受热易被破坏。根据狐实际养殖生产管理，维生素 C 是以一种稳定的固体粉末状形式存在，仅在酸性环境中有效。因此，大部分新鲜饲料如在饲喂时不添加磷酸调节 pH，维生素 C 在几小时内就会被环境氧化而破坏。

（四）需要量

妊娠母狐长期饲喂存放时间过长和品质不佳的饲料就会造成维生素 C 缺乏，要注意适当补饲维生素 C。母狐产仔后 5d 内，坚持每天检查仔狐，对发病的仔狐可投给含 3％～5％维生素 C 的溶液，每只每次 1mL，每天 2 次。可用滴管饲喂，直至水肿消失为止。维生素 C 溶液当天配制，当天用完。发现母狐乳头发育不全，要将仔狐定期放到母狐乳头上吸奶。产后第 1 天要挤出患病母狐乳房中的乳汁，这样有利于乳汁分泌，预防母狐患乳房炎。推荐狐维生素 C 需要量为 100～200mg/kg 干物质饲粮。

➡ **参考文献**

李博，李伟，王恬，2016. 胆碱对脂肪代谢调控及其机制的研究进展 [J]. 中国粮油学报（1）：142-146.

刘敏，齐继红，汪之顼，2007. 胆碱营养研究进展 [J]. 环境卫生学杂志，34（4）：254-256.

刘宗柱，2010. 维生素的生理需要与最佳营养 [J]. 中国畜牧兽医学会会议论文集，7：65-67.

刘玉萍，1993. 亚硒酸钠维生素 E 混合制剂治疗蓝狐自咬症 [J]. 中国兽医杂志，1993（7）：29.

Gerald F. Combs Jr，金月英，1993. 畜禽的维生素耐受量 [J]. 国外畜牧科技，（5）：16-19.

徐逸男，张海华，王静，等，2018. 钙和维生素 D_3 水平对冬毛生长期蓝狐（公狐）生产性能、胫骨发育和脏器指数的影响 [J]. 畜牧兽医学报，2018，49（7）：1416-1422.

王俊毅，1998. 维生素 E 对母蓝狐繁殖力的影响 [J]. 经济动物学报，（4）：11-12.

Bassett C F，Loosli J K，Wilke F，1948. The vitamin A requirement for growth of foxes and minks as influenced by ascorbic acid and potatoes [J]. Journal of Nutrition，35（6）：629.

Bassett C F，Harris L E，Ford W C，1951. Effect of Various Levels of Calcium，Phosphorus and Vitamin D Intake on Bone Growth [J]. The Journal of Nutrition，44（3）：433-442.

Bassett G F，Harris L E，Wilke C F，1946. A comparison of carotene and vitamin A utilization by the fox [J]. Cornell Veterinarian，36（1）：16-24.

Coombes A I，Ott G L，Wisnicky W，1940. Vitamin A Studies with Foxes [J]. North American Veterinarian：601-606.

Geeen B G，Carlson W E，Evans C A，1941. A deficiency disease of foxes produced by feeding fish [J]. Journal of Nutrition，21.

Harris L E, Bassett C F, Smith S E, et al. , 1945. The calcium requirement of growing foxes [J]. Cornell Veterinarian, 35 (1): 9-22.

Harris P L, 1963. Quantitative Consideration of the Effect of Polyunsaturated Fatty Acid Content of the Diet upon the Requirements for Vitamin E [J]. American Journal of Clinical Nutrition, 13: 385.

Helgebostad A, Bohler N, 1949. Experimental rickets and tetany in the fox and the dog [J]. Veterinary Record.

Helgebostad A G, Ender E, 1955. Effect of feeding on pelt development in fox and mink. Ⅴ. Marine fat the cause of discoloring in the pelt [J]. Norsk Pelsdyrblad, 8: 139-147.

Helgebostad A, 1955. Experimental excess of vitamin A in fur animals [J]. Nordisk Veterinaermedicin, 7: 297-300.

Helgebostad A, Nordstoga K, 1978. Hypervitaminosis D in fur-bearing animals [J]. Nordisk Veterinaermedicin, 30 (10): 451-455.

Hodson A Z, Smith S E, 1942. Thiamin deficiency and Chastek paralysis in foxes [J]. Cornell Veterinarian, 32 (3): 281-286.

Joergensen G, 1977. Vitamin D content in various species of fish, and its influence on vitamin D content of mink feed [J]. Scientifur.

Kenttaemies H, Smeds K, 1992. Repeatability of subjective grading in fur animals 2: Grading of mink and blue fox pelts [J]. Agricultural Science in Finland.

Liu K, Liu H, Zhang T, 2019. Effects of Vitamin E and Selenium on growth performance, antioxidant capacity, and metabolic parameters in growing furring Blue Foxes (*Alopex lagopus*) [J]. Biological Trace Element Research, 192 (2): 183-195.

Miller I, Järvis T, Pozio E, 2006. Epidemiological investigations on Trichinella infections in farmed fur animals of Estonia [J]. Veterinary Parasitology, 139 (1): 140-144.

NRC, 2006. Nutrient Requirements of dogs and cats [M]. Washington: National Academy Press.

NRC, 1982. Nutrient Requirements of Mink and Foxes [M]. Washington: National Academy Press.

Ogden J A, Conlogue G J, 1981. Spontaneous rickets in the wild arctic fox Alopex lagopus [J]. Skeletal Radiology, 7 (1): 43-54.

Ott G L, Coombes A I, 1941. Rickets in silver fox pups [J]. Veterinary Medicine, 36 (4): 202-205.

Rapoport O L, 1961. Influence of fat on reproductive capacity of blue foxes [J]. Krolikovodstvo I Zverovodstvo, 2: 16.

Rapoport O L, 1961. Effect of increased amounts of fish oil [J]. Krolikovodstvo I Zverovodstvo, 7 (16): 20.

Schoop G, 1939. Inadvisability of giving calcium supplements to foxes and mink [J]. Deutsche Pelztierzuchter, 14: 332-336.

Silvenius F, Koskinen N, Kurppa S, et al. , 2012. Life cycle assessment of mink and fox pelts produced in Finland [C] //10th International Scientific Congress in Fur Animal Production.

Smith S E. Vitamin A deficiency in silver foxes [J]. American Fur Breeder, 14 (3): 10-12.

Smith S E, 1942. The Minimum Vitamin A Requirement of the Fox One Text Figure and One Plate (Five Figures) [J]. Journal of Nutrition (2): 97-109.

Smith S E, 1941. Blood glucose, plasma inorganic phosphorus, plasma calcium, hematocrit, and

bone ash values of normal minks (*Mustela vison*) and foxes (*Vulpes fulva*) 　[J]. Cornell Veterinarian.

Stowe H D，Whitehair C K，1963. Gross and microscopic pathology of tocopherol-deficient mink [J]. Journal of Nutrition，81（81）：287-300.

Walker D M，2010. Feeding of fur-bearing animals [J]. Australian Veterinary Journal，40 （10）：365.

第七章

狐水的营养

第一节　狐用水品质的重要性

水是机体体液的主要成分，广泛分布于组织细胞内外，和电解质共同构成了动物的重要内环境，是动物体需要量最大的必需养分。初生仔狐体内水含量为82％，14日龄时下降到75％，随着体脂含量的增加，冬毛生长期成年狐体内水含量通常在40％～60％（Ahlstrøm等，2000）。水是生命之源，提供清洁、充足的水来维持机体内环境的稳态是保证狐健康的基本要求。

一、水的生理功能

水的高表面张力赋予胶体体系以稳定性，使组织、细胞具有一定的形态、硬度和弹性。水是一种重要的溶剂，组织中营养物质的转化和转运以及信号物质的传导等都需以水作为介质。水参加许多化学反应，也是代谢过程的反应产物，水解反应、水化反应都有水的产生或结合到新的化合物中。水的热容量很高，能吸收和贮存较多的热量，水对体温的调节起着重要的作用，当1g水通过蒸发或出汗由液体变成气体时，可以带走大约2 427J的热量；而1g水由冰点升至沸点仅需要490J的热量。动物体代谢过程中产生的热通过体液交换和血液循环，将体内产生的热经体表皮肤或肺部呼气散发出来（以及尿液中排出）。因此在热应激的环境温度下，动物需水量大大增加。当环境温度下降时，机体血管收缩，降低皮肤中的血液流量，减少体表热的散失，以保持体温的相对稳定。由于胃肠道、胸腔、腹腔、关节腔的界面接触经常产生摩擦和碰撞，水作为润滑液可缓解机械摩擦与碰撞对组织器官和关节的损失。如泪腺可防止眼球干燥，唾液能使饲料容易吞咽，动物发情时性腺分泌的黏液便于配种。

二、狐用水的质量要求

水的质量是关系到狐生产和健康的一个重要问题。通常采用人、畜饮用水的评定指标：

感官指标：无异样的气味和味道，清澈透明（清洁干净）；

　　理化指标：目前，人饮用水的 pH 范围为 6.5～8.5。一般以水中总可溶固形物（TDS）、即以各种溶解盐类含量表示水的品质（表 7-1）

表 7-1　畜禽对水中不同浓度盐分的反应（NRC，1974）

可溶性总盐分（mg/L）	评价	反应
<1 000	安全	适于各种动物
1 000～2 999	满意	一般是安全的，但对不适应这种饮水的动物可引起轻度或短暂性腹泻
3 000～4 999	满意	可能暂时拒绝饮水或短时腹泻，由于动物的饮水量没有达到最大，其生产性能可能不会达到最佳水平
5 000～6 999	可接受	尽量避免给予动物这种饮水，当不需要达到最佳生产性能时，在保障安全的前提下可考虑给予这种饮水
7 000～10 000	不适	这种饮水不应该饮用，否则会导致健康问题和（或）生产性能降低
>10 000	危险	任何情况均不适应

资料来源：杨凤（2000）。

　　水中常含有多种矿物质元素，可以补充动物体对矿物质元素的需求，但也要防止矿物质过量以及一些有害化合物的过量（表 7-2）。

表 7-2　家畜饮水质量标准（mg/L）

指标	上限值（推荐的最大值）	
	TFWQG（1987）	NRC（1974）
常量离子		
钙	1 000	—
硝酸盐-氮及亚硝酸盐-氮	100	440
亚硝酸盐-氮	10	33
硫酸盐	1 000	—
重金属及微量元素离子		
铝	5.0	—
砷	0.5	0.2
铍	0.1	—
硼	5.0	—
镉	0.02	0.05
铬	1.0	1.0
钴	1.0	1.0
铜	5.0	0.5
氯化物	2.0	2.0
铅	0.1	0.1
汞	0.003	0.01
钼	0.5	—
镍	1.0	1.0
硒	0.05	

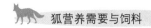

（续）

指标	上限值（推荐的最大值）	
	TFWQG（1987）	NRC（1974）
铀	0.2	—
钒	0.1	0.1
锌	50.0	25.0

注：TFWQG 为 Task Force on Water Quality Guidelines 的缩写，水质监控专家组。

人、畜饮水标准均以大肠杆菌作为衡量有机质污染程度的标准。测定结果一般以最大或然计数（MPN）结果来表示。最大或然计数是表示水中大肠杆菌数的一种方法（0MPN＝符合要求；1～8MPN＝不符合要求；高于9MPN＝不安全）。

第二节　狐对水的需要量

动物对缺水比缺食物反应敏感，更易引起死亡。一般情况下，动物会通过渴感刺激自我调节水的摄入量以满足对水的需求（Ganong，1989）。狐体内缺水会引起脱水、电解质平衡紊乱，加速中暑、食盐中毒，减缓体内废物的排出。适量限制饮水的最显著影响是降低采食量和生产能力，尿与粪中水分的排出量也明显下降。当脱水0.5％时，会刺激静止/安静状态的犬主动饮水；当脱水5％时即感不适，食欲减退；当脱水达20％时，可导致犬死亡（NRC，2006）。当然被动饮水过多对狐机体也是不利的，如果把食物拌得过稀，也不利于狐营养物质的消化利用。

一、水的来源

狐所需的水主要来源于饮水、饲料水和代谢水。饮水和饲料水均为外源水，经肠黏膜吸收进入血液，然后输送到身体的各组织器官。代谢水是动物体内有机物质氧化分解或合成过程产生的水。狐的代谢水不能满足维持正常生理功能的需求，必须要由饲料或饮水来补充。

饮水是狐获取水分的主要来源。饮水的多少与品种、生理状态、生产水平、饲料或饲粮构成、环境温度等有关。多数动物在采食过程或采食后要饮水；天气炎热时，饮水次数和饮水量增多；当饲料中食盐或其他盐类增加，饮水量和排水量增加；母狐泌乳期饮水量增多。供给的饮水必须保证清洁卫生，被污染的水源不适宜作为狐的饮用水。

动物采食饲料可以获得一部分所需要的水。饲料中水分含量差别很大，饲料原料中，鱼水分含量为60％～87％，鱼粉的水分含量为7％～12％，肉类含水量70％～75％，玉米、小麦、小麦麸、豆粕、菜粕、棉粕的含水量一般为9％～16％。狐采食不同原料配制的饲粮，从饲料中获得的水量差异较大，并明显影响其日饮水量。通常调制后的饲料含水量在65％～70％（Ahlstrøm等，2000）。

代谢水是营养物质氧化产生的水。每100g碳水化合物、脂肪和蛋白质的氧化会相应形成 60g、107g、41g 代谢水（NRC，2006）。动物体内代谢水的形成量很有限，仅占总摄水量的 5%～10%，但代谢水对动物新陈代谢、维持机体正常生理状态有着十分重要的意义。

二、水需要量的影响因素

Dille（1998）指出狐日水消耗量个体差异很大，在 100～600mL 的范围内。动物需水的总量受年龄、品种、保持水的能力、活动状况、饲粮组成、饲料的物理形态、环境温度与湿度等方面的影响，但无论何种情况，都应该保证狐自由饮水和水的清洁。

（一）环境气候条件

环境温度影响狐水的摄入量和水的排泄，高温环境下狐体内水分通过体表或肺的蒸发散热活动增强，会增加狐的需水量。狐生长期正是炎热的夏季，因此，此时保证狐水分充足摄入是其健康生长的基本要求。而低温环境下狐的需水量降低。北方冬天常常降到零度以下，水会结冰，应尽量供给温水。调制饲料时不宜过稀，一方面可以给狐提供温度适宜的饲料；另一方面可增加饲料的适口性，减缓饲料结冰的速度，使采食量达到最大。

（二）饲料条件

当动物采食含无机盐高的饲料时，就需要有较多的水稀释无机盐，因此，动物需水量增多。当喂给含粗纤维高的饲料时，消化不尽的粗纤维残渣排出体外，也必须有充足的水，否则粪便干燥难于排出。另外，采食蛋白质越多，则需水量也越多，以排泄蛋白质代谢产生的尿氮。Aarstrand（1992）测算了蓝狐和银狐饲料干物质含量、饲料水、饮水和总水摄入量的关系，见表 7-3。干物质采食量增加也会增加需水量。蓝狐和银狐水的摄入量与代谢能和干物质摄入量的关系见表 7-4。

表 7-3　成年蓝狐和银狐饲料干物质含量与水的摄入量（Aarstrand，1992）

种类	干物质含量 (%)	干物质采食量 (g)	饲料水摄入量 (g)	饮水摄入量 (g)	总水摄入量 (g)
蓝狐	44.9	90	116	233	300
	94.1	99	6	294	349
银狐	44.9	91	112	145	241
	94.1	87	5	236	257

表 7-4　蓝狐和银狐水的摄入量与饲料代谢能和干物质的摄入

种类	g/kJ 饲料代谢能	g/g 饲料干物质	饲料	参考文献
雄性蓝狐	0.21	3.5	鲜料，环境温度 9.5℃	Aarstrand（1992）
雄性银狐	0.18	3.2	鲜料，环境温度 9.5℃	Aarstrand（1992）

（三）动物所处生理阶段

当动物生产力提高时，对水的需求量增加。狐妊娠期摄水量略微增加，并且需要有更多的水留存于体内，以保证胎儿的生长。泌乳期间，迅速增重的仔狐以及哺乳期的母狐，对水的需求量增高。Ahlstrøm 和 Wamberg（2000）测得蓝狐和银狐在泌乳期的第二周泌乳量平均为 700～800g/d，充足的水分摄入是保证奶水充足的前提。

如果动物的活动量增大，体内水消耗增多，对水的需要量也相应增加。狐配种期间，公狐因频繁进行强制性交配，活动量大大增强，对水的需求量也随之提高。因此，生产实践中，每次交配结束后都要给公狐饮水或添喂散雪或碎冰，以满足公狐对水的需要，使公狐保持旺盛的交配能力。如果忽略了配种期的饮水（雪或冰）工作，公狐配种能力下降。

值得注意的是，仔狐断奶后尝试采食饲料，需要有个过渡阶段，食物由液态母乳向半固态饲料的突变对仔狐的影响较大，采食黏稠饲料会不适应。这种饲粮的突变应激会导致仔狐肠道结构改变、采食量和消化率下降。因此，这一时期无论是干粉饲料还是鲜饲料，都需要调制得较稀，以便仔狐逐步过渡而适应采食饲料。

三、狐饲料与水的调制比例

无论是干粉饲料还是鲜饲料，狐饲料的调配都需要加入一定比例的水，以湿拌料的形式饲喂。养殖场往往根据各自的经验添加水，而饲料中添加的水量对饲料营养物质的消化吸收有着重要的影响。

（一）干粉饲料与水的调配

料水比 1∶2.5 为刚好搅拌均匀干粉料时的比例（图 7-1），料水比 1∶4.5（图 7-2）为与养殖户仅饲喂稀食而不供给饮水状态时湿拌料的比例，料水比 1∶3.5 为二者的中间状态（图 7-3）。

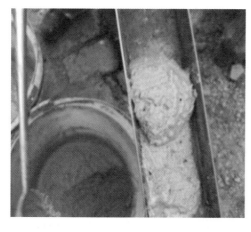

图 7-1　1∶2.5 组

图 7-2　1∶3.5 组

图 7-3　1∶4.5 组

图 7-4

左（1∶4.5组）中（1∶3.5组）右（1∶2.5组）

1. 不同料水比对育成生长期蓝狐干物质采食量、营养物质消化率及氮代谢的影响

王卓等（2013）研究不同料水比（1∶2.5、1∶3.5、1∶4.5）对育成生长期蓝狐干物质采食量、营养物质消化率及氮代谢的影响，确定育成生长期蓝狐饲粮适宜的料水比（图 7-4）。试验结果表明：料水比 1∶2.5 组的干粉饲料水分蒸发后变硬，适口性受到影响；料水比 1∶4.5 组蓝狐的采食量在大部分时间有所提高，但体重增重最小，料重比最差（表 7-5）。对于同种饲料，饲料营养成分相同，只是料水比不同，对蓝狐的干物质消化率、脂肪消化率均影响不显著（表 7-6）。料水比 1∶2.5 组饲料相对较干，若动物饮水不及时会导致尿量相对较少；随着湿拌料兑水比例的增加，蓝狐的尿量极显著增加，尿氮也有增高的趋势。蓝狐料水比 1∶2.5 组增加了粪氮排出量而降低了尿氮排出量，3 组间氮沉积差异不显著（表 7-7）。

表 7-5　不同料水比的湿拌料对生长期蓝狐干物质平均日采食量和总采食量的影响

项目	周龄	组别		
		1∶2.5	1∶3.5	1∶4.5
平均日采食量（g）	12 周龄	287.93±26.87	295.15±8.62	298.12±18.95
	13～14 周龄	295.62±10.59	304.56±6.49	310.77±12.09
	15 周龄	385.36±7.00	377.31±23.39	372.53±16.73
	16～21 周龄	364.17±20.60	383.63±27.88	394.49±15.30
	12～21 周龄	346.30±15.10	358.38±20.84	365.28±14.55
累计总采食量（kg/只）	12～21 周龄	23.20±1.01	24.01±1.40	24.47±0.97

注：同行肩标不同的大写字母表示差异极显著（$P<0.01$），不同小写字母表示差异显著（$P<0.05$），同行肩标相同的或不标字母的表示差异不显著（$P>0.05$）。表 7-6 至表 7-7 与此表注释相同。

表 7-6　不同料水比的湿拌料对育成生长期蓝狐营养物质消化率的影响

项目	组别		
	1∶2.5	1∶3.5	1∶4.5
干物质消化率（%）	63.96±3.27	62.72±3.07	65.99±4.37
氮表观消化率（%）	64.08±3.45[b]	65.54±3.55[ab]	69.08±4.17[a]

（续）

项目	组别		
	1：2.5	1：3.5	1：4.5
脂肪消化率（%）	82.87±5.57	83.47±2.64	82.32±2.67

表7-7　不同料水比的湿拌料对育成生长期蓝狐氮代谢的影响

项目	组别		
	1：2.5	1：3.5	1：4.5
食入氮（g/d）	17.95±0.33	17.58±1.09	17.36±0.78
粪氮（g/d）	6.50±0.36a	6.02±0.46ab	5.46±0.65b
尿液量（mL/d）	220.25±58.46C	414.72±59.60B	732.92±147.95A
尿氮（g/d）	4.65±0.40	4.72±0.54	5.01±0.43
氮沉积（g/d）	6.52±0.93	6.56±0.96	6.58±0.12
净蛋白质利用率（%）	37.34±3.38	37.27±4.80	37.69±1.51
蛋白质生物学效价（%）	58.24±3.16	56.62±7.09	55.34±5.92

2. 不同料水比对育成生长期银狐干物质采食量、营养物质消化率及氮代谢的影响

王卓等（2016）研究不同料水比（1：2.5、1：3.5、1：4.5）对育成生长期银狐生长性能、干物质采食量、营养物质消化率及氮代谢的影响，确定育成生长期银狐饲粮适宜的料水比。试验结果表明：不同料水比的湿拌料对银狐不同周龄的平均体重、各阶段平均日增重、总增重以及料重比均无显著差异（表7-8）。各周龄银狐干物质平均采食量和总采食量随着湿拌料中添加水分比例的升高而不同程度的提高。1：2.5组湿拌料中水分很快蒸发后表面变干变硬，适口性受到影响。在天气炎热的情况下如若不能及时供给饮水，含水量高的饲粮可有效地补充银狐体内迅速散失的水分，降低银狐的热应激反应。随着湿拌料添加水分比例的升高，干物质消化率显著降低，且蛋白质消化率、脂肪消化率也均有降低趋势（表7-9和表7-10）。银狐尿量随湿拌料中添加水分比例的升高而极显著增加，尿氮也有增加的趋势。在天气炎热的情况下银狐可以通过增加水代谢的方式带走热量，缓解热应激。采食量随着湿拌料添加水分比例的升高而增加，食入氮增大的同时排出的粪氮、尿氮也不同程度地增加，导致氮沉积各组间差异并不显著（表7-11）。本试验中净蛋白质利用率、蛋白质生物学价值均随着湿拌料中添加水分比例的升高而降低，表明饲粮中蛋白质的有效利用率降低，而排泄出的比率增大，增加了对环境的氮排放。

表7-8　不同料水比的湿拌料对银狐体重、平均日增重、总增重及料重比的影响

项目	周龄	组别		
		1：2.5	1：3.5	1：4.5
体重（kg）	12	3.46±0.21	3.47±0.21	3.39±0.18
	14	3.99±0.30	4.00±0.17	3.97±0.31
	16	4.48±0.30	4.57±0.22	4.55±0.25
	19	5.30±0.38	5.27±0.17	5.29±0.22

（续）

项目	周龄	组别		
		1：2.5	1：3.5	1：4.5
平均日增重（g）	12～13	37.99±7.92	38.20±9.10	37.44±5.48
	14～15	30.18±1.47	38.39±4.40	35.89±5.74
	16～19	35.27±4.26	33.57±5.77	33.04±7.64
	12～19	36.18±3.23	36.33±2.64	37.46±3.81
总增重（kg）	12～19	1.77±0.16	1.78±0.13	1.84±0.19
料重比	12～19	5.71±0.34	5.78±0.40	6.04±0.18

注：同行肩标不同的大写字母表示差异极显著（$P<0.01$），不同小写字母表示差异显著（$P<0.05$），同行肩标相同的或不标字母的表示差异不显著（$P>0.05$）。表7-9至表7-10与此表注释相同。

表7-9 不同料水比的湿拌料对育成生长期银狐干物质平均日采食量和总采食量的影响

项目	周龄	组别		
		1：2.5	1：3.5	1：4.5
平均日采食量 ADFI（g）	12	188.16±17.19	196.61±20.19	202.46±8.98
	13	192.65±15.49	194.29±21.93	207.54±14.56
	14	190.50±14.45Bb	201.28±12.20Bb	233.73±15.08Aa
	15	188.92±14.21Bb	201.94±10.61Bb	239.03±15.23Aa
	16	201.68±19.76b	207.93±13.61ab	239.47±24.05a
	17	224.81±14.94Bb	237.20±14.44Bb	266.32±6.70Aa
	18	227.70±17.55Bb	232.93±17.07Bb	267.73±3.24Aa
	19	229.47±15.89Bb	237.04±15.92Bb	269.62±8.41Aa
累计总采食量（kg）	12～19	9.80±0.49Bb	10.26±0.33Bb	11.53±0.51Aa

表7-10 不同料水比的湿拌料对育成生长期银狐营养物质消化率的影响

项目	组别		
	1：2.5	1：3.5	1：4.5
干物质消化率（%）	80.01±8.67a	71.79±5.00b	69.84±3.74b
蛋白质消化率（%）	79.10±8.15	75.61±4.47	71.72±3.65
脂肪消化率（%）	88.59±4.15	88.96±1.82	85.16±2.59

表7-11 不同料水比的湿拌料对育成生长期银狐氮代谢的影响

项目	组别		
	1：2.5	1：3.5	1：4.5
食入氮（g/d）	8.98±0.68Bb	9.60±0.50Bb	11.37±0.72Aa
粪氮（g/d）	2.35±0.20	2.47±0.30	3.21±0.45
尿液量（mL/d）	193.50±20.44Bc	427.78±102.00Ab	554.83±44.72Aa
尿氮（g/d）	2.91±0.54	3.16±0.17	3.36±0.54
氮沉积（g/d）	5.43±0.71	5.32±0.89	5.32±0.88

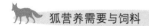

（续）

项目	组别		
	1∶2.5	1∶3.5	1∶4.5
净蛋白质利用率（%）	55.49±6.59	50.71±7.18	47.14±9.49
蛋白质生物学效价（%）	77.00±6.56[a]	60.81±3.57[b]	62.15±9.19[b]

在试验过程中发现，蓝狐和银狐都喜欢采食稀食，它们都需要足够的水来缓解热应激。银狐在天气炎热的时候与犬一样，采用张口伸舌和快速呼吸的方式调节体温，这就需要通过大量水分蒸发散热。因此，在狐的养殖中，养殖者应注意环境温度的变化，特别是在炎热的夏天，可通过增加喂水次数，在饲粮中添加缓解热应激的添加剂，改善狐棚笼舍条件以避免阳光直射等方法避免狐受到热应激，防止银狐中暑，提高动物的福利。

在毛皮动物养殖中，干粉饲料在生长期调料一般用冷水，而毛皮动物排出的尿的温度一般在35℃以上，湿拌料添加水分比例为1∶4.5时，则被动的增加了体内水代谢所需要的能量；另外，湿拌料添加水分比例为1∶4.5时，一方面加快了饲料通过消化道的速度，缩短了在肠道内停留的时间；另一方面过稀的食物会降低消化道内各种消化酶的浓度，降低唾液、胃液等的分泌，从而影响各种营养物质的消化吸收。随着湿拌料中添加水分比例的增加，采食量增加，而营养物质消化率则不同程度降低，同时狐的体重没有得到改善，使得料重比增大，并增加粪氮和尿氮排出量，对环境造成污染，降低了饲粮的有效利用，从而造成饲料浪费。

育成生长期蓝狐干粉饲料与水比例以1∶（2.5～3.5）为宜，采食量低而体增重高，料重比低，这种比例的干粉饲料较为理想；育成生长期银狐干粉饲料与水的比例以1∶2.5为宜。

（二）鲜饲料与水的调配

配制鲜饲料的原料中含有一定量的水分，不同原料的含水量不同（表7-12）。根据不同的鲜饲料配方，需要添加水分来调节鲜饲料的干稀程度，一般情况下，添加一定的水分使鲜饲料的最终含水量在65%～75%范围内，适宜狐的采食。

表7-12　狐常用鲜饲料水分含量

饲料类别	水分含量（%）	饲料类别	水分含量（%）
带壳鸡蛋	74.86～75.01	鸭肝	70.60～72.58
鸡蛋	72.00	牛肝	66.40～71.89
鸡肉	72.80	鸡杂	68.87～70.00
鸡碎肉	73.80	毛蛋	63.98
鸡胸脯	66.54	鸡骨架	54.26～66.80
牛肉	73.18	鸭骨架	60.12～61.60
鸡肠	64.20～69.00	猪骨泥	58.70
鸡肝	61.88～71.60	鲅鳒	78.66～85.30

（续）

饲料类别	水分含量（%）	饲料类别	水分含量（%）
鲅	61.41	马口鱼	69.50
白姑鱼	72.14	鲭	60.31
牙鲆	73.29～76.91	沙蚕	86.49
鲳	75.12	虾蛄	79.80
大黄花鱼	70.85～83.45	虾虎鱼	73.46～80.16
带鱼	75.28	小黄花鱼	77.87～80.54
海鲇	71.48	牙鲆排	71.62
海杂鱼	78.97～84.78	鲽排	66.74～71.24
红娘鱼	83.98	明太鱼排	75.20
黄姑鱼	75.15	大麻哈鱼排	71.90～72.46

资料来源：云春凤（2012）。

➡ 参考文献

王卓，孙伟丽，徐逸男，等，2013. 干粉饲料中添加不同比例的水分对生长期蓝狐营养物质消化代谢和生长性能的影响［J］. 经济动物学报（3）：131-135.

王卓，孙伟丽，钟伟，等，2016. 不同料水比的湿拌料对育成期银狐采食量、营养物质消化率、氮代谢及体重的影响［J］. 动物营养学报（1）：288-295.

云春凤，2012. 不同生态区蓝狐常规饲料营养价值评价［D］. 北京：中国农业科学院.

Ahlstrøm O，Wamberg S. 2000. Milk intake in blue fox (*Alopex lagopus*) and silver fox (*Vulpes vulpes*) cubs in the early suckling period. ［J］. Comparative Biochemistry & Physiology Part A Molecular & Integrative Physiology，127（2）：225-236.

Farstad W，Fougner J A，Torres C G，1992. The effect of sperm number on fertility in blue fox vixens (*Alopex lagopus*) artificially inseminated with frozen silver fox (*Vulpes vulpes*) semen. ［J］. Theriogenology，37（3）：699-711.

Kangas J，Raychaudhuri P，1973. Solar Energy Cycle and its Relation to Geomagnetic Activity ［J］. Astrophysics & Space Science，21（1）：3-5.

Lir J J K，Heath J E，1992. Metabolic rate and evaporative water loss at different ambient temperatures in two species of fox：The red fox (*Vulpes vulpes*) and the arctic fox (*Alopex lagopus*) ［J］. Comparative Biochemistry & Physiology Part A Physiology，101（4）：705-707.

National Research Council，1974. Nutrients and Toxic Substances in Water for Livestock and Poultry ［M］. Washington：National Academy Press.

Nicolas L，Øystein A，Dorothée E，et al. ，2011. Intrapopulation Variability Shaping Isotope Discrimination and Turnover：Experimental Evidence in Arctic Foxes ［J］. Plos One，6（6）：e21357.

Skovgaard K，Pedersen V，1998. The preference for different types of floor in silver foxes (*Vulpes vulpes*) and blue foxes (*Alopex lagopus*) ［J］. Scientifur.

第八章
狐饲料营养特性评价与利用

狐养殖生产中，按照饲料原料的来源属性，通常分为动物性饲料和植物性饲料。根据狐的食性特点以及我国狐饲料配制方式，将狐饲料按形态不同分为鲜饲料和干饲料，本章分别阐述狐常用鲜饲料和干饲料的营养特性及消化利用特点。

狐常用饲料可以分为 6 大类：畜禽副产品类、鱼虾类、油脂类、乳蛋类、肉类、干粉饲料类。其中鱼虾类饲料的种类最多，应用也最广泛。饲料来源要依据当地的资源优势和狐的食性特点，动物性饲料来源主要有鱼虾类、各种畜禽肉类及其鱼、肉副产品，如黄花鱼、海杂鱼、鸭架、鸭肝、鸡骨架、鸡肝、鸡肠、毛鸡等。全价鲜饲料通常指以鱼类、肉类以及动物下脚料为主要成分，搅碎混匀，按照狐饲养需求添加一定比例的膨化玉米、膨化麦粉等植物性饲料配制而成，需冷藏保存，一般现用现配。干饲料包括植物性干粉饲料和动物性干粉饲料，其中植物性干粉饲料包括膨化玉米、玉米蛋白粉、豆粕、膨化大豆、玉米胚芽粕等；动物性干粉饲料包括鱼粉、肉粉或肉骨粉、血粉、羽毛粉等。狐全价干粉饲料通常指以肉骨粉、鸡肉粉、血粉、膨化玉米、膨化豆粕等干粉饲料原料为主要成分，依据营养需求按照一定比例配制而成的饲料，干粉饲料不同批次营养价值稳定，易于储存运输，在狐养殖中应用广泛。

狐在野生状态下主要以鱼、蚌、虾、蟹、鼠类、鸟类、昆虫类小型动物为食，有时也采食一些植物。狐从野生驯化实现家养之后，其消化道生理特性仍然决定了它对饲料特有的消化代谢特点。蓝狐是肉食性单胃动物，采食食物以吞咽为主，咀嚼少，消化道短，胃里的食物经过 6～9h 即可排空，食物经过整个消化道的时间为20～30h，对动物性饲料消化机能强，对食物的适口性要求较高。目前蓝狐养殖生产中，鸡肉、鸡骨架、牛肉等动物源性蛋白饲料原料以其适口性好、营养全面等特点广泛应用于狐养殖生产中。由于国内各地动物性饲料资源种类不同、价格各异，准确测定这些饲料原料的干物质及蛋白消化率，可为评定饲料营养价值、合理设计饲料配方、因地制宜选择合适的饲料原料提供参考，对提高饲料利用率具有非常重要的意义。

第一节 狐鲜饲料营养特性评价与利用

一、鲜饲料营养成分分析

云春凤（2012）对华北地区和山东聊城地区毛皮动物常用的 23 种冷鲜饲料原料进行了采集、测定，鲜饲料原料主要有黄花鱼、海杂鱼、鸭架、鸭肝、鸡架、鸡肝、鸡肠、毛鸡等，测定了水分、蛋白质、灰分、钙、磷等 17 种氨基酸等主要营养成分，微量元素锌、铜和重金属铅。饲料原料的采集与测定，为华北地区及山东聊城地区毛皮动物鲜饲料的配制提供理论依据（表 8-1）。

表 8-1 23 种冷鲜饲料常规营养成分测定

品名	粗蛋白质（%）	水分（%）	粗灰分（%）	钙（%）	磷（%）	铜（mg/kg）	锌（mg/kg）	铅（mg/kg）
小黄花鱼	18.3	56.6	3.4	4	0.9	0.49	26.46	113.7
海杂鱼	23.5	83.9	3.5	2.4	0.8	4.49	15.53	144.76
马口鱼	15.9	69.5	3.6	2.4	1	0	31.08	701.8
红头鱼	19	73.4	2.2	1.9	0.9	0	22.05	6 558.48
安鱇鱼头	12.8	82.7	3.9	2.5	1.1	0.4	21.36	498.76
油光鱼	16.6	76.3	3.5	2.4	0.9	1.54	27.34	209.13
残鸡	17.3	74.1	0.9	2.4	0.5	0.79	18.41	248.75
鸡头	13.7	65.6	3.8	1.1	1	0.52	36.46	497.22
鸡架	16.6	79.9	5.1	2.7	1	1.59	40.47	278.11
鸡肉	14.9	59.9	2.3	3	0.7	1.57	74.86	376.34
鸡蛋	12.5	80.5	1.2	1.7	0.3	1.47	37.15	224.11
鸡肝	15.8	65.2	3.8	2.1	0.9	1.27	25.02	125.49
鸡架肉	16.3	68.9	1.6	2.1	0.6	0	31.77	310.62
肉鸡鸡肠	18	69	1.5	2.3	0.8	7.5	23.9	498.76
蛋鸡鸡肠	26.1	44.2	1.3	3.2	0.7	1.99	37.24	434.88
毛鸡	19.4	64	2.2	2	0.9	0.07	15.62	679.89
鸡皮油	8.5	43	0.4	1.5	0.4	0	14.72	388.07
鸡碎肉	11.9	73.8	3.3	2	0.9	0	29.74	5 482.04
鸭架	10.5	70.5	1.3	1.8	0.6	0.62	41.92	807.6
鸭肝	11.3	70.6	1.6	1.3	0.6	12.05	31.29	739.73
猪肝	15.1	78.3	1.4	1.2	0.6	0.67	38.45	450.79
貂肉	23.9	72.1	4.7	5.9	1.3	0.37	45.51	400.72
貉子肉	19.6	51.5	5.8	2.6	1.3	2.17	42.79	521.08

检测结果表明：蓝狐常用的鱼类饲料中，海杂鱼的蛋白质含量最高，为 23.5%；

安鱇鱼头的蛋白质含量最低，为12.8%；小黄花鱼、马口鱼、红头鱼、油光鱼的蛋白质含量居中。海杂鱼磷含量为0.8%，在测定的鱼类饲料中为最低。对23种鲜饲料的安全评价中，确定了红头鱼和鸡碎肉的铅元素含量，是铅元素蓄积最多的饲料原料。同时检测分析了蓝狐常用饲料原料的氨基酸组成，具体见附录四，为蓝狐饲料配制提供了充分的理论依据。

二、鲜饲料卫生与安全评价

在河北唐山市乐亭县、丰南区、开平区、秦皇岛市昌黎县、承德市兴隆县、山东、大连等地的蓝狐养殖场（户）采集动物用冷鲜动物源饲料原料样品18种120个。对采集到的鲜态样品一部分于−20℃条件下冷冻保存，以便进行安全指标分析，饲料原料安全指标检测项目包括酸价、挥发性盐基氮、大肠杆菌、沙门氏菌等见表8-2。

表8-2 饲料原料安全指标测定结果

原料	酸价	每百克样品中挥发性盐基氮（mg）	大肠杆菌（MPN）个/g	沙门氏菌
混鲜内脏	1.3～3.52	167.2～365.3	>1.1×10^5	否
杂鱼	3.64～6.81	187.94～578.43	1.1×10^3～1.1×10^9	否
毛鸡	3.53～5.18	98.32～160.4	>1.1×10^9	否
去毛鸡	3.98	136.74	>1.1×10^9	否
毛蛋	0.87～1.97	8.79～17.89	>1.1×10^9	否
鸡架	1.35～3.50	8.98～29.37	>1.1×10^9	否
鸡杂	24.50	219.24	>1.1×10^5	否
鸡肠	13.38～32.12	207.52～453.03	3.6×10^6～1.1×10^9	否
鸡头	3.24～5.32	156.64～208.12	1.1×10^5～1.1×10^7	否
鸡内脏	6.66～9.55	127.54～329.7	1.1×10^3～1.1×10^5	否
鸡肝	18.54～26.75	335.3～350.22	1.1×10^3	否
猪肝	17.79～18.49	413～576.85	1.1×10^5～1.1×10^9	否
肉粉	1.12～3.56	38.35～89.39	1.1×10^5	否
油渣	2.71～5.65	8.68～19.87	1.1×10^3	否
鸡肉粉	2.59～8.97	3.92～7.56	1.1×10^9	否
虾粉	7.21	84.69	>1.1×10^3	否
酵母蛋白粉	0.56	1.43	1.1×10^3	否
血球粉	0.24	11.48	>1.1×10^3	否

检测结果表明：采集的样品中鸡肠、鸡内脏、鸡肝、猪肝的酸价较高，说明在贮存过程中酸败较严重；原料中酸价从0.24～32.12不等，说明各原料之间差异很大。酸价比较高的原料基本上是粗脂肪含量较高的，因粗脂肪含量高，易于酸败。各样品中大肠杆菌均检出，鸡肉粉、毛鸡、毛蛋等样品含量较高，有19个样品每克饲料中大肠杆菌数达到了1.1×10^5（MPN）个以上。高含量的大肠杆菌不仅会消耗掉营养物质，其代谢产物也会对动物生长产生不良影响。

三、鲜饲料原料消化与利用

孙伟丽等（2009）分析对比了11种鲜饲料原料的营养物质消化率，根据饲料原料的特性，将原料分成能单一饲喂的和不能单一饲喂的，海杂鱼、鸡骨架、鸡蛋、牛肉和白条鸡单独饲喂不会引起动物不适，采用直接饲喂法测定饲料粗蛋白质和干物质的表观消化率；鳞鲅、白鲢、鸡杂、鸡肝、牛肝和黄花鱼，这几种原料一旦过量可能会引起动物腹泻或不适，则采用套算法，即由被测饲料和基础饲粮共同组成饲粮，计算干物质和粗蛋白质的表观消化率。套算法试验的基础饲粮根据育成生长期蓝狐营养需求水平配制而成（表8-3），混合饲粮分别是以鳞鲅、白鲢、鸡杂、牛肝、鸡肝和黄花鱼为被测饲料，与基础饲粮按一定比例混合而成。

结果表明：直接法测定的5种鲜饲料干物质表观消化率差异显著，海杂鱼、鸡骨架、鸡蛋（带壳）、牛肉和白条鸡干物质表观消化率分别为84.39%、87.24%、61.14%、94.64%和88.12%；而其粗蛋白质表观消化率差异不显著，粗蛋白质表观消化率分别为94.60%、91.19%、91.24%、97.25%和96.69%。套算法测定的6种鲜饲料干物质和粗蛋白质表观消化率差异显著，鳞鲅、白鲢、鸡杂、牛肝、鸡肝和黄花鱼干物质表观消化率分别为70.39%、59.82%、71.63%、70.56%、79.17%和75.27%，粗蛋白质表观消化率分别为83.06%、77.28%、89.88%、68.26%、75.58%和69.13%。蓝狐对这11种鲜饲料均具有较好的消化能力，其中海杂鱼、鸡骨架、鸡蛋（带壳）、牛肉、白条鸡、鳞鲅、鸡杂可作为优质的蓝狐蛋白质来源饲料，白鲢、牛肝、鸡肝、黄花鱼要根据饲料的适口性、营养消化率等实际情况确定其在蓝狐饲料中所占的比例（表8-4至表8-7）。

表8-3　基础饲粮组成和营养水平（风干基础，%）

项目	含量	项目	含量
原料			
膨化大豆	20.00	预混料[1]	1.00
膨化玉米	41.10	合计	100
豆粕	7.50	营养水平	
肉骨粉	6.50	干物质（DM）	91.48
玉米胚芽粕	9.00	粗蛋白质（CP）	21.46
鱼粉	8.00	粗脂肪（EE）	10.46
豆油	4.70	灰分（Ash）	10.40
磷酸氢钙	1.00	钙（Ca）	1.13
食盐	0.40	磷（P）	0.59

表8-4　混合饲粮组成（风干基础，%）

组别	基础饲粮	待测饲料原料	CP比例
鳞鲅	56.80	43.20	29.73
白鲢	65.23	34.77	29.76

（续）

组别	基础饲粮	待测饲料原料	CP 比例
鸡杂	62.02	37.98	28.58
鸡肝	87.13	12.87	11.09
牛肝	86.95	13.05	10.12
黄花鱼	85.84	14.16	12.40

表 8-5　试验用饲料原料的营养成分（风干基础）

饲料原料	干物质（%）	粗蛋白质（%）	粗脂肪（%）	灰分（%）	钙（%）	磷（%）
海杂鱼	19.20	66.56	2.82	3.81	1.10	0.45
鸡骨架	38.49	38.22	16.21	4.29	1.60	0.79
鸡蛋	18.15	40.88	4.24	5.42	2.21	0.10
牛肉	28.82	68.01	9.29	0.88	0.20	0.17
白条鸡	37.20	47.98	11.86	2.72	1.00	0.49
鲔鲅	34.79	34.32	18.89	1.59	0.51	0.28
白鲢	22.27	76.60	2.92	1.12	0.08	0.14
鸡杂	33.13	42.35	15.17	1.99	0.23	0.15
鸡肝	29.01	55.46	8.30	1.33	0.21	0.28
牛肝	28.11	64.50	4.34	1.53	0.17	0.33
黄花鱼	29.15	63.16	5.42	5.05	1.76	0.82

表 8-6　直接法检测 5 种饲粮干物质和粗蛋白质的表观消化率

项目	海杂鱼	鸡骨架	鸡蛋	牛肉	白条鸡
干物质采食量（g）	233.09±17.89[d]	483.43±6.58[a]	209.09±11.51[e]	293.96±9.69[c]	390.60±18.66[b]
干物质排出量（g）	36.38±5.83[d]	61.67±5.46[b]	81.25±5.83[a]	15.75±1.64[e]	46.38±2.07[c]
干物质表观消化率（%）	84.39±2.95[b]	87.24±4.05[a]	61.14±3.69[c]	94.64±2.01[a]	88.12±6.30[b]
食入氮（g/d）	155.10±7.59[c]	197.68±4.83[a]	142.33±4.27[d]	112.38±5.15[e]	187.33±5.80[b]
粪氮（g/d）	8.38±1.91[c]	17.41±1.81[a]	12.47±2.78[b]	3.09±0.67[d]	6.20±0.72[c]
粗蛋白质表观消化率（%）	94.60±3.17[a]	91.19±3.84[b]	91.24±4.60[a]	97.25±1.98[a]	96.69±4.45[a]

注：同行肩标不同的大写字母表示差异极显著（$P<0.01$），不同小写字母表示差异显著（$P<0.05$），同行肩标相同的或不标字母的表示差异不显著（$P>0.05$）。表 8-7 与此表注释相同。

表 8-7　套算法检测 6 组饲粮及基础饲粮干物质和粗蛋白质的表观消化率

项目	鲔鲅	白鲢	鸡杂	鸡肝	牛肝	黄花鱼	基础饲粮
干物质采食量（g/d）	391.39[a] ±4.03	372.26[b] ±5.44	362.71[bc] ±2.15	355.52[c] ±10.19	288.69[e] ±5.63	388.18[a] ±9.23	344.43[d] ±5.56
干物质排出量（g/d）	138.27[c] ±5.65	152.60[ab] ±4.17	131.20[d] ±5.16	137.58[c] ±4.31	120.47[e] ±2.27	147.27[b] ±4.64	134.89[a] ±3.17
混合饲粮干物质 表观消化率（%）	64.67[b] ±3.09	59.00[cd] ±2.76	63.83[b] ±2.44	61.30[bc] ±1.83	62.13[a] ±4.19	62.06[bc] ±2.15	59.63[d] ±2.51

（续）

项目	鳀鲅	白鲢	鸡杂	鸡肝	牛肝	黄花鱼	基础饲粮
干物质比例（%）	43.20	34.77	37.98	12.86	13.06	14.16	59.63
干物质表观消化率（%）	70.39[c]±5.29	59.82[d]±3.65	71.63[c]±2.06	70.56[c]±6.98	79.17[a]±5.89	75.27[b]±4.15	—
氮摄入量（g/d）	254.48[a]±3.19	247.58[b]±4.19	248.52[b]±5.70	203.85[d]±2.47	166.19[e]±4.52	212.42[c]±3.26	198.76[d]±2.88
粪氮量（g/d）	91.80[ab]±2.18	95.66[a]±3.75	86.85[c]±3.63	90.68[bc]±3.19	52.42[e]±2.83	65.58[d]±2.78	91.08[abc]±2.23
混合饲粮粗蛋白质表观消化率（%）	63.89[a]±2.75	61.25[a]±3.24	65.42[a]±1.96	55.56[b]±2.60	65.17[a]±2.18	52.27[b]±2.76	
基础饲粮粗蛋白质表观消化率（%）	54.13	54.13	54.13	54.13	54.13	54.13	54.13
粗蛋白质比例（%）	29.73	29.76	28.58	10.12	11.09	12.40	—
粗蛋白质表观消化率（%）	83.06±2.42[b]	77.28±3.77[c]	89.88±2.11[a]	68.26±3.99[d]	75.58±3.36[c]	69.13±5.31[d]	54.13±2.94[e]

第二节 狐干粉饲料营养特性评价与利用

一、狐常用干粉饲料适口性比较

狐作为肉食动物，饲料中蛋白质含量相对较高。大量的研究表明，低蛋白、低能量的配合饲粮对狐毛皮品质有不良影响，会导致毛绒空疏、底绒不足且略短、毛皮等级下降、毛被未成熟的数量增加。可见饲粮中的蛋白质对蓝狐的毛皮品质优劣具有很大的影响。优质高效的饲料，首先需要考虑饲料的适口性问题，饲料即使营养好，如果适口性差，动物采食量低，也很难实现有效生产。

耿业业等（2008）针对狐干粉饲料配制中常用的蛋白饲料，比较分析其适口性。待测饲粮组成见表8-8。综合采食量和采食时间，本次试验的10种干粉蛋白饲料原料的适口性大体可分为3组，即较好、一般、较差。适口性较好组：豆粕、膨化大豆、澳大利亚肉骨粉、秘鲁鱼粉。适口性一般组：玉米蛋白粉、猪肉粉、玉米胚芽粕。适口性较差组：鸡肉粉、鸡肠羽粉、羽毛粉（表8-8、表8-9）。

表8-8 10种待测饲料饲粮组成（%）

组别	待测饲料	葡萄糖	玉米淀粉	植物油	添加剂	食盐	纤维素
秘鲁鱼粉	46.50	0.00	40.28	8.42	1.00	0.50	3.30
鸡肠羽粉	55.58	0.00	33.37	6.25	1.00	0.50	3.30
肉骨粉	60.00	0.00	24.62	10.58	1.00	0.50	3.30
玉米蛋白粉	47.25	0.00	39.53	8.42	1.00	0.50	3.30
膨化大豆	85.71	12.79	0.00	0.00	1.00	0.50	0.00

（续）

组别	待测饲料	葡萄糖	玉米淀粉	植物油	添加剂	食盐	纤维素
羽毛粉	38.50	15.05	32.00	10.15	1.00	0.00	3.30
猪肉粉	55.55	15.85	18.00	6.30	1.00	0.00	3.30
鸡肉粉	58.55	15.85	15.00	6.30	1.00	0.00	3.30
豆粕	62.65	12.50	12.00	10.05	1.00	0.50	1.30
玉米胚芽粕	70.00	18.50	0.00	10.00	1.00	0.50	0.00

注：添加剂为维生素、微量元素等的混合物。

表 8-9　10 种蓝狐常规干粉蛋白饲料的适口性比较

原料	性别	日采食量（g）	采食时间（min）	对比分析
鸡肉粉	公 母	215 186	＞20	采食量少，采食速度慢，全组盆中有剩料
秘鲁鱼粉	公 母	314 307	＜10	采食量大，采食速度快，个别盆中有剩料
鸡肠羽粉	公 母	254 251	＞20	采食量少，采食速度慢，全组盆中有剩料
肉骨粉（澳大利亚）	公 母	346 307	＜10	采食量大，采食速度快，盆中无剩料
玉米蛋白粉	公 母	287 282	10～20	采食量正常，采食速度较快，个别盆中有剩料
膨化大豆	公 母	339 292	＜10	采食量大，采食速度快，盆中无剩料
羽毛粉	公 母	162 153	＞20	采食量少，采食速度慢，全组盆中均有剩料
猪肉粉	公 母	289 292	10～20	采食量正常，采食速度较快，个别盆中有剩料
豆粕	公 母	413 390	＜10	采食量大，采食速度快，盆中无剩料
玉米胚芽粕	公 母	277 265	10～20	采食量正常，采食速度较快，全组盆中有剩料

二、常用干粉饲料消化利用与评价

鸡肉粉、鱼粉等常规蛋白质饲料原料广泛应用于配制狐饲料，能否合理利用蛋白质饲料影响饲料的成本，直接影响养殖经济效益。蓝狐对不同蛋白质来源的粗蛋白质表观消化率对于生产具有指导意义。

孙伟丽等（2009）研究了蓝狐常用的 6 种动物性饲料和 5 种植物性饲料的粗蛋白质及干物质表观消化率，试验待测饲料原料分别为鸡肉粉、秘鲁鱼粉、鸡肠羽粉、肉骨粉、羽毛粉、猪肉粉、玉米蛋白粉、膨化大豆、豆粕、膨化玉米和玉米胚芽粕。饲料原料的化学组成见表 8-10。按照育成生长期蓝狐营养需要水平配制成适宜的半纯合饲粮。

各试验饲粮的蛋白质由单一的饲料原料提供，能量低的饲料添加植物油和葡萄糖来补充能量，微量元素和矿物质由添加剂提供，试验饲粮组成及营养水平见表 8-11 和表 8-12。结果表明，动物性蛋白来源饲粮中鸡肉粉饲粮粗蛋白质表观消化率最高，公狐对鸡肉粉饲粮粗蛋白质表观消化率为 67.76％，母狐为 60.08％，公、母狐间差异不显著；猪肉粉饲粮粗蛋白质表观消化率最低，公狐为 49.67％，母狐为 40.97％，公母狐间差异不显著（表 8-13）。植物性蛋白来源饲粮中豆粕饲粮粗蛋白质的表观消化率最高，公狐为 72.26％，母狐为 72.14％，公、母狐间差异不显著。膨化玉米组粗蛋白质表观消化率最低，公狐为 40.91％，母狐为 40.83％，公母狐间差异不显著（表 8-14）。由此得出，配制育成生长期蓝狐饲粮，动物性来源饲粮采用鸡肉粉作为蛋白质来源优于猪肉粉；植物性来源饲粮采用豆粕作为蛋白质来源优于玉米胚芽粕，玉米胚芽粕适口性差，不适于大量使用。不同性别蓝狐对同一种蛋白质来源的饲粮消化率差异不显著。作为育成生长期蓝狐饲粮的蛋白质来源，6 种动物性蛋白中以鸡肉粉最佳，5 种植物性蛋白中以豆粕最佳。

表 8-10　饲料原料的化学组成（风干基础,％）

原料	干物质	粗蛋白质	粗脂肪	钙	磷	灰分
鸡肉粉	89.61	52.33	12.00	3.13	1.60	22.30
秘鲁鱼粉	90.68	68.22	5.60	2.58	0.92	11.40
鸡肠羽粉	92.40	52.28	16.42	4.02	0.20	8.58
肉骨粉	94.28	51.54	8.50	8.34	3.49	31.70
羽毛粉	91.07	85.72	2.20	0.82	0.04	3.80
猪肉粉	91.32	80.72	11.00	3.52	1.21	12.00
玉米蛋白粉	90.63	59.99	5.40	0.81	1.25	1.00
膨化大豆	91.90	38.94	5.80	0.91	0.62	5.90
豆粕	89.65	59.56	3.20	0.74	0.11	4.60
膨化玉米	91.19	10.01	1.90	1.08	0.23	3.50
玉米胚芽粕	92.88	23.76	2.00	0.99	0.67	5.90

表 8-11　试验饲粮组成（风干基础,％）

项目	试验原料	葡萄糖	玉米淀粉	植物油	预混料	食盐	纤维素	合计
鸡肉粉	58.55	15.85	15	6.3	1	—	3.3	100
秘鲁鱼粉	46.5	—	40.28	8.42	1	0.5	3.3	100
鸡肠羽粉	55.58	—	33.37	6.25	1	0.5	3.3	100
肉骨粉	60	—	24.62	10.58	1	0.5	3.3	100
羽毛粉	38.5	15.05	32	10.15	1	—	3.3	100
猪肉粉	55.55	15.85	18	6.3	1	—	3.3	100
膨化大豆	85.71	12.79	0	—	1	0.5	—	100
玉米蛋白粉	47.25	0	39.53	8.42	1	—	3.3	100
豆粕	62.65	12.5	12	10.05	1	0.5	1.3	100

（续）

项目	试验原料	葡萄糖	玉米淀粉	植物油	预混料	食盐	纤维素	合计
膨化玉米	99	—	—	—	1	—	—	100
玉米胚芽粕	66.7	18.5	—	10	1	0.5	3.3	100

表 8-12　试验饲粮营养水平（%）

名称	粗蛋白质（CP）	粗脂肪（EE）	灰分（Ash）	钙（Ca）	磷（P）
鸡肉粉	25.93	18.63	22.3	3.13	1.59
秘鲁鱼粉	27.2	19.51	11.4	2.59	0.92
鸡肠羽粉	30.38	18.09	8.58	4.02	0.2
肉骨粉	32.63	17.66	31.7	8.34	3.49
羽毛粉	34.79	17.32	3.8	0.82	0.04
猪肉粉	36.4	19.01	12	3.52	1.21
膨化大豆	32.3	18.95	1	0.91	0.62
玉米蛋白粉	28.25	18.47	5.9	0.81	1.25
豆粕	30.3	19.25	4.6	0.1	0.67
膨化玉米	10.01	1.9	3.5	1.08	0.23
玉米胚芽粕	16.65	18.24	5.9	0.86	1.64

表 8-13　蓝狐对动物性蛋白来源饲粮的干物质和粗蛋白质表观消化率（%）

项目	性别	鸡肉粉	秘鲁鱼粉	鸡肠羽粉	肉骨粉	羽毛粉	猪肉粉
干物质采食量（g/d）	公	486.58±35.40[a]	347.31±22.13[bc]	277.97±20.64[d]	378.69±31.78[b]	216.11±19.47[e]	314.33±22.53[cd]
	母	451.89±39.32[a]	339.39±29.99[b]	269.81±15.13[cd]	323.47±33.93[b]	243.47±18.20[d]	305.67±21.86[bc]
干物质排出量（g/d）	公	151.33±16.10[a]	160.68±14.46[a]	91.34±8.73[c]	148.40±13.17[a]	59.74±9.68[d]	119.78±22.21[b]
	母	156.77±13.81[a]	175.44±15.60[a]	109.26±11.38[b]	142.32±13.24[ab]	64.24±8.98[c]	161.34±14.71[a]
干物质表观消化率（%）	公	66.74±4.58[abA]	69.02±9.51[aA]	59.33±8.67[bcA]	51.96±4.51[dA]	70.35±7.86[aA]	58.01±8.57[cdA]
	母	62.11±7.41[abA]	59.33±8.67[abcA]	55.71±5.99[bcdA]	47.51±6.72[dA]	66.79±8.71[aA]	51.33±4.51[cdA]
氮摄入（g/d）	公	123.53±14.86[a]	83.57±9.42[c]	87.65±8.81[bc]	123.57±10.37[ab]	75.19±9.83[bc]	110.89±11.34[ab]
	母	114.63±11.05[a]	85.81±9.52[b]	78.95±6.75[b]	108.00±10.39[a]	91.42±2.92[b]	111.26±7.96[a]
粪氮（g/d）	公	48.03±5.76[ab]	43.46±6.99[b]	32.07±5.07[c]	50.07±7.07[ab]	24.41±4.56[c]	53.66±6.16[a]
	母	45.95±7.98[b]	55.12±7.25[b]	57.04±7.41[c]	50.30±7.62[b]	24.19±5.50[d]	67.66±6.88[a]

（续）

项目	性别	鸡肉粉	秘鲁鱼粉	鸡肠羽粉	肉骨粉	羽毛粉	猪肉粉
蛋白质表观消化率（%）	公	67.76±6.47aA	62.13±7.54abA	59.25±8.13abA	56.36±5.76bcA	62.98±7.78abA	49.67±8.30c
	母	60.08±5.85aA	58.23±11.55aA	53.04±7.46aA	51.59±6.87aA	60.93±9.85aA	40.97±2.82b

注：同行肩标不同的大写字母表示差异极显著（$P<0.01$），不同小写字母表示差异显著（$P<0.05$），同行肩标相同的或不标字母的表示差异不显著（$P>0.05$）。表 8-14 与此表注释相同。

表 8-14 蓝狐对植物性蛋白来源饲粮的干物质和粗蛋白质表观消化率

项目	性别	玉米蛋白粉	膨化大豆	豆粕	膨化玉米	玉米胚芽粕
干物质采食量（g/d）	公	305.22±25.46c	348.27±23.94b	412.94±12.29a	239.90±24.32e	276.64±14.68d
	母	283.82±29.50c	336.99±44.64b	389.89±25.85a	215.79±21.69d	264.99±23.62c
干物质排出量（g/d）	公	131.21±12.25a	99.17±19.19c	126.14±10.37ab	104.33±14.43c	113.06±15.17bc
	母	116.86±16.78a	85.77±16.30b	116.11±17.09a	111.41±15.50a	115.80±16.20a
干物质表观消化率（%）	公	59.58±3.53bA	71.67±4.25aA	69.43±2.60aA	51.82±7.21cA	59.08±5.30bA
	母	59.09±2.92aA	68.69±5.75aA	70.28±3.39aA	48.57±6.99bA	56.40±3.55bA
氮摄入量（g/d）	公	84.19±8.49c	112.49±7.73b	125.12±3.72a	24.01±2.43e	46.06±2.44d
	母	80.18±8.33c	108.85±14.42b	118.14±7.83a	20.43±2.85e	44.12±3.93d
粪氮量（g/d）	公	29.89±5.36ab	32.04±4.77a	34.70±5.83a	13.85±2.79c	25.87±3.37b
	母	27.60±5.01ab	32.23±5.82a	32.22±5.63a	14.25±2.79c	24.43±4.12b
蛋白质表观消化率（%）	公	66.46±8.58aA	71.06±6.88aA	72.26±4.63aA	40.91±5.62bA	43.74±7.28bA
	母	65.75±4.56aA	67.59±8.07aA	72.14±4.24aA	40.83±7.63bA	44.72±7.11bA

三、动物性蛋白和植物性蛋白饲料的特点及利用

动物性蛋白饲料具有以下特点：粗蛋白质含量高、品质好，氨基酸比较平衡，生物学价值高；碳水化合物含量少，几乎不含粗纤维，因而消化率高；矿物质含量较丰富，钙、磷含量都比植物性饲料高，B 族维生素含量丰富，特别是维生素 B_6 含量高，还含有一定的未知生长因素，可促进动物生长。植物性蛋白质饲料比动物性蛋白质饲料价格

便宜，但狐对植物性蛋白饲料的消化利用比动物性蛋白饲料低。孙伟丽等（2009）研究表明，雄性蓝狐对鸡肉粉饲粮粗蛋白质的表观消化率高达 67.76%，而对玉米胚芽粕饲粮粗蛋白质的表观消化率仅为 43.74%，这可能是由于植物性蛋白饲料必需氨基酸含量较低，缺乏某种或某几种必需氨基酸。蛋氨酸和赖氨酸为最主要的限制性氨基酸，如果饲料中缺乏限制性氨基酸就会影响其他氨基酸的消化与利用，同时植物性蛋白饲料含有不同程度的抗营养因子，也是影响其消化利用的主要因素。

在毛皮动物早期生长阶段，饲料中的氨基酸主要用于合成体蛋白，即主要用于生长，当饲料中植物蛋白源的添加量逐渐升高时，氨基酸的不平衡性表现得越来越明显，对生长的抑制作用也越来越显著。因此，在毛皮动物生产中想要以植物性蛋白饲料为主就要考虑氨基酸的平衡问题。毛皮动物对植物蛋白源的利用还与适口性、消化率相关。通过减少抗营养因子可以提高动物对植物蛋白源的消化利用。孙伟丽等（2009）研究表明，雄性蓝狐对膨化大豆饲粮蛋白质的表观消化率高达 71.06%，玉米胚芽粕因其适口性差降低了蓝狐的干物质采食量。蓝狐虽然对植物性蛋白饲料中各营养物质的消化率较高，但蛋白质生物学效价却极显著的低于动物蛋白饲料组。

第三节 狐饲料添加剂的应用

狐饲料添加剂包括维生素类、矿物质类、益生素类、酶制剂类、调味剂类及针对不同生物学时期的功能性添加类饲料等。在狐养殖生产中通常将维生素类、矿物质类、几种益生菌及酶制剂混合配制成预混合饲料应用，随着狐养殖规模化程度增加，从提高饲粮适口性、促进消化等角度考虑，调味剂类、益生菌类及中草药添加剂已开始逐渐应用到生产中。本章即从这三类添加剂开展的试验研究进行总结。

一、调味剂在狐饲料中的应用

饲料调味剂又叫香味剂、风味剂、诱食剂等，是指化学合成或天然植物提取的各种香味剂及甜味剂，为非营养性的饲料添加剂，添加到动物饲料中，起改善饲料口感、掩盖饲料原料某些不良气味、提高适口性、增进动物食欲，提高饲料转化率以及改善动物福利等作用。饲料调味剂的应用很大程度提高了畜牧养殖行业的经济效益，已在乳猪饲料和家禽饲料中得到了广泛的应用，在提高采食量、饲料转化率以及改善肉品质等效果方面得到了业界的认可。饲料调味剂应用至今，已有很多的种类，如香味剂、甜味剂、酸味剂、鲜味剂、咸味剂、辣味剂等，不同种类的动物以及动物的不同生理时期口味喜好有所不同，以往对蓝狐的口感喜好判断仅仅来自养殖户的饲养经验，缺乏客观数据支撑，以下试验研究了调味剂在准备配种期和育成生长期蓝狐的应用效果。

（一）调味剂在狐准备配种期的应用

1. 不同浓度梯度甜味剂对准备配种期蓝狐诱食效果的研究 杨雅涵等（2014）在准备配种期蓝狐干粉饲料中添加不同浓度梯度的饲料甜味剂（80g/t、100g/t 和 120g/

t），观察蓝狐的采食行为、测定采食量、统计采食速度，从而考察甜味剂对蓝狐采食量的影响，筛选适宜的甜味剂添加浓度。结果表明，蓝狐对不同梯度甜味剂的饲粮表现出不同的采食行为，其中浓度为100g/t甜味剂添加组采食速度和采食量均明显高于对照组和其他浓度甜味剂添加组，对提高蓝狐采食量有显著作用，诱食效果最佳。通过偏嗜指数分析，添加甜味剂比例为100g/t时对提高蓝狐采食量有显著作用，80g/t诱食效果不明显；当甜味剂添加量继续增加到120g/t时，蓝狐采食偏嗜指数变小，即与100g/t添加量对比120g/t添加量反而使蓝狐采食量有所下降。具体结果见表8-15和表8-16。

表8-15 蓝狐的采食量和偏嗜指数

组别	添加量	处理	每天采食量（g）	偏嗜指数
A	80g/t	对照组	145.63±8.75	1.013
		试验组	147.50±5.00	
B	100g/t	对照组	130.00±14.86	1.101
		试验组	143.13±8.51	
C	120g/t	对照组	141.88±10.68	0.925
		试验组	131.25±13.15	

注：同行肩标不同的大写字母表示差异极显著（$P<0.01$），不同小写字母表示差异显著（$P<0.05$），同行肩标相同的或不标字母的表示差异不显著（$P>0.05$）。表8-16与此表注释相同。

表8-16 不同浓度的甜味剂对蓝狐采食速度的影响

组别	处理	采食速度（g/s）	每次采食量（g/次）
A	对照	0.97±0.16	6.92±0.56
	试验	1.00±0.10	6.89±0.50
B	对照	1.45±0.41	9.83±1.78
	试验	1.67±0.79	10.13±2.60
C	对照	1.13±0.20	7.93±1.31
	试验	1.49±0.31	8.27±0.38

在饲料中添加甜味剂，有助于增加蓝狐采食量、促进其采食偏嗜指数的提高，但甜味剂添加量过高，香味过于浓郁，却会影响蓝狐的采食。添加100g/t的蓝狐试验组采食速度最高，可能原因是添加甜味剂浓度梯度适宜，提高了蓝狐的采食欲望，改善了饲料的适口性。甜味剂添加量过高，添加到120g/t时，香味过于浓郁，反而影响了蓝狐的采食量。准备配种期蓝狐干粉料中甜味剂添加比例以100g/t为宜。

2. 调味剂对准备配种期蓝狐采食行为和采食量的影响 杨雅涵等（2015）研究了在准备配种期蓝狐干粉饲料中添加不同种类的饲料调味剂（酸化剂1 500mg/kg、大蒜素250mg/kg、果香型500mg/kg、奶香型500mg/kg、玉米香型500mg/kg、鱼腥香500mg/kg、肠香型500mg/kg、鸡肉香1 500mg/kg和肝脏香1 000mg/kg），对蓝狐采食量和采食行为的影响。通过监控录像观察分析蓝狐采食行为、测定采食量、统计采食速度，筛选蓝狐喜欢的调味剂种类。试验结果表明：准备配种期蓝狐对添加不同调味剂的饲粮和基础饲料表现出不同的采食行为，肝脏香型、鸡肉香型和玉米香型组蓝狐采食速度明显高于对照组和其他试验组最高采食速度达1.73g/s，酸化剂试验组蓝狐采食速度低于基础饲粮；同时鸡肉香、肝脏香和玉米香这三组对提高蓝狐采食量也有显著作用，提高采食量达 6.9％～16.0％，肝脏香型表现出最高的采食量。但添加酸化剂和奶香型偏嗜指数小于 1，表明对蓝狐没有诱食作用，其他各组诱食效果也不显著。综上所述，通过蓝狐每天采食量、采食速度、采食次数和采食时间综合得出，添加 500mg/kg 的玉米香、1 500mg/kg 的鸡肉香和 1 000mg/kg 的肝脏香对蓝狐有显著的诱食效果；添加 1 500mg/kg 的酸化剂和 500mg/kg 的奶香型调味剂对蓝狐无明显的诱食效果。因此，对准备配种期蓝狐有诱食效果的调味剂种类不相同，适宜的饲料调味剂类型有玉米香、鸡肉香和肝脏香，具体结果见表 8-17 和表 8-18。

表 8-17　蓝狐的每天采食量和偏嗜指数

组别	种类	处理	每天采食量（g）	偏嗜指数
1	酸化剂	对照组 试验组	75.25±8.33 74.88±6.26	0.995
2	大蒜素	对照组 试验组	139.17±13.62 145.00±8.66	1.042
3	果香型 501	对照组 试验组	136.67±13.39 141.25±15.16	1.034
4	奶香型 312	对照组 试验组	146.67±2.04 145.00±4.08	0.989
5	玉米香 725	对照组 试验组	135.92±11.83 145.25±5.72	1.069
6	鱼腥香 615	对照组 试验组	144.75±6.53 146.50±6.06	1.012
7	肠香型	对照组 试验组	122.92±9.60 123.75±15.74	1.007
8	鸡肉香	对照组 试验组	135.00±11.18 148.75±2.50	1.102
9	肝脏香	对照组 试验组	125.00±3.61 145.00±8.66**	1.160

注：同列肩标不同的大写字母表示差异极显著（$P<0.01$），不同小写字母表示差异显著（$P<0.05$），同列肩标相同的或不标字母的表示差异不显著（$P>0.05$）。表 8-18 与此表注释相同。

表 8-18　不同调味剂对蓝狐采食速度的影响

组别	种类	处理	采食速度（g/s）	每次采食量（g）
1	酸化剂	对照 试验	0.74±0.03 0.72±0.04	5.93±0.26 5.76±0.28
2	大蒜素	对照 试验	0.86±0.04 0.90±0.01	6.82±0.39 7.44±0.65
3	果香型 501	对照 试验	0.89±0.04 1.37±0.06**	8.62±0.59 8.90±0.50

（续）

组别	种类	处理	采食速度（g/s）	每次采食量（g）
4	奶香型312	对照	1.46±0.11	8.43±0.19
		试验	1.66±0.06*	8.39±0.51
5	玉米香725	对照	1.02±0.05	7.93±0.45
		试验	1.42±0.11**	10.32±0.45**
6	鱼腥香615	对照	0.87±0.03	8.14±0.33
		试验	1.03±0.08*	8.44±0.33
7	肠香型	对照	1.63±0.24	8.47±0.54
		试验	1.65±0.11	9.08±0.31
8	鸡肉香	对照	1.09±0.03	7.46±0.50
		试验	1.46±0.11**	9.97±0.49**
9	肝脏香	对照	1.08±0.12	7.52±0.46
		试验	1.73±0.08**	10.08±0.28**

注：同列肩标**表示差异极显著（$P<0.01$），肩标*表示差异显著（$P<0.05$），同列肩标无*表示差异不显著（$P>0.05$）。表 8-19 同此。

（二）饲料调味剂在不同生物学时期狐饲料中的应用

1. 饲料调味剂对育成生长期蓝狐采食行为和采食量的影响　孙伟丽等（2015）在育成生长期蓝狐干粉饲料中添加不同种类的调味剂（肝脏香 500g/t、鸡肉香 500g/t、玉米香 500g/t、奶香型 500g/t、甜味剂 100g/t 和鸡肉香 500g/t＋甜味剂 100g/t），通过采集监控录像的方式，对比基础饲粮和添加调味剂饲粮以及不同调味剂饲粮组之间的采食量和采食速度差异，确定对育成生长期蓝狐有诱食效果的调味剂种类以及添加量。结果表明，饲料中添加调味剂对育成生长期蓝狐采食行为有明显影响，其中奶香型与基础饲粮相比，育成生长期蓝狐采食量提高 24%，偏嗜指数达到 1.50；奶香型与鸡肉香型相比，采食量提高 28.9%，偏嗜指数达到 1.53；此外，奶香型与玉米香型对比虽不如以上基础饲粮组和添加鸡肉香型调味剂两组明显，但也有诱食作用，偏嗜指数 1.15。甜味剂与鸡肉香组偏嗜指数 1.40，表明奶香型和甜味剂对蓝狐有较好的诱食效果；调味剂对育成生长期蓝狐的采食速度有明显影响，其中奶香型饲料采食速度最高达到 352g/s，具体结果见表 8-19 和表 8-20。

表 8-19　各处理组饲料蓝狐日采食量对比

组别	处理	日采食量（g）	P 值	偏嗜指数（B/A）
1	基础料	323.94±37.67	0.910	0.99
	肝脏香	320.26±68.13		
2	基础料	314.03±56.90	0.511	1.08
	鸡肉香	333.24±39.23		
3	基础料	318.48±25.04	0.932	0.99
	玉米香	316.04±65.73		

（续）

组别	处理	日采食量（g）	P 值	偏嗜指数（B/A）
4	基础料 奶香型	283.44±64.85 352.74±60.55	0.277	1.50
5	基础料 甜味剂	331.87±52.44 321.64±80.25	0.487	0.96
6	基础料 大肠香	280.12±51.92 294.17±24.10	0.649	1.07
7	鸡肉香 奶香型	217.45±72.10* 305.74±64.31	0.049	1.53
8	玉米香 奶香型	261.27±76.03 283.50±29.70	0.528	1.15
9	鸡肉香＋甜味剂组 甜味剂	245.83±62.24* 324.48±46.54	0.033	1.40
10	鸡肉香＋甜味剂 鸡肉香	247.31±101.13 243.61±76.57	0.944	1.05

表 8-20　不同调味剂对蓝狐采食行为和采食速度的影响

组别	种类	每天采食次数	采食时间（s）	采食速度（g/s）	每次采食量（g）
1	基础料	45.10	88.25	323.94	3.67
	肝脏香	28.05	88.95	320.26	3.60
2	基础料	70.05	98.65	304.03	3.08
	鸡肉香	24.85	69.10	333.24	4.82
3	基础料	53.65	78.15	318.48	4.08
	玉米香	27.65	94.20	316.04	3.35
4	基础料	40.85	68.40	283.44	4.14
	奶香型	30.90	75.55	352.74	4.67
5	基础料	8.35	147.35	331.87	2.25
	甜味剂	9.75	135.50	321.64	2.37
6	基础料	9.40	120.15	280.12	2.33
	大肠香	9.60	129.65	294.17	2.27
7	鸡肉香	6.60	88.75	217.45	2.45
	奶香型	8.30	100.25	305.74	3.05
8	玉米香	8.10	162.50	261.27	1.61
	奶香型	8.05	123.70	283.50	2.29
9	鸡肉香＋甜味剂	9.90	118.60	245.83	2.07
	甜味剂	9.45	138.20	324.48	2.35
10	鸡肉香＋甜味剂	9.25	101.70	247.31	2.43
	鸡肉香	7.40	75.25	243.61	3.24

本试验从 5 种饲料调味剂中筛选出奶香型饲料和甜味剂对育成生长期蓝狐有显著的

诱食效果，育成生长期蓝狐对于奶香型饲料表现出极大的优先选择性，因为奶香型调味剂符合幼小动物分窝后对于母乳的依赖特性。蓝狐的育成生长期为断奶后的快速生长阶段，许多研究表明动物断奶后仍然偏好与母乳相似的味道，奶香型和甜味剂更适合于幼龄动物的特性。说明不同生理时期蓝狐的生理特性不同，导致其口味及需求随着生长时期变化而有较大变化，应针对不同的生长阶段及生长特性，选择不同的调味剂种类。配制育成生长期蓝狐饲料可以考虑添加适量的奶香型调味剂，以增加采食量。添加推荐量分别为：奶香型500g/t，甜味剂100g/t。

2. 饲料调味剂对育成生长期蓝狐营养物质消化率和生长性能的影响 孙伟丽等（2016）在育成生长期蓝狐适宜蛋白营养需求的饲粮基础上（基础料粗蛋白质为31%），分别添加不同种类的饲料调味剂（肝脏香500mg/kg、奶香500mg/kg、甜味剂120mg/kg、大肠香500mg/kg），以基础饲粮为对照组。通过测定各营养物质的消化率、氮代谢及生长性能，分析添加不同调味剂的诱食效果，探讨适合于育成生长期蓝狐的调味剂种类。结果表明，饲料中添加肝脏香、奶香、甜味剂的饲粮相比基础饲粮和添加大肠香的饲粮对育成生长期蓝狐都有一定的诱食效果；添加奶香调味剂相比基础饲粮偏嗜指数达到了1.50，且明显提高了采食的速度。同时发现添加奶香和甜味剂，干物质消化率、蛋白质消化率、脂肪消化率均不同程度的提高，蛋白质消化率达到了差异显著水平。蓝狐饲粮添加肝脏香后采食量得到了显著性增加，氮沉积、净蛋白利用率、蛋白质生物学价值也显著优于基础饲粮组；从蓝狐总增重、平均日增重及料重比结果可知添加饲料调味剂的各组，均优于对照组，特别是肝脏香、奶香和甜味剂组效果更佳（表8-21、表8-22和表8-23）。

表8-21　饲料调味剂对育成生长期蓝狐营养物质消化率的影响

项目	基础饲粮组	肝脏香	奶香	甜味剂	大肠香
干物质采食量（g）	292.00±5.28[bBC]	303.02±2.71[aA]	301.91±7.67[aAB]	302.79±5.75[aA]	288.60±6.03[bC]
干物质排出量（g）	88.83±6.10[a]	91.49±5.15[a]	87.81±7.72[a]	73.22±11.53[b]	84.91±9.49[ab]
干物质消化率（%）	68.83±2.40	71.82±6.43	75.07±6.77	75.30±3.06	72.43±5.28
蛋白质消化率（%）	58.89±3.90[bC]	59.52±7.32[bC]	70.49±9.14[aAB]	72.62±2.17[aA]	67.48±7.16[aABC]
脂肪消化率（%）	86.78±1.40[bAB]	86.27±3.51[bB]	89.38±2.12[abAB]	90.69±1.96[aA]	88.89±2.89[abAB]

注：同行肩标不同的大写字母表示差异极显著（$P<0.01$），不同小写字母表示差异显著（$P<0.05$），同行肩标相同的或不标字母的表示差异不显著（$P>0.05$）。表8-22至表8-23与此表注释相同。

表8-22　饲料调味剂对育成生长期蓝狐氮代谢的影响

项目	基础饲粮组	肝脏香	奶香	甜味剂	大肠香
食入氮（g/d）	14.49±0.26[ab]	15.05±0.12[a]	14.79±0.59[ab]	14.68±0.89[ab]	14.08±0.66[b]
粪氮（g/d）	5.19±0.46[ab]	5.40±0.50[a]	5.24±0.70[ab]	4.27±0.70[c]	4.47±0.36[bc]
尿氮（g/d）	3.42±0.63	3.45±0.80	3.33±0.63	3.42±0.75	3.87±0.60
氮沉积（g）	5.71±0.54[b]	6.05±0.58[ab]	7.05±0.98[ab]	6.98±0.84[a]	6.19±0.88[ab]
净蛋白利用率（%）	36.07±3.41[b]	37.52±11.67[ab]	44.16±5.73[ab]	46.20±4.01[a]	44.35±7.12[ab]
蛋白质生物学价值（%）	61.42±6.30	65.55±13.52	64.96±6.90	65.32±6.80	59.51±8.79

表 8-23　饲料调味剂对育成生长期蓝狐生长性能的影响

项目	基础饲粮组	肝脏香	奶香	甜味剂	大肠香
90 日龄体重	3.12±0.25	3.11±0.14	3.17±0.21	3.18±0.22	3.16±0.23
103 日龄体重	4.08±0.32	4.11±0.20	4.02±0.29	4.10±0.23	4.17±0.35
116 日龄体重	4.88±0.32	4.96±0.30	4.80±0.30	4.91±0.42	4.79±0.40
129 日龄体重	5.69±0.52	5.74±0.47	5.90±0.41	5.83±0.47	5.80±0.43
体增重（kg）	2.47±0.23	2.60±0.33	2.60±0.32	2.62±0.26	2.55±0.14
平均日增重（g）	47.46±4.42	51.25±5.26	49.01±6.19	50.40±4.92	50.96±2.76
料重比	6.67±0.59	6.12±0.82	6.01±1.13	5.67±1.39	6.14±0.49

二、益生菌在狐饲料中的应用

益生菌是一种通过调节肠道菌群平衡而对动物产生益生作用的饲料添加剂，能够提高饲料转化率、促进动物生长并增强动物机体的免疫力。虽然饲用抗生素具有促进畜禽生长、降低发病率的优势，但同时也会引起药物残留、细菌耐药等弊端。因此，研发安全、高效、绿色的新型饲用抗生素替代产品成为各国畜牧业亟待解决的问题。大量试验证明，微生态制剂、寡糖、抗菌肽、酶制剂等是具有良好应用效果的抗生素替代品。由于国内外益生菌制剂大部分是分离自健康动物肠道内的正常微生物，尤其是优势菌群制成的活菌制剂，具有天然、无毒副作用、无污染等特点，被广泛应用于动物养殖业，起到改善动物肠道健康、提高饲料转化率等效果。

（一）乳酸菌微生态制剂在狐饲料中的应用

作为有益菌，饲喂畜禽乳酸菌可促进其生长，提高营养物质消化率，增强免疫力并降低腹泻的发生，探讨乳酸菌微生态制剂在蓝狐生产上的应用具有重要意义。

笔者团队自主研发了微生态制剂，含貂源乳酸菌活菌数为 3×10^9 CFU/mL。张婷等（2017）通过评价乳酸菌微生态制剂对冬毛生长期蓝狐生长性能、营养物质消化率及血清生化指标的影响，评价其在蓝狐饲料中的应用效果。在冬毛生长期蓝狐基础饲粮基础上，分别添加 0.02%硫酸黏杆菌素、1mL 乳酸菌微生态制剂和 10mL 乳酸菌微生态制剂。试验结果表明：相比对照组，添加乳酸菌微生态制剂显著提高冬毛生长期蓝狐平均日增重，降低冬毛生长期蓝狐料重比（表 8-24）。饲粮添加乳酸菌微生态制剂可显著提高冬毛生长期蓝狐的脂肪表观消化率和总能消化率，脂肪消化率比对照组分别提高 2.65%和 2.29%，总能消化率比对照组分别提高 2.2%和 2.94%，干物质表观消化率和蛋白质表观消化率各组之间差异不显著（表 8-25）。添加 10mL 乳酸菌微生态制剂可显著降低冬毛生长期蓝狐血清胆固醇水平，比对照组低 0.58mmol/L，降低了高密度脂蛋白和低密度脂蛋白水平；抗生素组蓝狐血清谷丙转氨酶及谷草转氨酶水平显著高于其他各组；添加乳酸菌微生态制剂对免疫球蛋白 A、免疫球蛋白 M 和免疫球蛋白 G 无显著影响（表 8-26）。综上所述，添加乳酸菌微生态制剂使每只蓝狐每日采食活乳酸菌数达到 3×10^9 cfu 即可促进其生长，并提高脂肪表观消化率和总能消化率；当蓝狐采食活

乳酸菌数达到 3×10^{10} CFU 时，血清胆固醇水平显著降低。

表 8-24 乳酸菌微生态制剂对冬毛生长期蓝狐生长性能的影响

项目	对照组	0.02%硫酸黏杆菌素	1mL 乳酸菌微生态制剂	10mL 乳酸菌微生态制剂
干物质采食量（g）	317.26±4.21	316.45±5.59	320.74±5.17	319.65±6.09
平均日增重（g）	19.23±2.13[b]	22.42±1.36[a]	22.80±2.50[a]	21.52±1.67[a]
料重比	16.39±1.84[a]	15.55±1.95[a]	14.07±1.99[b]	14.81±1.61[b]

注：同行肩标不同的大写字母表示差异极显著（$P < 0.01$），不同小写字母表示差异显著（$P < 0.05$），同行肩标相同的或不标字母的表示差异不显著（$P > 0.05$）。表 8-25 至表 8-26 与此表注释相同。

表 8-25 乳酸菌微生态制剂对冬毛生长期蓝狐营养物质消化率的影响（%）

项目	对照组	0.02%硫酸黏杆菌素	1mL 乳酸菌微生态制剂	10mL 乳酸菌微生态制剂
干物质表观消化率	77.71±4.39	77.38±2.83	77.46±3.07	78.86±3.50
脂肪表观消化率	81.36±3.36[b]	81.08±3.50[b]	84.01±4.17[a]	83.65±4.41[a]
蛋白质表观消化率	78.84±3.19	77.86±3.36	78.84±4.50	78.53±4.96
总能消化率	80.02±3.77[b]	79.39±4.89[b]	82.22±5.18[a]	82.96±2.90[a]

表 8-26 乳酸菌微生态制剂对冬毛生长期蓝狐血清生化指标的影响

项目	对照组	0.02%硫酸黏杆菌素	1mL 乳酸菌微生态制剂	10mL 乳酸菌微生态制剂
甘油三酯（mmol/L）	0.73±0.38	0.70±0.14	0.59±0.39	0.59±0.06
总胆固醇（mmol/L）	4.63±0.53[a]	4.42±0.62[a]	4.40±0.43[a]	4.05±0.41[b]
谷丙转氨酶（U/L）	86.38±12.22[Bb]	143.32±34.56[Aa]	96.84±19.21[Bb]	84.22±20.88[Bb]
谷草转氨酶（U/L）	28.91±4.85[b]	38.70±8.37[a]	34.54±2.01[ab]	34.17±4.71[ab]
免疫球蛋白 A（mg/mL）	6.90±1.03	6.58±0.67	7.51±0.44	6.34±1.22
免疫球蛋白 M（mg/mL）	15.24±1.14	15.31±1.58	15.30±0.84	15.20±0.77
高密度脂蛋白（mmol/L）	4.32±0.57	4.14±0.69	4.12±0.38	3.91±0.37
低密度脂蛋白（mmol/L）	0.26±0.13	0.23±0.13	0.22±0.19	0.16±0.04

（二）枯草芽孢杆菌和粪肠球菌在狐饲料中的应用

1. 育成生长期枯草芽孢杆菌和粪肠球菌在狐饲料中的应用 贡筱和郭俊刚等（2014）研究了枯草芽孢杆菌和粪球肠菌在育成生长期狐饲料中的应用。在育成生长期蓝狐基础饲粮中分别添加枯草芽孢杆菌（1×10^{8} CFU/mL、1×10^{9} CFU/mL、1×10^{10} CFU/mL）和粪肠球菌（1×10^{8} CFU/mL、1×10^{9} CFU/mL、1×10^{10} CFU/mL），通过对比营养物质消化率、氮沉积、净蛋白质利用率、蛋白质生物学价值等指标确定育成生长期蓝狐饲粮中适宜添加的枯草芽孢杆菌和粪肠球菌剂量。试验结果表明：1×10^{9} CFU/mL 和 1×10^{10} CFU/mL 枯草芽孢杆菌组平均日增重显著高于对照组，高出 6.52% 和 6.61%；料重比显著低于对照组，低 6.26% 和 6.09%。这说明饲粮中添加枯草芽孢杆菌显著提高了育成期蓝狐的生长性能。添加粪肠球菌的各试验组中以 1×10^{10} CFU/mL 组的促生长效果最为明显，平均日增重比对照组提高了 6.40%，料重比下降了 5.57%。随着粪肠球菌添加水平的增加，营养物质消化率反而有所降低，且低于添加相同水平的枯草芽孢杆菌组。添加枯草芽孢杆菌后，各试验组粪氮均有所降低，其中 $1×10^9$ CFU/mL 和 $1×10^{10}$ CFU/mL 枯草芽孢杆菌组显著低于对照组，氮沉积、净蛋白质利用率、蛋白质生物学价值各试验组均有不同程度的提高，以 $1×10^{10}$ CFU/mL 枯草芽孢杆菌效果最好；而添加粪肠球菌后，除 $1×10^8$ CFU/mL 组优于对照组外，其余两组均较对照组显著降低，这可能是因为本试验中 $1×10^9$ CFU/mL 和 $1×10^{10}$ CFU/mL 粪肠球菌组的添加水平过高，导致动物体内微环境被破坏，菌群失调，使得肠道对营养物质的吸收能力降低，具体结果见表 8-27、表 8-28 和表 8-29。

表 8-27　饲料中添加枯草芽孢杆菌和粪肠球菌对育成期蓝狐生长性能的影响

项目	对照组	枯草芽孢杆菌			粪肠球菌		
	未添加	$1×10^8$ CFU/mL	$1×10^9$ CFU/mL	$1×10^{10}$ CFU/mL	$1×10^8$ CFU/mL	$1×10^9$ CFU/mL	$1×10^{10}$ CFU/mL
始重（kg）	2.01±0.55	2.02±0.48	2.01±0.47	2.02±0.49	1.69±0.52	2.02±0.50	2.00±0.47
末重（kg）	4.68±0.50	4.84±0.39	4.86±0.50	4.87±0.39	4.07±0.55	4.73±0.52	4.69±0.41
平均日增重（g）	44.66±2.74a	46.99±2.31ab	47.57±2.12b	47.61±3.41b	47.52±4.59bc	45.16±3.01ab	44.96±4.65ac
平均日采食（g）	256.32±0.41	256.14±0.74	256.70±0.44	256.29±0.41	256.65±0.56	256.08±2.00	256.32±1.30
料重比	5.75±0.34a	5.46±0.27ab	5.39±0.25b	5.40±0.38b	5.43±0.52ab	5.69±0.37ab	5.75±0.63b

注：同行肩标不同的大写字母表示差异极显著（$P<0.01$），不同小写字母表示差异显著（$P<0.05$），同行肩标相同的或不标字母的表示差异不显著（$P>0.05$）。表 8-28 至表 8-29 与此表注释相同。

表 8-28　饲料中添加枯草芽孢杆菌和粪肠球菌对育成生长期蓝狐营养物质消化率的影响

项目	对照组	枯草芽孢杆菌			粪肠球菌		
	未添加	$1×10^8$ CFU/mL	$1×10^9$ CFU/mL	$1×10^{10}$ CFU/mL	$1×10^8$ CFU/mL	$1×10^9$ CFU/mL	$1×10^{10}$ CFU/mL
干物质采食量（g）	239.94±0.79	240.27±0.47	240.55±0.86	240.52±0.53	240.68±0.29	240.12±0.75	239.62±0.84
干物质排出量（g）	92.67±6.62a	88.81±4.73ab	84.38±6.38b	84.14±6.35b	83.93±6.79b	85.81±4.75ab	88.06±9.31ab
干物质消化率（%）	61.38±2.70b	63.04±1.97ab	64.92±2.66a	65.01±2.59a	65.13±2.81a	64.27±1.91ab	63.25±3.93ab
蛋白质消化率（%）	66.16±3.28b	67.95±2.20ab	69.46±1.67a	69.63±2.10a	69.51±2.48a	68.45±3.17ab	68.16±3.38ab
脂肪消化率（%）	86.68±1.74Bb	87.17±2.38ABb	89.60±1.83Aa	89.87±2.03Aa	88.90±0.73ABab	86.88±2.60Bb	86.77±2.06Bb

表 8-29　饲粮中添加枯草芽孢杆菌和粪肠球菌对育成生长期蓝狐氮代谢的影响

项目	对照组	枯草芽孢杆菌			粪肠球菌		
	未添加	$1×10^8$ CFU/mL	$1×10^9$ CFU/mL	$1×10^{10}$ CFU/mL	$1×10^8$ CFU/mL	$1×10^9$ CFU/mL	$1×10^{10}$ CFU/mL
食入氮（g/d）	11.54±0.04	11.56±0.02	11.57±0.04	11.57±0.02	11.58±0.01	11.55±0.04	11.53±0.04

（续）

项目	对照组	枯草芽孢杆菌			粪肠球菌		
	未添加	$1×10^8$ CFU/mL	$1×10^9$ CFU/mL	$1×10^{10}$ CFU/mL	$1×10^8$ CFU/mL	$1×10^9$ CFU/mL	$1×10^{10}$ CFU/mL
粪氮（g/d）	3.91 ±0.38ᵃ	3.71 ±0.25ᵃᵇ	3.52 ±0.21ᵇ	3.49 ±0.22ᵇ	3.54 ±0.20ᵇ	3.79 ±0.22ᵃᵇ	3.82 ±0.34ᵃᵇ
尿氮（g/d）	4.17 ±0.52ᴮᵇ	3.82 ±0.53ᴮᵇ	3.73 ±0.45ᴮᵇ	3.72 ±0.27ᴮᵇ	3.92 ±0.34ᴮᵇ	4.96 ±0.37ᴬᵃ	4.89 ±0.52ᴬᵃ
氮沉积（g/d）	3.46 ±0.54ᴮᶜᵇ	4.03 ±0.60ᴬᴮᵃᵇ	4.31 ±0.43ᴬᵃ	4.35 ±0.42ᴬᵃ	4.11 ±0.29ᴬᴮᵃ	2.80 ±0.36ᶜᶜ	2.89 ±0.77ᶜᶜ
净蛋白质利用率（%）	29.97 ±4.74ᴬᴮᵇ	34.90 ±5.20ᴬᵃᵇ	37.22 ±3.41ᴬᵃ	37.59 ±3.65ᴬᵃ	37.09 ±2.29ᴬᵃ	24.24 ±3.12ᵇᶜ	25.07 ±6.70ᵇᶜ
蛋白质生物学效价（%）	45.32 ±6.58ᴬᴮᵇ	51.33 ±6.99ᴬᵃᵇ	53.54 ±5.09ᴬᵃ	53.58 ±4.46ᴬᵃ	53.25 ±3.57ᴬᵃ	36.08 ±4.37ᵇᶜ	37.28 ±9.12ᵇᶜ

本试验基础饲粮中添加适宜剂量枯草芽孢杆菌和粪肠球菌可促进动物生长，是由于枯草芽孢杆菌和粪肠球菌均在动物肠道内繁殖，能产生多种营养物质如维生素、氨基酸、促生长因子等，参与动物机体新陈代谢，为机体提供营养物质，从而提高动物的生长性能（Wierupm，1988）。适当剂量的枯草芽孢杆菌菌体可以自身合成α-淀粉酶、蛋白酶、脂肪酶、纤维素酶等酶类，在消化道中与动物体内的消化酶类一同发挥作用，可以促进动物对营养物质的吸收，提高饲料营养物质的消化率。相同剂量的粪肠球菌在促进营养物质的消化率方面低于添加相同水平的枯草芽孢杆菌组，这可能是由于粪肠球菌是一种条件致病菌，适量添加时可以产生适量的乳酸等抗菌物质，抑制肠道中腐败菌的繁殖，减少肠道中内毒素、尿素酶的含量，并能抑制腐败菌产生致癌物和其他毒性物质，使动物机体处于理想的生理状态，从而提高动物对营养物质的消化率；而过量添加粪肠球菌则导致蓝狐肠道内菌群失调，使得有害菌大量繁殖，有害菌竞争性吸收了部分营养物质的同时，分泌的毒性物质增加，致使肠道吸收营养物质的能力降低。枯草芽孢杆菌进入肠道后，能够分泌多种消化酶，提高肠道消化酶活性，从而促进动物机体对蛋白质的消化吸收，提高饲料利用效率，降低粪氮含量（李梓慕等，2012）。结论：饲粮中添加 $1×10^{10}$ CFU/kg 枯草芽孢杆菌或 $1×10^8$ CFU/kg 粪肠球菌时育成期蓝狐的营养物质消化率、氮沉积、净蛋白质利用率、蛋白质生物学价值较为理想，且可获得较好的生长性能。

2. 冬毛生长期枯草芽孢杆菌和粪肠球菌在狐饲料中的应用 郭俊刚等（2014）研究饲粮中枯草芽孢杆菌或粪肠球菌对冬毛生长期蓝狐生长性能、营养物质消化率及毛皮品质的影响。试验基础饲粮为对照组，在基础饲粮基础上分别添加枯草芽孢杆菌（$1×10^8$ CFU/mL、$1×10^9$ CFU/mL、$1×10^{10}$ CFU/mL）和粪肠球菌（$1×10^7$ CFU/mL、$1×10^8$ CFU/mL、$1×10^9$ CFU/mL），确定蓝狐冬毛生长期饲粮中适当剂量的枯草芽孢杆菌和粪肠球菌。试验结果表明，饲粮中枯草芽孢杆菌添加水平为 $1×10^{10}$ CFU/kg 时，蓝狐的终末体重和平均日增重显著高于对照组，分别高出460g 和 7.11g。平均日增重还显著高于 $1×10^9$ CFU/mL 枯草芽孢杆菌组和 $1×10^{10}$ CFU/mL 粪肠球菌组，说明饲粮中枯草芽孢杆菌必须达到一定的水平才能发挥益生作用。饲粮中粪肠球菌添加水平为

1×10^7 CFU/kg 时，蓝狐的平均日增重显著高于对照组，高出 6.97g，料重比与对照组相比降低 14.6%（表 8-30）。饲粮中添加 1×10^{10} CFU/kg 枯草芽孢杆菌可以显著提高蓝狐的粗蛋白质消化率，粗脂肪消化率也有所提高；添加 1×10^7～1×10^8 CFU/kg 粪肠球菌可以显著提高蓝狐的粗脂肪消化率。饲粮中枯草芽孢杆菌添加水平为 11×10^{10} CFU/kg 时，粪氮比对照组降低 6.43%；饲粮中粪肠球菌添加水平为 1×10^7 CFU/kg 时，粪氮比对照组降低 3.31%。这说明饲粮中添加益生菌有降低氮排出量的趋势，从而有效减轻氮对饲养场周围环境的污染。饲粮中枯草芽孢杆菌添加水平为 1×10^{10} CFU/kg 时，氮沉积显著高于对照组；而饲粮中粪肠球菌添加水平为 1×10^7 CFU/kg 时，氮沉积比对照组提高 8.99%。饲粮中添加适宜水平的益生菌可提高蓝狐的净蛋白质利用率和蛋白质生物学价值（表 8-31 和 8-32）。饲粮中添加益生菌有提高蓝狐皮长的趋势。此外，饲粮中添加 1×10^{10} CFU/kg 枯草芽孢杆菌或 1×10^7 CFU/kg 粪肠球菌可显著提高绒毛长度，且底绒丰度和皮张光泽度也优于对照组（表 8-33）。

表 8-30　饲料中添加枯草芽孢杆菌和粪肠球菌对冬毛生长期蓝狐生长性能的影响

项目	对照组	枯草芽孢杆菌			粪肠球菌		
	未添加	1×10^8 CFU/mL	1×10^9 CFU/mL	1×10^{10} CFU/mL	1×10^7 CFU/mL	1×10^8 CFU/mL	1×10^9 CFU/mL
初始体重（g）	5 242.67± 446.59	5 250.00± 416.09	5 248.33± 582.13	5 251.67± 368.33	5 245.00± 511.26	5 253.33± 549.53	5 253.33± 373.23
终末体重（g）	7 228.00± 377.53b	7 412.00± 350.52ab	7 382.00± 543.36ab	7 688.00± 446.94a	7 582.00± 442.66ab	7 408.00± 478.91ab	7 226.00± 418.36b
平均日增重（g）	35.07± 5.45b	37.11± 2.35ab	36.11± 4.45b	42.18± 5.39a	42.04± 7.33a	38.11± 8.82ab	35.29± 3.41b
平均日采食（g）	324.12± 0.98	325.90± 0.44	324.67± 0.18	324.09± 0.14	324.86± 0.78	324.88± 0.47	324.76± 0.71
料重比	9.26± 1.20	8.76± 0.55	9.09± 1.02	7.80± 1.04	7.91± 1.31	9.28± 3.90	9.25± 0.82

注：同行肩标不同的大写字母表示差异极显著（$P<0.01$），不同小写字母表示差异显著（$P<0.05$），同行肩标相同的或不标字母的表示差异不显著（$P>0.05$）。表 8-31 至表 8-33 与此表注释相同。

表 8-31　饲料中添加枯草芽孢杆菌和粪肠球菌对冬毛生长期
蓝狐营养物质利用率及氮沉积的影响

项目	对照组	枯草芽孢杆菌			粪肠球菌		
	未添加	1×10^8 CFU/mL	1×10^9 CFU/mL	1×10^{10} CFU/mL	1×10^7 CFU/mL	1×10^8 CFU/mL	1×10^9 CFU/mL
干物质消化率（%）	64.98± 1.70Ab	65.56± 1.51Aab	65.69± 1.26Aab	67.27± 1.65Aa	66.07± 2.35Aab	65.94± 0.68Aab	61.36± 1.05Bc
粗蛋白质消化率（%）	65.13± 1.41b	64.81± 2.01b	66.06 ±3.23ab	68.57± 1.23a	66.82± 2.37ab	66.04± 0.74ab	64.62± 4.18b
粗脂肪消化率（%）	89.44± 0.73b	89.46± 0.50b	89.54 ±1.23b	90.64± 0.98ab	91.36± 1.25a	91.01± 1.14a	90.37± 1.77ab

表 8-32　饲料中添加枯草芽孢杆菌和粪肠球菌对冬毛生长期蓝狐氮沉积的影响

项目	对照组	枯草芽孢杆菌			粪肠球菌		
	未添加	1×10^8 CFU/mL	1×10^9 CFU/mL	1×10^{10} CFU/mL	1×10^7 CFU/mL	1×10^8 CFU/mL	1×10^9 CFU/mL
氮摄入量（g/d）	14.72± 0.56	14.67± 0.38	14.55± 0.67	14.70± 0.59	14.65± 0.41	14.77± 0.32	14.60± 0.58
粪氮（g/d）	5.13± 0.21	5.18± 0.30	5.00± 0.48	4.80± 0.40	4.96± 0.44	5.0± 0.11	5.28± 0.72
尿氮（g/d）	6.64± 0.80	6.71± 0.53	6.62± 0.53	6.51± 0.48	6.55± 0.18	6.5± 0.57	6.87± 0.37
沉积氮（g/d）	2.95± 0.69[b]	2.83± 0.60[b]	3.10± 0.68[ab]	3.42± 0.57[a]	3.21± 0.56[ab]	3.2±0.55	2.72± 1.17[b]
净蛋白利用率（%）	20.02± 4.71	19.22± 4.06	21.07± 4.61	23.21± 3.88	21.82± 3.80	21.80± 3.71	18.46± 7.95
蛋白质生物学效价（%）	30.80± 7.55	29.60± 5.89	31.78± 6.07	34.38± 5.16	32.75± 5.71	33.03± 5.71	28.73± 12.11

表 8-33　饲料中添加枯草芽孢杆菌和粪肠球菌对冬毛生长期蓝狐毛皮品质的影响

项目	对照组	枯草芽孢杆菌			粪肠球菌		
	未添加	1×10^8 CFU/mL	1×10^9 CFU/mL	1×10^{10} CFU/mL	1×10^7 CFU/mL	1×10^8 CFU/mL	1×10^9 CFU/mL
皮长（cm）	65.60±1.67	67.00±2.00	67.80±1.79	67.60±1.52	67.00±1.22	66.40±2.61	66.60±1.14
针毛长（cm）	5.60±0.21	5.74±0.19	5.76±0.23	5.70±0.23	5.70±0.45	5.64±0.21	5.76±0.16
绒毛长（cm）	4.62±0.15[b]	4.74±0.11[ab]	4.80±0.07[ab]	4.86±0.23[a]	4.94±0.15[a]	4.76±0.15[ab]	4.74±0.11[ab]
底绒丰度	8.60±0.55	8.40±0.89	8.60±0.55	8.80±0.76	8.80±0.55	8.60±0.55	8.60±0.45
皮张光泽度	4.00±0.71	4.20±0.45	4.20±0.55	4.40±0.55	4.20±0.45	4.30±0.55	4.40±0.55

注：底绒丰满度和皮张颜色从 1（质量最差）到 10（质量最好）进行打分。

　　枯草芽孢杆菌被证实可产生一系列水解酶，能够提高动物肠道内消化酶活性，促进动物对营养物质的消化和吸收；粪肠球菌能够产生大量不同种类的胞外酶，将大分子有机物降解为小分子有机物，从而提高饲粮中有机物的利用效率（Wierupm，1988）。枯草芽孢杆菌通过提高蓝狐对营养物质的消化利用率，从而提高其生长性能。粪肠球菌产生的有机酸可以加强肠的蠕动，还能够合成多种维生素供动物吸收利用，从而提高动物的生长性能（刘虎传，2011）。但随着饲粮中粪肠球菌添加水平的升高，蓝狐的生长性能不仅没有得到明显改善，反而有所降低，说明粪肠球菌发挥益生作用并不是添加水平越高效果越好。益生菌可增强动物的免疫功能，提高动物机体的特异性和非特异性免疫力，使动物达到最佳的健康状况，进而使毛皮品质得到提高。结论：冬毛生长期蓝狐饲粮中添加 1×10^{10} CFU/kg 枯草芽孢杆菌或 1×10^7 CFU/kg 粪肠球菌可提高平均日增重和终末体重，提高粗蛋白质和粗脂肪消化率，降低氮排出量，提高氮沉积，并可获得较好的毛皮品质。

三、中草药类添加剂在狐饲料中的应用

　　黄芪是一种天然的中草药，黄芪多糖是黄芪的主要活性成分，能够增强细胞的生理

代谢，提高动物生长性能。研究表明黄芪多糖能改善小肠的形态结构，增强小肠的消化功能，促进营养物质吸收，从而提高动物生长速度。有研究报道在猪、鸡、兔等动物饲粮中添加黄芪多糖均可提高其生产性能，降低料重比；黄芪多糖还可显著增加肉仔鸡十二指肠、空肠及回肠的绒毛高度和宽度、黏膜厚度、绒腺比值及绒毛表面积，增加罗非鱼肠绒毛高度、隐窝深度和肌层厚度，从而达到促进营养物质消化吸收的作用。

（一）黄芪多糖在冬毛生长期蓝狐中的应用效果

钟伟等（2019）在冬毛生长期北极狐饲粮中添加黄芪多糖（100mg/kg、200mg/kg和300mg/kg），通过分析评价蓝狐平均日增重、料重比等生产性能及小肠绒毛的发育状况来确定冬毛生长期饲粮中黄芪多糖的适宜添加剂量。试验结果表明：添加100mg/kg和200mg/kg黄芪多糖提高了北极狐的平均日增重、体长和料重比，均显著或极显著高于对照组。其中添加100mg/kg黄芪多糖组平均日增重最高，高出对照组10.28g；料重比最低，比对照组低2.95；体长最长，高出对照组3.74cm。添加100mg/kg和200mg/kg黄芪多糖提高了蓝狐的净蛋白质利用率和蛋白质的生物学价值，其中添加100mg/kg黄芪多糖组净蛋白质利用率和蛋白质的生物学价值最大，分别高出对照组9.63%和10.97%。添加黄芪多糖的饲粮均提高了蓝狐小肠绒毛高度，降低了隐窝深度，从而使得绒毛高度与隐窝深度的比值大大提高，增加了营养物质与小肠绒毛接触的面积，有利于营养物质的吸收（表8-34至表8-36）。

综合分析认为饲粮中添加100mg/kg黄芪多糖能改善其肠道形态结构，显著增加冬毛生长期北极狐对蛋白质的利用效率，提高北极狐的生产性能。

表8-34　不同水平黄芪多糖对冬毛生长期北极狐生产性能的影响

项目	对照组	100mg/kg	200mg/kg	300mg/kg
平均日采食量（g）	320.00±2.77	316.88±8.76	316.14±13.35	319.17±6.25
平均日增重（g）	30.50±5.23b	40.78±5.09a	36.11±4.77ab	39.31±5.59a
料重比	10.82±2.17Aa	7.87±1.03Bb	8.89±1.22ABb	8.27±1.19Bb
体长（cm）	67.64±1.60b	71.38±1.85a	70.00±2.10ab	70.00±3.69ab
鲜皮长（cm）	97.57±4.54	99.00±2.83	99.0±2.61	99.33±6.65

注：同行肩标不同的大写字母表示差异极显著（$P<0.01$），不同小写字母表示差异显著（$P<0.05$），同行肩标相同的或不标字母的表示差异不显著（$P>0.05$）。表8-35至表8-36与此表注释相同。

表8-35　不同水平黄芪多糖对冬毛生长期北极狐氮代谢的影响

项目	对照组	100mg/kg	200mg/kg	300mg/kg
日氮采食量（g）	15.19±0.13	13.87±2.17	15.05±0.64	15.19±0.32
日粪氮排出量（g）	5.90±0.97	4.45±1.48	5.27±1.07	5.63±1.49
日尿氮排出量（g）	6.57±0.97	6.13±1.49	6.27±0.85	6.30±1.34
氮沉积（g/d）	3.70±1.79	3.91±1.02	3.69±1.00	2.12±0.54
净蛋白利用率（%）	15.40±3.63Bb	25.03±6.35Aa	24.51±6.41Aa	14.13±3.93Bb
蛋白质生物学效价（%）	26.24±6.07b	37.21±7.36a	36.85±8.22a	23.16±7.17b

表8-36 不同水平黄芪多糖对冬毛生长期北极狐肠道形态结构的影响

项目	对照组	100mg/kg	200mg/kg	300mg/kg
绒毛高度（mm）	8.61±0.45^{Bb}	9.01±0.94^{Aa}	9.08±0.09^{Aa}	9.27±0.09^{Aa}
隐窝深度（mm）	4.22±0.24^{Aa}	3.19±0.07^{Bb}	3.37±0.31^{Bb}	4.14±0.07^{Aa}
绒毛高度/隐窝深度	2.05±0.19^{Bc}	2.83±0.079^{Aa}	2.72±0.24^{Aa}	2.24±0.048^{Bb}

（二）黄芪多糖在冬毛生长期银狐中的应用效果

钟伟等（2019）研究了添加不同水平黄芪多糖对冬毛生长期雄性银黑狐生产性能、血清生化指标及肠道形态结构的影响。分别饲喂基础饲粮中添加100mg/kg、200mg/kg和300mg/kg黄芪多糖的饲粮。试验结果显示，饲粮中添加200mg/kg黄芪多糖时银黑狐的平均日增重、料重比略高于对照组，说明添加黄芪多糖对冬毛生长期银黑狐生长性能未产生显著影响。一方面可能与黄芪多糖添加剂量有关，试验设计的添加量并未达到促进银黑狐生长的剂量；另一方面可能与动物所处生长阶段有关，本试验处在冬毛生长期，动物体重增长相对缓慢，同时天气逐渐寒冷，感染疾病的几率相对较低，动物健康状态良好，因此黄芪多糖通过调控动物机体免疫力而促进生长的作用效果未能表现出来。从银黑狐血清中的白细胞介素2的含量来看，添加200mg/kg黄芪多糖使其显著提高，说明黄芪多糖一定程度上增加了血清中免疫因子的浓度，可提高机体的免疫能力。同时分析了银黑狐小肠绒毛形态，当黄芪多糖添加量为200mg/kg时极显著改善了银黑狐小肠的形态结构，且小肠绒毛高度、绒毛高度/隐窝深度及隐窝深度值显著优于其他剂量组（表8-37至表8-39）。

综上分析冬毛生长期饲粮中添加200mg/kg黄芪多糖，能提高血清中白细胞介素2含量，明显改善肠道形态结构，有利于增加肠道的消化吸收能力，从维持银黑狐机体健康状态和提高肠道吸收功能角度考虑，建议生产中可以适量添加。

表8-37 不同黄芪多糖水平对冬毛生长期银狐生产性能的影响

项目	对照组	100mg/kg	200mg/kg	300mg/kg
平均干物质采食量（g）	275.68±19.80	280.93±30.43	268.53±28.24	281.36±27.47
平均日增重（g）	23.13±4.97^{ab}	19.44±2.97^{b}	26.66±6.86^{a}	18.11±4.90^{b}
料重比	11.56±2.11^{ABbc}	14.66±1.88^{ABab}	10.14±2.30^{Bc}	15.87±2.77^{Aa}
体长（cm）	71.67±1.54	72.67±2.16	71.29±4.11	70.60±3.78
鲜皮长（cm）	106.60±2.97	105.83±3.43	104.86±4.60	103.20±3.49
针毛长（mm）	91.29±3.11	93.16±2.15	91.42±4.04	92.35±3.51
绒毛长（mm）	44.10±3.74	45.45±3.46	44.76±3.52	44.54±2.79

注：同行肩标不同的大写字母表示差异极显著（$P<0.01$），不同小写字母表示差异显著（$P<0.05$），同行肩标相同的或不标字母的表示差异不显著（$P>0.05$）。表8-38至表8-39与此表注释相同。

表8-38 不同黄芪多糖水平对冬毛生长期银狐血清糖脂类指标的影响（mmol/L）

项目	对照组	100mg/kg	200mg/kg	300mg/kg
甘油三酯	1.11±0.27	1.07±0.32	0.90±0.22	0.90±0.20
胆固醇	3.33±0.40	3.30±0.61	3.15±0.48	3.14±0.44

（续）

项目	对照组	100mg/kg	200mg/kg	300mg/kg
高密度脂蛋白胆固醇	2.94 ± 0.40	2.72 ± 0.53	2.65 ± 0.40	2.59 ± 0.28
低密度脂蛋白胆固醇	0.06 ± 0.019^{Aa}	0.03 ± 0.014^{Bb}	0.03 ± 0.016^{Bb}	0.04 ± 0.01^{ABab}
血糖	11.00 ± 2.31^{Aa}	10.25 ± 2.90^{ABa}	7.37 ± 1.99^{ABb}	6.90 ± 0.95^{Bb}
白介素-2（ng/mL）	2.82 ± 0.34^{Bb}	3.09 ± 0.52^{Bb}	4.23 ± 0.55^{Aa}	3.36 ± 0.75^{ABb}

表8-39　不同水平黄芪多糖对银黑狐小肠形态结构的影响

项目	对照组	100mg/kg	200mg/kg	300mg/kg
绒毛高度（mm）	6.70 ± 0.11^{Dd}	7.57 ± 0.11^{Bb}	7.79 ± 0.34^{Aa}	7.34 ± 0.12^{Cc}
隐窝深度（mm）	4.43 ± 0.24^{Aa}	2.95 ± 0.38^{Bbc}	2.83 ± 0.13^{Bc}	3.11 ± 0.33^{Bb}
绒毛高度/隐窝深度	1.52 ± 0.08^{Cc}	2.60 ± 0.33^{ABa}	2.76 ± 0.202^{Aa}	2.39 ± 0.28^{Bb}

四、酸化剂在狐饲料中的应用

根据对大型养殖场的调研取样，分别在黑龙江省、山东省、河北省、吉林省等地大型养殖场取得不同生长时期鲜饲料样本 36 份，统计饲料酸度 pH 5.65～6.75，冬季酸度 pH 比夏季高，夏季饲料酸度在 pH 5.65～6.10，冬季酸度值保持在 pH 6.10～6.75。

蓝狐鲜饲料配制中未额外添加任何酸，出场酸度 pH 为 6.75，−20℃冷冻保存 10 天后，酸度值从 6.75 变化至 6.80；冷冻保存 20d 后，酸度值从 6.80 变化至 6.90。结果说明，蓝狐鲜饲料储存 20d，冷冻条件下，对于酸度 pH 影响不大。试验用蒸馏水的 pH 为 5.72，称取鲜饲料 30g，加 270mL 蒸馏水，稀释 10 倍，检测酸度 pH 为 6.90。试验结果表明：蓝狐鲜饲料添加乳酸调节 pH 的推荐添加量为每千克饲料 2～3mL。

随着放置时间的延长，饲料酸度 pH 逐渐降低，从 pH 6.22 放置 9h 降低至 pH 5.96，30℃恒温保存状态下，放置 6h pH 降低至 5.98，放置 9h 饲料 pH 降低至 5.73。60℃时，放置 3h 即降低到 5.95。因此，冬季气温低，配制室温较低时，可放置 9h，保证当天配制，当天输送，当天饲喂。夏季温度高，鲜饲料配制好放置 6h，酸度 pH 即可降低到 5.98，夏季鲜饲料保存尽量不超过 6h。但是放置时间越长，营养成分以及脂肪氧化酸败程度越高，建议饲料配制完毕尽早使用完。

➡ 参考文献

郭俊刚，贡筱，张铁涛，等，2014. 饲粮中添加益生菌对冬毛生长期蓝狐生长性能、营养物质消化率及毛皮品质的影响［J］. 动物营养学报，26（8）：2232-2239.

耿业业，李光玉，孙伟丽，等，2008. 蓝狐常用干粉蛋白饲料适口性的比较研究［J］. 畜牧与饲料，2（9）：10.

刘虎传，张敏红，姜海龙，2011. 益生肠球菌的研究进展［J］. 动物营养学报，23（12）：2090-2096.

李梓慕，姜军坡，周曙光，等，2012. Bacillus subtilis Z-27 制剂对仔猪肠道酶活及消化性能的影响 [J]. 饲料工业，33（20）：41—45.

贡筱，郭俊刚，吴学壮，等，2014. 饲粮中添加枯草芽孢杆菌和粪肠球菌对育成期蓝狐生长性能、营养物质消化率及氮代谢的影响 [J]. 动物营养学报，26（4）：1004-1010.

孙伟丽，耿业业，刘晗璐，等，2009. 蓝狐对不同蛋白质来源日粮干物质和粗蛋白质表观消化率的比较研究 [J]. 动物营养学报，21（6）：953-959.

孙伟丽，李光玉，刘凤华，等，2011. 蓝狐对 11 种鲜饲料原料中干物质和粗蛋白质表观消化率的研究 [J]. 动物营养学报，23（9）：1519-1526.

孙伟丽，刘峰，樊燕燕，等，2015. 饲料调味剂对育成期蓝狐采食量和采食行为的影响 [J]. 饲料工业，36（21）：57-61.

孙伟丽，王卓，樊燕燕，等，2016. 饲料调味剂对育成期蓝狐采食量、营养物质消化率、氮代谢及生长性能的影响 [J]. 动物营养学报，28（3）：851-857.

云春凤，2012. 不同生态区蓝狐常规饲料营养价值评价 [D]. 北京：中国农业科学院.

杨雅涵，李光玉，徐超，等，2014. 不同浓度梯度甜味剂对准备配种期蓝狐诱食效果的研究 [J]. 饲料工业，35（15）：51-54.

杨雅涵，孙伟丽，徐超，等，2015. 饲料调味剂对准备配种期蓝狐采食行为和采食量的影响 [J]. 饲料工业，36（17）：55-59.

张婷，刘晗璐，邢敬亚，等，2017. 乳酸菌微生态制剂对冬毛生长期北极狐生长性能、营养物质消化率及血清生化指标的影响 [J]. 中国畜牧兽医，44（1）：94-99.

钟伟，张婷，刘晗璐，等，2019. 饲粮添加不同水平黄芪多糖对冬毛生长期北极狐生产性能、氮代谢及肠道形态结构的影响 [J]. 动物营养学报，31（3）：1295-1300.

钟伟，张婷，孙伟丽，等，2018. 饲粮添加不同水平黄芪多糖对冬毛生长期银黑狐生产性能、血清生化和免疫指标及肠道形态结构的影响 [J]. 动物营养学报，31（3）：1301-1308.

Wierup M，Wold-Troell M，Nurmi E，et al.，1988. Epidemiological evaluation of the Salmonella-controlling effect of a nationwide use of a competitive exclusion culture in poultry [J]. Poultry Science，67（7）：1026-1033.

第九章
狐饲料配制与饲养管理

配制狐饲料，首先要进行饲料原料的加工，然后再根据其所处不同的生物学时期的营养需要，在保证安全、科学、营养全价的基础上，参考饲料原料成分特性及营养价值，选用当地饲料资源，尽量选用多样化的饲料原料品种进行配制，发挥营养互作效应，充分提高饲料的营养价值和利用效率。狐的饲养包括营养需求和饲养管理，前者指狐不同生产阶段对饲粮中各种营养素的需求，后者是针对其不同生产阶段采取的饲养管理技术，两者相辅相成、相互结合方可保证狐的生产性能充分发挥，生产出优质的毛皮，满足人类对毛皮服饰多元化的需求。

第一节　狐饲料的加工

狐的饲料种类很多，一般是以鲜饲料和干粉饲料为主，这些饲料因其利用和加工方法不同而具有不同的饲喂效果。因此，必须在了解各种饲料特性的基础上，合理加工调制，以提高饲料的利用效率。

一、动物性饲料加工

（一）鲜动物性饲料（肉类和鱼类）的加工

将新鲜海杂鱼和经过检验合格的牛羊肉、碎兔肉、肝脏、胃、肾、心脏及鲜血等（冷冻的要彻底解冻），去除大的脂肪块，洗去泥土和杂质，粉碎后生喂。

品质虽然较差，但还可以生喂的肉、鱼饲料，首先要用清水充分洗涤，然后用0.05％的高锰酸钾溶液浸泡消毒5～10min，再用清水洗涤一遍，方可粉碎加工后生喂。

淡水鱼和腐败变质、污染的肉类，需经熟制后方可饲喂。淡水鱼熟制时间不必太长，达到消毒和破坏硫胺素酶的目的即可。消毒方式要尽量采取蒸煮、蒸汽高压短时间煮沸等方式。死亡的动物尸体、废弃的肉类和痘猪肉等应用高压蒸煮法处理。

表面带有大量黏液的鱼，按2.5％的比例加盐搅拌，或用热水浸烫，除去黏液；味苦的鱼，除去内脏后蒸煮，熟化后再喂。这样既可以提高适口性，又可预防动物患胃肠炎。

（二）干动物性饲料加工

质量好的动物性干粉饲料（鱼粉、肉骨粉等），可与其他饲料混合调制生喂。

自然加盐晾晒的干鱼，一般含有5%～30%的盐，饲喂前必须用清水充分浸泡。冬季浸泡2～3d，每天换水两次；夏季浸泡1d或稍长一点时间，每天换水3～4次，可浸泡彻底。没有加盐的干鱼，浸泡12h即可达到软化的目的。浸泡后的干鱼经粉碎处理，再同其他饲料合理调制供生喂。

对于难以消化的蚕蛹粉，可与谷物混合蒸煮后饲喂。品质差的干鱼、干羊肉等饲料，除充分洗涤、浸泡或用高锰酸钾溶液消毒外，需经蒸煮处理。

高温干燥的猪肝渣和血粉等，除了浸泡加工之外，还要经蒸煮，以达到充分软化的目的，这样能提高消化率。

咸鱼在使用前要切成小块，用清水浸泡24～36h，换水3～4次，待盐分彻底浸出后方可使用。质量新鲜的可生喂，品质不良的要熟喂。

（三）奶类和蛋类饲料的加工

牛奶或羊奶喂前需经消毒处理。一般用锅加热至70～80℃，15min，冷却后待用。奶桶每天都要用热碱水刷洗干净。酸败的奶类（加热后凝固成块）不能用来喂狐。

蛋类（鸡蛋、鸭蛋、毛蛋、石蛋等）均需要熟喂，既能预防生物素被破坏，还可以消除副伤寒菌类的传播。

二、植物性饲料加工

谷物饲料要粉碎成粉状，最好采用数种谷物粉搭配，有利于各种饲料间的营养互补。谷物性饲料一般经熟化后饲喂效果好，消化吸收率高，不易产生各种消化性疾病。通常熟化可以进行膨化处理或熟制成窝头或烤糕的形式，也可把谷物粉事先用锅炒熟，或将谷物粉制成粥混合到饲粮中饲喂。

蔬菜要去掉泥土，削去根和腐烂部分，洗净，搅碎饲喂。严禁将大量叶菜堆积或长时间浸泡，否则易发生亚硝酸盐中毒。叶菜在水中浸泡时间不得超过4h，洗净的叶菜不要和热饲料放在一起，以免过多损失维生素营养等。冬季可食用质量好的冻菜，窖贮的大头菜、白菜等，其腐烂部分不能利用。

春季马铃薯芽眼部分含有较多的龙葵素，需熟喂，否则易引起动物龙葵素中毒。

第二节　狐饲料的配制

一、饲料的配制依据

根据狐不同生物学时期，无论是设计以鲜动物性饲料为主的饲料配方，还是设计以干饲料为主的饲料配方，都必须考虑以下几方面的因素。

（一）参考狐饲养标准确定不同时期的营养需要量

狐在不同的生物学时期，由于其生长速度、生产目的等不同，对各种营养物质的需要量有很大的区别。饲养标准制定出了狐在不同生物学时期的营养需要量，它是建立在大量饲养试验、消化代谢试验结果之上，结合生产实际得出的能量、蛋白质及各种营养物质需要量的定额数值。只有确定了科学的营养需要标准，才可能设计出生产效果和经济效益均好的饲料配方。

（二）必须结合狐不同生物学时期的生理状态及消化生理特点

依据狐不同生物学时期的生理状态及消化生理特点，选择的饲料原料必须经济、稳定、适口性好，这是设计优质、高效饲料配方的基础。

（三）饲料成分及营养价值表

饲料成分及营养价值表客观地给出了各种饲料的营养成分含量和营养价值。在配制饲料时，应先结合狐的生理时期、饲料价格及饲料的营养特点，选取所要用的饲料原料，再结合饲料成分或营养价值表计算所设计的饲料配方是否符合狐饲养标准中各营养物质规定的要求，并进行相应调整。对于同一饲料原料，生长季节、地区、品种、进货批次等的不同，其营养成分也不尽相同。有条件的单位可进行常规饲料成分分析，如没有条件，可选用平均参考值进行计算。计算混合饲料的营养成分往往与实测值不同，在大型生产场应进行配制后检测，以保证狐饲料营养供给平衡的准确性。

（四）配制饲料应考虑饲粮的适口性及狐采食的习性

狐为肉食性动物，适口性差的饲料配比过多，会引起采食减少，以至拒食。在设计饲料配方时应选择适口性好、无异味的饲料，对适口性差的饲料可少加或添加调味剂，以提高其适口性，如豆饼、大豆等植物性蛋白质类饲料，可以限制在一定比例内使用。同时应结合生产实际经验，考虑饲料的适口性及狐采食的习性，通过合理加工来提高其适口性，从而提高动物的采食量。

（五）所选饲料应考虑经济的原则

应尽量选择营养丰富而价格低的饲料进行配合，以降低饲料成本。饲料的种类和来源也应考虑到经济原则，根据实际情况，因地制宜、因时制宜地选用饲料，保证饲料来源的方便、稳定。

（六）组成饲粮的饲料原料尽可能多样化

在进行饲粮配合时，作为单一饲料原料，如能量饲料、蛋白质饲料及含矿物质、微量元素丰富的饲料等，它们所提供的营养物质各有偏重，过于单一的饲料原料，有可能配不出所需营养含量的饲粮。在营养要求全面时，几种饲料原料有时也难以配合出所需营养全价的饲粮，所以在配制饲粮时，尽可能用较多的可供选择的饲料原料，以满足动物不同的营养需求。

二、饲料的配制方法

饲粮是按照狐的不同生物学时期饲养标准对应的代谢能、脂肪、蛋白质、碳水化合物、矿物质和维生素等配合的一种饲料。在饲粮配制过程中，必须考虑狐的年龄、生理阶段和适口性。

一般饲料的配制常用两种方法。一种是热量配比法，以狐每天的代谢能需要来配制，每418kJ代谢能作为一个基础单位或100g饲料中的代谢能记为1份；第二种是重量法，每种饲料在饲粮中的比例合计为100%。

（一）热量配比法

以育成后期蓝狐为例，每天的代谢能需要量为5 000kJ，每克可消化蛋白质的代谢能为18.83kJ，每克可消化脂肪的代谢能为37.65kJ，每克可消化碳水化合物的代谢能为16.74kJ。育成后期蓝狐的代谢能比例中，碳水化合物代谢适宜比例为40%，脂肪代谢能比例为28%，蛋白质代谢能比例为32%。

计算每天需要的蛋白质克数＝5 000×32%÷18.83＝85
计算每天需要的脂肪克数＝5 000×28%÷37.65＝37
计算每天需要的碳水化合物克数＝5 000×40%÷16.74＝120

动物性饲料的碳水化合物含量较低，可以忽略不计，狐的碳水化合物需要主要来源于膨化玉米粉、膨化小麦粉、燕麦粉等植物性能量饲料。

查询饲料营养价值表中的各原料蛋白质含量、脂肪含量、碳水化合物的含量，组合成狐饲粮，根据得出的每天蛋白质、脂肪、碳水化合物需要克数，计算各饲料的用量。

比如，育成期100g狐饲粮中蛋白质含量为32g，可消化蛋白质为25.6g；蓝狐每天需要采食量＝85÷25.6×100＝334g。

育成期100g狐饲粮中脂肪含量为12g，可消化脂肪为11.4g；蓝狐每天需要采食量＝37÷11.4×100＝325g。

育成期100g狐饲粮中碳水化合物含量＝100－32－12＝56g，可消化碳水化合物为36.4g；蓝狐每天需要采食量＝120÷36.4×100＝329g

对比三者的采食量，我们可以把狐饲粮中的蛋白质适当提高以减少采食量，使蛋白质、脂肪、碳水化合物满足狐的营养需要，而又避免饲料浪费。三者计算出的采食量相差不大的情况，可以作为采食量区间。本例中的狐采食量可在315～334g，基本满足狐的生长。狐个体差异较为明显，采食量可根据体况再做出微调。

（二）重量配比法

此种方法相对比较简单，易于掌握，适用于饲料公司和专业养殖户。主要是根据狐不同生物学时期的饲养标准，先确定每头每日饲料百分比用量，再根据狐的采食量，确定每头日量，把每头日量乘以各种饲料的百分比，即为各种饲料的日用量。这种方法必须核算可消化蛋白质和代谢能总量，必要时也要计算可消化脂肪和碳水化合物的量，满足饲养标准的要求。

三、饲料配制的注意事项

配合平衡的饲粮也需要有好的饲养管理，相互配合，提高养殖场的效益。多数情况是好的技术不等于好的产品，好的产品不等于好的生产性能。在实际养殖生产中需要考虑养殖场的综合因素。饲喂干粉饲料的养殖场，狐的需水量要大于饲喂鲜饲料的狐，在炎热季节，必须充分注意水的补充。在繁殖季节，狐对营养需要量更高，饲料中蛋白质、脂肪含量不足，往往会由于营养物质缺乏而引起流产，多发于养殖规模小、饲料搭配不合理、过度限饲的养殖场。

（一）遵循以下配制原则

（1）在配制狐饲料时，动、植物饲料应混合搭配，力求品种多样化，以保证营养物质全面，提高其营养价值和消化率。

（2）注意饲料的品质和适口性。发现品质不良或适口性差的饲料，最好不喂，禁止饲喂发霉变质的饲料。另外，注意保持饲料的相对稳定，避免主要饲料原料的突然变化而引起动物采食下降或拒食。

（3）根据当地的饲养条件合理配合饲粮，尽量选择价格便宜的饲料，以降低饲养成本。

（4）加工鲜配合饲料时速度要快，以缩短加工时间和避免营养物质被破坏。每次调制应在临近喂食前完成，不得提前。

（5）配合饲粮要准确称量，搅拌均匀，尤其是维生素、微量元素和氨基酸等，必须临喂前加入，防止过早混合被氧化破坏。饲料不要加水太多，过于稀的饲料会造成动物被动饮水，增加机体水代谢负担。冬季饲料要适当加温，以免冻结。

（6）温度（冷热）差别大的饲料应分别放置，待温差不大时再进行混合和搅拌。

（7）牛奶在加温消毒时，要正确掌握温度。牛奶加温消毒冷却后再用。适宜的消毒杀菌温度和时间为：70～80℃，15min。

（8）谷物饲料应充分粉碎、熟制。熟制时间不宜过长，否则不利于消化。

（9）缓冻后的动物性饲料，在调制室内存放时间不得超过 24h。

（10）动物的胎盘、鸡尾等含有性激素的动物性饲料，严禁饲喂繁殖期狐，否则易造成发情紊乱、流产等不良后果。

（二）实例说明

1. 饲料中盐分含量提高，需要增加饮水量 大连某场，在更换一批海鱼饲料时，海鱼冻板含盐量较高，未经过冲洗直接混合到饲料中进行饲喂。在饲喂半个月后，狐群开始出现厌食现象，采食量和体重均下降，原因不明，出现症状 1 周后开始零星死亡。经过兽医诊断后没有发现病原菌。饲料分析结果提示，饲料盐分含量 0.9%，且处于 5月，饮水不是自动供水系统，食盐累积引起狐慢性中毒。

2. 狐繁殖期过度限饲，诱发妊娠中期流产 吉林某场，饲养母狐 200 只，配种结束后 20d 开始陆续出现流产，且在妊娠 25d 后超过 30%流产。经分析计算各营养物质供给量，每天每只狐的蛋白质为 36g，脂肪为 12g。蛋白质在妊娠中期应该在 60g 以上，低于 48g 就会出现流产。经过重新调整配方，增加狐饲喂量后，流产现象没有再发生。

第三节　狐饲养管理关键技术

一、种公狐的饲养管理技术

(一) 种公狐准备配种期的饲养管理

准备配种期又分为准备配种前期 (9 月初至 11 月上旬) 和准备配种后期 (11 月中旬至 1 月中旬)。每年秋分 (9 月 21 至 23 日) 以后，随着日照的逐渐缩短和气温下降，公狐的生殖器官和与繁殖有关的内分泌活动逐渐增强，生殖器官由静止状态进入活动状态，睾丸逐渐发育或增大，但在准备配种前期生殖器官发育较慢，进入准备配种后期性器官发育加快，生殖细胞开始进入正式发育状态，到 1 月末公狐可以采到成熟的精子。银黑狐的准备配种期是从 8 月底至翌年 1 月中旬，北极狐是从 8 月底至翌年 2 月上中旬。

1. 准备配种期的营养需求　准备配种期要保证种狐的营养，保证蛋白和脂肪的供应，同时还要补饲蛋氨酸和半胱氨酸。均衡的营养有利于种狐性器官的生长发育，也有利于皮毛的生长。在进入 1 月之后种狐饲粮要注意补充维生素 A、维生素 D、维生素 E 和矿物质，以促进种兽发情。准备配种后期要做好调整种狐体况的工作，达到繁殖育种的目标。保持种公狐中等偏上的体况即可，过于肥胖不利于种公狐的配种，种公狐准配期饲料比例及营养需求见表 9-1、表 9-2 和表 9-3。

表 9-1　准备配种期银黑狐和北极狐营养需求量

营养水平	银黑狐	北极狐
代谢能 (MJ/d)	1.97～2.30	2.0～2.64
可消化蛋白 (g/d)	40～50	47～52
可消化脂肪 (g/d)	16～22	16～22
可消化碳水化合物 (g/d)	25～39	25～33

表 9-2　准备配种期鲜饲料配合比例推荐 (重量比)

饲料种类	准备配种前期 (%)	准备配种后期 (%)
动物性饲料	50～60	60～70
谷物性饲料	20～30	10～15
蔬菜	10～15	10～15

表 9-3　准备配种期种狐干粉饲料推荐配方

原料	比例 (%)	营养水平	
膨化玉米	36.44	代谢能 (MJ/kg)	13.35

（续）

原料	比例（%）	营养水平	
豆粕	9.00	粗蛋白质	30.43
玉米蛋白粉	10.00	钙	1.60
玉米胚芽粕	12.50	总磷	1.14
血粉	0.60	赖氨酸	2.48
肉骨粉	6.00	蛋氨酸＋半胱氨酸	1.74
乳酪粉	1.00		
鱼粉	16.80		
豆油	4.30		
食盐	0.30		
赖氨酸	0.88		
蛋氨酸	0.78		
磷酸氢钙	0.40		
预混料	1.00		
合计	100		

2. 准备配种期的饲养管理

（1）体况的鉴定和调整　种狐的体况与繁殖力有着密切的关系，过肥或过瘦都会降低繁殖能力。在12月至翌年1月应注意观察和鉴定种狐的体况，并控制在中等或中等以上水平。一旦出现过胖或过瘦现象要查找原因，及时采取措施。鉴定种狐体况一般在12月初进行，主要方法有以下三种：

①触摸鉴定　该法是较常用的方法，饲养人员用手触摸狐的背部、肋部和后腹。过肥的狐背平，肋骨不明显，后腹圆厚。过瘦的则出现脊椎和肋骨突出；中等体况介于两者之间。

②称重鉴定　即狐体重（g）与体长（cm）的比值。其体重指数80～100较为适宜。

③目测鉴定　靠观察狐的躯体，特别是后躯是否丰满、运动是否灵活、皮毛是否光亮及精神状态等来判定狐的体况。要求鉴定人员有丰富的饲养经验和熟练的观察能力，否则判定的误差会很大。一般臀部宽平或中间凹陷为过胖，臀部曲线弧形似鸡蛋大头形状为适中，臀部曲线隆起如鸡蛋小头形状则为偏瘦。

（2）调整体况的方法　对于体况过肥的种狐需进行减肥，主要方法有：①加强运动，对喜欢卧在箱内的狐用挡板把箱的进口挡住，将其隔在运动场上，每天饲养员用一定的时间进行逗引，增加狐的运动量；②控制采食量，适当减少过肥狐的饲料供给量；③调整饲粮配方，如果是全群狐偏胖，应适当降低饲粮中脂肪和谷物类饲料的比例，适当地增加蔬菜饲料的供给量。对于体况过瘦的种狐需进行增肥，主要方法有：①增加食量，对于个别偏瘦的狐，要增加饲料的供给量；②调整饲粮配方，如果全群狐偏瘦，应提高饲粮标准，提高饲粮中脂肪和蛋白质的比例。对于个别狐食欲较差要查找原因，对症治疗。对过肥狐的减肥和过瘦狐增肥都要适度控制，饲料的改变也要逐步进行，一般不提倡饥饿减肥。

（3）严格选种，保证光照 临近繁殖期，可做最后一次种狐的选种，以便定群。对于个别营养不良、发育受阻或患有疾病的狐应淘汰取皮。狐通常在自然光照下饲养，不需人为增加光照便能获得较理想的繁殖生产能力。不能把狐养在阴暗潮湿的室内或山洞内，无规律的增加或减少光照都会影响其生殖器官的正常发育和毛绒的正常生长。

（4）饮水充足，加强运动 水对于狐的新陈代谢起着非常重要的作用，在严寒的冬季也要供应充足的清洁饮水，天气寒冷时，每天可饮一次温水。采取多种方式，促使种狐运动，增加活动量，可使狐的食欲增加、体质健壮，同时使种狐发情正常，性欲旺盛，达到顺利配种的目的。加强狐与饲养人员接触的机会，可提高驯化程度。

（5）异性刺激 种狐在长达6个月的隔离饲养后（静止期饲养），到准备配种后期要把公狐笼和母狐笼交叉摆放，使异性狐隔网相望，刺激其性腺发育。

（6）配种前的准备工作 配种开始前，即1月初就要把人员安排好，同时要进行培训，制定选配方案，落实生产指标等。配种期所需的用品要准备好，如记录卡片、记录本、捕狐用具、显微镜等。2月上旬要对全群种狐进行一次全面的发情检查，以便了解公、母狐的发情动态，做好记录，做到心中有数。

（二）种公狐配种期的饲养管理

从配种期始至配种结束这段时间称为狐的配种期。北极狐配种期一般从每年2月中旬至4月下旬，银黑狐配种期一般从1月中旬至3月中旬。场区所在的区域、光照程度、营养水平、狐的品种及体况、饲养管理等因素均影响狐配种与发情。该时期要做好公狐的饲养和管理工作，保证公狐具有旺盛持久的配种能力和良好的精液品质，完成艰巨的配种任务。

1. 配种期的饲养 发情导致配种期的种公狐神经兴奋、食欲下降，要完成频繁的交配任务或精液采集，对种公狐体力消耗较大，大多数种公狐的体重下降 $10\% \sim 15\%$。因此，配种期种公狐的饲粮要营养全价、品质新鲜、适口性好及易于消化。种公狐配种期间，每日中午每只要补充鸡蛋或鱼、肉类100g，对补充体力消耗较有利。配种期的营养需求同第一章第一节配种期营养。配种期蓝狐饲料推荐配方见表9-4。

表9-4 配种期饲料组成推荐比例（重量比）

饲料种类	比例（%）	添加剂饲料	[g/（只·d）]
鱼、肉副产品	57～60	酵母	6
谷物性饲料	18～20	食盐	1.5
蛋、奶	6～8	骨粉	5
蔬菜	5～6	添加剂	1.5
水	10～12	维生素 B_1（mg）	3
		维生素 C（mg）	25
		维生素 E（mg）	25
		鱼肝油（IU）	1 800

2. 配种期的管理 配种期涉及公狐与母狐自然交配或人工授精，目前狐养殖生产中多采用这两种方式，根据养殖场的实际情况决定采用哪种配种方式。由于狐配种的成败决定了是否妊娠、产仔等后续的重要生产环节，因此做好配种期的管理至关重要。

人工授精是狐配种期的关键技术，涉及很多技术环节和注意事项，直接影响配种的质量。人工授精是指把品质好的公狐精液采出，利用器械将精液输入到发情母狐的子宫中，以达到代替公母狐正常交配而使母狐受孕的一种方法。采用人工授精技术，必须具备两个重要条件：第一在繁殖期内；第二公母狐都处于发情旺期。人工授精操作过程包括：精液采集、精液品质检测、精液稀释、母狐的发情鉴定和输精。

①采精 采精需要器具主要有公狐保定架、集精杯、显微镜、稀释液、载玻片、盖玻片、纱布、玻璃棒、酒精灯、输精针、注射器、阴道扩张器、铝锅、电炉等。采精前要将采精杯、输精管等器械煮沸消毒，待凉后，用生理盐水冲洗备用。采精室环境要安静，温度要达到28℃，操作人员要剪短指甲，用消毒水洗手消毒。

常用采精方法主要有徒手法采精、假阴道法采精、电刺激法采精等。

徒手采精法是由其他人配合将公狐保定，使公狐呈站立姿势，操作人员迅速而有规律地按摩狐的阴茎包皮和龟头部，促使阴茎勃起，10～15min即可射精，用集精杯接取精液。未经采精训练的公狐要找已发情的母狐作保定架引诱爬跨。采到的精液要立即用等温的稀释液1∶1稀释，并马上镜检，根据精液的活力和密度决定稀释倍数。一般公狐在加强营养的情况下，每日可采精2～3次，中间间隔3d，一只公狐的精液，一般能给4～8只母狐输精。

假阴道采精法分为两步：首先是保定公狐，保定方法与徒手采精法相同。然后利用假阴道采精。目前市场上没有狐采精的假阴道出售，一般采用经过改进的羊用假阴道。采用发情母狐引诱公狐阴茎勃起后，采精员将阴茎导入假阴道内让其排精。当阴茎收缩动作停止后，公狐射完精液。

电刺激采精法采用直肠探棒，通过直肠壁，将电刺激直接传到公狐射精器官中，引起射精器官收缩，导致公狐射精。采精时，一人持涂有消毒过的液状石蜡的直肠探棒，将其插入公狐直肠10～20cm，另一人打开电刺激开关，旋动采精器的电压或电流强度旋钮，选择适宜的电压或电流强度引起公狐射精。然后用集精杯收集精液后关闭电源。在实际生产中，多采用徒手采精法，该法简单、易操作，一般20～50s可采完精液。采到的精液品质好、密度大。

无论采用哪种采精方法，公狐每周采3次精液或连续采2次，休息2～3d。在采精期间公狐每天必须饲喂3次，早晚喂食，午间补饲高营养食物。每只公狐在一个配种期内，平均可采精30～35次。采到的精液应立即用等温的稀释液稀释，放到4℃冰箱中。使用此法保存精液保存期不能超过3d。

②精液品质检定 采精后将集精杯中的精液用玻璃棒沾一点，放在载玻片上，盖上盖玻片，在200～600倍显微镜下检查精子密度、活力、畸形率、气味、色泽等指标，然后算出精液的稀释倍数。

③精液的稀释 稀释液配制：葡萄糖粉6.8g加入2.5mL甘油、0.5mL卵黄和97mL蒸馏水。精液稀释：将稀释液在水中加温至39～40℃，按稀释倍数取稀释液慢慢

地倒入采精杯，略微晃动即可稀释均匀，再取少量稀释后的精液在显微镜下检查精子密度，如果密度稀，则要在输精时适当增加输精量。当日发情母狐最好输完配制的稀释精液，一般不要保存精液，最好现用现采，以提高受胎率。

④人工输精 输精时精液要缓慢升温到 35～37℃，输精技术员用消毒过的狐用输精器吸取精液 1～2mL，然后用稀释液棉球擦输精器前端，用左手在母狐腹部握住子宫颈，将输精器插入距子宫颈口 5mm 处，注入精液。

在进行人工输精时应注意以下事项：采用人工输精技术，每只良种公狐 1 年内能繁殖大量后代，为确保后代优良，必须精选种公狐，劣质公狐精液会导致狐群退化、优等皮张率下降，从而影响生产效益。人工授精所用场地要用紫外线灯照射灭菌，各种器具用消毒药消毒或者煮沸消毒；集精杯、输精针、注射器、载玻片等用灭菌生理盐水冲洗，防止疾病传播。狐是季节性一次发情动物，一年仅有一个发情期，一旦错过输精时间，直接影响产仔数量。因此，技术人员应具备一定的经验和能力，要准确掌握输精时间，为提高受胎率，可以增加输精次数。一般来说，每只母狐每次输精量应不少于5 000万个活精子，整个繁殖期每只母狐输精次数不少于 3 次。人工授精时，操作人员要经过专门培训，避免生硬和长时间的操作，损伤公母狐生殖部位。输精时一定要将精液输入子宫内，否则将导致母狐受胎率降低。为保证公狐在整个配种期都有旺盛的性欲，应有计划地合理使用种公狐。配种前期，每只公狐每天可接受 1～2 次试情放对和1～2 次配种放对；在配种中期或后期每天利用 1 次。每配种 5～7d 后应休息 1d。总之，在整个配种期内，每只种公狐最多交配次数不超过 16 次。公狐利用不合理会降低受孕率。对于交配能力强的公狐应适当控制，防止利用过频，连续交配 4 次的公狐应休息1d。对于发情较晚的公狐，不要弃置不用，要耐心培训，与已交配过的母狐配种，争取初配成功。在成功交配后，要重视公狐精液品质的检查，在配种初期和末期应抽检精液，特别交配次数多的公狐要及时检查精液品质。此期要经常观察种公狐的食欲、粪便、健康状态及活动状态等情况，对于几顿拒食，但配种任务很重的公狐，要在饲粮中及时供给鲜肝、鸡蛋或肉类等适口性较好的饲料，以使其尽快恢复食欲。由于配种期公狐的运动量较大，需水量日益增加，因此，每天必须保证水盒里有充足的清洁饮水。配种期间一定要保证场区安静，狐对周围环境敏感，应激性较强，尤其是公狐易受惊。统计表明，约 20% 的公狐由于外界环境干扰而导致配种能力下降。因此，配种期间禁止外人参观，避免巨大声响刺激与惊扰狐群。

（三）种公狐恢复期的饲养管理

从配种期后（5 月下旬）至准备配种期前（10 月中旬）这一时期称为公狐的恢复期。在配种期间公狐经过配种、采精后，体能消耗很大、体况较差，进入静止期的种公狐行为懒散、不爱活动、采食量少，且此期正值盛夏至初秋季节，对能量需求很高，但夏季种公狐采食量少，体重处于全年最低水平。

该时期是种公狐恢复体能、进入下一个配种阶段的基础，要做好静止期公狐的饲养与管理，为翌年的配种工作奠定基础。

1. 恢复期的饲养

（1）保证公狐饲粮供应 为使种公狐尽快恢复体况，不影响来年的正常配种工作，配种结束后的公狐应该和妊娠母狐饲粮相同，待食欲和体况基本恢复后再转入维持期饲养。

（2）饲喂全价饲料　恢复期在 8～10 月、体重约为 6kg 的公狐代谢能需要量为 2 550kJ，应该根据种狐的体重决定其营养需要。建议种公狐饲粮中谷物性饲料占 51%，动物性饲料占 45%，酵母占 3%，各种添加剂占 1%，每只每天食盐 3g，入秋以后逐渐增加饲粮投喂量。夏季种公狐饲粮中蛋白含量不需过高，但初秋以后需要逐渐增加饲粮中的蛋白含量。10 月中旬开始提高饲粮中蛋白质含量能够满足绒毛的生长，同时保持配种的体况。成年狐恢复期营养需求见表 9-5，恢复期公狐干粉饲料或鲜饲料推荐配方见表 9-6。

表 9-5　成年狐恢复期的营养需求（%）

项目	营养水平
代谢能（MJ/kg）	13.3
粗蛋白质	26
粗脂肪	7
赖氨酸	1.30
蛋氨酸	0.60
钙	0.80
磷	0.60
食盐	0.3～0.8

表 9-6　恢复期公狐干粉饲料或鲜饲料推荐配方（%）

干粉原料	组成	鲜饲料	组成
肉骨粉	10.00	动物性饲料	45.00
膨化玉米粉	38.00	谷物性饲料	51.00
膨化大豆粉	6.00	酵母	3.00
膨化血粉	4.00	添加剂	1.00
DDGS	32.50	食盐	3g/（只·d）
小麦次粉	8.00	总计	100.0
赖氨酸	0.30		
蛋氨酸	0.20		
添加剂	1.00		
总计	100.00		

（3）注意饲喂次数与食温　种公狐应常年日喂 2 次，否则会导致公狐性欲低下、发情晚等，不利于配种。不要给种公狐饲喂过凉的饲料，饲料温度应保持在 30～35℃。

2. 恢复期的管理

（1）防暑降温　采精配种结束后正是炎热的夏季，要防暑降温，确保种公狐在一个舒适的环境下恢复体能，注意遮阳、防雨、通风。在笼舍周围经常洒水以达到降温效果。也可在饲养区的周围种植草坪或栽树，以防暑降温。

（2）防治疾病，做好防疫 对种公狐每年进行一次驱虫，成年种公狐每只用肠虫清（主要成分为阿苯达唑）2片或驱虫净（主要成分为伊维菌素、芬苯达唑等）1～2片进行一次性驱虫。种公狐配种采精后体质下降，易患自咬疾病，一般在初秋后会出现自咬症状，表现为啃咬自己的后腿或尾根并发出恶狠狠的嚎叫声。自咬病狐的治疗方法：喂噻庚定片每天3次，每次1片或喂颠茄片、维生素 B_1 各1片，每天3次，每次1片。

二、种母狐的饲养管理技术

（一）准备配种期母狐的饲养管理

母狐从8月末至1月中下旬这段时间为准备配种期，其中8月末至11月中旬为准备配种前期，从11月中旬至1月中下旬为准备配种后期。从8月末到9月初，母狐（包括当年幼狐）的卵巢开始发育，饲料营养水平要有所提高，为下一个繁殖期做准备。这段时期要加强对母狐的饲养管理，保证母狐营养需求，为发情、配种做好准备。

1. 饲养 准备配种前期要求动物性饲料比例不低于60％，银黑狐每418kJ代谢能下可消化蛋白质9g，北极狐每418kJ代谢能下可消化蛋白质8g，并分别补加维生素 E 5～10mg。银黑狐从11月中旬开始，北极狐从12月中旬开始进入准备配种后期，饲料营养水平要求进一步提高，动物性饲料要达到65％～70％，每418kJ代谢能可消化蛋白质不低于10g，每日每只需维生素 E 10～15mg。只有保证上述营养水平，才能使种狐性器官正常发育。准备配种期母狐的饲粮标准见表9-7。

表9-7 准备配种期母狐饲粮标准和各种饲料比例

月份	饲粮标准（只）			饲料比例（％）			补充饲料（g/只）			
	代谢能（kJ）	可消化蛋白质（g）	湿重（g）	动物性饲料	谷物性饲料	蔬菜类	维生素 E	酵母	骨粉	食盐
9～10	2 350	38	750	60	35	5	5～10	5	3	3
	2 260	41	850							
11～12	2 150	50	700	65	30	5	10～15	5	3	3
	1 950	46	800							

2. 管理 准备配种期除应增加狐群营养外，还应加强此期的饲养管理工作。银黑狐从1月中旬至3月中旬，北极狐从2月中旬至4月下旬发情。因此，银黑狐进入1月上旬、北极狐进入2月上旬就应对全群母狐进行检查，对全群母狐的发情情况进行记录、并在笼箱上做标记，以安排好整个群体的配种进程。其他管理环节同种公狐，具体请参考种公狐饲养管理章节。

（二）配种期母狐的饲养管理

配种期的主要工作就是保证全部母狐都达到发情配种，保证配种质量。因此，母狐适时配种和加强种母狐饲养管理是这一时期的工作重点。此期，要掌握并落实配种关键技术，这对于配种工作的成败起到至关重要的作用。

1. 发情鉴定 发情鉴定是人们根据动物的行为、外生殖器变化、放对试情、阴道分泌物涂片等方法判断动物是否发情并能接受交配的方法。

（1）行为观察　每年1月中旬至4月中旬是狐的发情配种季节，银黑狐和赤狐在1月中下旬至3月中旬发情配种，北极狐在2月中旬至4月中旬发情配种。在配种时期，公狐食欲减退、兴奋，在笼网中不停地走动，活动量增加，经常会发出求偶声。母狐发情时，精神不安、食欲下降、排尿次数多，经常用舌头舔外生殖器。

（2）外生殖器变化　母狐发情配种期，外阴部变化分为三个时期：发情前期（发情前一期和发情前二期）、发情期和发情后期。发情前一期：发情母狐阴门开始肿胀，阴毛分开，露出阴门，阴道流出具有特殊气味的分泌物，表现不安，活跃。此期一般持续2～3d，但也有的母狐持续达1周左右。发情前二期：母狐阴门肿胀严重，肿胀面平而光亮，触摸时硬而无弹性（图9-1）；阴道分泌物颜色浅淡、较稀；放对时，公母狐相互追逐，嬉戏玩耍。公狐欲交配爬跨时，母狐不抬尾，并回头扑咬公狐，拒绝交配，此期持续1～2d。发情期：阴门肿胀程度发生变化，肿胀面光亮消失而出现皱纹，触摸时柔软不硬、富有弹性，阴门外翻、呈粉红色，阴蒂暴露、呈圆形或椭圆形（图9-2），阴道流出较浓稠乳白色凝乳状分泌物；母狐食欲下降，有的母狐出现停止吃食1～2d；这时公母狐放对时，母狐表现安静，当公狐走近时，母狐主动把尾抬向一侧，接受交配，此时为最适宜的交配时期。银黑狐可持续2～3d，北极狐可持续3～5d。对于初次发情的母狐，表现不像上述情况典型，可根据试情放对情况灵活掌握。发情后期：外阴部萎缩，肿胀减退，阴毛合拢，分泌物减少，黏膜干涩，出现细小皱褶；放对时，拒绝交配，此时可停止放对。

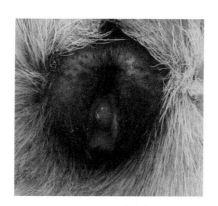
图9-1　发情前期

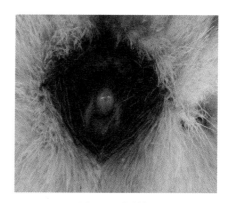
图9-2　发情期

（3）放对试情　根据母狐的行为变化和外生殖器变化仅能初步判断母兽发情，还要利用放对试情来确定母狐是否真正发情并能成功接受交配。选择发情较好、性欲较强的公狐来试情。试情时将母狐放入公狐笼中，经过一段时间玩耍嬉戏后，如果母狐接受公狐爬跨证明母狐已进入发情期，能够完成交配，此时可以使用试情公狐完成交配，也可以将它们分开，使用其他公狐完成交配。如果母狐拒绝爬跨，躲避甚至扑咬公狐，说明母狐还没有达到发情期，应将母狐取出，继续观察1～2d后再试情。一般放对试情在10min之内便能得出结论，时间不要过长，同时注意不要让母狐咬伤公狐。有些母狐有择偶表现，一旦发现有发情特征的公母狐拒配者，要更换配偶，但不要频频更换，使母狐厌配而形成恶癖。对未发情的母狐不要急于放对，避免撕咬公狐。

（4）阴道分泌物涂片 根据阴道内容物中的细胞种类和形态来准确判断母狐的发情阶段。阴道分泌物涂片的制作与检查方法：用经消毒的吸管或棉签插入阴道8～10cm，吸取阴道分泌物涂在载玻片上，阴干后于100倍显微镜下观察。阴道分泌物中主要有三种细胞：角化鳞状上皮细胞、角化（圆）形上皮细胞和白细胞。角化鳞状上皮细胞呈多角形，有核或无核，边缘卷曲不规则；角化圆形上皮细胞为圆形或近圆形，绝大多数有核，胞质染色均匀透明，边缘规则。当阴道分泌物涂片中出现大量的角化鳞状上皮细胞时标志母狐进入发情期。

在养殖生产中，多采用上面提到的方法综合判断，一般以放对试情和阴道分泌物涂片为主，以行为观察和外阴变化为辅。

2. 放对配种 ①放对时间 狐的配种一般在白天时，气候凉爽，公狐精力充沛、性欲旺盛，母狐发情也较明显，易完成交配。具体时间为早晨饲喂前6：00～8：00或饲喂后8：30～10：00，下午4：30～5：30。②放对方法 放对时一般是将母狐放入公狐笼内，因为公狐在其熟悉的环境中性欲不受抑制，主动交配，会缩短交配时间，提高放对配种效率；但遇性情急躁暴烈的公狐或胆怯的母狐时，也可将公狐放入母狐笼内。③配种方式 由于狐一年仅发情一次，自发性陆续排卵，在一次发情中所产生的滤泡不是同时成熟和排卵，而是先成熟的卵泡先排卵。一般只交配一次的母狐，妊娠率只有70%左右，且每胎的产仔数较少；而第二天复配的母狐，妊娠率可达85%左右；复配两次的母狐，几乎全部妊娠，每胎产仔数也较多。因此，狐配种多采用连续复配或隔日复配的方法。连续复配是指初配后第二天和第三天再各配一次。隔日复配是初配后第二天复配一次，然后隔一天再复配一次。实际生产中多采用这两种配种方式。

3. 饲养及管理 配种期母狐的饲养同配种期公狐。母狐的管理要点部分同公狐，不同点具体如下：随时检查母狐的发情情况，可通过外阴部检查和利用种公狐进行试情，以确认母狐是否达到发情旺期，并适时配种。因为这一时期交配的母狐能排出较多的成熟卵子，精子与卵子相遇的机会多，容易受精，从而提高受胎率和产仔数。狐是自发性陆续排卵，增加复配次数可刺激母狐多次排卵，增加受精机会。提倡养殖场利用不同的公狐复配，增加复配次数，降低空怀率，增加胎产仔数。一般以交配3次为宜，配种次数过多会造成早期流产，配种次数少易造成空怀。建议每次交配结束后从母狐阴道内取出一点精液，在显微镜下检查精子活力，确定是否交配成功，并及早发现精子活力不强的种公狐，及时用其他公狐进行复配。

（三）妊娠期母狐的饲养管理

母狐从配种结束，受精卵着床（附植）至产仔前这段时期称为妊娠期。妊娠后15～20d，个别母狐会出现不愿进食、呕吐等不适反应。随着胚胎的不断增大，母狐腹压增高，常出现排尿、排粪次数增多。随着胚胎体积增大，膈肌受到内脏器官的压迫，加上胎儿需氧量不断增加，所以母狐呼吸次数增加。由于子宫血管的扩大，胎盘循环的需要，血流量增加，增加了心脏的负担，因此妊娠母狐一般心脏较为肥大。妊娠母狐阴道变得干涩，颜色变浅，黏膜上覆盖从子宫颈分泌出的浓稠黏液，变得不滑润；子宫颈口封闭，由浓稠黏液形成子宫塞，外物不能进入起到保护作用；子宫变得有力，随着妊娠天数增加，子宫体逐渐增大，子宫壁增厚，变得强而有力，为以后分娩提供动力做准备,输卵管变粗,卵巢由于黄体存在变得膨大。

1. 妊娠期饲养 在妊娠前期,母狐不需立即增加营养物质,可保持配种期的饲养标准,也不要增加饲料量,否则会造成母狐妊娠前期过胖,不利于胚泡着床,降低胎产仔数。在妊娠后期增加动物性饲料的比例,适当提高蛋白质水平,以满足胎儿迅速生长发育的需要。初产母狐由于身体还处于生长发育阶段,能量水平要比经产母狐高一些。当母狐出现妊娠反应,表现不愿进食、呕吐时,要调整饲料品种和质量,少喂勤喂,精心护理,同时在饲料中增加维生素 B_1 的给量。狐在临产前的一段时间里采食量减少时,要适当减少饲料的供应量,但蛋白质供应比例不能减少。妊娠母狐的饲料品质较差会导致流产或烂胎。妊娠期动物性饲料中一定不能含有肾上腺、脑垂体等含性激素的器官,以免母狐食后发生流产或死胎现象。妊娠期要注意微量元素的供给。维生素 B_1 缺乏会延长妊娠期;维生素 C 缺乏时,会出现初生仔狐红爪病。在饲料中补充硫酸亚铁可预防初生仔狐缺铁症,补充钴、硒、锰、锌能降低仔狐的死亡率。饲喂量根据妊娠期的进程逐渐增加。妊娠期母狐的营养需要同第一章第一节。妊娠期鲜饲料推荐配方见表 9-8、表 9-9。

表 9-8 狐妊娠期鲜饲料推荐配方

项目	妊娠前期	妊娠后期
饲喂量（g）	550～600	550～580
动物性饲料	50%	55%
谷物性饲料	40%	35%
蔬菜类	5%	5%
补充饲料 [g/（d·只）]		
酵母	5	5
骨粉	3	3
食盐	3	3

表 9-9 繁殖期蓝狐干粉饲料配方及营养水平（风干基础,%）

原料	妊娠期	原料	妊娠期	营养水平	妊娠期
膨化玉米	32.10	豆油	4.15	代谢能（MJ/kg）	13.47
豆粕	12.00	食盐	0.30	粗蛋白质	35.10
玉米蛋白粉	13.50	赖氨酸	0.60	钙	1.60
玉米胚芽粕	8.00	蛋氨酸	0.60	总磷	1.09
血粉	0.60	磷酸氢钙	0.10	赖氨酸	2.47
肉骨粉	5.50	预混料	1.00	蛋氨酸＋半胱氨酸	1.74
乳酪粉	0.50	合计	100		
鱼粉	21.05				

母狐在妊娠期的体况胖瘦对怀胎、产仔、泌乳都有重要影响。过瘦（营养缺乏）造成流产或胚胎吸收和产后缺奶;过胖（营养过剩）则会出现难产、产仔率低等不良后

果。因此，要注意保持妊娠母狐的中等体况。

2. 妊娠期管理　狐的妊娠是卵细胞通过受精，形成受精卵后，植入子宫壁开始进行细胞分裂，从而进入胚胎发育阶段。

（1）供应充足的饮水，创造安静的生产环境　为避免母狐妊娠后期过分饱满的胃肠压迫子宫，影响胎儿营养的正常吸收，妊娠后期母狐最好少食多餐，日喂 3 次。妊娠后期母狐代谢水平提高，需水量增加，必须保证充足、清洁的饮水。妊娠期母狐需要一个安静的环境保证胎儿正常发育，这期间母狐受惊或遇较大的应激会导致流产，因此，兽场应保持安静、谢绝参观。平时应随时注意母狐的饮食、粪便及活动情况，发现有流产征兆的，肌内注射黄体酮 15～20mg、维生素 E 15mg，以利保胎。

（2）做好产前准备工作　配种结束后经过 10～15d 观察到母狐已妊娠，要根据最后一次配种时间来推算预产期，标记在产箱上。饲养人员根据预产期时间随时观察母狐的精神状况和变化，这期间饲养人员要多与母狐接触，加强驯化，如经常打扫笼舍、产箱，经常换水等，这样便于产仔期的饲养管理。还应适当增加母狐在妊娠期的运动，适当运动可防止母狐产仔时发生难产。一般在预产期前 2 周，将产箱用 1%～2% 浓度的氢氧化钠水溶液刷洗、清理、消毒，待产箱晾干后，铺上柔软的垫草（如稻草或软杂草），产箱的底部和四周一定要铺严实、不透风。

（四）产仔泌乳期的饲养管理

从母狐产仔到仔狐分窝这段时期称为产仔泌乳期，这一时期为 55～60d。母狐从妊娠到产仔泌乳，机体发生了巨大的生理变化，要消耗体内大量的营养物质，保证仔狐哺乳。这一时期要饲喂优质饲料来补充机体消耗，同时满足仔兽的生长发育。因此，泌乳期的饲养管理直接影响母狐的健康和仔狐的成活。

1. 泌乳期的饲养　仔狐出生后 20d 内不能采食饲料，其生长发育完全取决于母狐的泌乳量和品质。因此，保证母狐的泌乳量和品质是仔狐成活的关键。表 9-10 为狐乳成分含量与其他乳成分的区别。蓝狐乳的干物质、蛋白、脂肪和灰分含量均高于其他乳成分。狐乳的脂肪含量较高。仔狐对母乳的需要量随日龄的增长而增加，从 20 日龄后开始采食后吮乳量下降，母狐的泌乳量随之相应减少。哺乳期母狐饲粮供应量必须考虑产仔数和仔狐的日龄，胎产仔数高于 3 只时，饲粮水平要进行调整。母狐产仔前 1 周的饲粮中，每天约需 12g 可消化脂肪，当仔狐达到 35～36 日龄时，可消化脂肪增至 60g，才有利于泌乳。银狐泌乳期干粉饲料推荐配方见表 9-11，蓝狐泌乳期干粉饲料推荐配方见表 9-12。

表 9-10　狐乳及几种常见乳的成分比较（%）

成分	银黑狐	蓝狐	水貂	牛	山羊	人
干物质	20.0	30.0	19.2	12.8	13.1	12.0
蛋白质	8.0	14.5	10.7	3.5	3.5	1.5
脂肪	10.0	11.0	4.8	3.8	4.1	3.7
糖类	1.0	3.5	4.1	4.8	4.6	6.4
灰分	1.0	1.0	0.7	0.7	0.9	0.3

表 9-11　哺乳期银狐饲料配方（风干基础,%）

原料	比例	原料	比例
膨化玉米	26.00	添加剂	1.00
海杂鱼	22.00	豆油	2
小红鱼	21.40	合计	100
鸡腺胃	12.00	营养水平	
鸡肝	5.00	代谢能（MJ/kg）	16.78
鸡骨架	10.00	蛋白质	35.02
赖氨酸	0.30	脂肪	16.78
蛋氨酸	0.30		

表 9-12　蓝狐哺乳期干粉饲料推荐配方（风干基础,%）

原料	哺乳期	原料	哺乳期	营养水平	哺乳期
膨化玉米	22.41	豆油	4.83	代谢能（MJ/kg）	13.46
豆粕	15.55	食盐	0.30	粗蛋白质	39.84
玉米蛋白粉	17.20	赖氨酸	0.22	钙	1.51
玉米胚芽粕	8.00	蛋氨酸	0.44	总磷	1.05
血粉	0.60	磷酸氢钙	—	赖氨酸	2.35
肉骨粉	4.40	预混料	1.00	蛋氨酸＋半胱氨酸	1.75
乳酪粉	0.90	合计	100		
鱼粉	24.15				

2. 产仔泌乳期的管理

（1）做好产仔母狐的护理，保持狐场安静　母狐在产仔前自行拔掉乳头周围的毛，若拔得很少，可人工辅助拔毛。母狐产仔前，出现偶尔的厌食或拒食现象是正常的，不要随便投药。在产仔期，饮水盒内要日夜保持有清洁的饮水。产仔期间，母狐神经系统高度兴奋，对周围环境中出现的声响极为敏感，周围环境的巨大声响会使母狐惊恐不安，出现叼仔、咬仔现象。此外，饲养人员不要穿着艳丽的服饰，晚上值班人员禁止在狐场内使用手电筒，避免对母狐产生应激。因此，在产仔期间，给产仔母狐创造一个安静稳定的环境，才能保证母狐顺利产仔与泌乳。

（2）仔狐护理与保活　产后检查是产仔保活的重要措施之一。检查仔狐的只数（胎产仔数、成活数）、仔兽的健康状况、哺乳情况、垫草以及窝是否保暖等。仔狐检查一般在产后 24h 之内，气候暖和的时候进行。当发现产仔数多（银黑狐一般能抚养 5～7只，蓝狐抚养 6～8 只）、母狐泌乳量少、母性不强、不会护仔，母狐受惊，同窝仔狐体型大小相差悬殊等情况时，可以采取代养或人工喂养。代养要求代养母狐母性强、泌乳量高、产仔较少，两窝仔狐出生日期接近，仔狐体型大小相差不多。人工喂养一般是在消毒的鲜牛奶中加入少许葡萄糖、维生素C、维生素B族维生素和抗生素，用吸管或用特制的乳瓶喂养。

（3）做好仔狐防寒、防暑及疾病预防　初生仔狐体温调节能力较差，当气候寒冷时仔狐容易受冻而死。因此，要保证垫草充足和窝形完整。产箱缝隙可以用胶布条封好或用棉被包裹。仔狐2周龄内活动能力差，当遇到高温天气，产箱内温度升高会出现中暑，增加仔狐中暑死亡率。炎热天气可采取遮阳措施或把产仔箱上盖支起来降温。仔狐开始采食后，天气越来越暖和，饲料容易变质，仔狐采食变质饲料容易引起胃肠炎及其他疾病。因此，要保持饲料新鲜、饲喂器和笼舍的清洁卫生。

（五）母狐恢复期的饲养管理

进入恢复期的母狐，一方面因为产仔泌乳期体能消耗大，需要补充能量，加强饲养；另一方面因为其年度繁殖任务已完成，饲料营养可以相对降低，等到下一轮繁殖准备时再进行特殊喂养。在产仔泌乳期发现难产、乳汁过少、母性不强的母狐下年度不再作种用，准备淘汰，按毛皮兽水平喂养即可。

三、育成生长期狐的饲养管理技术

（一）育成生长期狐的生理特点

从仔狐45～60d后断奶分窝至9月下旬这段时期称为仔狐的育成期。仔狐断奶分窝时间根据仔狐的发育情况和母狐的哺乳能力而定。过早断奶，因仔狐独立生活能力较弱，影响其生长发育，易引发疾病甚至导致死亡。过晚断乳，使母狐体质消耗过度而不易得到恢复，影响下一年的生产。因此，必须做好适时断乳分窝工作。断乳方法可分为一次性断乳和分批断乳两种。如果仔狐发育良好、均衡，可一次性将母狐和仔狐分开，即一次性断乳。如果仔狐发育不均衡，母乳又不太好，可从仔狐中选出体质壮、体型大、采食能力强的仔狐先分出去；体质较差的弱仔留给母狐继续哺养一段时间，待仔狐发育较强壮时，再行断乳，即分批断乳。分窝时应做好系谱登记工作。

（二）育成生长期狐的饲养管理

1. 育成生长期饲养　幼狐断乳后前2个月生长发育最快，饲养的好坏对其体型大小和皮张幅度影响很大。仔狐断乳后有个采食过渡期，这一时期仔狐对采食饲粮有个适应过程，加上与母狐分离的应激，如果改变饲粮配方，采食和消化会出现问题，容易发生腹泻等。因此，仔狐断乳7～10d内饲粮营养水平仍按照哺乳期母狐饲粮的营养标准供给，同时要注意仔狐饲喂量的把握，不能过量。应根据幼狐断乳的早晚、公母、大小、食欲、健康状况，合理定量饲喂，以幼狐快速吃食后食盆尚有些食渣为宜；全部吃光为饲料偏少；快速食后还有较多剩料，为饲料过量。这一时期仔狐胃肠消化功能尚未发育完全，消化功能弱，因此饲料要调制得稀一些，营养要全价，同时供应充足的饮水。育成生长期推荐营养需要量见表9-13，育成生长期蓝狐和银狐干粉饲料推荐配方见表9-14。

表 9-13　狐育成生长期推荐营养需要量

营养指标	含量	营养指标	含量	营养指标	含量
总能（MJ/kg）	17.99	钙（%）	1.5	泛酸（mg）	7.4
代谢能（MJ/kg）	13.31	磷（%）	1.2	维生素 B_6（mg）	1.6
粗蛋白质（%）	27.6～29.6	食盐（%）	0.5	维生素 PP（mg）	20.0
粗脂肪（%）	12	维生素 A（IU）	5 000	叶酸（mg）	0.5
赖氨酸（%）	1.66	维生素 B_1（IU）	1.2		
蛋氨酸（%）	1.1	维生素 B_2（mg）	3.7		

表 9-14　育成生长期蓝狐和银狐干粉饲料推荐配方（风干基础,%）

原料	蓝狐	银狐	原料	蓝狐	银狐	营养水平	蓝狐	银狐
膨化玉米	28.20	26.00	蛋氨酸	0.20	0.30	代谢能（MJ/kg）	14.11	14.68
豆粕	16.50	22.00	鱼粉	16.00	5.00	粗蛋白质	32.14	31.86
羽毛粉	0.50	0.00	食盐	0.50	0.50	钙	1.56	2.55
肉骨粉	6.80	10.00	豆油	6.50	12.00	总磷	1.12	1.47
玉米蛋白粉	8.50	9.00	预混料	1.00	1.00	赖氨酸	1.61	2.19
玉米胚芽粕	15.00	0.00	合计	100.00	100.00	蛋氨酸＋半胱氨酸	1.19	
酒糟蛋白饲料	0.00	13.7				蛋氨酸		1.52
赖氨酸	0.30	1.00						

2. 育成生长期管理

（1）做好早期选种工作　初选阶段在断奶分窝时进行，对初选仔狐要求系谱清楚、双亲生产性能优良、仔狐出生早（银狐 4 月 10 日前出生，蓝狐 5 月 20 日前出生）、生长发育正常，选留的数量比留种计划多出 40%。

（2）保证饲料品质及科学饲喂　夏季气候炎热细菌繁衍迅速，饲料发霉变质快，容易引起狐中暑和消化道疾病，甚至发生食物中毒。因此，要加强管理，保证狐舍干燥通风，应天天清扫粪便、清洗食盒等器具，地面和笼舍要定期消毒。保证饲料新鲜，绝不饲喂酸败变质的饲料。采取科学饲喂方法，每天饲喂两次，早晚天气凉爽时饲喂，及时清理剩食。

（3）做好防暑降温及疾病预防　狐怕热，育成期正值夏季、气温高，要认真搞好防暑降温工作，笼舍要搭建凉棚遮阳，防止狐中暑；勤换水盒中饮水，地面要勤洒水；注意观察狐的行为，发现问题及时解决。要做好防疫接种，对重大传染性疾病如犬瘟热、病毒性肠炎等危害严重的疾病要及时免疫接种，每年两次，仔狐断奶分窝时和种狐配种前各注射一次。同时要做好幼狐的驱虫工作，及时发现感冒及因食物变质而引起的中毒和仔狐胃膨胀、出血性胃肠炎等常见病，采取相应治疗措施。

四、冬毛生长期狐的饲养管理技术

进入 9 月，当年幼狐开始由主要生长骨骼和内脏转为主要生长肌肉和沉积脂肪。随着秋分以后光照周期的变化，狐开始慢慢脱掉夏毛，长出浓密的冬毛，这段时间称为狐冬毛生长期。每年 9 月秋分之后，随着日照时间的快速缩短，蓝狐和银狐即开始脱夏毛、长冬毛。夏毛（主要是稀疏的夏绒毛）脱落前，毛球逐渐角化，毛生长停止，角化的毛球与毛乳头裂开，毛逐渐脱落。与此同时，毛乳头附近的细胞开始活动，产生新绒毛，使被毛变稠密。狐的换毛是一个较为复杂的生理变化过程，从每年 9 月中旬至 11 月下旬，约 90d 的时间才能完成被毛的脱换及冬毛生长发育成熟过程。被毛的脱换和生长均以营养物质为基础。冬毛生长期，狐机体除保持基础代谢需要的营养物质外，还需要充足的营养供给新毛生长发育。因此，狐饲粮蛋白水平不能低于 30%，能量应达到 13.38MJ/kg 以上，以保证狐维持正常体温和生命活动。

1. 冬毛生长期的饲养　冬毛生长期是狐毛皮快速生长的时期，此期饲粮蛋白中要保证充足的构成毛绒的必需氨基酸，如蛋氨酸、胱氨酸和半胱氨酸等，但其他非必需氨基酸也不能缺乏。冬毛生长期狐对脂肪的需求量也相对较高，首先是起到沉积体脂肪的作用，其次脂肪中的脂肪酸对增强毛绒灵活性和光泽度有很大影响。饲粮在满足狐对蛋白质、氨基酸、维生素及矿物质需求量的同时，一定要保证种类齐全，同时必须保证能量饲料充足。冬毛生长期与其他时期相比应适当增加谷物饲料，适当减少矿物质饲料，否则易造成针毛弯曲、降低毛皮质量。同时由于饲料种类各地差异较大，要尽可能保证新鲜、多样，多种饲料配合饲喂，可使蛋白质互补，有利营养物质的吸收利用。冬毛生长期营养需要量见表 9-15，银狐和蓝狐冬毛生长期干粉饲料推荐配方见表 9-16。

表 9-15　冬毛生长期饲粮营养需要量

营养指标	含量	营养指标	含量	营养指标	含量
总能（MJ/kg）	17.15	钙（%）	1.2	维生素 B_2（mg）	3.7
代谢能（MJ/kg）	11.46	磷（%）	1.0	泛酸（mg）	7.4
粗蛋白质（%）	28.0	食盐（%）	0.5	维生素 B_6（mg）	1.6
粗脂肪（%）	16.0	维生素 A（IU）	5 000	维生素 PP（mg）	20.0
赖氨酸（%）	1.6	维生素 B_1（IU）	1.2	叶酸（mg）	0.5
蛋氨酸（%）	1.0				

表 9-16　冬毛生长期银狐和蓝狐干粉饲料推荐配方（%）

原料	蓝狐	银狐	原料	蓝狐	银狐	营养水平	蓝狐	银狐
膨化玉米	37.20	26.00	蛋氨酸	0.30	0.50	代谢能（MJ/kg）	14.53	15.13
豆粕	16.20	22.00	鱼粉	12.00	5.00	粗蛋白质	28.07	31.14
羽毛粉	0.50	0.00	食盐	0.50	0.50	钙	1.65	1.55
肉骨粉	9.00	10.00	豆油	8.50	14.00	总磷	1.07	1.47
玉米蛋白粉	5.30	8.00	预混料	1.00	1.00	赖氨酸	1.66	2.17
玉米胚芽粕	9.00	0.00	合计	100.00	100.00	蛋氨酸＋半胱氨酸	1.15	
酒糟蛋白饲料	0.00	12.70				蛋氨酸		1.03
赖氨酸	0.50	0.80						

2. 冬毛生长期的管理

（1）严格控制好饲料品质，供应充足清洁的饮水　冬毛生长期在保证饲料营养的基础上，一定要把好质量关，禁止饲喂腐败变质的饲料。除海杂鱼外，其他鱼类及畜禽内脏，特别是禽类肉及其副产品，如不太新鲜都应煮熟后饲喂。冬毛生长期不能忽视饮水问题，饲料调制适度，不能过稀或过稠。冬毛生长期正值冬季，水盒容易结冰，可以采用碎冰或洁净的雪代替水放在水盒里。

（2）皮毛保护　从秋分开始换毛以后，就要在狐窝箱中及时添加垫草，不仅能减少狐本身热量消耗、节省饲料、防止感冒，而且还能起到梳毛、加快毛绒脱落的作用。由于毛绒大量脱落，加上狐采食时身上易粘上一些饲料，容易造成毛绒缠结，此时应注意给狐疏通毛绒，若不及时疏通，会影响毛皮质量。同时保持笼舍环境的洁净干燥，及时检查并清理笼底及小室内剩余饲料与粪便，及时维修笼舍，防止异物沾染毛绒或锐利物损伤毛绒。

（3）疾病防治　进入冬毛生长期，幼狐已长成成年狐，机体具备一定的免疫能力，除了腹泻或感冒外，感染其他疾病的概率较低。若发生腹泻但食欲较好，可怀疑饲喂量过大、饲料未煮熟或饲料变质等原因引起，查找原因做相应调整后，加喂庆大霉素 2 支，一般 2d 后症状即可消失；如腹泻后食欲很差，则采取肌内注射人用黄连素和安痛定，每天 1 次，3d 后病症即可痊愈。狐感冒时表现为突然剩食或不吃食，鼻子干燥，应立即注射青霉素、阿尼利定（安痛定）、地塞米松各 1 支，每天 2 次，直到恢复正常。

➡ **参考文献**

程世鹏，单慧，2000. 特种经济动物常用数据手册 [M]. 沈阳：辽宁科学技术出版社.

华盛，华树芳，2005. 应用苣荬菜饲喂毛皮兽试验 [J]. 特种经济动植物，8（6）：4-4.

华树芳，2001. 北极狐准备配种期的饲养管理要点 [J]. 特种经济动植物（12）：2.

华树芳，2001. 北极狐妊娠期的管理 [J]. 特种经济动植物，4（4）：5-6.

靳世厚，杨嘉实，1998. 狐的能量、蛋白质需要量及其饲料配制技术的综合研究报告 [J]. 经济动物学报（2）：10-13.

姜振民，2008. 公狐静止期的饲养管理 [J]. 养殖技术顾问（10）：120.

李光玉，杨福合，2006. 狐貉貂养殖新技术 [M]. 北京：中国农业科学技术出版社.

李光玉，闫喜军，2008. 高效养狐技术一本通 [M]. 北京：化学工业出版社.

佟向，张旭秋，2008. 蓝狐准备配种期及配种期的饲养管理 [J]. 特种经济动植物，1：4-5.

佟煜人，钱国成，1990. 中国毛皮兽饲养技术大全 [M]. 北京：中国农业科学技术出版社.

杨福合，2002. 狐产仔哺乳期的饲养管理 [J]. 特种经济动植物，5（5）：2-3.

邹兴准，2004. 狐冬毛生长期的饲养管理 [J]. 养殖技术顾问（9）：33.

附　录

附录一　我国狐的营养需要推荐量

根据蓝狐在育成期、冬毛生长期、配种准备期、配种期、妊娠期和哺乳期的营养量需要研究结果，以及在规模化养殖场中的蓝狐生长发育情况，归纳整理出以干物质为基础的蓝狐饲料中营养物质含量。

表附 1　蓝狐营养需要量（干物质基础）

营养指标	育成期	冬毛生长期	配种期	妊娠期	哺乳期
脂肪（%）	12	16	10	15	19
粗蛋白质（%）	32.0	28.0	30.0	34.0	40.0
赖氨酸（%）	1.8	1.6	1.6	1.6	1.6
蛋氨酸（%）	1.1	1.0	0.8	0.9	0.9
蛋氨酸＋胱氨酸（%）	1.1	1.3	1.2	1.3	1.3
钙（%）	1.5	1.2	1.2	1.5	1.6
磷（%）	1.2	1.0	1.0	1.2	1.2
钠（%）	0.5	0.5	0.6	0.6	0.6
钾（%）	0.8	0.8	0.8	0.8	0.8
铜（mg/kg）	40	40	40	40	40
锌（mg/kg）	80	80	120	120	120
铁（mg/kg）	90	90	90	90	90
锰（mg/kg）	40	40	40	40	40
硒（mg/kg）	0.1	0.1	0.1	0.1	0.1
钴（mg/kg）	0.001	0.001	0.001	0.001	0.001
维生素 A（IU/kg）	5 000	5 000	5 000	5 000	5 000
维生素 D_3（IU/kg）	1 350	1 350	1 350	1 350	1 350
维生素 E（mg/kg）	100~200	100~200	100~200	100~200	100~200
维生素 K（mg/kg）	0.013	0.013	0.013	0.013	0.013
核黄素（mg/kg）	3.7	3.7	5.5	5.5	5.5
硫胺素（mg/kg）	1.2	1.2	1.2	1.2	1.2
叶酸（mg/kg）	0.5	0.5	0.5	0.5	0.5
烟酸（mg/kg）	20	20	20	20	20
泛酸（mg/kg）	7.4	7.4	7.4	7.4	7.4
维生素 B_6（mg/kg）	1.6	1.6	1.6	1.6	1.6
维生素 B_{12}（mg/kg）	0.03	0.03	0.03	0.03	0.03

注：营养需要数据以每千克饲料干物质 12% 计。

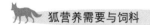

附录二　我国改良狐的能量需要量和采食量推荐

2010年以来，引进芬兰狐与地产狐进行杂交育种，蓝狐的生长速度和体重均有明显提高，在原有的研究基础上，连续3年测定蓝狐每天的能量需要和采食量，制定了针对我国改良狐的能量需要量和采食量，供养殖人员参考。

表附2　成年改良狐的采食量（冷鲜饲料，干物质基础为32%）

月份	公狐代谢能（kJ/d）	公狐采食量（g）	母狐代谢能（kJ/d）	母狐采食量（g）
1	1 500	350～370	1 350	300～320
2	1 600	360～400	1 500	335～370
3	1 850	410～460	1 600	360～400
4	2 800	625～00	2 400	540～600
5	3 200	710～790	2 800	620～690
6	3 600	800～890	3 000	670～740
7	3 900	870～970	3 300	740～820
8	4 200	940～1 040	3 800	850～940
9	5 000	1 120～1 140	4 200	940～1 040
10	5 600	1 250～1 390	5 000	1 120～1 240
11	5 200	1 160～1 290	4 700	1 050～1 160
12	2 950	650～730	2 600	580～640

附录三　蓝狐常规饲料营养成分表（风干基础,％）

饲料类别	样品名称	采样地点	水分	干物质	粗脂肪	粗蛋白质	粗灰分	钙	总磷
干粉饲料类	鸡肉粉	吉林左家	7.87	92.13	20.1	46.79	3.64	1.32	0.56
	肉骨粉	吉林安广	7.5	92.5	12.49	43.33	34.34	9.77	5.45
	胸碎肉粉	吉林左家	7.24	92.76	21.98	55.8	18.7	6.56	3.17
	鱼粉	吉林左家	8.13	91.87	10.36	61.78	18.79	4.78	3.03
	鱼粉	天津汉沽	7.87	92.13	7.13	54.67	20.01	3.75	3.75
	鱼粉	天津津南	9.92	90.08	13.87	60.56	14.2	1.08	1.36
	羽毛粉	吉林左家	6.93	93.07	2.4	80.25	3.8	0.18	0.67
油脂类	狐油	黑龙江图强	7.1	92.9	91.6	2.48	0.55	0	0
	鸡油	河北藁城	3.23	96.77	96.78	1.87	0.17	0	0
	鸭油	吉林安广	2.87	97.13	97.65	1.67	0.32	0	0
	羊油	黑龙江图强	6.99	93.01	94.23	5.24	0.39	0	0
	猪油	吉林左家	9	91	96.15	2.63	0.45	0	0
肉类	貂肉	河北藁城	72.1	27.9	11.28	70.66	10.85	2.15	1.66
	狐肉	黑龙江图强	68.6	31.4	15.88	66.33	9.28	2.55	1.54
	鸡肉	吉林左家	72.8	27.2	11.86	47.98	2.72	1	0.49
	鸡碎肉	河北藁城	73.8	26.2	10.47	45.42	12.59	7.63	3.44
	鸡胸脯	天津津南	66.54	33.46	8.78	55.8	2.6	0.5	0.82
	牛肉	吉林安广	73.18	26.82	19.29	68.01	0.77	0.18	0.15
乳蛋类	带壳鸡蛋	吉林左家	74.86	25.14	34.24	40.88	5.42	2.21	1.32
	带壳鸡蛋	山东文登	75.01	24.99	35.24	45.88	8.37	2.96	1.47
	鸡蛋	天津汉沽	72	28	41.43	40.08	3.23	0.21	0.78
	奶粉	山东荣成	4.53	95.47	28.02	23.35	4.22	0.65	0.79
	奶粉	山东文登	6.55	93.45	24.83	22.85	4.95	0.73	0.67
	奶粉	天津汉沽	8.13	91.87	2.22	38.59	7.89	1.26	1.02
畜禽副产品类	鸡肠	河北藁城	64.2	35.8	46.77	30.32	2.33	0.73	0.25
	鸡肠	河北乐亭	69	31	58.06	27.89	4.84	0.42	0.38
	鸡肠	内蒙古阿龙山	68.9	31.1	65.92	28.91	1.89	0.25	0.28
	鸡肝	河北昌黎	64.12	35.88	15.14	59.72	5.14	0.77	1.32
	鸡肝	河北乐亭	68	32	22.5	48.78	2.67	0.54	0.75
	鸡肝	黑龙江图强	71.6	28.4	23.35	59.96	4.27	0.34	0.85
	鸡肝	吉林左家	70.7	29.3	10.3	55.64	2.33	0.17	0.29

（续）

饲料类别	样品名称	采样地点	水分	干物质	粗脂肪	粗蛋白质	粗灰分	钙	总磷
畜禽副产品类	鸡肝	山东荣成	65.42	34.58	41.24	42.41	3.68	0.63	0.96
	鸡肝	天津汉沽	61.88	38.12	28.4	58.64	5.59	0.81	1.41
	鸡肝	天津津南	65.71	34.29	14.8	51.1	7.72	0.25	0.78
	鸭肝	河北藁城	70.6	29.4	18.36	58.43	4.87	0.42	0.24
	鸭肝	吉林安广	72.58	27.42	16.78	56.42	5.44	0.56	0.53
	牛肝	吉林安广	71.89	28.11	14.34	64.5	4.53	0.17	0.33
	牛肝	内蒙古阿龙山	66.4	33.6	26.19	62.79	3.57	0.15	0.65
	鸡杂	河北藁城	70	30	39.13	46.09	10	2.56	1.78
	鸡杂	吉林左家	68.87	31.13	16.17	53.35	17.9	4.63	2.05
	毛蛋	河北藁城	63.98	36.02	13.9	53.89	8.11	5.55	1.39
	牛胎	黑龙江图强	84.5	15.5	17.42	65.81	15.48	7.48	3.29
	鸡骨架	河北昌黎	65.5	34.5	14.56	30.43	25.37	13.43	7.97
	鸡骨架	吉林左家	61.51	38.49	16.21	38.22	24.29	14.66	8.79
	鸡骨架	天津汉沽	54.26	45.74	18.65	30.12	18.97	12.86	6.51
	鸡骨架	天津津南	66.8	33.2	15.43	40	18.18	11.56	5.96
	鸭骨架	河北藁城	60.5	39.5	18.85	35.59	24.41	16.1	8.03
	鸭骨架	河北乐亭	61.6	38.4	17.46	41.56	23.38	16.25	7.88
	鸭骨架	吉林安广	60.12	39.88	21.46	47.56	19.89	14.32	6.98
	猪骨泥	天津津南	58.7	41.3	16.45	43.92	16.65	10.34	5.63
鱼虾类	鲅鳞	河北昌黎	83.61	16.39	4.53	56.07	17.54	14.08	8.24
	鲅鳞	河北藁城	82.7	17.3	7.98	63.98	22.54	14.45	6.36
	鲅鳞	辽宁大连	78.66	21.34	10.14	60.05	25.72	13.56	7.19
	鲅鳞	内蒙古阿龙山	85.3	14.7	10.2	69.38	18.36	11.22	7.24
	鲅鳞	山东荣成	81.77	18.23	8.18	68.45	21.55	10.11	8.37
	鲅	山东荣成	61.41	38.59	45.44	37.24	6.48	1.61	1.09
	白姑鱼	山东文登	72.14	27.86	18.66	63.63	11.98	4.95	2.98
	牙鲆	辽宁大连	73.29	26.71	13.28	57.4	12.75	4.4	0.21
	牙鲆	天津津南	76.91	23.09	12.57	55.95	13.95	5.05	0.47
	牙鲆排	辽宁大连	71.62	28.38	14.47	42.06	26.04	9.68	4.44
	鲽排	河北昌黎	71.24	28.76	15.43	50.74	26.11	9.3	4.17
	鲽排	山东荣成	66.74	33.26	18.88	50.2	22.59	8.25	3.81
	明太鱼排	山东荣成	75.2	24.8	13.46	56.01	24.78	8.21	3.64
	大麻哈鱼排	黑龙江图强	71.9	28.1	26.13	45.14	23.1	7.69	3.83
	大麻哈鱼排	吉林左家	72.46	27.54	23.56	38.97	24.98	7.93	3.96

（续）

饲料类别	样品名称	采样地点	水分	干物质	粗脂肪	粗蛋白质	粗灰分	钙	总磷
鱼虾类	鲳鱼	山东荣成	75.12	24.88	24.36	59.88	8.77	1.33	1.28
	大黄花鱼	河北昌黎	70.85	29.15	6.42	62.96	15.45	2.86	1.92
	大黄花鱼	河北藁城	75.54	24.46	6.77	65.36	12.14	3.88	1.56
	大黄花鱼	吉林安广	79.65	20.35	3.68	62.54	13.32	3.93	1.67
	大黄花鱼	内蒙古阿龙山	78.8	21.2	7.23	57.12	12.05	3.7	1.5
	大黄花鱼	山东文登	83.45	16.55	13.52	63.58	16.3	4.36	2.02
	带鱼	山东荣成	75.28	24.72	18.81	65.97	8.89	3.87	1.51
	海鲇	河北昌黎	70.34	29.66	21.84	56.26	9.82	3.58	1.93
	海鲇	天津汉沽	71.48	28.52	24.45	41.58	11.22	3.76	2.02
	海杂鱼	河北乐亭	80.8	19.2	2.82	66.76	3.92	1.17	0.55
	海杂鱼	黑龙江图强	79.8	20.2	4.5	67.55	8.28	1.79	1.29
	海杂鱼	吉林左家	78.97	21.03	6.63	53.97	11.17	3.14	2.59
	海杂鱼	天津汉沽	84.78	15.22	4.89	55.5	20.79	11.53	6.21
	海杂鱼	天津津南	79.68	20.32	5.77	55.57	10.67	6.78	4.14
	红娘鱼	山东文登	83.98	16.02	8.03	68.15	17.23	3.27	2.86
	黄姑鱼	山东文登	75.15	24.85	19.8	65.3	10.3	2.78	1.34
	马口鱼	河北藁城	69.5	30.5	10.37	52.13	11.8	7.87	3.28
	鲭鱼	山东荣成	60.31	39.69	31.98	53.8	9.33	0.15	1.59
	沙蚕	天津津南	86.49	13.51	16.07	55.51	6	0.29	1.22
	虾蛄	河北乐亭	79.8	20.2	1.07	39.16	18.19	9.37	4.77
	虾虎鱼	河北昌黎	78.01	21.99	7.44	54.67	10.44	2.11	1.01
	虾虎鱼	黑龙江图强	79.45	20.55	5.88	56.77	10.03	1.96	1.09
	虾虎鱼	吉林左家	77.77	22.23	8.13	59.64	9.92	2.17	0.92
	虾虎鱼	辽宁大连	73.46	26.54	8.44	55.54	9.84	2.09	1.31
	虾虎鱼	内蒙古阿龙山	80.16	19.84	4.39	66.94	17.05	3.12	1.94
	虾虎鱼	天津津南	78.94	21.06	3.85	72.21	8.94	1.87	1.14
	小黄花鱼	河北乐亭	80.54	19.46	6.8	56.32	13.87	4.12	1.93
	小黄花鱼	黑龙江图强	77.87	22.13	4.21	59.55	10.95	2.45	1.44
	小黄花鱼	辽宁大连	78.27	21.73	5.81	62.29	4.95	1.71	0.79
	小黄花鱼	天津汉沽	79.16	20.84	9.16	57.87	8.98	2.25	0.97
	小黄花鱼头	山东文登	70.49	29.51	21.07	53.21	21.46	7.23	2.86

资料来源：云春凤（2012）。

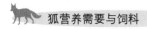

附录四　狐常用的23种饲料原料中17种氨基酸含量（%）

品名	Asp	Thr	Ser	Glu	Gly	Ala	Cys	Val	Met	Ile	Leu	Tyr	Phe	Lys	His	Arg	Pro
小黄花鱼	0.23	0.23	0.18	0.68	0.16	0.33	0.06	0.23	0.11	0.13	0.25	0.25	0.23	0.30	0.07	0.00	0.13
海杂鱼	0.51	0.50	0.47	1.63	0.48	0.96	0.00	0.56	0.34	0.40	0.72	0.74	0.73	0.56	0.27	0.00	0.40
马口鱼	0.26	0.28	0.21	0.51	0.19	0.41	0.00	0.27	0.20	0.16	0.53	0.53	0.51	0.42	0.92	0.20	0.23
红头鱼	0.31	0.61	0.32	1.25	0.43	0.77	0.00	0.51	0.35	0.41	0.81	0.50	0.71	0.20	0.23	0.16	0.30
鲅鲢鱼头	0.64	0.49	0.35	1.33	0.49	0.64	0.07	0.49	0.23	0.38	0.68	0.39	0.49	0.67	0.16	0.21	0.39
油光鱼	0.24	0.34	0.20	0.99	0.41	0.63	0.13	0.34	0.20	0.21	0.41	0.28	0.30	0.36	0.13	0.83	0.25
残鸡	0.13	0.14	0.12	0.43	0.13	0.20	0.00	0.16	0.09	0.09	0.14	0.26	0.20	0.13	0.07	0.08	0.13
鸡头	1.15	1.04	0.97	3.19	0.88	1.32	0.10	0.93	0.50	0.72	1.45	0.63	0.84	1.28	0.32	0.63	0.79
鸡架	0.08	0.00	0.21	0.40	0.18	0.43	0.00	0.10	0.05	0.04	0.08	0.13	0.09	0.14	0.13	0.06	0.11
鸡肉	0.86	0.74	0.74	2.79	0.72	0.95	0.11	0.63	0.34	0.42	0.78	0.87	0.69	0.81	0.12	0.45	0.58
鸡蛋	0.11	0.16	0.10	0.29	0.04	0.05	0.13	0.13	0.06	0.07	0.13	0.91	0.19	0.13	0.00	0.13	0.07
鸡肝	1.02	0.79	0.81	2.32	0.70	1.10	0.00	0.70	0.33	0.46	0.92	0.62	0.58	0.73	0.26	0.61	0.60
鸡架肉	0.27	0.27	0.23	0.86	0.21	0.31	0.16	0.20	0.07	0.09	0.17	0.33	0.21	0.24	0.06	0.13	0.17
肉鸡鸡肠	1.11	1.18	1.17	2.71	0.87	1.43	0.16	1.05	0.59	0.73	1.70	1.29	1.25	1.43	0.32	1.53	0.78
蛋鸡鸡肠	0.28	0.22	0.20	0.86	0.21	0.26	0.11	0.24	0.10	0.11	0.21	0.21	0.17	0.19	0.08	0.06	0.19
毛鸡	0.15	0.30	0.17	0.42	0.20	0.16	0.09	0.20	0.06	0.06	0.09	0.16	0.11	0.25	0.06	0.17	0.15
鸡皮油	0.04	0.05	0.05	0.16	0.05	0.06	0.00	0.09	0.00	0.00	0.00	0.13	0.08	0.07	0.00	0.00	0.00
鸡碎肉	0.19	0.14	0.19	0.66	0.16	0.26	0.06	0.15	0.08	0.07	0.16	0.18	0.13	0.19	0.07	0.14	0.14
鸭架	0.10	0.00	0.26	0.58	0.16	0.48	0.00	0.14	0.08	0.06	0.11	0.20	0.13	0.37	0.08	0.24	0.18
鸭肝	0.71	0.83	0.73	3.15	0.91	0.97	0.15	0.58	0.29	0.34	0.90	0.49	0.58	0.80	0.24	0.57	0.46
猪肝	0.70	0.65	0.65	1.95	0.74	0.96	0.00	0.62	0.34	0.44	1.01	0.70	0.83	0.91	0.30	0.00	0.54
貂肉	0.07	0.64	0.18	0.25	0.14	0.42	0.00	0.12	0.12	0.05	0.07	0.13	0.13	0.24	0.22	0.08	0.08
貉子肉	0.16	0.20	0.21	0.60	0.21	0.43	0.13	0.22	0.05	0.10	0.25	0.36	0.29	0.33	0.12	0.11	0.12

资料来源：云春凤（2012）。